计算机图形学基础

陈锦昌　陈　亮　主编

华南理工大学出版社
SOUTH CHINA UNIVERSITY OF TECHNOLOGY PRESS
·广州·

图书在版编目(CIP)数据

计算机图形学基础/陈锦昌,陈亮主编.—广州：华南理工大学出版社，2010.3
(2022.1 重印)

ISBN 978-7-5623-3259-6

Ⅰ.①计… Ⅱ.①陈…②陈… Ⅲ.①计算机图形学 Ⅳ.①TP391.41

中国版本图书馆 CIP 数据核字（2010）第 027460 号

总 发 行：华南理工大学出版社（广州五山华南理工大学 17 号楼，邮编 510640）
营销部电话：020-87113487 87110964 87111048（传真）
E-mail：**scutc13@scut.edu.cn** **http://hg.cb.scut.edu.cn**

责任编辑：黄丽谊
印 刷 者：广东虎彩云印刷有限公司
开 本：787mm×1092mm 1/16 **印张**：24.25 **字数**：605 千
版 次：2010 年 3 月第 1 版 2022 年 1 月第 11 次印刷
定 价：48.00 元

前　言

计算机图形学是计算机技术与传统图形学结合而成的一门学科。今天，随着计算机图形学在现代科学技术各个领域中的广泛应用，计算机图形学已成为计算机应用类课程中的一门必不可少的课程。目前，我国大多数高等院校都开设了计算机图形学课程，且大部分专业都把这门课程选定为必修课。

计算机图形学的教材是随着计算机硬件和计算机语言的发展而发展的。Visual Basic.NET 是在 Visual Basic 基础上发展起来的一种面向对象的程序设计语言，同时也提供了一个实用的图形界面软件开发环境。Visual Basic.NET 具有很强的图形图像处理功能，并广泛应用于图形设计、图像处理及多媒体技术中。近年来，不少学校已把 Visual Basic.NET 程序设计语言作为本科生计算机应用基础的入门语言。根据上述情况，参考教育部工程图学教学指导委员会对计算机图形学课程的基本要求，并结合多年来计算机图形学的教学实践经验，我们编写了本书。

本书将计算机图形学与计算机辅助设计相结合，系统地介绍了应用 Visual Basic.NET 程序设计语言的计算机绘图技术。本书共分十章。第 1 章介绍了计算机图形学和计算机辅助设计的发展历程；第 2 章介绍了应用 Visual Basic.NET 进行图形编程的基本方法；第 3 章介绍了直线、圆等基本图形的设计；第 4 章介绍了二维、三维图形变换、正投影变换、轴测投影变换、透视投影变换及程序设计方法；第 5 章介绍了平面曲线、Bézier 曲线及 B 样条曲线的程序设计方法；第 6 章介绍了空间常用曲面、Coons 曲面、Bézier 曲面及 B 样条曲面的程序设计方法；第 7 章介绍了位图图像文件及操作、位图图像处理和实现方法；第 8 章介绍了动画技术的实现方法；第 9 章介绍了一个小型交互式 CAD 系统的开发实例；第 10 章介绍了在 AutoCAD 软件中利用 VBA 进行二次开发的方法。

本书深入浅出、通俗易懂。各章节均含有大量的实例和应用程序，并配有大量插图，增强了本书的可读性。要学好计算机图形学课程，掌握应用 Visual Basic.NET 程序设计语言从事图形软件的开发，必须加强实践。本书每章后给出的习题，可供读者用以掌握和巩固所学的内容，从而使该书具有较好的实用性。

本书有配套光盘，包括了书中的教学实例和习题解答，有需要的读者请与作者联系 (earchen@scut.edu.cn)。

本书可作为高等工科院校非计算机专业本科生、专科生学习计算机图形学课程的教学用书，还可作为从事计算机图形学工作的工程技术人员的参考书。

本书由陈锦昌、陈亮任主编。其中第 1 章、第 9 章由陈亮编写，第 3 章至第 6 章由陈锦昌、孙炜编写，第 2 章、第 8 章由李哲林编写，第 7 章由熊巍编写，第 10

章由张瑞秋编写。

本书在编写过程中参考了一些有关书籍,在此向有关作者表示衷心的谢意。书中存在的不足,恳请读者给予指正。

作　者

2009 年 11 月

目　　录

第1章　计算机图形学概述

计算机图形学是研究通过计算机将数据转换为图形,并在专用显示设备上进行显示的原理、方法和技术的学科。目前,计算机图形学已广泛地应用于工程技术与社会生活的各个领域,如机械、电子、建筑、船舶制造、航空航天、交通运输、文化教育、娱乐影视,等等。可以说,以计算机图形学为核心的 CAD/CAM 技术在工业上的应用和普及程度,已经成为了一个国家现代化水平的重要标志之一,并且对科学技术的发展和进步产生了深远的影响。

1.1　计算机图形学的发展概况

计算机图形学的发展始于 20 世纪 50 年代初。1950 年美国麻省理工学院成功研制出用阴极射线管(CRT)来作为简单图形输出设备的显示器。1958 年美国 Calcomp 公司将联机的数字记录仪发展成滚筒式绘图仪;GerBer 公司把数控机床发展成为平板式绘图机。1962 年在麻省理工学院林肯实验室,第一台光笔交互式图形显示器研制成功,这是 Ivan E. Sutherland 以博士论文的形式完成的研究课题,他在论文中首次使用了计算机图形学(Computer Graphics)这个术语,从而被公认为计算机图形学的创始人之一。1964 年,麻省理工学院的孔斯(Steven Coons)教授提出了被后人称为超限插值的曲面造型新思想,即通过插值四条任意的边界曲线来构造曲面,这一曲面被工业界和学术界称为 Coons 曲面。同一时期,法国雷诺汽车公司的工程师 Pierre Bézier 发展了一套被后人称为 Bézier 曲线、Bézier 曲面的理论,并成功地用于几何外形设计,开发了用于汽车外形设计的 UNISURF 系统。Coons 的方法和 Bézier 的方法是 CAGD 领域的开创性工作,两人也被称为现代计算机辅助几何设计技术的奠基人。

与此同时,在美国工业界,研制交互式图形显示器的工作也在开展,其中以 IBM 公司最具有代表性。20 世纪 60 年代,IBM 公司推出了 IBM2250 显示器,这是 IBM 计算机正式提供给工业界使用的第一代刷新式随机扫描图形终端。随后,洛克希德飞机公司基于 IBM2250 开发了 CADAM(Computer-Graphics Augmented Design And Manufacturing,计算机图形增强设计与制造)绘图加工系统,并于 1974 年起向外界转让,成为 IBM 主机上应用最广的 CAD/CAM 软件。

从 20 世纪 70 年代到 80 年代,随着计算机技术的进步,各种个人计算机、CAD 工作站逐渐发展起来。Apple、IBM PC、Apollo、SUN 等工程工作站就是在这一时期问世和发展起来的,这些产品普遍采用了光栅扫描显示的方法。同时,联网的分布式工作站也逐渐取代了分时式的主机-图形终端结构。另外,计算机图形学理论也有了快速的发展。20 世纪 70 年代,真实感图形学和实体造型技术相继产生,并出现了英国剑桥大学 CAD 小组的 Build 系统和美国罗彻斯特大学的 PADL-1 系统等实体造型系统。20 世纪 80 年代,相继出现了光线跟踪算法和辐射度算法,使真实感图形的显示算法日益成熟。进入 21 世纪以来,随着计算机运算能力的逐渐提高、图形处理速度的不断加快以及互联网技术的飞速发展,计算机图形学的各个研究方向都将得到充分发展。现在的计算机图形学已被广泛应用于计算机辅助设计与制造(CAD/CAM)、科学计算可视化、动画和影视娱乐等各个领域。

我国的计算机图形学研究工作开始于20世纪70年代,从80年代开始有了较快的发展。目前,我国与发达国家在计算机图形学领域的差距正逐步缩小,新的图形学理论和算法正逐渐被提出,我国自主研发的计算机图形系统也被广泛应用。可以预见,在不远的将来,我国的计算机图形学的研究和应用水平将会大幅度提高,计算机图形学领域的研究成果也将越来越被广泛地应用于我国工业生产和社会生活的各个领域之中。

1.2 计算机图形学的主要应用领域

近年来,随着对计算机图形学原理的不断研究和计算机技术的不断发展,计算机图形学已经深入到人们生产、生活、教学和科研等众多领域之中。目前主要的应用领域有:

1. 计算机辅助设计与计算机辅助制造(CAD/CAM)

这是一个计算机图形学应用最为广泛、活跃及成熟的领域。计算机图形学在机械设计、建筑设计和电子产品设计等方面都发挥了巨大的作用。从简单的日常用品到复杂的汽车、轮船、飞机;从普通的住宅到复杂的场馆、会所、写字楼;从印刷电路板到大规模集成电路,计算机图形学将人们从传统的、繁重的手工绘图和设计中解放出来,不仅提高了工作效率,还大大提高了设计精度。另一方面,计算机图形学还可以直接将设计成果进行后续工艺的加工处理。应用计算机图形学建立起来的机器视觉系统,可以自动识别零件的毛坯,并将其输送给数控加工中心按照设计要求进行加工,加工后的零件又可以进行自动装配。例如,利用计算机图形学,美国波音公司在世界上第一次实现了波音777飞机的无图纸、无模型化的设计和生产。

2. 科学计算可视化

科学研究中往往需要处理和分析大量的数据,而通过计算机图形学可以将科学计算过程中的大量数据转换为几何图形及图像信息在屏幕上直观地显示出来,以帮助人们进行科学的理解和分析。目前,科学计算可视化已经广泛应用于医学、流体力学、有限元分析、气象分析等领域。例如,通过远程并行计算机资源,用体绘制技术实现的CT扫描三维数据场动态显示,为远程医疗手术提供了可能;利用分布式虚拟风洞,可以在虚拟环境中实现三维流场中物体周围气流的模拟和分析;采用超级计算机建立起来的交互分布环境可以对各种复杂的气象数据进行图形化的分析和处理,为各种复杂天气做出准确的预报。

3. 地理信息系统(GIS)

地理信息系统是建立在地理图形基础上的信息管理系统,目前已经在许多国家得到了广泛的应用。在由图形技术、数据库技术和管理信息相结合的地理信息系统中,图形起着核心和控制的作用。利用计算机图形生成技术可以绘制地理图、地形图、矿藏分布图、海洋地理图、人口分布图等各类图形,生成这些图形的数据来源于管理信息,但同时又可以生成统计图形和分析图形,为信息管理提供决策支持。

4. 虚拟现实及计算机动画艺术

以计算机图形学为基础,结合图像处理、计算机视觉、计算机辅助设计及交互技术发展起来的虚拟现实及计算机动画艺术近年来成为各国研究的热点。采用虚拟现实技术,可以方便地进行人物和自然景物的高度仿真,这种技术已经广泛地应用在游戏设计、电子商务、战场模拟、影视制作、城市建设等方面。而计算机动画艺术则是在虚拟现实的基础上融入了艺术的成分。采用计算机设计和制作的艺术作品被广泛地应用在影视特技和广告设计中，其丰富的色彩、逼真的特效和低廉的成本使传统的动画设计方法逐渐被淘汰。

计算机图形学的应用远远不止上述几个方面，其在许多方面都有着很好的应用，如人机交互图形化接口设计、GPS、服装设计、计算机辅助教学等。近年来，随着个人计算机图形功能的增强和高性能图形工作站的出现，特别是图形生成和显示技术的发展，计算机图形学的应用范围正在不断扩大。

1.3　计算机图形学与计算机辅助设计（CAD）

作为计算机图形学应用的最重要的一个分支，计算机辅助设计是随着计算机图形学的发展而发展起来的。20 世纪 60 年代以前，由于人们无法有效地描述三维模型几何数据间的拓扑关系，无法建立起有效的数学模型来描述自由曲线、曲面，这时的 CAD 技术仅仅是简单的计算机二维绘图技术，只能表示形体的基本几何信息。直到 Bézier 算法的提出，才使得人们使用计算机处理曲线、曲面变为可能，同时也使得法国达索飞机制造公司的开发者们能在二维绘图系统 CADAM 的基础上，开发出以表面模型为特点的自由曲面建模方法，推出了三维曲面造型系统 CATIA。CATIA 的推出，标志着 CAD 技术摆脱了单纯模仿工程图纸三视图的方式，已经能够用计算机完整描述产品零件的重要信息，从而为后期的 CAD 技术的发展打下了坚实的基础。UG，CV，SDRC 等公司在此之后纷纷推出了各自的 CAD 系统。

表面模型只能表示形体的表面信息，对质量、重心、惯性矩等的描述则无能为力。20 世纪 70 年代末期，出现了更为精确的实体造型算法，SDRC 公司于 1979 年率先发布了世界上第一个完全基于实体造型技术的大型 CAD/CAE 软件 I－DEAS。实体造型技术能够精确表示零件的全部属性，给设计带来了惊人的方便，它主导着 CAD 技术的发展方向。

进入 20 世纪 80 年代中期，CV 公司提出了一种比传统“无约束自由实体造型”更新颖的算法——参数化实体造型方法。这是一种十分新颖的思想，其特点是基于特征、全尺寸约束、全数据相关和尺寸驱动的设计与修改。但是 CV 公司最终否决了参数化技术方案。参数化技术的策划者们集体离开了 CV 公司，另外成立了一个参数化技术公司，开始开发名为 Pro/E（Pro/Engineer）的参数化设计软件。早期的 Pro/E 软件虽然性能很低，只能完成简单的工作，但它参数化技术的思想却几乎成为后来 CAD 业界的标准。

进入 20 世纪 90 年代后，参数化设计思想已经被广泛采用，而这一时期的计算机图形学技术也有了飞速发展，各种新的算法、新的理论层出不穷。SDRC 公司提出了一种比参数化技术更为先进的实体造型技术——变量化实体造型技术，并于 1993 年推出全新体系结构的 I－DEAS Master series 软件。

20 世纪 90 年代以后，随着个人计算机硬件设备的发展，Windows 操作系统的日益完善和计算机图形学的不断进步，以 Windows 为平台的 CAD 软件快速发展，各种 CAD 软件不断涌现，版本不断更新。在这一时期，基于更优化图形学算法和软硬件平台的中小型 CAD 软件得到了迅速的发展，其以较低的系统配置、简单的操作界面、快速实用的系统功能和简单易学等优势迅速在各个行业中普及。一些大公司也纷纷将自己的 CAD 软件从原有的图形工作站中脱离出来，使其能够在个人计算机上顺利运行。

另一方面，由于计算机图形学、网络技术等的不断进步和新的发展要求，新一代的CAD软件逐渐向着智能化、集成化、网络化、并行化的方向发展。

1.4 计算机图形系统

计算机图形系统一般包括软件系统和硬件系统两部分。其中，软件系统是计算机图形系统的核心，硬件系统为软件系统的正常运行提供了基础保障和运行环境。此外，任何功能强大的计算机图形系统都只是一个辅助工具，系统的运行离不开系统使用人员的创造性思维活动。因此，使用计算机绘图系统的技术人员也属于系统组成的一部分。将软件、硬件及使用人员这三者有效地融合在一起，是发挥计算机图形系统强大功能的前提。

1.4.1 硬件系统

计算机图形系统的硬件主要由主机、输入设备（如键盘、鼠标、扫描仪等）、输出设备（如显示器、绘图仪、打印机等）、信息存储设备（主要指外部存储设备，如硬盘、软盘、光盘、U盘等）、网络设备以及多媒体设备等组成。计算机图形系统的基本硬件构成如图1-1所示。

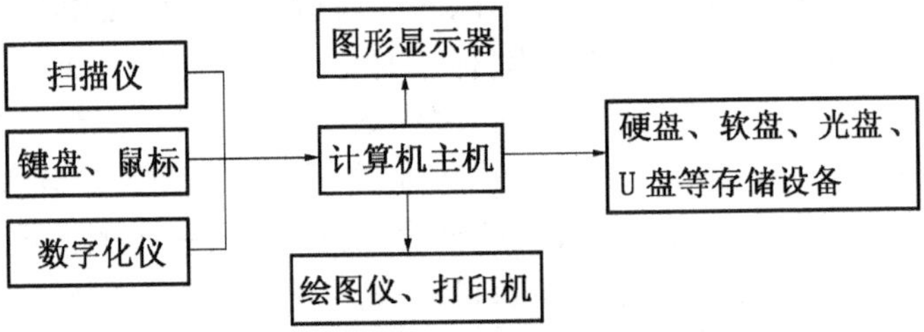

图1-1 计算机图形系统的基本硬件组成

1. 计算机主机

主机由中央处理器(CPU)和内存储器（简称为内存）等组成，是整个计算机绘图系统的核心。CPU的性能、内存的容量和速度以及显示芯片的性能都是影响计算机图形系统的重要指标。

2. 外存储器

外存储器简称为外存。虽然内存可以直接和运算器、控制器交换信息，存取速度快，但内存成本较高，且其容量受到CPU直接寻址能力的限制。外存作为内存的后援，可以将大量的程序、数据库、图形文件存放在外存中，待需要时再调入内存进行处理，同时也方便携带，便于文件管理。外存储器通常包括硬盘、软盘、光盘、U盘等。

3. 图形输入设备

图形输入设备在计算机绘图硬件系统中占有重要的地位，操作者不仅要使用输入设备对图形进行输入、绘制及修改，同时还需要对输入的图形进行图形变换（如缩放、平移、旋转）等操作。目前，计算机绘图系统主要的输入设备有键盘、鼠标、扫描仪、数字化仪等。

4. 图形输出设备

图形显示器是计算机绘图系统中最为重要的硬件设备之一，主要用于图形图像的显示和人机交互操作，是一种交互式的图形显示设备。常用的图形输出设备包括图形显示器、绘图仪、打印机等。

1.4.2　软件系统

计算机软件系统是指控制计算机运行，并使计算机发挥最大功效的各种程序、数据及文档的集合。在计算机图形系统中，软件配置水平决定着整个计算机图形系统的性能优劣。可以说，硬件是计算机图形系统的物质基础，软件是计算机图形系统的核心。从计算机图形系统的发展趋势来看，软件占据着愈来愈重要的地位，目前，系统配置中的软件成本已经超过了硬件。

计算机软件一般分为系统软件和应用软件。系统软件主要用于计算机的管理、维护、控制、运行，以及计算机程序的编译、装载和运行。目前常用的操作系统软件有 Windows 2000/NT/XP/2003/Vista、UNIX、Linux 等。应用软件是在系统软件的基础上，针对某一专门应用领域而开发的软件。

计算机辅助设计软件是计算机图形系统软件中最为重要的一个分支，经过长期的发展，计算机辅助设计软件已经有了众多成熟的版本。目前常用的软件有 UG、Pro/E、SolidWorks、Inventor、AutoCAD 等，国产软件有 CAXA 电子图版、圆方 BtoCAD、中望 CAD、浩辰 CAD 等。此外，还有一些专业技术人员开发的适合自身专业领域的个性化 CAD 软件，这类软件一般有两种：一种是完全运行于独立的图形平台，如 UG、Pro/E、SolidWorks、AutoCAD 等；另一种是在现有的图形平台上进行的二次开发，这类软件既借助于原来图形平台的强大图形处理能力，又结合自身专业领域的特殊要求，开发成本低，使用效率高。大型的计算机辅助设计软件都提供了丰富的二次开发接口，如 AutoCAD 就支持 AutoLisp、ARX、VBA 等多种语言的二次开发。

无论是哪一种计算机辅助设计软件，都是建立在对计算机图形学理论深入研究的基础上的，并随着计算机图形学理论的发展不断进步和完善。

习　题　1

1-1　计算机图形学与计算机辅助设计的发展经历了哪些重要阶段，并在哪些方面取得了突破性成果？

1-2　计算机图形系统由哪几部分组成，各部分分别起什么作用？

1-3　列举出你所熟悉的两到三种计算机辅助设计软件，了解该软件的发展历史、技术特点和应用范围。

第2章　VB.NET绘图基础

2.1　GDI+概述

GDI+(Graphics Device Interface Plus)是Windows操作系统用来执行绘画及其他相关图形操作的一套子系统,是由.Net Framework中的System.Drawing命名空间提供的一组通过C++类实现的应用程序编程接口,主要负责显示屏幕和打印设备输出的有关信息,它使开发人员可以利用Windows内置的图形功能轻松地创建图形应用程序。在Visual Studio.NET中MicroSoft解决了GDI中的许多问题,GDI+对以前的Windows版本中的GDI进行了优化,并添加了许多新的功能。

作为图形设备接口的GDI+使得应用开发人员在输出屏幕和打印机信息时无需考虑具体显示设备的细节,只需调用GDI+库输出的类的一些方法即可完成图形操作,真正的绘图工作由这些方法交给特定的设备驱动程序来完成,GDI+使得图形硬件和应用程序相互隔离,从而使开发人员编写与设备无关的应用程序变得非常容易。本书将以VB.Net中的GDI+的技术来实现各种绘图功能。

2.1.1　GDI+绘图的流程

(1)创建Graphics对象;

(2)创建画笔和画刷;

(3)使用Graphics对象的绘图方法绘制图形、输出文字等;

(4)释放Graphics对象和绘图对象所占用的系统资源。

在VB.NET中开发GDI+图形程序,首先必须创建一个VB.NET下的Windows应用程序。打开Visual Studio.NET后,在菜单中选择“文件/新建/项目”,弹出如图2-1a所示对话框;在对话框中的“项目类型”中选择“Visual Basic”,并在“模板”中选择“Windows应用程序”;在“名称”文本框中输入“HelloWorld”作为应用程序名称,并单击“确定”,将出现如图2-1b所示的开发界面,即可开始设计界面和编写代码了。

例2-1　在主窗体Form1上显示“Hello,World!”。

解　在主窗体Form1上显示“Hello,World!”,编写的代码为

```
Private Sub Form1_Paint(ByVal sender As Object, ByVal e As System.Windows.Forms.PaintEventArgs)
Handles Me.Paint
    Dim g As Graphics = e.Graphics                          '取得Graphics对象
    Dim b As SolidBrush = New SolidBrush(Color.Blue)        '创建画刷对象
    Dim f As Font = New Font("宋体", 15, FontStyle.Bold)     '创建字体对象
    g.DrawString("Hello,World!", f, b, 30, 60)              '绘制文字
    f.Dispose()                                             '释放字体对象
    b.Dispose()                                             '释放画刷对象
```

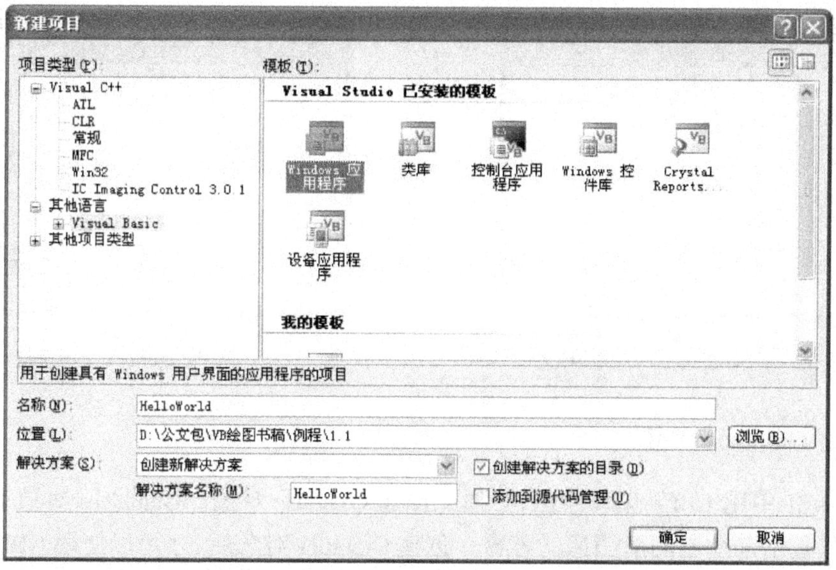

(a)新建项目界面

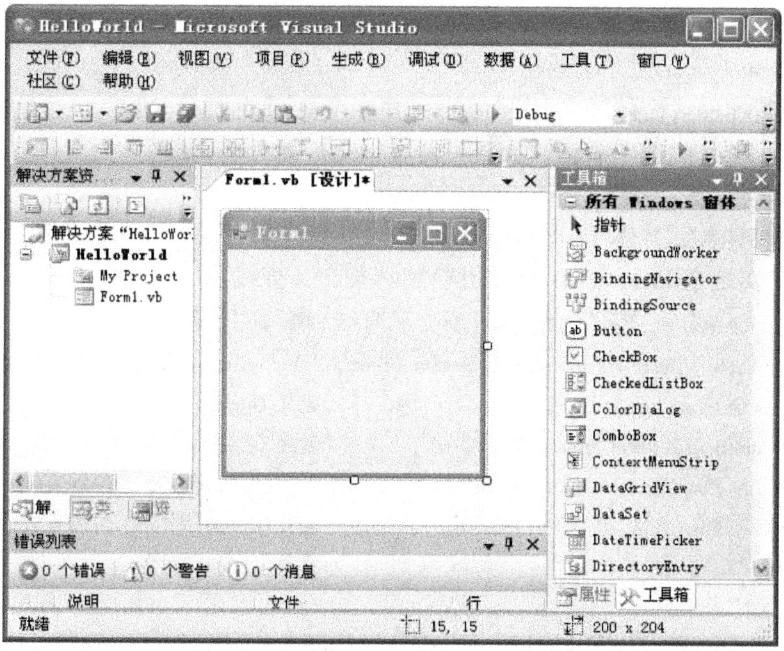

(b)开发界面

图 2-1　创建一个 VB.NET 应用程序

```
        g.Dispose()                                    '释放 Graphics 对象
    End Sub
```

运行结果如图 2-2 所示。

图 2-2 用 Graphics 对象输出文字

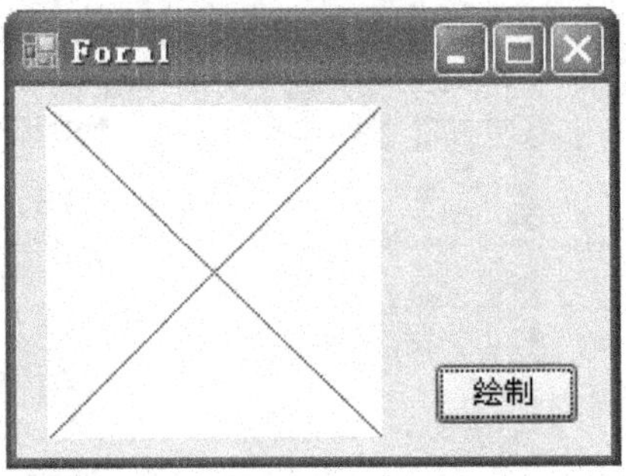

图 2-3 在 PictureBox1 上绘制直线

2.1.2 创建 Graphics 对象

在 VB.NET 中用 GDI+创建绘图,必须先创建 Graphics 对象。Graphices 对象表示 GDI+的绘图表面,是用来绘制图形图像的容器。创建 Graphics 对象后,才可以使用 GDI+的画笔、画刷等结合 Color、Font 等对象进行绘制线条形状、填充区域、显示文本图像等操作。

VB.NET 中的窗体和所有具有 Text 属性的控件都可以作为绘制图形的表面。创建 Graphics 对象有以下 3 种方法。

1. 使用 CreateGraphics 方法创建

通过使用某控件或窗体的 CreateGraphics 方法来灵活获取对 Graphics 对象的引用,该对象表示该控件或窗体的绘图表面。这是一种常见的创建方法,其格式为

```
Dim 对象名 As Graphics
对象名 = 窗体名(或控件名).CreateGraphics
```

例 2-2 实现在 PictureBox1 控件上绘制两条交叉直线。

解 要在 PictureBox1 控件上绘制两条交叉直线,编写的代码为

```
Private Sub Draw_Click(ByVal sender As System.Object, ByVal e As System.EventArgs) Handles Draw.Click
  Dim g As Graphics                          '定义 Graphics 对象
  g = PictureBox1.CreateGraphics             '创建 Graphics 对象
  g.DrawLine(Pens.Blue, 0, 0, 130, 130)      '绘制(0,0)到(130,130)的直线
  g.DrawLine(Pens.Blue, 0, 130, 130, 0)      '绘制(0,130)到(130,0)的直线
  g.Dispose()                                '释放 Graphics 对象
End Sub
```

单击"绘制"按钮后可以绘制图形。运行结果如图 2-3 所示。

2. 利用 PaintEventArgs 参数传递 Graphics 对象

通过窗体或控件的 Paint 事件可以直接完成图形绘制,在编写 Paint 事件处理程序时,利用参数 PaintEventArgs 提供的窗体图形对象。格式为

```
Dim 对象名 As Graphics
对象名 = e.Graphics
```

在例 2-1 中采用的就是这种方式,通过调用窗体的 Paint 事件函数的 PaintEventArgs 参数来调用 Graphics 对象。

3. 从 Image 对象创建

创建 Graphics 对象还可以由 Image 对象或者 Image 类派生的任何对象来创建。调用 Graphics.FromImage，提供要从其中创建 Graphics 对象的 Image 变量的名称，如下面代码所示：

```
Dim myBitmap as New Bitmap("C:\myPic.bmp")
Dim g as Graphics = Graphics.FromImage(myBitmap)
```

例 2-3　实现从图像创建 Graphics 对象，并在图像上绘制水印，即增加文字和圆形。

解　从图像创建 Graphics 对象，并在图像上绘制水印，编写的代码为

```
Private Sub Draw_Click(ByVal sender As System.Object, ByVal e As System.EventArgs) Handles Draw.Click
  Dim myBitmap As Bitmap = New Bitmap("d:\VB.Net\flower.bmp")
  Dim g As Graphics = Graphics.FromImage(myBitmap)
  g.DrawEllipse(Pens.White, 10, 10, 120, 120)
  g.DrawString("版权所有!", New Font("隶书", 8), Brushes.LightBlue, 50, 100)
  PictureBox1.Image = myBitmap
  PictureBox1.Refresh()
  PictureBox1.Image.Save("d:\VB.Net\flower1.bmp")
  g.Dispose()
End Sub
```

运行结果如图 2-4a 所示，其中图 2-4b 为原图像，图 2-4c 为加水印后保存的新图像。

(a)运行界面　　(b)原图像　　(c)新图像

图 2-4　用 Image 对象创建 Graphics 对象

2.1.3　创建画笔和画刷

在获得一个 Graphics 对象之后，接下来就要决定在表面上如何进行绘制。可能需要以下对象中的一个或几个：画笔、画刷。在 GDI+ 中，Pen 类和 Brush 类分别表示画笔和画刷。在需要绘制直线、矩形和曲线的边界时使用画笔，在需要填充图形对象时使用画刷。

Pen 类的构造函数使用颜色和宽度作为参数。以下代码将创建一个宽度为 2 个像素的红色画笔和一个宽度为 1 个像素的蓝色画笔。

```
Dim redPen As Pen = New Pen(Color.Red, 2)
Dim bluePen As Pen = Pens.Blue
```

Brush 类的功能是通过它的多个派生类 SolidBrush、HatchBrush 等来实现的。以下代码将

创建一个黑色的实心画刷。

```
Dim blackBrush As SolidBrush = New SolidBrush(Color.Black)
```

2.1.4 使用 Graphics 对象

在创建 Graphics 对象、画笔或画刷之后，就可以绘制直线、边框、曲线或图像了。Graphics 类为绘制和填充图形、曲线或图像提供了相应的方法。例如，DrawEllipse 将使用特定的画笔来绘制椭圆的边界，而 FillEllipse 将使用一种填充颜色来绘制椭圆。绘制方法使用画笔作为参数，而填充方法则使用画刷作为参数。本章 2.3 节将详细讨论绘制和填充方法。

2.1.5 释放 Graphics 对象

在 Graphics 对象使用完毕后，必须将其释放。在 VB.NET 中提供了一个 Dispose 方法，此方法可以用来释放 Graphics 对象、画笔对象等所占用的全部资源。

例如，创建 g 为 Graphics 对象，使用完后用 g.Dispose()来释放。

2.2 绘图基础

2.2.1 坐标系统

2.2.1.1 基础知识

GDI+绘图技术中，最基本的是坐标系统。GDI+默认的坐标系统与数学中的坐标系统并不一样，如果要在 GDI+中使用新的坐标系统，则需要在默认坐标系的基础上进行坐标的变换，例如旋转、平移等。GDI+中使用三种坐标系统来表示位置信息：世界坐标系、页面坐标系、设备坐标系。在缺省情况下，三种坐标系统的原点都是点(0,0)，这个点位于工作区的左上角，x 轴正方向水平向右，y 轴正方向垂直向下(图 2-5)。应用 GDI+在屏幕上绘制图形之前，坐标先要经过两次坐标位置信息的变换：第一次变换将世界坐标转换为页面坐标，第二次变换将页面坐标转换为设备坐标。

图 2-5 默认的坐标系

世界坐标系是在 GDI+绘图时传递给绘图方法的坐标系，就是我们日常工作的坐标系，Graphics 类提供了 TranslateTransform、RotateTransform 和 ScaleTransform 方法实现坐标系的平移、旋转和缩放。

页面坐标系是指绘图表面(如窗体或控件)使用的坐标系，通过不同度量单位来对应真实世界的尺度，Graphics 类提供了用于操作页面变换的 PageUnit 和 PageScale 属性，可进行页面坐标度量单位信息的获取和设置，如表 2-1 所示。

设备坐标系是指在进行绘制的显示设备(如显示器或打印机)上所使用的坐标系。在显示器中使用像素(pixel)作为度量单位，在打印机中使用点数(point)作为度量单位。Graphics 类提供了两个只读属性：DpiX 和 DpiY，用于检查显示设备每英寸的水平点数和垂直点数。

表 2-1　GDI+中使用的坐标计量单位

度量单位	说　明
World	将世界坐标系单位指定为度量单位
Display	指定显示设备的度量单位。视频显示使用的单位是像素;打印机使用的单位是 1/100 英寸
Pixel	将设备像素指定为度量单位
Point	将打印机点数(1/72 英寸)指定为度量单位
Inch	将英寸指定为度量单位
Document	将文档单位(1/300 英寸)指定为度量单位
Millimeter	将毫米(1/25.4 英寸)指定为度量单位

下面以例 2-4 来说明不同坐标空间之间的关系和坐标变化情况。

例 2-4　采用坐标系变换和不同的度量单位来绘制两条直线。

解　采用坐标系变换和不同的度量单位来绘制直线,编写的代码为

```
Private Sub Draw_Click(ByVal sender As System.Object, ByVal e As System.EventArgs) Handles Draw.Click
    Dim g As Graphics = Me.CreateGraphics
    g.DrawLine(Pens.Red, 0, 0, 20, 15)           '绘制直线 1
    g.ResetTransform()                           '将此 Graphics 坐标系统复位
    g.TranslateTransform(15, 10)                 '对此 Graphics 平移变换来更改坐标系统的原点
    g.PageUnit = GraphicsUnit.Millimeter         '将毫米指定为度量单位
    g.DrawLine(Pens.Blue, 0, 0, 20, 15)          '绘制直线 2
    g.Dispose()                                  '释放 Graphics 使用的所有资源
End Sub
```

运行结果如图 2-6 所示。

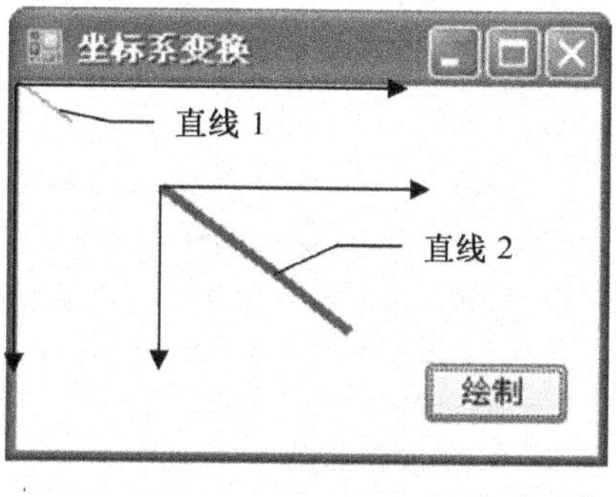

图 2-6　坐标系变换

在例 2-4 中,当两次调用 DrawLine(myPen, 0, 0, 20, 15)绘制直线时,传递给 DrawLine 方法的两个点的坐标(0, 0)和(20, 15)实际上是世界坐标。在第一次调用 DrawLine 时,是按照坐标系统的默认状态来绘制的,运行结果如图 2-6 所示的直线 1。当对坐标系进行变换,将坐标系平移到(15,10),再将页面坐标的单位设置为毫米后,第二次调用同样的 DrawLine 方法,绘制结果为图 2-6 所示的直线 2。

绘制直线 2 时的坐标系发生了全局变换和页面变换,使得直线 2 的两个端点的页面坐标和设备坐标都发生了变化。由于 1 英寸 = 25.4mm,当读取到显示器上的 DpiX 和 DpiY 都为 96,即每英寸有 96 个像素点时,可以计算出每毫米的像素点个数为:$96/25.4 \approx 3.77952$。因而使得绘制直线 2 时,虽然画笔的宽度为默认值 1mm,但绘制结果显示为约 4 个像素宽。直线 2 的两个端点的设备坐标也应为页面坐标值乘以 3.77952,结果如表 2-2 所示。

表 2-2 两条直线端点在三个坐标空间中的坐标

坐标	直线 1		直线 2	
	端点坐标	度量单位	端点坐标	度量单位
世界坐标	(0,0) to (20,15)	无量纲	(0,0) to (20,15)	无量纲
页面坐标	(0,0) to (20,15)	像素	(15,10) to (35,25)	毫米
设备坐标	(0,0) to (20,15)	像素	(56.7,37.7) to (132.3,94.5)	像素

2.2.1.2 世界坐标系的变换

位置信息在 GDI + 中虽可以用三种坐标系统来表示,但对于实际程序开发工作,只应用三种坐标系统是远远不够的,还需要用到下面的坐标系变换。这些变换是在世界坐标系下进行的。

1. 坐标系平移和旋转

世界坐标系的平移通过 Graphics 类的 TranslateTransform 方法来实现,可以改变世界坐标系的原点。具体形式为

```
Public Sub TranslateTransform(ByVal dx As Single, ByVal dy As Single)
```

参数说明:dx 为平移的 x 坐标;dy 为平移的 y 坐标。当 dx 或 dy 为正数时,表示沿默认初始坐标系统的正方向移动;反之,则向反方向移动。

世界坐标系的旋转通过 Graphics 类的 RotateTransform 方法来实现,改变世界坐标系的坐标轴与水平线的夹角。具体形式为

```
Public Sub RotateTransform(ByVal angle As Single)
```

参数说明:angle 为旋转角度(以度为单位)。当 angle 为正数时,沿顺时针方向旋转,反之,则沿逆时针方向旋转。

例 2-5 将世界坐标系的原点先平移到点(60, 40),绘制一条线宽为 1 的红色直线 1;然后将世界坐标旋转 30°,绘制一条线宽为 2 的蓝色直线 2;再将世界坐标系旋转 60°,绘制一条线宽为 3 的绿色直线 3。

解 将世界坐标系平移和旋转变换后绘制直线,编写的代码为

```
Private Sub Draw_Click(ByVal sender As System.Object, ByVal e As System.EventArgs) Handles Draw.Click
    Dim g As Graphics = Me.CreateGraphics
    Dim p As Pen = New Pen(Color.Blue, 2)
    g.ResetTransform()                        '将坐标系统复位
    g.TranslateTransform(60, 40)              '坐标系平移
    g.DrawLine(Pens.Red, 0, 0, 90, 0)         '绘制直线 1
    g.RotateTransform(30)                     '坐标系旋转 30°
    g.DrawLine(p, 0, 0, 90, 0)                '绘制直线 2
    g.RotateTransform(60)                     '坐标系旋转 60°
    p.Width = 3                               '修改画笔属性
    p.Color = Color.Green
    g.DrawLine(p, 0, 0, 90, 0)                '绘制直线 3
    p.Dispose()                               '释放对象
    g.Dispose()
```

```
End Sub
```

运行结果如图 2-7 所示。注意:每次坐标系变换之后,再次变换坐标系是在上一次的基础上进行的。

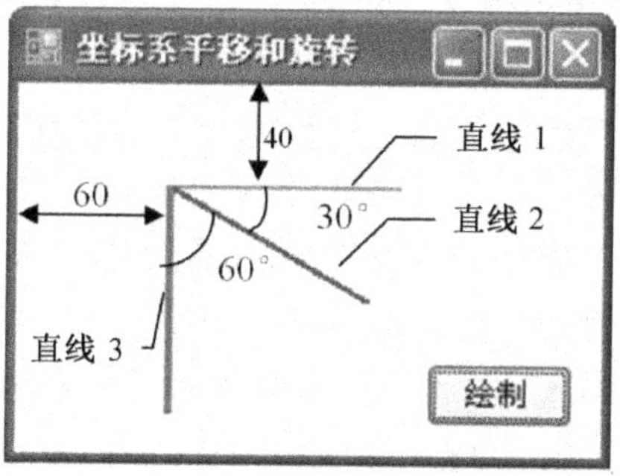

图 2-7　坐标系平移和旋转运行结果

2. 坐标系翻转和缩放

世界坐标系的翻转和缩放都可通过 Graphics 类的 ScaleTransform 方法来实现。坐标系的翻转可以改变坐标轴的方向,如设置 y 轴垂直向上为正;坐标系的缩放可改变坐标轴的比例因子。具体形式为

```
Public Sub ScaleTransform(ByVal sx As Single, ByVal sy As Single)
```

参数说明:sx 为 x 方向的比例因子;sy 为 y 方向的比例因子。比例因子大于 1 则放大,小于 1 则缩小,为 0 时会出现异常。当比例因子为负数时,坐标轴将进行翻转变换,如 sy 小于零,则 y 轴垂直向上为正。

例 2-6　将世界坐标系原点先平移到点(60, 40),绘制一条线宽为 1 的红色直线 1 和一条线宽为 2 的蓝色直线 2;然后将世界坐标系 y 轴比例缩小为 0.5,并绕 x 轴翻转,同时 x 轴比例不变,绘制一条线宽为 3 的绿色直线 3。

解　将世界坐标系平移、缩放和翻转变换后绘制直线,编写的代码为

```
Private Sub Draw_Click(ByVal sender As System.Object, ByVal e As System.EventArgs) Handles Draw.Click
    Dim g As Graphics = Me.CreateGraphics
    Dim p As Pen = New Pen(Color.Blue, 2)
    g.ResetTransform()                       '将坐标系统复位
    g.TranslateTransform(60, 40)             '坐标系平移
    g.DrawLine(Pens.Red, 0, 0, 70, 0)        '绘制直线 1
    g.DrawLine(p, 0, 0, 0, 70)               '绘制直线 2
    p.Width = 3                              '修改画笔属性
    p.Color = Color.Green
    g.ScaleTransform(1, -0.5)                '坐标系 x 方向比例不变,y 方向缩小为 0.5 并翻转
    g.DrawLine(p, 0, 0, 0, 70)               '绘制直线 3
End Sub
```

运行结果如图 2-8 所示。

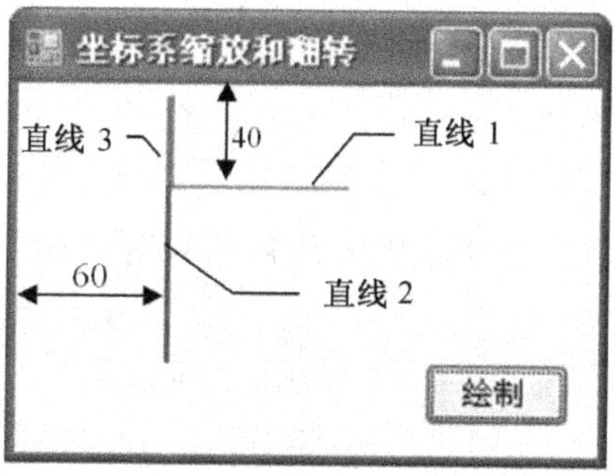

图 2-8　坐标系翻转和缩放运行结果

2.2.2　颜色

2.2.2.1　颜色定义

在 GDI+ 中,颜色是由一个 32 位的 Color 结构体来表示的,此结构体由四个分量组成,即 Alpha(A)、红色(R)、绿色(G)和蓝色(B)。这种表示方式称为 ARGB 模式,各个分量由 8 位来表

示，取值范围从 0 到 255。颜色的数目将是 255 × 255 × 255 × 255 = 4 228 250 625，这意味着有 40 亿种可用的颜色。

颜色的 Alpha 分量（前 8 位）表示颜色的透明度，此分量确定了前景和背景颜色的混合方式，0 表示完全透明，255 表示完全不透明。它的计算公式是：

输出色彩 = 前景色 × Alpha/255 + 背景色 × (255 − Alpha)/255

例如有一个点，其色彩的绿色分量值为 120，背景色的绿色分量值为 80，透明度设置为 160，那么目标区域中最终显示的色彩将是：

输出色彩 = 120 × 160/255 + 80 × (255 − 160)/255 = 105

为了使颜色选择更容易，Color 结构提供了多种静态属性，每个属性代表了一个颜色的名字。使用这些颜色时，要在调用的 Color 结构后紧接着使用“.”操作符，后面是所想要的颜色。所有常用的颜色名字都已包括了进来，包括 Red、Green、Blue、Black、White、Yellow、Fuchsia、Silver、Gray、Brown 和 Khaki 等。例如，Color.Black 表示黑色。除了这些静态属性之外，此结构体还包含分别表示 Alpha、红色、绿色和蓝色分量的只读属性 A、R、G 和 B。

Color 结构体还提供了一些方法。如 FromArgb 方法用于创建一种颜色的 Color 结构，ToArgb 方法用于获取此 Color 结构的 32 位 ARGB 值。

FromArgb 方法有四种调用格式：

(1)从一个 32 位 ARGB 值创建 Color 结构。具体形式为

Public Shared Function FromArgb(ByVal argb As Integer) As System.Drawing.Color

参数说明：argb 为指定 32 位 ARGB 值。

(2)从指定的 8 位颜色值（红色、绿色和蓝色）创建 Color 结构。alpha 值默认为 255（完全不透明）。具体形式为

Public Shared Function FromArgb(ByVal red As Integer, ByVal green As Integer, ByVal blue As Integer) As System.Drawing.Color

参数说明：red 为红色分量值；green 为绿色分量值；blue 为蓝色分量值。

(3)从 4 个 ARGB 分量（alpha、红色、绿色和蓝色）创建 Color 结构。具体形式为

Public Shared Function FromArgb(ByVal alpha As Integer, ByVal red As Integer, ByVal green As Integer, ByVal blue As Integer) As System.Drawing.Color

参数说明：alpha 为透明度分量；red 为红色分量；green 为绿色分量；blue 为蓝色分量。

(4)使用新的 alpha，其他颜色分量不变，创建 Color 结构。具体形式为

Public Shared Function FromArgb(ByVal alpha As Integer, ByVal baseColor As System.Drawing.Color) As System.Drawing.Color

参数说明：alpha 为新 Color 的 alpha 值，其有效值为从 0 到 255；baseColor 为从中创建新 Color 的 Color。

ToArgb 方法的调用格式只有一种：用于获取此指定 Color 结构的 32 位 ARGB 值。具体形式为

Public Function ToArgb() As Integer

返回值：此 Color 的 32 位 ARGB 值。

2.2.2.2 调用颜色对话框

ColorDialog 组件是.NET 预设的有模式对话框，其功能是弹出系统自带的调色板，让用

户选择颜色或者自定义颜色。在 VB.NET 的工具箱中，ColorDialog 组件位置如图 2-9 所示。

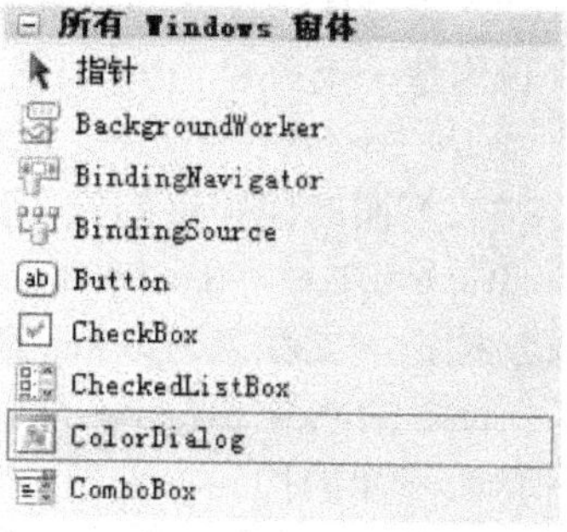

图 2-9　ColorDialog 组件

ColorDialog 组件的 Color 属性：获取或设置用户选定的颜色。如果没有选定颜色，则默认值为黑色。

ColorDialog 组件的 ShowDialog 方法：打开颜色选择对话框。

例 2-7　以例 2-2 为基础，在窗体上拖放一个 ColorDialog 组件，通过 ColorDialog 对话框选择颜色来改变 Form1 的背景颜色。

解　调用颜色选择框设置 Form1 背景色编写的代码为

```
Private Sub Color_Click(ByVal sender As System.Object, ByVal e As System.EventArgs) Handles Color.
Click
    Dim c As Color
    If (ColorDialog1.ShowDialog = Windows.Forms.DialogResult.OK) Then
        c = ColorDialog1.Color
        Me.BackColor = c
    End If
End Sub
```

单击"背景色"按钮可弹出颜色选择框，运行结果如图 2-10 所示。

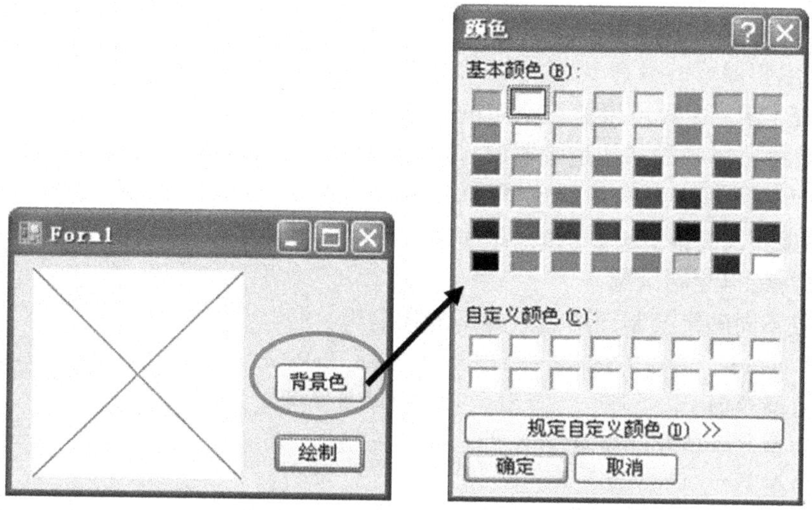

(a)主窗体　　(b)通用颜色对话框

图 2-10　通用颜色对话框使用

2.2.3　画笔

画笔用于绘制图形的轮廓，如直线、曲线、多边形等。GDI+ 的画笔除了具有常见的颜色和宽度属性外，还具有对齐方式、线帽、变换方式等高级属性。

GDI+通过Pen类来定义画笔,Pen类的构造函数有4种方式:

(1)构造一支颜色为color的画笔,画笔的宽度为默认值1。

```
Public Sub New(ByVal color As Color)
```

例如,下面的代码将创建一支淡蓝色的画笔:

```
Dim p As Pen = New Pen(Drawing.Color.LightBlue)
```

(2)构造一支颜色为color、宽度为width的画笔。

```
Public Sub New(ByVal color As Color, ByVal width As Single)
```

例如,下面的代码将创建一支宽度为3的暗红色画笔:

```
Dim p As Pen = New Pen(Drawing.Color.DarkRed, 3)
```

(3)根据画刷brush来构造一支画笔。

```
Public Sub New(ByVal brush As Brush)
```

例如,下面的代码将实现从已有的单色画刷b创建画笔p:

```
Dim b As SolidBrush = New SolidBrush(Drawing.Color.Brown)
Dim p As Pen = New Pen(b)
```

(4)根据画刷brush的颜色属性和新设定的宽度来构造一支画笔。

```
Public Sub New(ByVal brush As Brush, ByVal width As Single)
```

例如,下面的代码将实现从已有的阴影画刷b创建宽度为4的画笔p:

```
Dim b As Drawing2D.HatchBrush = New Drawing2D.HatchBrush (Drawing2D.HatchStyle.Cross, Drawing.
Color.Chocolate)
Dim p As Pen = New Pen(b, 4)
```

在定义画笔时,线宽的单位与页面坐标系所定义的度量单位应一致。例如,当通过PageUnit方法定义页面坐标系的度量单位为Millimeter时,则线宽为2表示2mm,根据本章2.1.1节中毫米和像素的换算比例为3.779 52,故线宽为2的画笔绘制的直线的宽度约为7.56像素。在GDI+中还可以通过制定的画刷来构造画笔,实现更加灵活地控制画笔的外观属性。如使用阴影画刷来构造画笔时,使用此画笔绘制图形轮廓将具有阴影图案的外观。

例2-8 在PictureBox1上绘制图形,首先创建普通画笔,设置页面坐标系度量单位为毫米,绘制两条交叉直线,交叉直线的线宽为2;然后定义阴影图案的画笔,设置页面坐标系度量单位为像素,再绘制椭圆。

解 设置不同画笔绘制图形效果编写的代码为

```
Private Sub Draw_Click(ByVal sender As System.Object, ByVal e As System.EventArgs) Handles Draw.Click
    Dim g As Graphics                      '定义各种对象
    Dim b As Drawing2D.HatchBrush
    Dim p As Pen
    g = PictureBox1.CreateGraphics
    g.PageUnit = GraphicsUnit.Millimeter   '设置页面坐标系度量单位为毫米
    p = New Pen(Color.Blue, 2)             '创建宽度为2的蓝色画笔
    g.DrawLine(Pens.Blue, 0.0F, 0.0F, 130.0F / 3.77F, 130.0F / 3.77F)   '绘制直线
    g.DrawLine(Pens.Blue, 0, 130.0F / 3.77F, 130.0F / 3.77F, 0)
    g.PageUnit = GraphicsUnit.Display      '设置页面坐标系度量单位为像素
    b = New Drawing2D.HatchBrush(Drawing2D.HatchStyle.SmallGrid, Drawing.Color.Blue, Drawing.Col-
or.LightGreen)     '创建背景为淡绿、线条颜色为蓝色、阴影图案为小网格的画刷
```

```
    p = New Pen(b, 10)                    '创建阴影图案的画笔
    g.DrawEllipse(p, 20, 20, 90, 90)      '绘制圆
    b.Dispose()                           '释放各种对象
    p.Dispose()
    g.Dispose()
  End Sub
```

运行结果如图 2-11 所示。

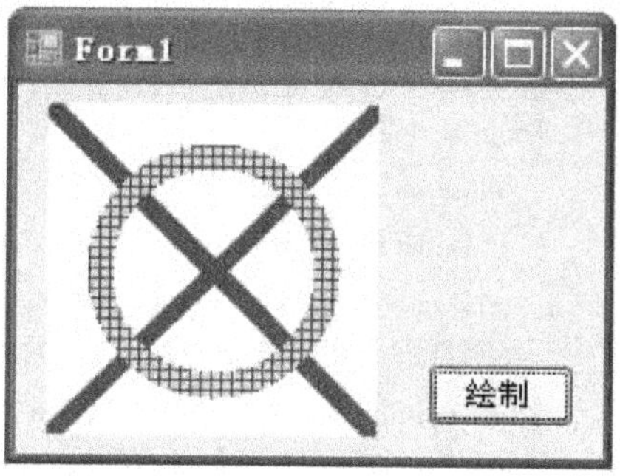

图 2-11　不同画笔绘制效果

2.2.3.1　画笔的线型

使用 Pen 类的属性 DashStyle 可以设置或访问画笔的线型。GDI+ 在 DashStyle 枚举中提供了 6 种常用的画笔线型，枚举值及说明如表 2-3 所示。

表 2-3　DashStyle 枚举成员及说明

成员名称	说　明	图　例
Custom	自定义划线段样式	
Dash	由划线段组成的直线	
DashDot	由重复的点划线构成的直线	
DashDotDot	由重复的双点划线构成的直线	
Dot	由点构成的直线	
Solid	实线	

DashStyle 中的 Custom 用于用户自定义的线型，默认为纯色实线。使用一个预定义的数组来描述画笔的虚实，即短画线和空白区域所占长度，然后将此数组赋给 Pen 类的 DashPattern 属性，再给 DashStyle 属性选择 Custom 值，可以改变自定义线型样式。例如，若线型的预定义数组为{4, 1, 2, 1}，用画笔宽度 2 去乘数组得{8, 2, 4, 2}，则定义的线型样式为：8 单位短画线 + 2 单位空白 + 4 单位短画线 + 2 单位空白。如此交替来绘制图形，如图 2-12 所示。

图 2-12　自定义线型示例

例 2-9　在 PictureBox1 上绘制 4 个矩形，所定义的画笔采用自定义线型，定义线型的数组值根据矩形的边长来动态确定。

解　自定义线型绘制矩形编写的代码为

```
Private Sub Draw_Click(ByVal sender As System.Object, ByVal e As System.EventArgs) Handles Draw.Click
    Dim g As Graphics                     '定义各种对象和变量
    Dim p As Pen
    Dim value As Single()                 '定义线型样式数组变量
    Dim i As Single
```

```
    Dim len As Integer = 15                          '矩形的边长基数
    g = PictureBox1.CreateGraphics                   '创建 Graphics 对象
    p = New Pen(Color.Blue, 2)                       '创建线宽为 2 的蓝色画笔
    '将世界坐标系原点平移到 PictureBox1 的中心
    g.TranslateTransform (PictureBox1.Width /2,PictureBox1.Height /2)
    For i = 1 To 4
      value = New Single() {3.0F * i, i, 1.0F + i, i}   '定义线型虚实参数
      p.DashPattern = value                             '给画笔线型样式赋值
      p.DashStyle = Drawing2D.DashStyle.Custom
      '用自定义线型绘制矩形
      g.DrawRectangle(p, (-1) * len * i, (-1) * len * i, 2 * len * i, 2 * len * i)
    Next
    p.Dispose()
    g.Dispose()
  End Sub
```

运行结果如图 2-13 所示。

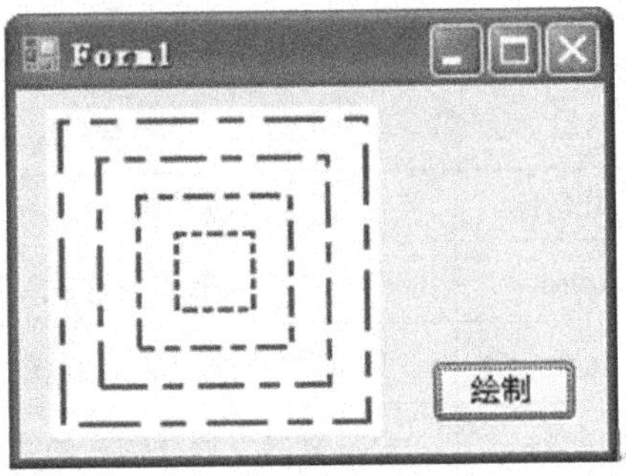

图 2-13　自定义线型绘制矩形

2.2.3.2　画笔的对齐方式

由于画笔是具有宽度的，相对于理论上零宽度的线条来说，画笔宽度方向上的中心位置是由其对齐方式来决定的。在 GDI+中，画笔的对齐方式是由属性 Alignment 来设置的，此属性的值在 PenAlignment 枚举中描述，PenAlignment 的枚举值如表 2-4 所示。

表 2-4　PenAlignment 枚举成员及说明

成员名称	说　明
Center	指定 Pen 对象以理论的线条为中心，为默认值
Inset	指定 Pen 被定位于理论的线条内
Outset	指定将 Pen 定位于理论的线条外
Left	指定将 Pen 定位于理论的线条的左侧
Right	指定将 Pen 定位于理论的线条的右侧

PenAlignment 枚举指定的五个值的实际运行结果与理论结果有所差异，其中，仅有两个值(Center 和 Inset)将更改所绘制直线的外观，Inset 值指定画笔的宽度位于曲线或多边形的内部，其他三个值(Right、Left 和 Outset)将导致居中的画笔，对齐方式设置为 Inset 的 Pen 将产生不可靠的结果，有时在内嵌位置进行绘制，有时在居中位置进行绘制。此外，还无法使用内嵌钢笔来绘制复合直线，并且无法绘制带有 Triangle 线帽的虚线。

例 2-10　绘制 3 条重叠直线和 2 个重叠矩形。在绘制每个图形时，先用宽度为 1 的黑画笔绘制，再用宽度为 7 的淡绿色画笔绘制，并且每个图形都是设置为不同的画笔对齐方式，可以体现出对齐方式的实际效果。

解　实现画笔的对齐方式编写的代码为

```
Private Sub Draw_Click(ByVal sender As System.Object, ByVal e As System.EventArgs) Handles Draw.Click
    Dim g As Graphics
    Dim p1, p7 As Pen
    g = PictureBox1.CreateGraphics
    p1 = Pens.Black                                        '定义宽度为 1 的黑画笔
    p7 = New Pen(Color.LightGreen, 7)                      '定义宽度为 7 的淡绿色画笔
    p7.Alignment = Drawing2D.PenAlignment.Center           '将画笔以理论的线条为中心
    g.DrawLine(p7, 20, 10, 110, 10)                        '绘制直线 1
    g.DrawLine(p1, 20, 10, 110, 10)
    p7.Alignment = Drawing2D.PenAlignment.Left             '将画笔定位于理论的线条左侧
    g.DrawLine(p7, 10, 20, 10, 110)                        '绘制直线 2
    g.DrawLine(p1, 10, 20, 10, 110)
    p7.Alignment = Drawing2D.PenAlignment.Right            '将画笔定位于理论的线条右侧
    g.DrawLine(p7, 120, 20, 120, 110)                      '绘制直线 3
    g.DrawLine(p1, 120, 20, 120, 110)
    p7.Alignment = Drawing2D.PenAlignment.Inset            '将画笔定位于理论的线条内
    g.DrawRectangle(p7, 30, 30, 70, 70)                    '绘制矩形 1
    g.DrawRectangle(p1, 30, 30, 70, 70)
    p7.Alignment = Drawing2D.PenAlignment.Outset           '将画笔定位于理论的线条外
    g.DrawRectangle(p7, 45, 45, 40, 40)                    '绘制矩形 2
    g.DrawRectangle(p1, 45, 45, 40, 40)
    p7.Dispose()
    g.Dispose()
End Sub
```

运行结果如图 2－14 所示。

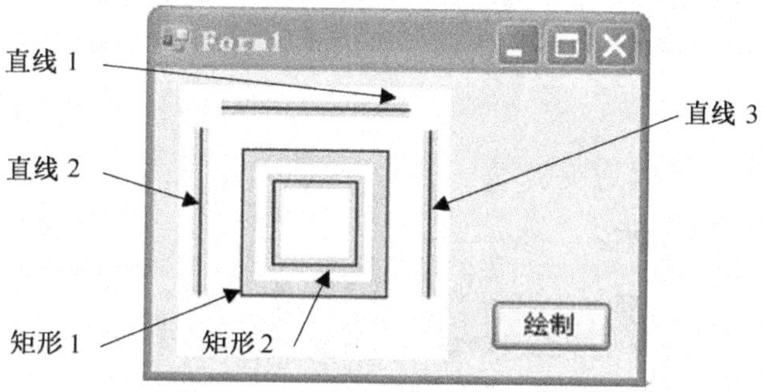

图 2－14　画笔对齐方式示例

2.2.3.3　画笔的缩放、旋转

在 GDI+ 中，画笔可以进行缩放和旋转变换。画笔的缩放变换可以改变画笔的宽度在水平和垂直方向的不同缩放比例，方法为 ScaleTransform，具体形式为

```
Public Sub ScaleTransform(ByVal sx As Single, ByVal sy As Single)
```

参数说明：sx 为沿水平方向缩放变换的因子；sy 为沿垂直方向缩放变换的因子。

画笔的旋转变换可以将画笔在指定角度时进行旋转，调整画笔宽度在水平和垂直方向的比例，方法为 RotateTransform，具体形式为

```
Public Sub RotateTransform(ByVal angle As Single, ByVal order As Drawing2D.MatrixOrder)
```

参数说明：angle 为旋转角度；order 为可选项，有 Append 和 Prepend 两种，分别指在后面追加旋转矩阵和在前面添加旋转矩阵。

画笔的缩放是改变笔尖形状，因此对于水平和垂直方向宽度相等的画笔，即使对画笔进行旋转变换，绘制图形的结果也没有变化。

例 2-11 将画笔经过缩放和旋转变换后分别绘制 1 个矩形和 4 个圆。先定义宽度为 2 的画笔，然后将画笔在垂直方向上放大 4 倍，则绘制的矩形上的水平线宽度为 8，垂直线宽度为 2。再分别使用不同的画笔旋转值（0°，60°，120°，180°）绘制了 4 个不同外观的圆，分别为圆 1、圆 2、圆 3、圆 4。

解 为实现画笔的缩放和旋转变换而编写的代码为

```
Private Sub Draw _ Click(ByVal sender As System.Object, ByVal e As System.EventArgs) Handles Draw.Click
    Dim g As Graphics
    Dim p As Pen
    g = PictureBox1.CreateGraphics
    p = New Pen(Color.Blue, 2)                                      '创建线宽为 2 的蓝色画笔
    p.ScaleTransform(1, 4)                                          '画笔水平宽度不变，垂直宽度放大 4 倍
    g.DrawRectangle(p, 10, 10, 110, 110)                            '用画笔绘制矩形
    p.Color = Color.LightBlue                                       '修改画笔颜色为淡蓝色
    g.DrawEllipse(p, 20, 20, 40, 40)                                '用未旋转画笔绘制圆 1
    p.RotateTransform(60, Drawing2D.MatrixOrder.Append)             '画笔顺时针旋转 60°
    g.DrawEllipse(p, 70, 20, 40, 40)                                '用旋转 60°后的画笔绘制圆 2
    p.RotateTransform(60, Drawing2D.MatrixOrder.Append)             '画笔顺时针旋转 60°
    g.DrawEllipse(p, 20, 70, 40, 40)                                '用旋转 120°后的画笔绘制圆 3
    p.RotateTransform(60, Drawing2D.MatrixOrder.Append)             '画笔顺时针旋转 60°
    g.DrawEllipse(p, 70, 70, 40, 40)                                '用旋转 180°后的画笔绘制圆 4
    p.Dispose()
    g.Dispose()
End Sub
```

运行结果如图 2-15 所示。

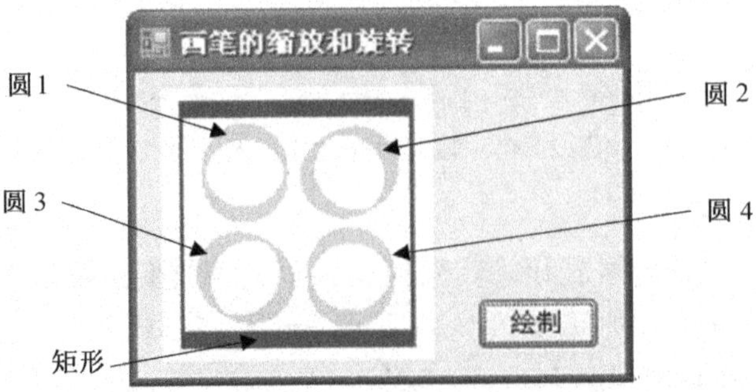

图 2-15 画笔的缩放和旋转示例

2.2.3.4　画笔的线帽

线帽是指线条的起始点和结束点的形状。在默认情况下，使用画笔绘制直线时，其起始点和结束点的形状都是方形。在 GDI + 中，可以对两个端点的形状进行修改，并由 LineCap 枚举列出了多种线帽样式，如表 2-5 所示。

表 2-5　LineCap 枚举成员及说明

成员名称	说　明	图　例
Flat	平线帽	
Square	方线帽	
Round	圆线帽	
Triangle	三角线帽	
NoAnchor	没有锚	
SquareAnchor	方锚头帽	
RoundAnchor	圆锚头帽	
DiamondAnchor	菱形锚头帽	
ArrowAnchor	箭头状锚头帽	
Custom	自定义线帽	
AnchorMask	检查线帽是否为锚头帽的掩码	

可以使用 Pen 类的 StartCap 属性来设置起始点的线帽、EndCap 属性来设置结束点的线帽、DashCap 属性设置短画线两端点的线帽。也可以使用 Pen 类的 SetLineCap 方法来同时设置起始点、结束点和短画线端点的线帽，SetLineCap 方法的具体形式为

```
Public Sub SetLineCap(ByVal startCap As Drawing2D.LineCap, ByVal endCap As .Drawing2D.LineCap, By-
Val dashCap As Drawing2D.DashCap)
```

参数说明：startCap 为直线起点的线帽样式；endCap 为直线终点的线帽样式；dashCap 为当绘制虚线时短画线两端点的线帽样式。

以下代码绘制一条起始点为菱形锚头帽、结束点为圆锚头帽、短画线端点为三角线帽的虚线，运行结果如图 2-16 所示。

```
Dim p As Pen = New Pen(Color.Blue, 7)                    '定义宽度为 7 的蓝色画笔
    p.SetLineCap(Drawing2D.LineCap.DiamondAnchor, Drawing2D. _ LineCap.RoundAnchor, Drawing2D.
DashCap.Triangle)                                        '设置画笔的线帽
    p.DashStyle = Drawing2D.DashStyle.Dash               '设置画笔的线型
    g.DrawLine(p, 20, 20, 235, 20)                       '绘制虚线
```

图 2-16　画笔的线帽示例

2.2.3.5 直线连接点属性

GDI+提出了“直线连接点”(LineJoin)的概念，直线连接点是两条端点重合或重叠的直线形成的公共区域。GDI+提供了4种直线连接方式，并由LineJoin枚举列出了各种连接方式，如表2-6所示。

表2-6 LineJoin枚举成员及说明

成员名称	说明
Bevel	斜角连接：两条直线在连接点产生一个斜角
Round	圆形连接：两条直线在连接点处产生一个平滑的圆弧
Miter	斜连接：产生一个锐角或切除角，具体取决于斜连接的长度是否超过斜连接限制
MiterClipped	裁剪斜连接：产生一个锐角或斜角，具体取决于斜连接的长度是否超过斜连接限制

4种直线连接方式的效果如图2-17所示。Miter和MiterClipped的区别在于，当画笔采用MiterClipped方式绘制直线时，在两直线的相交部分中，超过斜连接限制值MiterLimit的部分将不被绘制，采用Miter方式则不会自动裁剪超过连接限制值的部分。

图2-17 直线连接点样式示例

可以使用Pen类的LineJoin属性来设置直线连接点样式。如要设置直线连接点样式为Bevel，则对应的代码为如下：

```
Dim p As Pen = New Pen(Color.Blue, 9)
p.LineJoin = Drawing2D.LineJoin.Bevel
```

2.2.4 画刷

画刷用来填充封闭区域，如矩形、多边形、椭圆、路径区域等。在GDI+中提供了5种画刷：单色画刷、阴影画刷、纹理画刷、线性渐变画刷和路径渐变画刷。每种画刷的基本描述如表2-7所示。

表2-7 GDI+中的画刷

画刷类型	定义类	描述
单色画刷	SolidBrush	用纯色填充区域
阴影画刷	HatchBrush	用各种阴影图案填充区域
纹理画刷	TextureBrush	用光栅图像填充区域
线性渐变画刷	LinearGradientBrush	用渐变的色彩填充区域
路径渐变画刷	PathGradientBrush	沿预定义的路径进行渐变色彩的填充

5种画刷全部由基类Brush派生而来。与画笔不同的是，画刷无宽度、长度等属性。在使用画刷时，首先需要创建画刷对象，给画刷对象赋予相应的属性，然后在各种填充函数中

将画刷对象作为参数传入进行区域图形的填充。与图形编程中使用的绝大部分对象一样，画刷消耗计算机的资源，所以在使用以后需要调用 Dispose()方法来释放它所占用的资源。

2.2.4.1　单色画刷

单色画刷是使用一种纯色对一个区域进行填充的画刷。利用 SolidBrush 类可以创建单色画刷对象，构造函数只有一种形式：构造填充颜色为 color 的单色画刷。格式为

```
Public Sub New(ByVal color As System.Drawing.Color)
```

例如，以下代码将创建一个淡蓝色画刷：

```
Dim br As Drawing.SolidBrush
br = New Drawing.SolidBrush(Color.LightBlue)
```

或

```
Dim br As Drawing.SolidBrush = New Drawing.SolidBrush(Color.LightBlue)
```

例 2－12　在 PictureBox1 上填充了一个四方格，通过创建一个单色画刷，然后改变单色画刷的颜色属性，用它填充 4 个矩形。

解　用单色画刷填充四方格编写的代码为

```
Private Sub Draw_Click(ByVal sender As System.Object, ByVal e As System.EventArgs) Handles Draw.Click
    Dim g As Graphics = PictureBox1.CreateGraphics       '定义 Graphics 对象
    Dim br As Drawing.SolidBrush                          '定义单色画刷对象
    br = New Drawing.SolidBrush(Color.LightBlue)          '创建单色画刷，填充颜色为淡蓝色
    g.FillRectangle(br, 10, 10, 55, 55)                   '填充左上角矩形区域
    br.Color = Color.Black                                '修改画刷颜色为黑色
    g.FillRectangle(br, 65, 10, 55, 55)                   '填充右上角矩形区域
    br.Color = Color.Red                                  '修改画刷颜色为红色
    g.FillRectangle(br, 10, 65, 55, 55)                   '填充左下角矩形区域
    br.Color = Color.LightGreen                           '修改画刷颜色为淡绿色
    g.FillRectangle(br, 65, 65, 55, 55)                   '填充右下角矩形区域
    br.Dispose()                                          '释放各种对象
    g.Dispose()
End Sub
```

运行结果如图 2－18 所示。

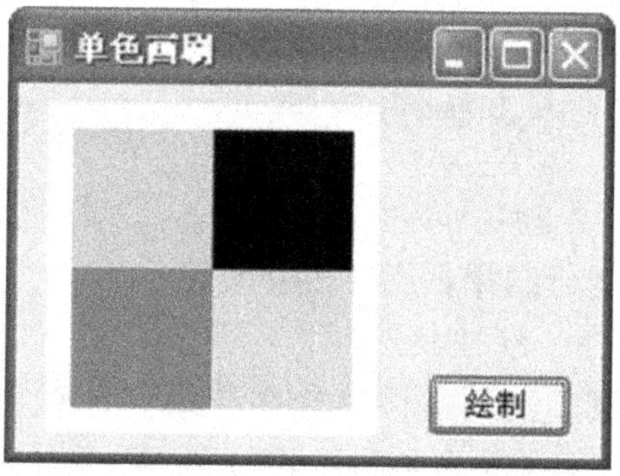

图 2－18　单色画刷填充四方格

2.2.4.2　阴影画刷

阴影画刷使用重复的小图案填充一个区域，最为常见的图案由横线、竖线和斜线组成。利用 HatchBrush 类可以创建阴影画刷对象，构造函数有两种形式。

(1)构造具有指定的阴影图案 hatchstyle 和前景色 foreColor 的阴影画刷，此画刷的背景色为黑色。其格式为

```
Public Sub New(ByVal hatchstyle As System.Drawing.Drawing2D.HatchStyle, ByVal foreColor As System.
Drawing.Color)
```

例如，下面代码将创建一个阴影图案为水平线，图案线条为暗红色的画刷：

```
Dim br As Drawing2D.HatchBrush
```

```
br = New Drawing2D.HatchBrush(HatchStyle.Horizontal, Color.DarkRed)
```

(2)构造具有指定的阴影图案 hatchstyle、前景色 foreColor 和背景色 backColor 的阴影画刷。其格式为

```
Public Sub New(ByVal hatchstyle As System.Drawing.Drawing2D.HatchStyle, ByVal foreColor As System.Drawing.Color, ByVal backColor As System.Drawing.Color)
```

例如，下面代码将创建一个阴影图案为垂直线，图案线条为蓝色，背景色为绿色的画刷：

```
Dim br As Drawing2D.HatchBrush
br = New Drawing2D.HatchBrush(HatchStyle.Vertical, Color.Blue, Color.Green)
```

在使用阴影画刷时，使用阴影图案名称来指定填充的图案，它是 HatchStyle 枚举类型，该枚举类型有 53 个成员，每个成员提供一种图案，在此不一一列举。当在代码编辑窗口中输入 HatchStyle 后，系统会自动弹出一个 HatchStyle 枚举类型成员列表供用户选择。

例 2-13 在 PictureBox1 上绘制了一个四方格，通过创建一个阴影画刷，然后改变阴影画刷的填充图案、前景色和背景色属性，用它绘制 4 个填充矩形。

解 用阴影画刷填充四方格编写的代码为

```
Private Sub Draw_Click(ByVal sender As System.Object, ByVal e As System.EventArgs) Handles Draw.Click
  Dim g As Graphics = PictureBox1.CreateGraphics          '定义 Graphics 对象
  Dim br As Drawing2D.HatchBrush                          '定义阴影画刷
  '创建阴影画刷，阴影图案为交叉线，图案线条为蓝色，背景色为浅黄色
  br = New Drawing2D.HatchBrush(HatchStyle.Cross, Color.Blue, Color.Wheat)
  g.FillRectangle(br, 10, 10, 55, 55)                     '填充左上角矩形区域
  '创建阴影画刷，阴影图案为对角棋盘图，图案线条为黑色，背景色为浅黄色
  br = New Drawing2D.HatchBrush(HatchStyle.SolidDiamond, Color.Black, Color.Wheat)
  g.FillRectangle(br, 65, 10, 55, 55)                     '填充右上角矩形区域
  '创建阴影画刷，阴影图案为倾斜砖块图，图案线条为红色，背景色为浅黄色
  br = New Drawing2D.HatchBrush(HatchStyle.DiagonalBrick, Color.Red, Color.Wheat)
  g.FillRectangle(br, 10, 65, 55, 55)                     '填充左下角矩形区域
  '创建阴影画刷，阴影图案为垂直线，图案线条为绿色，背景色为浅黄色
  br = New Drawing2D.HatchBrush(HatchStyle.Vertical, Color.Green, Color.Wheat)
  g.FillRectangle(br, 65, 65, 55, 55)                     '填充右下角矩形区域
  br.Dispose()                                            '释放各种对象
  g.Dispose()
End Sub
```

运行结果如图 2-19 所示。

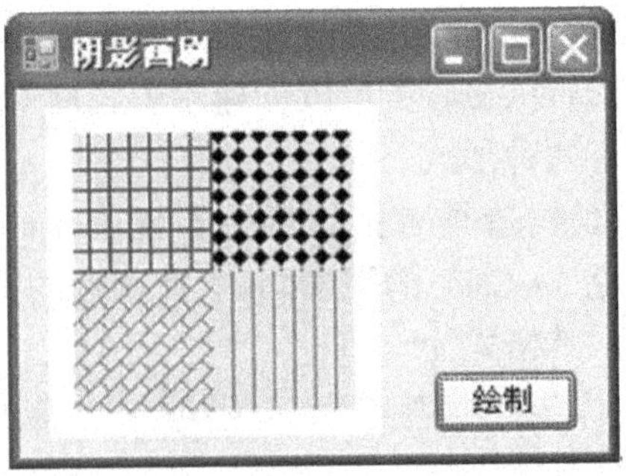

图 2-19 阴影画刷填充四方格

2.2.4.3 纹理画刷

纹理画刷是将图片在待填充区域中进行平铺，可以使用多种格式的图像文件作为填充图案，如 BMP、JPEG、PNG 等。GDI+ 使用类 TextureBrush 来构造一个纹理画刷，构造函数有 8 种形式，在此仅介绍 3 种常用的形式。

(1)构造一个纹理图像为 bitmap 的纹理画刷。其格式为

```
Public Sub New(ByVal bitmap As Drawing.Image)
```

(2)构造一个纹理图像为 bitmap、画刷区域为 dstRect 的纹理画刷。其格式为

```
Public Sub New(ByVal image As Drawing.Image,ByVal dstRect As Drawing.Rectangle)
```

(3)构造一个纹理图像为 bitmap、自动换行模式为 wrapMode 的纹理画刷。其格式为

```
Public Sub New (ByVal image As Drawing.Image, ByVal wrapMode As Drawing.Drawing2D.WrapMode)
```

参数说明:image 为填充用的纹理图像;dstRect 为根据此矩形值在纹理图像上裁剪一个区域的图像,来作为画刷所使用的实际纹理图像;wrapMode 为指定此画刷图案的平铺方式,在 Drawing2D.WrapMode 枚举中取值。

在使用画刷时,除了可以对其本图案的排列进行调整之外,还可以使用画刷的变换来改变基本图案在画刷中的外观。纹理画刷有三种变换:旋转变换(RotateTransform)、缩放变换(ScaleTransform)和平移变换(TranslateTransform)。在例 2-14 中使用了缩放变换来缩小基本图案的尺寸,使得在填充区域中显示更多的图案。

有关纹理画刷的详细属性和方法,请读者参考 GDI+ 的相关手册。

例 2-14　在 PictureBox1 上用纹理画刷填充了一个椭圆。通过创建一个纹理画刷,然后对纹理画刷的比例变换,用它绘制 1 个填充椭圆。

解　用纹理画刷填充椭圆编写的代码为

```
Private Sub Draw_Click(ByVal sender As System.Object, ByVal e As System.EventArgs) Handles Draw.Click
    Dim g As Graphics = PictureBox1.CreateGraphics                  '定义 Graphics 对象
    Dim im As Image = Image.FromFile("D:\VB.NET\textureBig.jpg")    '创建纹理图像对象
    Dim br As New Drawing.TextureBrush(im)                          '创建纹理画刷对象
    br.ScaleTransform(0.25, 0.25)                                   '将画刷进行缩小变换
    g.FillEllipse(br, 5, 0, 120, 130)                               '用纹理画刷填充椭圆
    g.DrawEllipse(Pens.Red, 5, 0, 120, 130)                         '绘制红色椭圆轮廓
    br.Dispose()                                                    '释放各种对象
    g.Dispose()
End Sub
```

运行结果如图 2-20 所示。

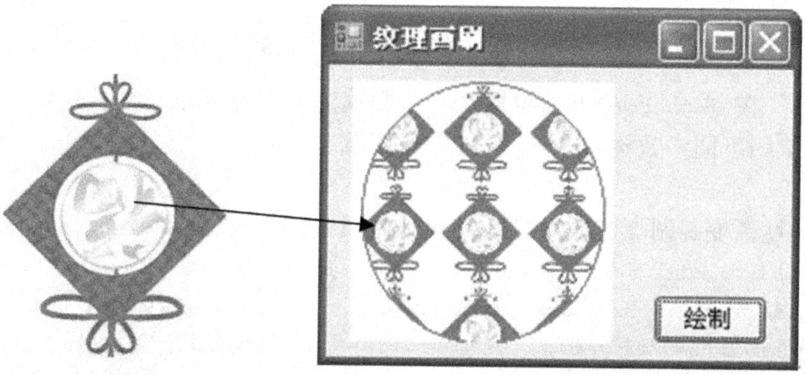

(a) 基本纹理图像　　(b) 运行结果

图 2-20　纹理画刷填充椭圆

2.2.4.4 线性渐变画刷

线性渐变画刷(LinearGradientBrush)是指在对目标区域填充时,使用逐渐变化的颜色进行填充。线性渐变画刷的"渐变"体现为,色彩变化是沿指定角度的直线路径方向进行的,可以在构造画刷时指定变化方向。GDI + 使用类 LinearGradientBrush 来构造一个线性渐变画刷,构造函数有 8 种形式,在此仅介绍常用的两种形式。

(1)构造一个渐变区域为 rect,起点颜色为 color1,结束点颜色为 color2,渐变方向角度为 angle 的线性渐变画刷。其格式为

```
Public Sub New(ByVal rect As Drawing.Rectangle, ByVal color1 As Drawing.Color, ByVal color2 As .Drawing.Color, ByVal angle As Single)
```

(2)构造一个渐变区域起点为 point1,结束点为 point2,起点颜色为 color1,结束点颜色为 color2 的线性渐变画刷。其格式为

```
Public Sub New(ByVal point1 As Drawing.Point, ByVal point2 As Drawing.Point, ByVal color1 As Drawing.Color, ByVal color2 As Drawing.Color)
```

参数说明:rect 为指定线性渐变的界限;point1 为表示线性渐变起始点的 Drawing.Point 结构;point2 为表示线性渐变终结点的 Drawing.Point 结构;color1 为表示渐变起始色的 Drawing.Color 结构;color2 为表示渐变结束色的 Drawing.Color 结构;angle 为渐变方向线的角度(从 x 轴以顺时针角度计算)。

例如,定义线性渐变画刷的起始点到终结点的色彩从蓝色渐变到白色,则填充效果将如图 2-21a 所示;定义线性渐变画刷的界限矩形的色彩从蓝色渐变到白色,则填充效果将如图 2-21b 所示;定义线性渐变画刷的界限矩形的色彩从蓝色渐变到白色,同时渐变方向线的角度为 30°,则填充效果将如图 2-21c 所示。

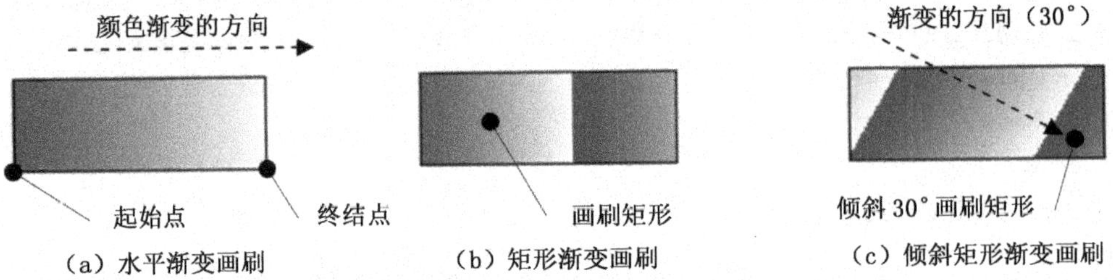

图 2-21 线性渐变画刷示例

例 2-15 在 PictureBox1 上用线性渐变画刷填充了 3 个矩形。通过创建一个线性渐变画刷,然后依次用不同参数构造 3 个画刷,用此画刷分别填充矩形区域,同时还绘制了 3 个矩形。

解 用线性渐变画刷填充区域编写的代码为

```
Private Sub Draw_Click(ByVal sender As System.Object, ByVal e As System.EventArgs) Handles Draw.Click
    Dim g As Graphics = PictureBox1.CreateGraphics        '定义 Graphics 对象
    Dim pStart As New Point(0, 0)                         '定义渐变色起点坐标
    Dim pEnd1 As New Point(40, 0)                         '定义上方矩形的渐变色终点坐标
    Dim pEnd2 As New Point(40, 20)                        '定义中间矩形的渐变色终点坐标
    Dim rect As New Rectangle(0, 0, 20, 30)               '定义下方矩形的渐变色终点坐标
    '定义线性渐变画刷,沿水平方向颜色渐变
```

```
    Dim br As New Drawing2D.LinearGradientBrush(pStart, pEnd1, Color.Blue, Color.White)
    g.FillRectangle(br, 10, 5, 110, 40)                    '填充上方矩形
    g.DrawRectangle(Pens.Black, 10, 5, 110, 40)            '绘制上方矩形
    '定义线性渐变画刷,沿斜线方向颜色渐变
    br = New Drawing2D.LinearGradientBrush(pStart, pEnd2, Color.Blue, Color.White)
    g.FillRectangle(br, 10, 45, 110, 40)                   '填充中间矩形
    g.DrawRectangle(Pens.Black, 10, 45, 110, 40)           '绘制中间矩形
    '定义线性渐变画刷,沿向左侧倾斜 30°直线的垂直方向颜色渐变
    br = New Drawing2D.LinearGradientBrush(rect, Color.Blue, Color.White, -30)
    g.FillRectangle(br, 10, 85, 110, 40)                   '填充下方矩形
    g.DrawRectangle(Pens.Black, 10, 85, 110, 40)           '绘制下方矩形
    br.Dispose()                                           '释放各种对象
    g.Dispose()
End Sub
```

运行结果如图 2-22 所示。

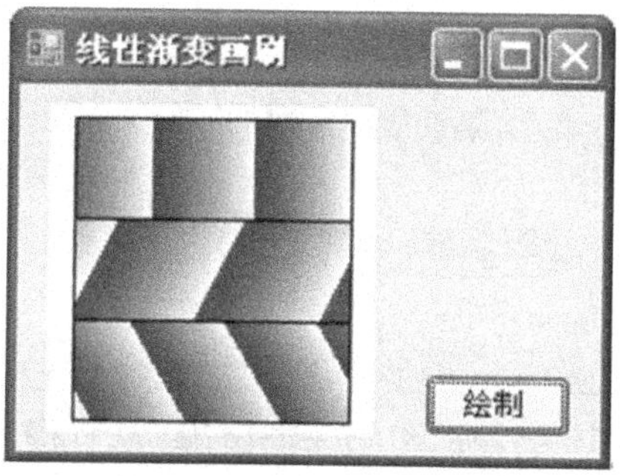

图 2-22　线性渐变画刷填充矩形

2.2.4.5　路径渐变画刷

路径渐变画刷(PathGradientBrush)就是画刷的色彩变化是在指定的路径内完成的,渐变色从路径内部定义的中心点逐渐过渡到路径的边框。一个路径可以由一个或多个图形组成,还可以是一个基本的几何形体,如矩形、圆形、扇形。对于复杂的路径(如多边形和不规则形状),使用 PathGradientBrush 来填充颜色是最合适的,因为它的填充的对象是闭合的路径。GDI+使用类 PathGradientBrush 来构造一个路径渐变画刷,构造函数有 5 种形式,在此仅介绍常用的两种形式。

(1)构造一个填充路径为 path 的路径渐变画刷。其格式为

```
Public Sub New(ByVal path As Drawing2D.GraphicsPath)
```

(2)构造一个由路径的顶点集合 points 和环绕模式 wrapMode 定义的路径渐变画刷。其格式为

```
Public Sub New(ByVal points() As Drawing.Point, ByVal wrapMode As Drawing2D.WrapMode)
```

参数说明:path 为填充的区域的路径;points 为表示构成路径顶点的点集;wrapMode 为使用此 Drawing2D.PathGradientBrush 绘制的填充的平铺方式。

在实际使用中,除了构造路径渐变画刷对象后,还需要设置画刷的其他属性,其中有中心点位置(CenterPoint)、中心点颜色(CenterColor)、路径中顶点的颜色数组(SurroundColors)。

路径渐变画刷与线性渐变画刷相比,其特点在于:线性渐变画刷的渐变方向较为单一,如水平、垂直、固定角度;而路径渐变画刷的渐变方向是从路径中央到路径边缘,是一种发散状的渐变。

例 2-16　在 PictureBox1 上用路径渐变画刷填充了一个三角形。通过创建一个路径渐变画刷,然后设置画刷的不同参数,用此画刷填充路径区域,同时还绘制了路径边框。

解　用路径渐变画刷填充三角形编写的代码为

```
Private Sub Draw_Click(ByVal sender As System.Object, ByVal e As System.EventArgs) Handles Draw.Click
    Dim g As Graphics = PictureBox1.CreateGraphics                           '定义 Graphics 对象
    '定义三角形的顶点
    Dim pt() As Point = {New Point(65, 10), New Point(10, 120), New Point(120, 120)}
    Dim cl() As Color = {Color.Red, Color.Green, Color.Blue}                 '定义图形各顶点对应的颜色
    Dim br As New Drawing2D.PathGradientBrush(pt)                           '创建路径渐变画刷
    br.CenterPoint = New Point(65, 75)                                      '设置渐变路径中点
    br.CenterColor = Color.White                                            '设置路径渐变的中心处的颜色
    br.SurroundColors = cl                                                '设置填充路径中的相对应的颜色的数组
    g.FillPolygon(br, pt)                                                   '填充中心区域
    g.DrawPolygon(Pens.Black, pt)                                           '绘制边框
    br.Dispose()                                                            '释放各种对象
    g.Dispose()
End Sub
```

运行结果如图 2-23 所示。

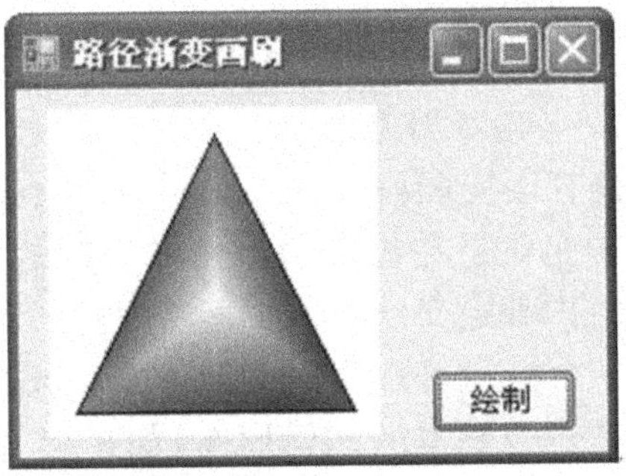

图 2-23　路径渐变画刷填充三角形

2.3　绘图方法

在 GDI+ 中的绘图方法包括绘制方法、填充方法、文字输出和图像输出等,本节将分别介绍 GDI+ 中的一些最简单的基本操作。

2.3.1　绘制方法

GDI+ 中可以绘制直线、矩形、椭圆、弧线、多边形、基数样条和贝塞尔曲线。GDI+ 中的 Graphics 类提供了绘制上述几何图形的函数,如 DrawLine(线段)、DrawRectangle(矩形)、DrawEllipse(椭圆)、DrawArc(弧线)、DrawPie(扇形)、DrawPolygon(多边形)、DrawCurve(基数样条)、DrawCloseCurvc(闭合基数样条)、DrawBezier(贝塞尔样条)、DrawPath(GraphicsPath 图形),部分方法的绘制效果如图 2-24 所示。

(a)DrawLine　(b)DrawRectangle　(c)DrawEllipse　(d)DrawArc　(e)DrawPie　(f)DrawPolygon

图 2-24　常用图形绘制方法

在这些绘制方法中,每一种方法均被重载,具有几种不同的参数调用方式,不过其最基本的参数都不会改变:画笔,其他参数均是对图形的几何形状进行定义。在本节中将就简单常用的绘制方法做出讨论。

2.3.1.1　绘制直线

DrawLine 方法用于绘制一条由两个坐标点指定的直线,DrawLines 方法用于绘制多条由坐标点数组指定的相连直线,常用的语法格式为

```
Public Sub DrawLine(ByVal pen As Drawing.Pen, ByVal x1 As Integer, ByVal y1 As Integer, ByVal x2 As Integer, ByVal y2 As Integer)
Public Sub DrawLine(ByVal pen As Drawing.Pen, ByVal pt1 As Drawing.Point, ByVal pt2 As Drawing.Point)
Public Sub DrawLines(ByVal pen As Drawing.Pen, ByVal points() As Drawing.Point)
```

参数说明：pen 为画笔，用于确定线条的颜色、宽度和样式；x1 和 y1 分别为第一个点的 x 坐标和 y 坐标；x2 和 y2 分别为第二个点的 x 坐标和 y 坐标；pt1 为第一个点的坐标；pt2 为第二个点的坐标；points 为 Point 结构数组，表示要连接的点的坐标。

在绘制直线时指定画笔及两个端点的坐标即可，相关的参数如图 2－25 所示。

例如，下面代码可画一条从点(20,20)到点(40,50)的宽度为 3 的红色直线。

```
Dim p As Pen = New Pen(Drawing.Color.Red, 3)
g.DrawLine(p, 20, 20, 40, 50)
```

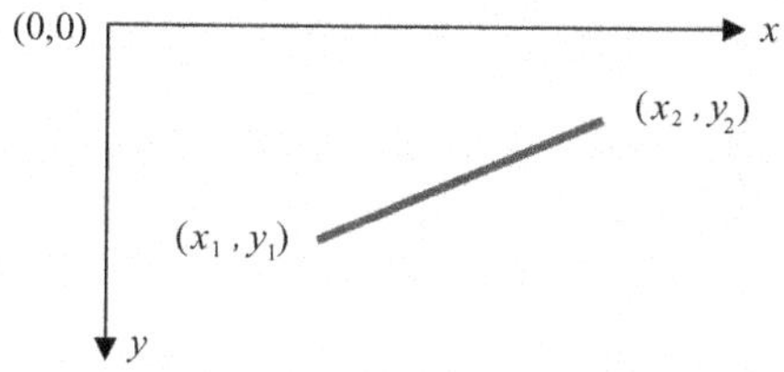

图 2－25　DrawLine 方法运行结果

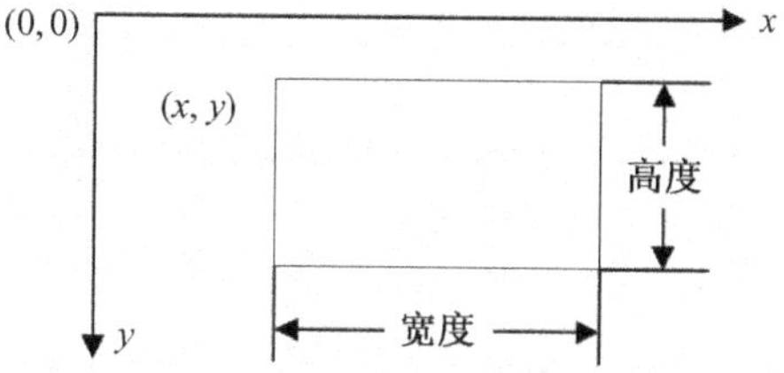

图 2－26　DrawRectangle 方法运行结果

2.3.1.2　绘制矩形

DrawRectangle 方法绘制由角点坐标、宽度和高度指定的矩形，DrawRectangles 使用单支画笔绘制一系列矩形。如不需更换画笔，单次调用 DrawRectangles 的速度比多次调用 DrawRectangle 的速度快，常用的语法格式有 3 种：

(1)Public Sub DrawRectangle(ByVal pen As Drawing.Pen, ByVal x As Integer, ByVal y As Integer, ByVal width As Integer, ByVal height As Integer)

(2)Public Sub DrawRectangle(ByVal pen As Drawing.Pen, ByVal rect As Drawing.Rectangle)

(3)Public Sub DrawRectangles(ByVal pen As Drawing.Pen, ByVal rects() As Drawing.Rectangle)

相关的参数如图 2－26 所示，参数说明：pen 为画笔，用于确定矩形的颜色、宽度和样式；x 和 y 分别为要绘制的矩形的左上角的 x 坐标和 y 坐标；width 为要绘制的矩形的宽度；height 为要绘制的矩形的高度；rect 为要绘制的矩形的 Rectangle 结构；rects 为要绘制的一系列矩形的 Rectangle 结构数组。

例如，下面代码可画出一个左上角在点(20,30)，宽度为 40，高度为 50 的红色矩形。

```
g.DrawRectangle(Pens.Red, 20, 30, 40, 50)
```

2.3.1.3　绘制椭圆

DrawEllipse 用于绘制由矩形边界所定义的椭圆，其中圆是椭圆的特例，与 DrawRectangle 方法的参数完全相同，常用的语法格式有两种：

(1)Public Sub DrawEllipse(ByVal pen As Drawing.Pen, ByVal x As Integer, ByVal y As Integer, ByVal width As Integer, ByVal height As Integer)

(2)Public Sub DrawEllipse(ByVal pen As Drawing.Pen, ByVal rect As Drawing.Rectangle)

相关的参数如图 2－27 所示，参数说明：pen 为画笔，用于确定椭圆的颜色、宽度和样式；x 和 y 分别为定义椭圆的边框的左上角的 x 坐标和 y 坐标；width 为定义椭圆的边框的宽度；

height 为定义椭圆的边框的高度；rect 为定义椭圆的边框的 Rectangle 结构。

例 2-17 在 PictureBox1 上绘制了一个蓝色九宫格，在某个方格内单击鼠标按键，当单击左键时绘制两条红色交叉直线表示 × 符号，单击右键时绘制椭圆，其中椭圆的宽度和高度根据所在方格的位置进行调整。

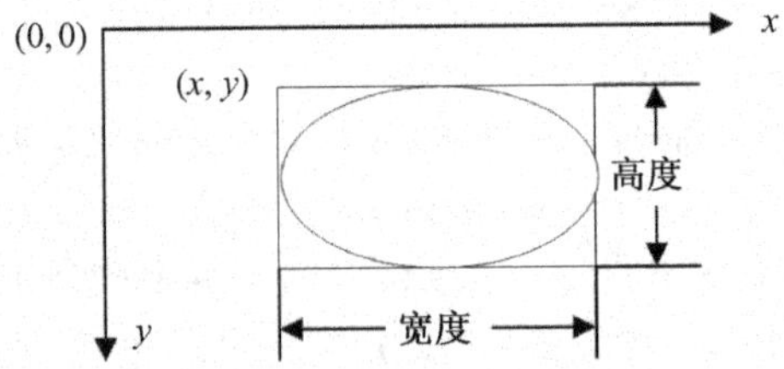

图 2-27 DrawEllipse 方法的参数

解 在蓝色九宫格中绘画 × 符号和椭圆符号编写的代码为

```
'在程序头部定义全局变量:
Dim m_nWidth As Integer                    '保存九宫格中每小格的宽度
Dim m_nHeight As Integer                   '保存九宫格中每小格的高度
Dim m_gBox As Graphics                     '定义 Graphics 对象
Private Sub Form1_Load(ByVal sender As Object, ByVal e As System.EventArgs) Handles Me.Load
'设置小方格宽度,"\"为整除号,在运算时操作数都被取整
  m_nWidth = PictureBox1.Width\3
  m_nHeight = PictureBox1.Height \ 3       '设置小方格高度
  m_gBox = PictureBox1.CreateGraphics()    '获得 PictureBox1 的图形对象
End Sub
'在 Form1 的 Paint 事件函数中输入以下代码
Private Sub Form1_Paint(ByVal sender As Object, ByVal e As Windows.Forms.PaintEventArgs) Handles Me.
Paint
  DrawGrid()                               '调用绘制九宫格的函数
End Sub
'绘制九宫格
Private Sub DrawGrid()
  Dim p As Pen = New Pen(Color.Blue, 2)
  m_gBox.DrawRectangle(p, 1, 1, m_nWidth * 3 - 1, m_nHeight * 3 - 1)  '绘制九宫格外边框
  m_gBox.DrawLine(p, m_nWidth, 0, m_nWidth, m_nHeight * 3)           '绘制九宫格左侧线
  m_gBox.DrawLine(p, m_nWidth * 2, 0, m_nWidth * 2, m_nHeight * 3)   '绘制九宫格右侧线
  m_gBox.DrawLine(p, 0, m_nHeight, m_nWidth * 3, m_nHeight)          '绘制九宫格上侧线
  m_gBox.DrawLine(p, 0, m_nHeight * 2, m_nWidth * 3, m_nHeight * 2)  '绘制九宫格下侧线
  p.Dispose()
End Sub
Private Sub PictureBox1_MouseDown(ByVal sender As Object, ByVal e As System.Windows.Forms.
MouseEventArgs) Handles PictureBox1.MouseDown
  Dim x1, y1, x2, y2 As Single             '定义被选中方格的左上角和右下角坐标变量
  Dim a, b As Single                       '定义网格中椭圆的宽度和高度
  If e.X < m_nWidth Then                   '鼠标点击在第 1 列中
    x1 = 0
    x2 = m_nWidth
```

```
      a = m_nWidth / 3                          '设置椭圆宽度为 1/3 网格宽
    Else If e.X < m_nWidth * 2 Then             '鼠标点击在第 2 列中
      x1 = m_nWidth
      x2 = m_nWidth * 2
      a = m_nWidth * 2 / 3                      '设置椭圆宽度为 2/3 网格宽
    Else                                        '鼠标点击在第 3 列中
      x1 = m_nWidth * 2
      x2 = m_nWidth * 3
      a = m_nWidth                              '设置椭圆宽度为 1 个网格宽
    End If
    If e.Y < m_nHeight Then                     '鼠标点击在第 1 行中
      y1 = 0
      y2 = m_nHeight * 1
      b = m_nHeight / 3                         '设置椭圆高度为 1/3 网格高
    Else If e.Y < m_nHeight * 2 Then            '鼠标点击在第 2 行中
      y1 = m_nHeight
      y2 = m_nHeight * 2
      b = m_nHeight * 2 / 3                     '设置椭圆高度为 2/3 网格高
    Else                                        '鼠标点击在第 3 行中
      y1 = m_nHeight * 2
      y2 = m_nHeight * 3
      b = m_nHeight                             '设置椭圆高度为 1 个网格高
    End If
    If e.Button = Windows.Forms.MouseButtons.Right Then
      '将坐标系原点平移到小方格中心
      m_gBox.TranslateTransform(x1 + 0.5 * m_nWidth, y1 + 0.5 * m_nHeight)
      m_gBox.DrawEllipse(Pens.Red, -1 * a / 2 + 1, -1 * b / 2 + 1, a - 3, b - 3)
      '绘制椭圆
      '将坐标系原点反平移到 PictureBox1 的左上角(0,0)处
      m_gBox.TranslateTransform( -1 * (x1 + 0.5 * m_nWidth), -1 * (y1 + 0.5 * m_
    nHeight))
    Else
      m_gBox.DrawLine(Pens.Red, x1, y1, x2, y2)         '绘制 -45 度的直线
      m_gBox.DrawLine(Pens.Red, x2, y1, x1, y2)         '绘制 45 度的直线
    End If
End Sub

Private Sub Draw_Click(ByVal sender As System.Object, ByVal e As System.EventArgs) Handles Draw.Click
  '在 Click 事件函数中擦除已绘制的交叉线
  PictureBox1.Refresh()                   '强制刷新 PictureBox1,擦除所绘制图形
  DrawGrid()                              '调用绘制九宫格的函数
End Sub

'在 Form1 表单的 Disposed 事件函数中输入以下代码:
```

```
Private Sub Form1_Disposed(ByVal sender As Object, ByVal e As System.EventArgs) Handles Me.Disposed
    m_gBox.Dispose()                        '释放 m_gBox 对象
End Sub
```

运行结果如图 2-28 所示。

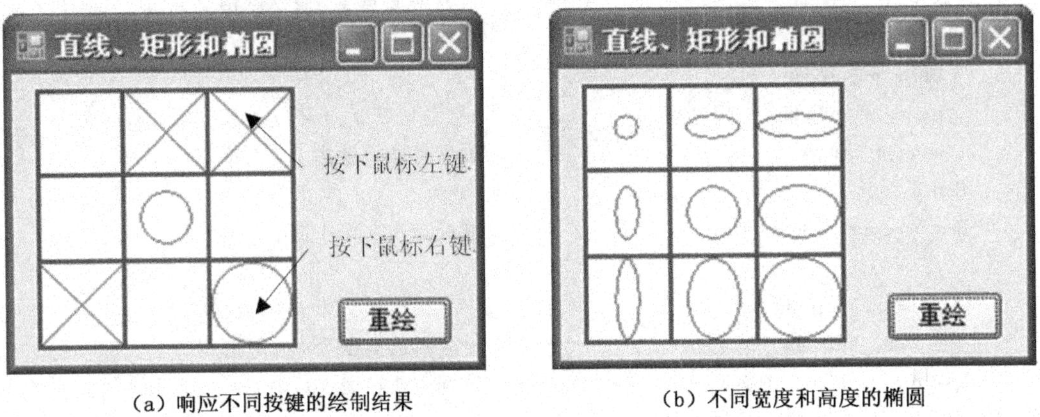

图 2-28　绘制九宫格中的×符号和○符号

2.3.1.4　绘制圆弧和扇形

DrawArc 及 DrawPie 是功能类似的两种绘图方法，其中 DrawArc 只绘制圆弧，而 DrawPie 则还要将弧线的两个端点连接到圆心构成扇形，绘制效果如图 2-29 所示。

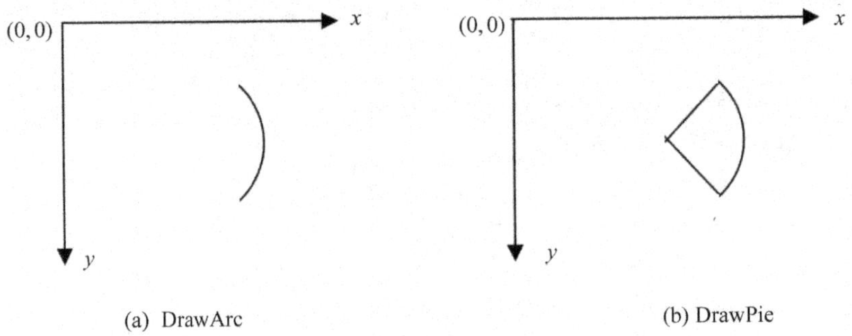

图 2-29　DrawArc 与 DrawPie 方法的绘制效果

DrawArc 及 DrawPie 方法的参数也相同，它们常用的语法格式有 4 种：

(1) Public Sub DrawArc(ByVal pen As System.Drawing.Pen, ByVal x As Integer, ByVal y As Integer, ByVal width As Integer, ByVal height As Integer, ByVal startAngle As Integer, ByVal sweepAngle As Integer)

(2) Public Sub DrawArc(ByVal pen As System.Drawing.Pen, ByVal rect As System.Drawing.Rectangle, ByVal startAngle As Single, ByVal sweepAngle As Single)

(3) Public Sub DrawPie(ByVal pen As System.Drawing.Pen, ByVal x As Integer, ByVal y As Integer, ByVal width As Integer, ByVal height As Integer, ByVal startAngle As Integer, ByVal sweepAngle As Integer)

(4) Public Sub DrawPie(ByVal pen As System.Drawing.Pen, ByVal rect As System.Drawing.Rectangle, ByVal startAngle As Single, ByVal sweepAngle As Single)

相关的参数如图 2-30 所示，参数说明：pen 为画笔，用于确定弧线或扇形的颜色、宽度和样式；x 和 y 分别为定义圆弧或扇形所属椭圆的边框的左上角 x 坐标和 y 坐标；width 为定义圆弧或扇形所属椭圆的边框的宽度；height 为定义圆弧或扇形所属椭圆的边框的高度；rect 为定义圆弧或扇形所属椭圆的边框的 Rectangle 结构；startAngle 为从 x 轴到圆弧或扇形的第一条边的角度，沿顺时针方向为正；sweepAngle 为从圆弧或扇形的第一条边到第二条边的角度，沿顺时针方向为正。

DrawArc 及 DrawPie 方法比 DrawEllipse 方法的增加了两个参数，分别是起始角（startAngle）和扫描角（sweepAngle），其中起始角度以最右点与圆心连线为 0°，然后随着顺时针方向累增，如图 2-30 所示。

例如，下面代码可实现绘制一个蓝色扇形，扇形所属椭圆的左上角在点(20,30)，宽度为 40，高度为 50，扇形的起始角为 15°，扫描角为 45°。

```
g.DrawPie(Pens.Blue, 20, 30, 40, 50,15,45)
```

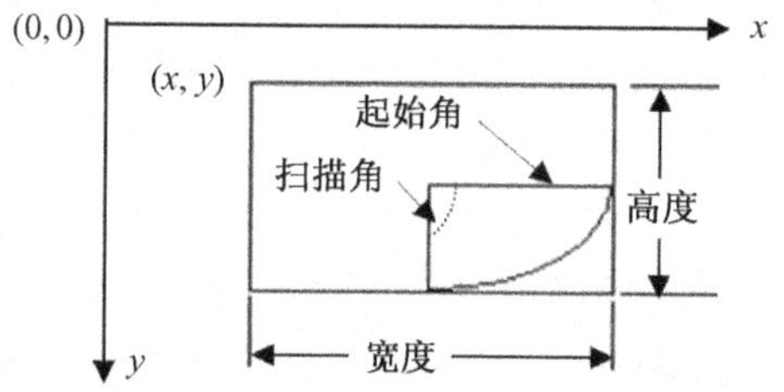

图 2-30　DrawArc 与 DrawPie 方法的参数

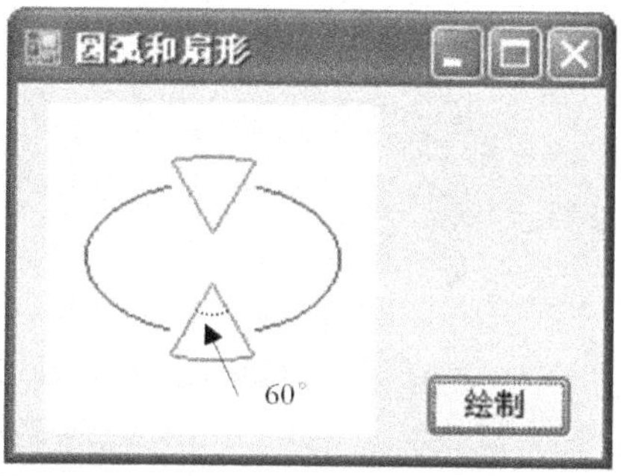

图 2-31　圆弧和扇形示例

例 2-18　在 PictureBox1 上绘制了两个圆弧和两个扇形。它们所属的椭圆具有相同的宽度和高度，其中两个圆弧的扫描角都为 120°，两个扇形所属的椭圆分别往上和往下平移 10 个单位，两个扇形的扫描角都为 60°。

解　绘制圆弧和扇形编写的代码为

```
Private Sub Draw_Click(ByVal sender As System.Object, ByVal e As System.EventArgs) Handles Draw.Click
  Dim g As Graphics = PictureBox1.CreateGraphics
  g.DrawArc(Pens.Blue, 15, 30, 100, 60, -60, 120)      '从起始角 -60°绘制左侧 120°圆弧
  g.DrawArc(Pens.Blue, 15, 30, 100, 60, 120, 120)      '从起始角 120°绘制右侧 120°圆弧
  g.DrawPie(Pens.Red, 15, 20, 100, 60, 240, 60)        '从起始角 240°绘制上方 60°扇形
  g.DrawPie(Pens.Red, 15, 40, 100, 60, 60, 60)         '从起始角 60°绘制下方 60°扇形
  g.Dispose()
End Sub
```

运行结果如图 2-31 所示。

2.3.1.5　绘制多边形

多边形为具有三条或更多条直线边的封闭图形，如五边形是具有五条边的多边形。GDI+ 中提供了 DrawPolygon 方法绘制一个由顶点数组定义的多边形。其格式有以下 2 种：

(1)Public Sub DrawPolygon(ByVal pen As System.Drawing.Pen, ByVal points() As System.Drawing.Point)

(2)Public Sub DrawPolygon(ByVal pen As System.Drawing.Pen, ByVal points() As System.Drawing.PointF)

参数说明：pen 为画笔，用于确定多边形的颜色、宽度和样式；points 为 PointPointF 或结构数组，定义多边形的顶点。

例如,下面代码可实现绘制一个绿色的直角三角形,三角形的 3 个顶点坐标分别为点(30,10)、点(10,50)和点(30,50)。

```
Dim p() As Point = {New Point(30, 10), New Point(10, 50), New Point(30, 50)}
g.DrawPolygon(Pens.Green, p)
```

2.3.1.6 绘制基数样条

基数样条是一连串单独的曲线,这些曲线连接起来形成一条较大的曲线。样条由点的数组和张力参数指定,基数样条平滑地经过数组中的每个点;曲线的陡度上没有尖角和突然的变化。GDI + 中提供了 DrawCurve 方法和 DrawClosedCurve 分别绘制开放的基数样条曲线和闭合的基数样条曲线,如图 2 - 32 所示。

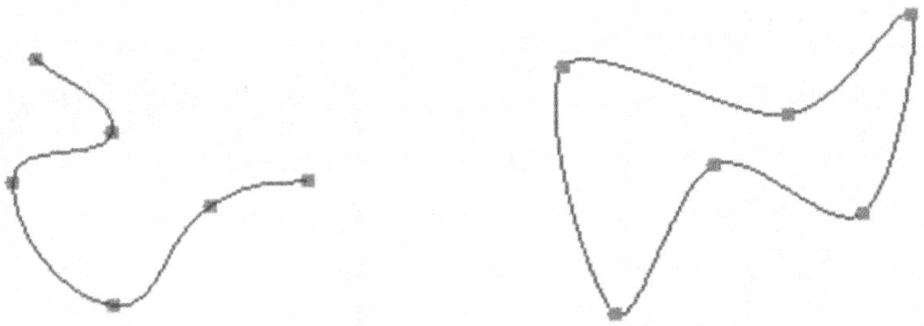

(a) 开放的基数样条曲线 (b) 闭合的基数样条曲线

图 2 - 32 绘制基数样条曲线

DrawCurve 方法绘制经过一组指定的 Point 结构的基数样条,常用的语法格式有 3 种:

(1)Public Sub DrawCurve(ByVal pen As Drawing.Pen, ByVal points() As Drawing.Point)

(2)Public Sub DrawCurve(ByVal pen As Drawing.Pen, ByVal points() As Drawing.Point, ByVal tension As Single)

(3)Public Sub DrawCurve(ByVal pen As Drawing.Pen, ByVal points() As Drawing.Point, ByVal offset As Integer, ByVal numberOfSegments As Integer, ByVal tension As Single)

参数说明:pen 为画笔,用于确定曲线的颜色、宽度和高度;points 为 Point 结构数组,这些结构定义样条;offset 为指定 points 数组中要跳过的元素数,被跳过元素后面的第一个元素表示曲线的起始点;numberOfSegments 为起始点之后要包含在曲线中的段数,最小为 1;numberOfSegments 参数的值与 offset 参数的值之和必须小于 points 参数数组中的元素数;tension 为该值指定曲线的张力,取值小于或等于 1.0F;如果值为 0.0F,则绘制直线段来连接这些点,如果超过 1.0F 则会产生异常结果。

DrawClosedCurve 方法绘制的闭合基数样条曲线中,曲线连续通过系列中最后一个点,并与系列中的第一个点连接,常用的语法格式有 2 种:

(1)Public Sub DrawClosedCurve(ByVal pen As Drawing.Pen, ByVal points() As Drawing.Point)

(2)Public Sub DrawClosedCurve(ByVal pen As Drawing.Pen, ByVal points() As Drawing.Point, ByVal tension As Single, ByVal fillmode As Drawing.Drawing2D.FillMode)

参数说明:pen 为画笔,用于确定曲线的颜色、宽度和高度;points 为 Point 结构数组,这些结构定义样条;tension 为该值指定曲线的张力,取值小于或等于 1.0F;如果值为 0.0F,则绘制直线段来连接这些点;如果超过 1.0F 则会产生异常结果;fillmode 为 Drawing2D.FillMode 枚举的成员,确定填充曲线的方式,需要此参数但被忽略。

例如,下面代码可实现绘制一条开放的基数样条和一条闭合的基数样条曲线,两条样条曲线都要经过点(10, 10)、点(10, 50)、点(70, 10)和点(50, 50)。

```
Dim p() As Point = {New Point(10,10), New Point(10,50), New Point(70,10), New Point(50,50)}
g.DrawCurve(Pens.Blue, p, 1)
g.DrawClosedCurve(Pens.Green, p, 0.5, FillMode.Winding)
```

2.3.1.7　绘制贝塞尔曲线

贝塞尔曲线是由 4 个点指定的曲线:两个端点(p_1 和 p_2)和两个控制点(c_1 和 c_2)。曲线开始于 p_1,结束于 p_2,曲线上 p_1 处的切线是从 p_1 到 c_1 绘制的线,p_2 处的切线为从 c_2 到 p_2 绘制的线。该曲线不经过控制点,但是控制点的作用像磁铁一样,在某些方向上拉拽曲线并影响曲线弯曲的方式。图 2-33 所示为一条贝塞尔曲线及其端点和控制点。

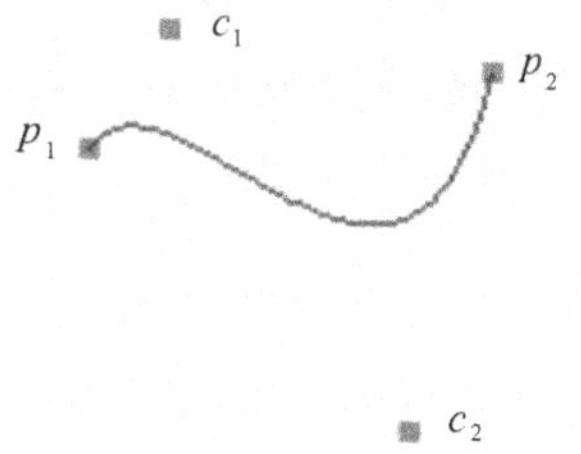

图 2-33　绘制贝塞尔样条曲线

GDI+ 中提供 DrawBezier 和 DrawBeziers 方法来绘制贝塞尔曲线。DrawBezier 用于绘制一条由 4 个有序坐标点定义的贝塞尔曲线,DrawBeziers 用于绘制多条贝塞尔曲线,需要 $3x+1$ 个点,其中 x 是贝塞尔曲线段的数量。常用的语法格式有 3 种:

(1)Public Sub DrawBezier(ByVal pen As Drawing.Pen, ByVal x1 As Single, ByVal y1 As Single, ByVal x2 As Single, ByVal y2 As Single, ByVal x3 As Single, ByVal y3 As Single, ByVal x4 As Single, ByVal y4 As Single)

(2)Public Sub DrawBezier(ByVal pen As Drawing.Pen, ByVal pt1 As Drawing.Point, ByVal pt2 As Drawing.Point, ByVal pt3 As Drawing.Point, ByVal pt4 As Drawing.Point)

(3)Public Sub DrawBeziers(ByVal pen As Drawing.Pen, ByVal points() As Drawing.Point)

参数说明:pen 为画笔,它确定曲线的颜色、宽度和样式;x1 和 y1 分别为曲线起始点的 x 坐标和 y 坐标;x2 和 y2 分别为曲线的第一个控制点的 x 坐标和 y 坐标;x3 和 y3 分别为曲线的第二个控制点的 x 坐标和 y 坐标;x4 和 y4 分别为曲线的结束点的 x 坐标和 y 坐标;pt1, pt2, pt3 和 pt4 均为 Point 结构,分别表示表示曲线的起始点、第一个控制点、第二个控制点和结束点;points 为 Point 结构的数组,这些结构表示确定曲线的点。

例如,下面代码可实现绘制一条贝塞尔曲线,曲线起始点为(10, 10),其第一个控制点为(10, 50),第二个控制点为(70, 10),结束点为(50, 50)。

```
Dim p() As Point = {New Point(10,10), New Point(10,50), New Point(70,10), New Point(50,50)}
g.DrawBezier(Pens.Blue, p(0), p(1), p(2), p(3))
```

2.3.1.8　绘制图形路径

图形路径是多个图形的组合。GraphicsPath 类表示图形路径,该类提供了添加图形对象的方法。例如,AddLine、AddCurve、AddBezier 等方法分别将直线、基数样条和贝塞尔样条曲线添加到图形路径中。GraphicsPath 类提供 DrawPath 方法来绘制图形路径,实现将多个图形用同一支笔一次绘制。

例如,以下代码将创建一个图形路径,将一个椭圆和一条直线添加到此路径,并绘制此路径。

```
Dim path As GraphicsPath = New GraphicsPath
path.AddEllipse(20, 20, 100, 100)
```

```
path.AddLine(30, 30, 80, 90)
g.DrawPath(Pens.PowderBlue, path)
```

例 2-19 在 PictureBox1 上绘制由多个点定义的几何图形，包括多边形、基数样条、闭合基数样条和贝塞尔样条。当在 PictureBox1 中单击鼠标左键时，将由序号和小圆圈点表示被点击位置。当在 PictureBox1 中单击右键时，则表示坐标点数组选择结束，将根据右侧的图形类型绘制出多边形或曲线。如要绘制贝塞尔曲线，则在选取 4 个点后应单击鼠标右键来绘制。单击“重绘”按钮将清空 PictureBox1 的内容。

解 根据鼠标位置绘制多边形及基数样条等编写的代码为

```
'定义全部变量
Dim m_pClick() As Point                    '顶点坐标
Dim m_nNum As Integer = 0                  '顶点数
Private Sub Draw_Click(ByVal sender As System.Object, ByVal e As System.EventArgs) Handles Draw.Click
                                           '刷新 PictureBox1
  PictureBox1.Refresh()                    '清空 PictureBox1
  ReDim m_pClick(-1)                       '清空点击坐标数组
  m_nNum = 0                               '设置点击次数为零
End Sub
'在 PictureBox1 中的鼠标单击事件中添加点击坐标的处理
Private Sub PictureBox1_MouseClick(ByVal sender As Object, ByVal e As System.Windows.Forms. _
MouseEventArgs) Handles PictureBox1.MouseClick
  If e.Button = Windows.Forms.MouseButtons.Left Then         '点击的是鼠标左键
    Dim g As Graphics = PictureBox1.CreateGraphics()         '创建 Graphics 对象
    ReDim Preserve m_pClick(m_nNum)                          '增大顶点坐标数组的空间
    m_pClick(m_nNum).X = e.X                                 '保存当前点击位置的坐标
    m_pClick(m_nNum).Y = e.Y
    m_nNum + = 1                                             '顶点数(点击次数)增加 1,
    g.DrawEllipse(Pens.Brown, e.X - 2, e.Y - 2, 4, 4)        '绘制点击处小圆圈及序号
    g.DrawString(m_nNum.ToString, New Font("宋体",10),Brushes.Black,e.X-2,e.Y+2)
    g.Dispose()
  Else If e.Button = Windows.Forms.MouseButtons.Right Then    '点击的是鼠标右键
    DrawGraphics()                                           '绘制多点定义的几何图形
  End If
End Sub
Private Sub DrawGraphics()                                   '绘制多边形或曲线图形
  Dim g As Graphics = PictureBox1.CreateGraphics()           '创建 Graphics 对象
  If m_nNum > = 3 Then                                       '可以构成多边形和曲线
    '绘制多边形
    If RadioPolygon.Checked = True Then g.DrawPolygon(Pens.Blue,m_pClick)
    '绘制基数样条
    If RadioCurve.Checked = True Then g.DrawCurve(Pens.Green, m_pClick)
    '绘制闭合基数样条
    If RadioCloseCurve.Checked = True Then g.DrawClosedCurve(Pens.Red,m_pClick)
```

```
        If RadioBezier.Checked = True And m_nNum >= 4 Then          '绘制贝塞尔样条
            g.DrawBezier(Pens.Black,m_pClick(0),m_pClick(1),m_pClick(2),m_pClick(3))
            If m_nNum > 4 Then MsgBox("仅前个点有效!", MsgBoxStyle.Information)
        End If
        ReDim m_pClick(-1)                                          '清空点击坐标数组
        m_nNum = 0                                                  '设置点击次数为零
    End If
    g.Dispose()
End Sub
```

运行结果如图 2-34 所示。

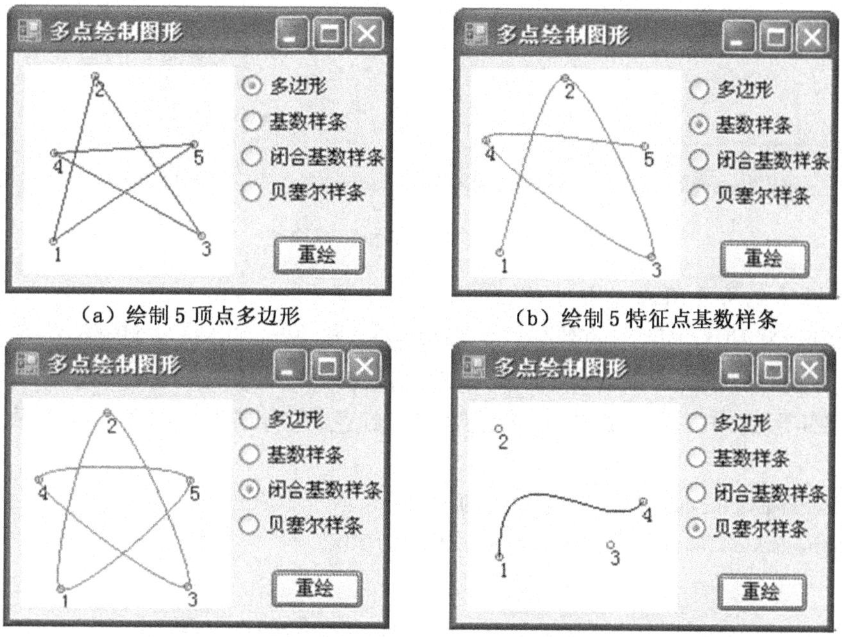

(a) 绘制 5 顶点多边形　(b) 绘制 5 特征点基数样条

(c) 绘制 5 特征点闭合基数样条　(d) 绘制 4 点贝塞尔样条

图 2-34　绘制多点定义的几何图形

2.3.2　区域填充

在 VB.NET 中,如果要在封闭的图形中填充颜色、图案或者符号,必须先创建画刷,然后调用填充函数进行区域填充。对于区域的不同构成方式(形状),GDI+中提供了如表 2-8 所列的不同区域填充方法,同时也列出了相对应的绘制形状的方法。部分常用的填充方法的效果如图 2-35 所示。

表 2-8　GDI+中的区域填充函数

填充函数名	函数功能描述	对应轮廓绘制函数
FillCloseCurve	填充封闭基数样条	DrawCloseCurve
FillEllipse	填充椭圆	DrawEllipse

续表 2-8

填充函数名	函数功能描述	对应轮廓绘制函数
FillPath	填充路径图形	DrawPath
FillPie	填充扇形	DrawPie
FillPolygon	填充多边形	DrawPolygon
FillRectangle	填充矩形	DrawRectangle
FillRectangles	填充矩形集	DrawRectangles
FillRegion	填充区域	无

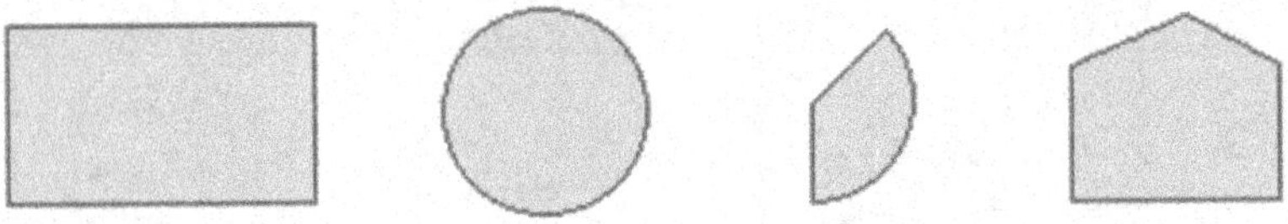

(a) FillRectangle　(b) FillEllipse　(c) FillPie　(d) FillPolygon

图 2-35　图形绘制和区域填充

2.3.2.1　区域填充所使用的对象

除了绘制形状和区域填充的差异之外，DrawXxx 方法与 FillXxx 方法的另一个差异是调用 DrawXxx 方法时要输入 Pen 对象，而调用 FillXxx 方法则要输入 Brush 对象。

例如，将矩形的内部填充成绿色，边框绘制成红色，运行结果如图 2-36 所示，使用如下代码：

```
g.FillRectangle (Brushes.Green, 20, 20, 120,80)
g.DrawRectangle (New Pen(Color.Red), 20, 20,120, 80)
```

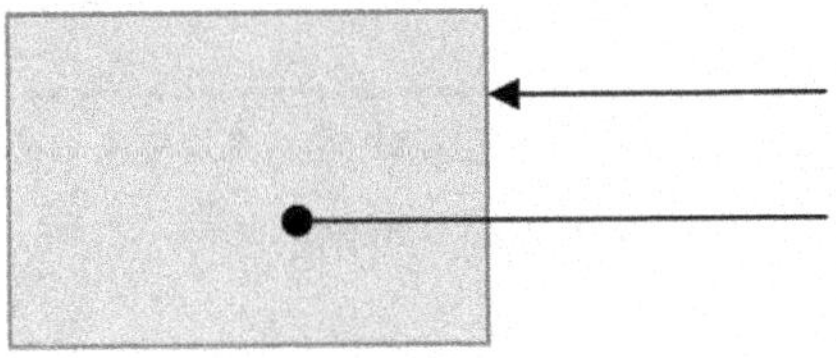

图 2-36　矩形绘制和填充

2.3.2.2　区域填充的注意事项

绘制边框和区域填充的顺序不同将有不同的输出效果，如图 2-37 所示。当需要同时绘制区域的边框及填充内部时，应该先填充区域内部，然后再绘制边框。

（a）先绘制边框，再填充区域　　（b）先填充区域，再绘制边框

图 2-37　不同绘制和填充顺序的效果图

在区域填充函数和形状绘制函数的参数中，除了画笔和画刷的差异外，其他参数基本一致，在此将不做详细讨论。区域填充中使用的画刷设置部分，请参考本章 2.1.4 节。

例 2-20　用饼图、柱状图和面积图分别表示统计结果，当各班人数发生调整后，单击“绘制”按钮重新绘制图表，在柱状图和面积图中可自动调整 y 轴的比例。

解　用区域填充方法绘制统计图表编写的代码为

```
Private Sub Draw_Click(ByVal sender As System.Object, ByVal e As System.EventArgs) Handles Draw.Click
  PictureBox1.Refresh()                          '清空绘图区
  DrawGraphics()                                 '绘制图表
End Sub
Private Sub BtnExit_Click(ByVal sender As System.Object, ByVal e As System.EventArgs) Handles BtnExit.
Click
  Me.Close()
End Sub
Private Sub DrawGraphics()
  Dim g As Graphics = PictureBox1.CreateGraphics()
  Dim pen As New Pen(Color.Black, 1)
  Dim p1, p2, p3, Max, Total As Single           '百分数
  Dim p(4) As Point                              '面积图的顶点
  pen.EndCap = LineCap.ArrowAnchor               '设置直线结束点线帽为箭头形状
  p1 = Val(TextOne.Text)                         '一班人数
  p2 = Val(TextTwo.Text)                         '二班人数
  p3 = Val(TextThree.Text)                       '三班人数
  If RadioPie.Checked = True Then                '绘制扇形图
    Total = p1 + p2 + p3                         '三个班的总人数
    p1 = p1 / Total * 360                        '一班的比例转化为度中的度数
    p2 = p2 / Total * 360                        '二班的比例转化为度中的度数
    p3 = p3 / Total * 360                        '三班的比例转化为度中的度数
    g.FillPie(Brushes.Blue, 20, 20, 90, 90, 0, p1)              '绘制一班的扇形图
    g.FillPie(Brushes.LightGreen, 20, 20, 90, 90, p1, p2)       '绘制二班的扇形图
    g.FillPie(Brushes.LightPink, 20, 20, 90, 90, p1 + p2, p3)   '绘制三班的扇形图
  Else
    Max = Math.Max(p1, p2)                       '求三个班人数的最大值
    Max = Math.Max(Max, p3)
    p1 = p1 / Max * 100                '一班占最大人数的百分比,可动态调整显示比例
    p2 = p2 / Max * 100                '二班占最大人数的百分比
    p3 = p3 / Max * 100                '三班占最大人数的百分比
    If RadioRectangle.Checked = True Then                         '绘制柱状图
      g.FillRectangle(Brushes.Blue, 20, 120 - p1, 20, p1)         '绘制一班的矩形
      g.FillRectangle(Brushes.LightGreen, 50, 120 - p2, 20, p2)   '绘制二班的矩形
      g.FillRectangle(Brushes.LightPink, 80, 120 - p3, 20, p3)    '绘制三班的矩形
    ElseIf RadioPolygon.Checked = True Then                       '绘制面积图
      p(0) = New Point(10, 120 - p1)                              '一班对应的顶点
```

```
            p(1) = New Point(50, 120 - p2)                 '二班对应的顶点
            p(2) = New Point(90, 120 - p3)                 '三班对应的顶点
            p(3) = New Point(90, 120)                      '坐标轴上右侧顶点
            p(4) = New Point(10, 120)                      '坐标轴上左侧顶点
            g.FillPolygon(Brushes.LightBlue, p)            '填充多边形
            g.DrawPolygon(Pens.Black, p)                   '绘制多边形
        End If
        g.DrawLine(pen, 5, 120, 120, 120)                  '绘制 x 坐标轴
        g.DrawLine(pen, 10, 125, 10, 10)                   '绘制 y 坐标轴
    End If
    g.Dispose()
End Sub
```

运行结果如图 2-38 所示。

(a) 程序界面

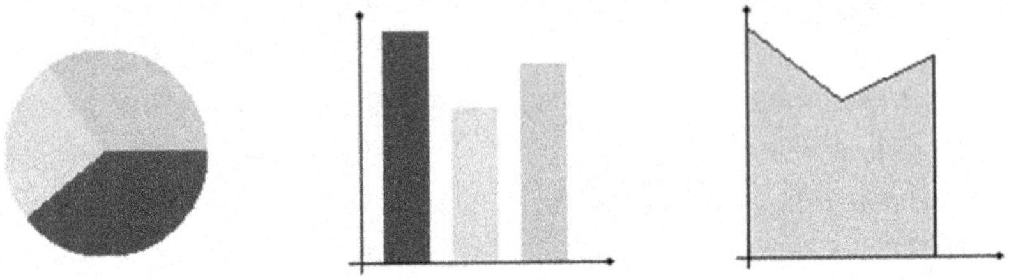

(b) 饼图　　(c) 柱状图　　(d) 面积图

图 2-38　统计结果

2.3.3 文字输出

在 VB.NET 中,窗体或图片框中的文字被作为图形处理,在图片框、文本框、标签、列表框等控件中,可以通过文本和图形两种方式形成文字的输出。通过 Graphics 类中的 DrawString 方法可以实现图形文字的输出,使用时要先定义画刷,然后用画刷画出文字。例如:

```
Dim g as Graphics = e.Graphics                       '获得绘图表面的 Graphics 对象
Dim br as New Solid(Color.Blue)                      '定义蓝色画刷
Dim f As New Font("宋体", 36, FontStyle.Bold)         '定义字体
g.DrawString("第一个文字输出程序", f, br, 0, 0)         '输出文字
```

2.3.3.1　字体对象

输出文字前要先创建字体对象。GDI + 通过 Font 类来定义字体对象，Font 类的构造函数有 13 种方式，常用的有两种。

(1)构造指定字体名称、大小的字体对象。其格式为

```
Public Sub New(ByVal familyName As String, ByVal emSize As Single)
```

例如，下面代码创建大小为 10、名称为宋体的字体对象 f。

```
Dim f As Font = New Font("宋体", 10)
```

(2)构造指定字体名称、大小、样式、度量单位的字体对象。其格式为

```
Public Sub New(ByVal familyName As String, ByVal emSize As Single, ByVal style As System.Drawing.FontStyle, ByVal unit As System.Drawing.GraphicsUnit)
```

例如，下面代码创建大小为 10、名称为宋体、倾斜、以毫米为度量单位的字体对象 f。

```
Dim f As Font = New Font("宋体", 10, FontStyle.Italic, GraphicsUnit.Millimeter)
```

2.3.3.2　DrawString 方法

DrawString 方法在图形表面绘制一个字符串，常用的语法格式有 2 种：

(1)Public Sub DrawString(ByVal s As String, ByVal font As Drawing.Font, ByVal brush As Drawing.Brush, ByVal x As Single, ByVal y As Single)

(2)Public Sub DrawString(ByVal s As String, ByVal font As Drawing.Font, ByVal brush As Drawing.Brush, ByVal point As Drawing.PointF)

参数说明：s 为要绘制的字符串；font 为字体，定义字符串的文本格式；brush 为画刷，用于确定所绘制文本的颜色和纹理；x 和 y 分别为所绘制文本的左上角的 x 坐标和 y 坐标；point 为 PointF 结构，指定所绘制文本的左上角的坐标点。

例如，以下代码将创建一个字体对象，用蓝色画刷在绘图区的点(10,20)位置绘制文字“第一个文字输出程序”。

```
Dim f As Font = New Font("宋体", 10, FontStyle.Bold, GraphicsUnit.Millimeter)
m_g.DrawString("第一个文字输出程序", f, Brushes.Blue, 10, 20)
```

例 2-21　在 PictureBox1 上输出文字。结合画刷的不同输出效果，输出多种特效字体。以下为 4 种特效字体(渐变字体、条纹字体、阴影效果、浮雕效果)的示例，将灰色字体输出位置错开 2 点可产生阴影效果；若字体颜色与背景色相同，将灰色字体输出位置错开 1 点可产生凹雕效果。

解　多种字体输出编写的代码为

```
Private Sub Draw_Click(ByVal sender As System.Object, ByVal e As System.EventArgs) Handles Draw.Click
    Dim g As Graphics = PictureBox1.CreateGraphics()
    Dim f As New Font("Times New Roman", 20, FontStyle.Bold)        '定义大小为 20 的粗体
    Dim pStart As New Point(0, 0)                                   '定义渐变字体渐变起始点
    Dim pEnd As New Point(10, 10)
    g.Clear(Color.White)
    Dim br1 As New Drawing2D.LinearGradientBrush(pStart, pEnd, Color.Black, Color.Yellow)
    '定义渐变字体
    g.DrawString("你好，world!", f, br1, 0, 5)                      '绘制渐变字体
    Dim br2 As New Drawing2D.HatchBrush(Drawing.Drawing2D.HatchStyle._ DarkUpwardDiagonal, Color.Black, Color.White)                                        '定义条纹字体
```

```
    g.DrawString("你好,world!", f, br2, 0, 35)                    '绘制条纹效果
    g.DrawString("你好,world!", f, Brushes.DarkGray, 2, 67)       '绘制阴影效果
    g.DrawString("你好,world!", f, Brushes.Blue, 0, 65)           '绘制前景字体
    g.DrawString("你好,world!", f, Brushes.Black, 0, 95)          '绘制凹陷效果
    g.DrawString("你好,world!", f, Brushes.White, 1, 96)          '绘制前景字体,与背景同色
    br1.Dispose()
    br2.Dispose()
    f.Dispose()
    g.Dispose()
End Sub
```

运行结果如图 2－39 所示。

图 2－39　4 种文字输出效果示意图

2.3.4　图像输出

在 GDI＋中调用和显示图像文件时,先通过 Image 或 Bitmap 类调入一个图像文件构造一个 Image 对象,然后调用 Graphics 类中的 DrawImage 方法,在 Form、PictureBox 或 Button 控件的指定位置处显示全部或部分图像。GDI＋支持大多数流行的图像文件格式,如 BMP、GIF、JPEG、TIFF 和 PNG 等。

2.3.4.1　Image 对象

GDI＋的 Image 类封装了对 BMP、GIF、JPEG、PNG、TIFF、WMF(Windows 图元文件)和 EMF(增强 WMF)图像文件的调入、格式转换以及简单处理的功能。创建 Image 对象采用的 Image 类的 FromFile 函数,其语法格式为

```
Public Shared Function FromFile(ByVal filename As String) As System.Drawing.Image
```

例如,以下代码将 img 变量定义为"D:\VB.NET\Happy.jpg"图片的 Image 对象。

```
Dim img As Image = Image.FromFile("D:\VB.NET\Happy.jpg")
```

2.3.4.2　DrawImage 方法

Graphics 类的 DrawImage 方法用于绘制图像。它具有 30 种重载形式,常用的格式有 3 种:

(1)Public Sub DrawImage(ByVal image As Drawing.Image, ByVal x As Integer, ByVal y As Integer)

(2)Public Sub DrawImage(ByVal image As Drawing.Image, ByVal x As Integer, ByVal y As Integer, ByVal width As Integer, ByVal height As Integer)

(3)Public Sub DrawImage(ByVal image As Drawing.Image, ByVal p() As Drawing.Point)

相关的参数如图 2-40 所示，参数说明：image 为要绘制的 Image 对象；x 和 y 分别为所绘制图像的左上角在绘图表面的 x 坐标和 y 坐标；width 为所绘制图像在绘图表面的显示宽度；height 为所绘制图像在绘图表面的显示高度；p()包含三个 Point 结构的数组，定义一个平行四边形，其中图像左上角为 $p(0)$、右上角为 $p(1)$、右下角为 $p(2)$，用于控制显示图像的扭曲、偏转和旋转。

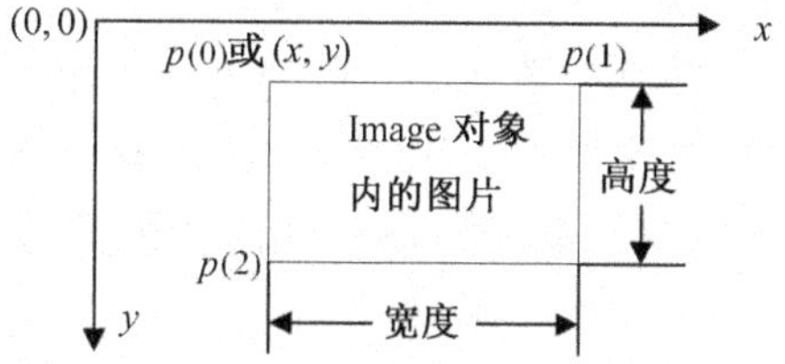

图 2-40　DrawImage 方法的参数

DrawImage 具有将图片在指定位置按图片原始大小显示的功能，同时还具有放大及缩小、翻转、显示部分图片、变形和旋转等功能。

1. 放大和缩小

当调用的 DrawImage 方法中包含图像的显示宽度和高度参数时，如果宽度和高度参数的绝对值与图像实际宽度和高度值不相等，则绘制的图像大小将不同于原图片的原始大小，而是进行了放大或者压缩。

例如，所要绘制图片 Happy.jpg 的原始大小是 140×140，但调用 DrawImage 时的宽和高是 280×210，这时图片以放大的方式来显示，如果调用时的宽和高小于原图，如 70×70，则以缩小的方式来显示。代码如下：

```
Dim img As Image = Image.FromFile("D:\VB.NET\Happy.jpg")
g.DrawImage( img, 0, 0, 280, 210)          '放大
g.DrawImage( img, 0, 0, 70, 70)            '缩小
```

2. 图像的扭曲

标准格式的图像形状都为矩形，在调用的 DrawImage 方法时，通过改变由三个 Point 结构组成的数组参数，定义原始图像的左上角、右上角和左下角在绘图表面的位置，使得此三点定义一个平行四边形，则可绘制扭曲图像。

例如，所要绘制图像 Happy.jpg 的原始大小是 140×100，但调用 DrawImage 时定义图像左上角在点(30, 10)、右上角在点(170, 10)、左下角在点(0, 150)，则绘制结果将是一个平行四边形图像，如图 2-41 所示。代码如下：

```
Dim img As Image = Image.FromFile("D:\VB.NET\Happy.jpg")
Dim p() As Point = {New Point(30, 10), New Point(170, 10), New Point(0, 110)}
g.DrawImage(m_Image, p)
```

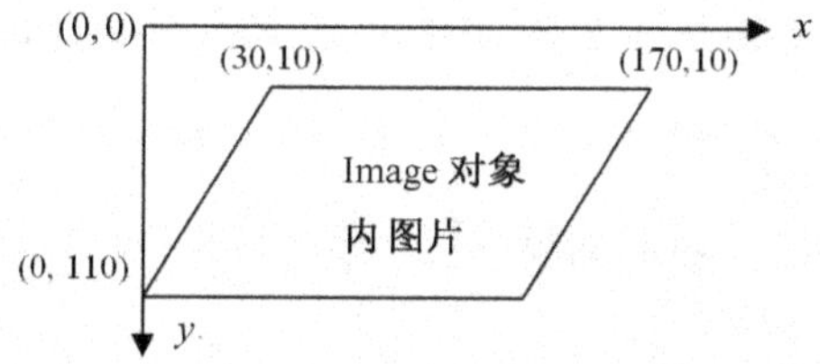

图 2-41　DrawImage 方法绘制扭曲图像

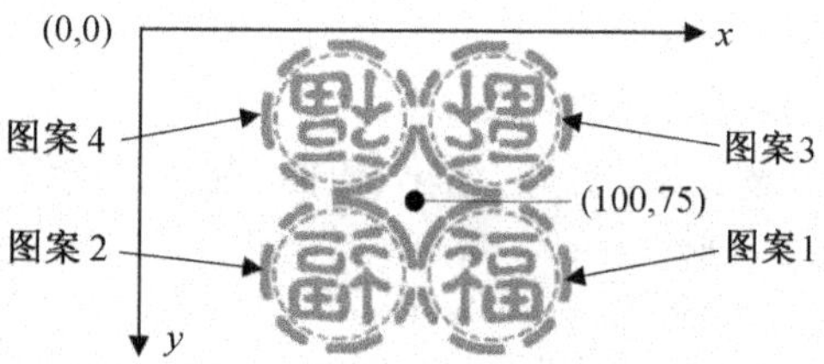

图 2-42　DrawImage 方法绘制翻转图像

3. 图像的翻转

当调用的 DrawImage 方法中包含图像的显示宽度和高度参数时，如果宽度、高度参数为负数时，则绘制的图像将产生翻转。如仅宽度为负则为水平翻转，仅高度为负则为垂直翻转，宽度和高度参数都为负则为水平和垂直依次翻转。

例如，所要绘制图像 Happy.jpg 的原始大小是 140×140，在调用 DrawImage 时不改变保持图像的左上角在绘图表面的位置，改变宽度和高度参数的符号，则绘制出翻转的图像，如图 2-42 所示。代码如下：

```
Dim img As Image = Image.FromFile("D:\VB.NET\Happy.jpg")
g.DrawImage(img, 100, 75, 70, 70)          '绘制右下角图案 1
g.DrawImage(img, 100, 75, -70, 70)         '绘制左下角图案 2
g.DrawImage(img, 100, 75, 70, -70)         '绘制右上角图案 3
g.DrawImage(img, 100, 75, -70, -70)        '绘制左上角图案 4
```

4. 图像的旋转

绘制旋转图像的调用格式和绘制扭曲图像的一样。在调用的 DrawImage 方法时，通过改变由 3 个 Point 结构组成的数组参数，定义原始图像的左上角、右上角和左下角在绘图表面的位置，使得此 3 点重新定义一个旋转的矩形，则实现绘制旋转的图像。在定义这 3 个点时，始终都是原图像的左上角的新坐标作为数组的第一个元素 $p(0)$，右上角的新坐标作为数组的第二个元素 $p(1)$，左下角的新坐标作为数组的第三个元素 $p(2)$，如图 2-43 所示。

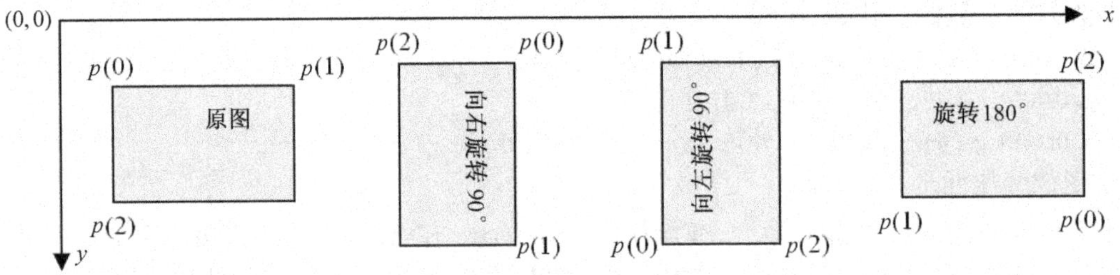

图 2-43　DrawImage 方法绘制旋转图像

例 2-22　在左侧的 PictureBox1 上显示原图，在右侧的 PictureBox2 上显示处理后的图像。原图大小为 290×290，PictureBox1 和 PictureBox2 的大小为 130×130。点击按钮"原图平移"，实现将原图的左上角平移到点(-50, 0.0)后在 PictureBox1 显示原图的一部分；点击按钮"缩小居中"，实现将原图缩小为 130×130 在 PictureBox2 上显示全图；点击按钮"水平扭曲"，实现将原图扭曲成一个平行四边形在 PictureBox2 上显示全图；点击按钮"垂直翻转"，实现将原图绕 y 轴翻转后在 PictureBox2 上显示全图；点击按钮"旋转 90°"，实现将原图旋转 90°后在 PictureBox2 上显示全图。因在上述几种方法中都指定了显示图像的宽度和高度，所以都是对原图进行了缩小。

解　对图像的缩小、扭曲、翻转、旋转操作编写的代码为

```
Dim m_g As Graphics                         '定义 CreateGraphics 对象
Dim m_Image As Image                        '定义 Image 对象
Dim m_fWidth, m_fHeight As Single           '定义宽度和高度
Private Sub Form1_Load(ByVal sender As System.Object, ByVal e As System.EventArgs) Handles MyBase.
Load
```

```
        m_g = PictureBox2.CreateGraphics            '创建 PictureBox2 的 CreateGraphics 对象
        m_Image = Image.FromFile("D:\VB.NET\Goose.bmp")    '创建 Image 对象
        m_fWidth = PictureBox2.Width                '获得 PictureBox2 的宽和高
        m_fHeight = PictureBox2.Width
    End Sub

    Private Sub Form1_Disposed(ByVal sender As Object, ByVal e As System.EventArgs) Handles Me.Disposed
        m_Image.Dispose()                           '释放对象
        m_g.Dispose()
    End Sub

    Private Sub Draw_Click(ByVal sender As System.Object, ByVal e As System.EventArgs) Handles Draw.Click
        Dim g As Graphics
        g = PictureBox1.CreateGraphics              '创建 PictureBox1 的 CreateGraphics 对象
        g.DrawImage(m_Image, -50, 0.0F)             '图像往左侧平移 50 后显示在 PictureBox1 中
        g.Dispose()
    End Sub

    Private Sub Zoom_Click(ByVal sender As System.Object, ByVal e As System.EventArgs) Handles Zoom.
Click
        m_g.Clear(Color.White)                      '用白色清除 PictureBox2
        m_g.DrawImage(m_Image,0,0,m_fWidth,m_fHeight)    '按照 PictureBox2 的大小显示全部图像
    End Sub

    Private Sub Distort_Click(ByVal sender As System.Object, ByVal e As System.EventArgs) Handles Distort.
Click
        Dim p(2) As Point
        p(0) = New Point(20, 0)                     '平行四边形左上角的坐标
        p(1) = New Point(130, 0)                    '平行四边形右上角的坐标
        p(2) = New Point(0, 130)                    '平行四边形左下角的坐标
        m_g.Clear(Color.White)                      '用白色清除 PictureBox2
        m_g.DrawImage(m_Image, p)                   '绘制水平扭曲的图像
    End Sub

    Private Sub Turn_Click(ByVal sender As System.Object, ByVal e As System.EventArgs) Handles Turn.Click
        m_g.Clear(Color.White)                      '用白色清除 PictureBox2
        m_g.DrawImage(m_Image, 0, m_fHeight - 1, m_fWidth, - m_fHeight)    '绘制垂直翻转图像
    End Sub

    Private Sub Rotate_Click(ByVal sender As System.Object, ByVal e As System.EventArgs) Handles Rotate.
Click
        Dim p(2) As Point
        p(0) = New Point(m_fHeight, 0)              '图片的左上角的新坐标
        p(1) = New Point(m_fHeight, m_fWidth)       '图片的右上角的新坐标
        p(2) = New Point(0, 0)                      '图片的左下角的新坐标
        m_g.Clear(Color.White)                      '用白色清除 PictureBox2
        m_g.DrawImage(m_Image, p)                   '绘制旋转 90°的图像
    End Sub
```

运行结果如图 2-44 所示。

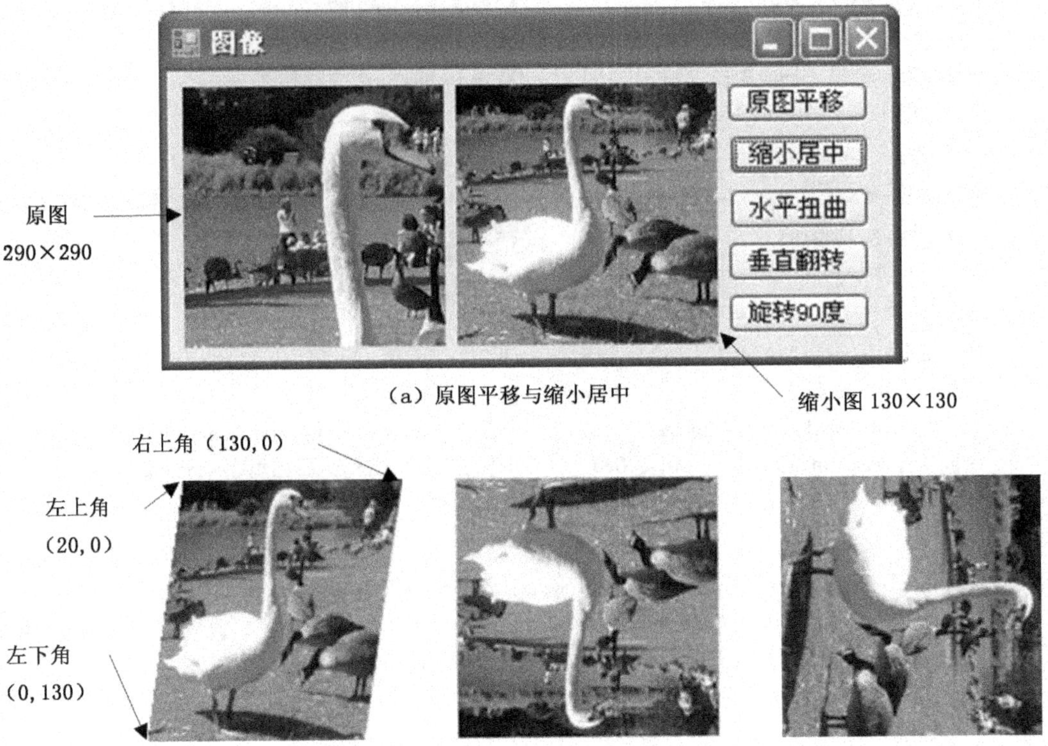

（a）原图平移与缩小居中

（b）水平扭曲　（c）垂直翻转　（d）旋转 90°

图 2-44　图像输出效果

习　题　2

2-1　编写一个程序。窗体的标题是“这是第一个绘图练习”，设计一按钮为“我试一下”。当点击该按钮后，窗体显示一段文字“我可以用 VB.NET 编写程序了”。

2-2　试编程绘制如图 2-45 所示的 4 个矩形，最大矩形到最小矩形的边长依次减少 40。

2-3　试编程绘制如图 2-46 所示的图形，图中将水平方向 0 到 320 等分为 16 等份，分别过点(0,120)和点(320,120)与各个等分点连线。

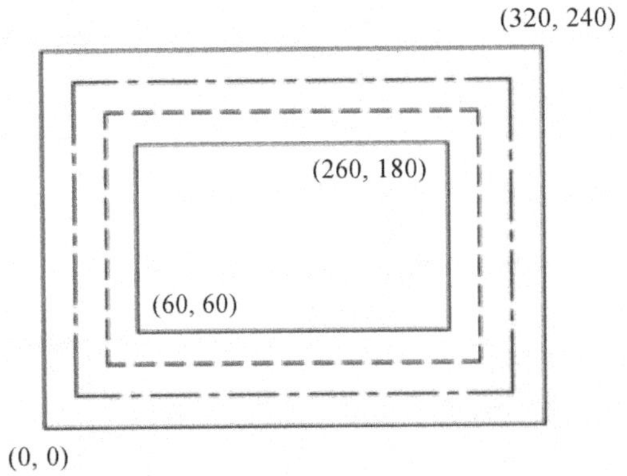

图 2-45

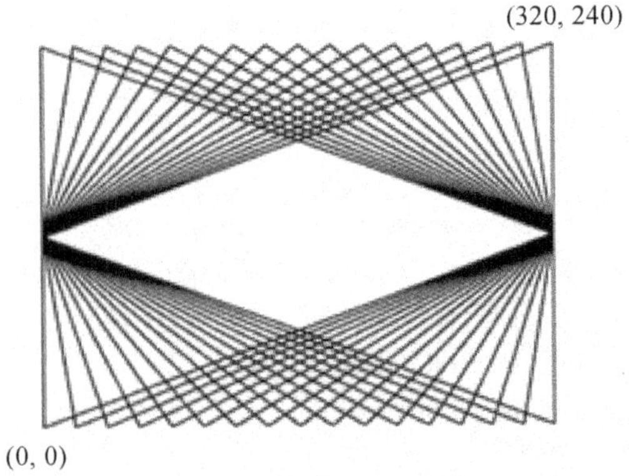

图 2-46

2-4　试编程绘制图 2-47 所示的五角星。

2-5　试编程绘制图 2-48 所示图形，将圆周等分为 12 等份，过最低点与其余各等分点连线。

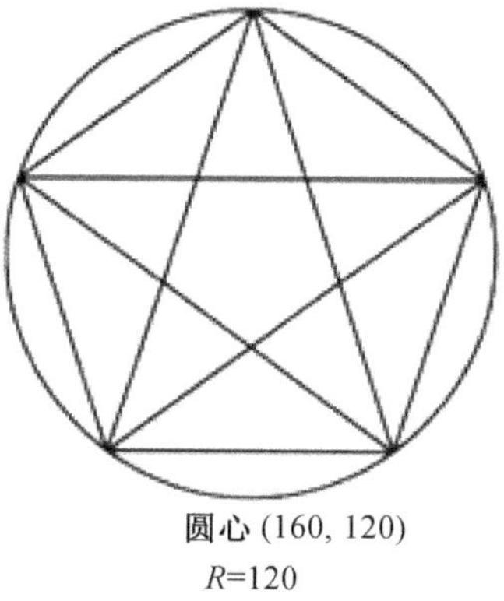

图 2-47

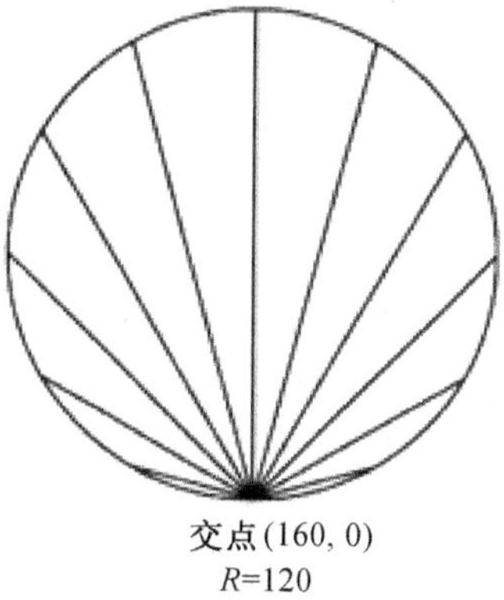

图 2-48

2-6　试编程绘制 A3 图纸的图框和标题栏。

2-7　试编写一个图形填充程序，在窗体上分别以矩形、正方形、圆和椭圆（各两组）为形状，显示不同颜色的 8 种填充图案。

2-8　试编程绘制 15 个渐变的圆，其中最小圆的半径 $r=2$，随后每个圆的半径递增 5；最小圆的圆心为(5,240)，随后每个圆心的 x 坐标递增 7。

2-9　试编程绘制图 2-49 所示的中国象棋棋盘，棋盘背景颜色为 RGB(210,190,150)。

2-10　试编程绘制图 2-50 所示的国际象棋棋盘，棋盘边框颜色为 RGB(203,128,52)，小方格颜色分别为 RGB(149,95,34)和 RGB(227,197,140)。

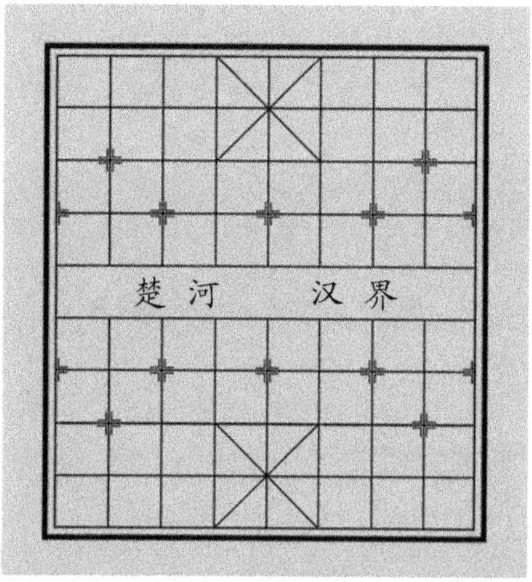

图 2-49

图 2-50

第 3 章　基本图形、图案设计

3.1　基本图形设计

设计一个图形程序，一般需要以下 5 个步骤：

(1)根据要绘制的图形，选定一个合适的点作为图形的定位点；

(2)弄清楚图形的几何形成，选定最少的变量；

(3)确定绘图的算法，列出计算各顶点的坐标算式；

(4)编写绘图程序；

(5)上机调试、运行和绘图。

当然，绘制图形的难易程度不同，图形程序设计的方法步骤也就有所不同。下面讨论基本图形程序的设计方法。

3.1.1　直线类图形设计

利用 VB 提供的 DrawLine 方法，可以绘制丰富多彩的直线类图形。通过这部分内容的学习，读者将会体会到图形的奇妙和趣味。

3.1.1.1　倾斜矩形的设计

当需要绘制各边均与坐标轴倾斜某一角度的矩形时，需要用户重新开发相应的子过程或函数来实现。

设矩形的宽为 W，高为 H，倾斜角度即矩形的宽边与 x 轴正向夹角为 th，最下角点为定位点，对应坐标为(x，y)，其结构关系如图 3－1 所示。

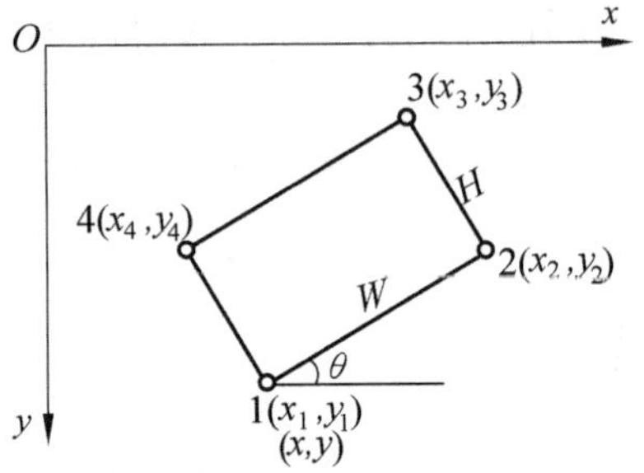

图 3－1　倾斜矩形结构关系

通过对图形的基本特性分析可知，倾斜矩形程序设计中的最少变量为 x, y, H, W, th。

已知倾斜矩形的定位点坐标(x，y)、宽 W、高 H 和倾斜角度 th，即可计算出该矩形另外 3 个顶点的坐标，从而绘制出该矩形。

矩形各顶点坐标的计算公式为(倾斜矩形顶点的标号如图 3－1 中所示)：

点 1：　$x_1 = x$

　　　　$y_1 = y$

点 2：　$x_2 = x_1 + W * \cos(\text{th})$

　　　　$y_2 = y_1 - W * \sin(\text{th})$

点 3：　$x_3 = x_2 - H * \sin(\text{th})$

　　　　$y_3 = y_2 - H * \cos(\text{th})$

点 4:　　$x_4 = x_3 - W * \cos(\text{th})$

$y_4 = y_3 + W * \sin(\text{th})$

根据上述分析,编制倾斜矩形子函数的代码为(其中各参数意义参考图 3-1):

```
'画矩形函数
Private Sub Rect_Angle(ByRef x As Object, ByRef y As Object, ByRef W As Object, ByRef H As Object,
ByRef th As Object)
    'x, y 均为旋转基点,th 为倾角,W、H 分别为矩形的长、宽
    Dim x1, y1, x2, y2, x3, y3, x4, y4 As Integer        '矩形的四个角点
    th = th * pi / 180
    x1 = x
    y1 = y
    x2 = Int(x1 + w * Cos(th))
    y2 = Int(y1 - w * Sin(th))
    x3 = Int(x2 - h * Sin(th))
    y3 = Int(y2 - h * Cos(th))
    x4 = Int(x3 - w * Cos(th))
    y4 = Int(y3 + w * Sin(th))
    g = PictureBox1.CreateGraphics()                       '实例化对象变量,与控件相关联
    myPen = New Pen(Color.Black, 2)                        '定义画笔
    g.DrawLine(myPen, x1, y1, x2, y2)
    g.DrawLine(myPen, x2, y2, x3, y3)
    g.DrawLine(myPen, x3, y3, x4, y4)
    g.DrawLine(myPen, x4, y4, x1, y1)
End Sub
```

例 3-1　编制图形程序,绘出如图 3-2 所示的图形。

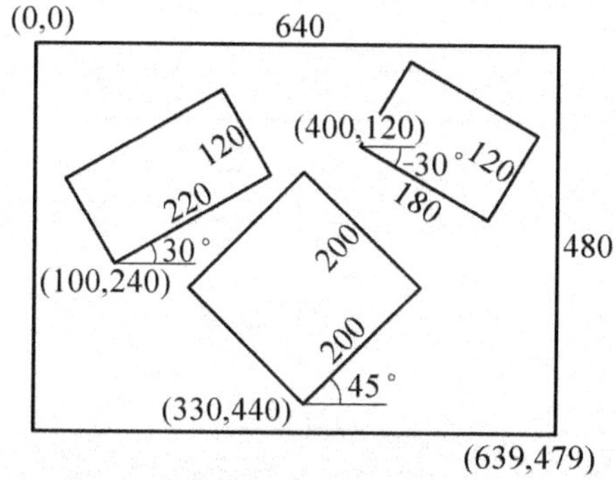

图 3-2　倾斜矩形实例

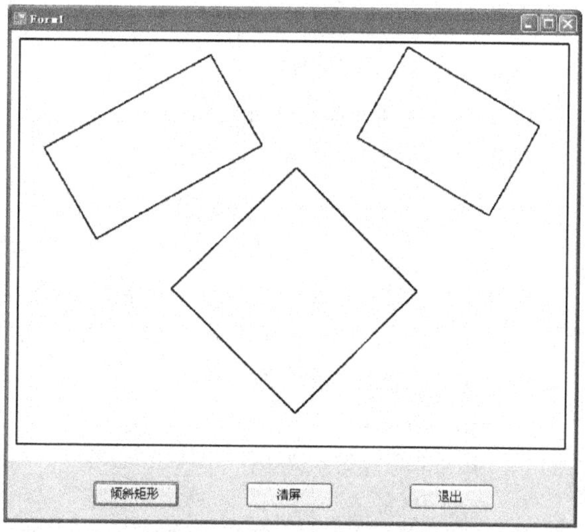

图 3-3　倾斜矩形的绘制示例

解　由于给定图形主要是由倾斜矩形组成,因此可以利用前面介绍的绘制倾斜矩形子

函数来完成图形中倾斜矩形的绘制。其中函数调用部分如下：

```
Rect_Angle(10, 479, 639, 469, 0)
Rect_Angle(100, 240, 220, 120, 30)
Rect_Angle(330, 440, 200, 200, 45)
Rect_Angle(400, 120, 180, 120, -30)
```

运行程序后,倾斜矩形的输出窗体如图 3-3 所示。

3.1.1.2 正多边形的设计

在绘制多边形时,可以用 DrawLine 方法顺序连接各个顶点,实现图形的绘制。由于正多边形各个顶点坐标值之间存在一定的固定关系,因此在绘制时是无法预先确定的,需要在执行绘制程序的过程中通过计算来求得。

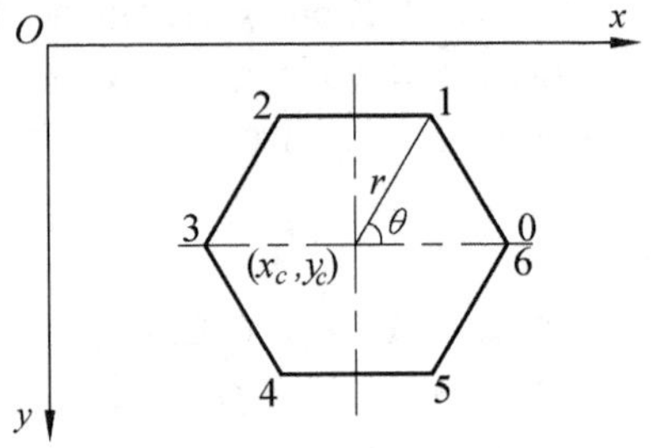

图 3-4 正六边形结构关系

若要绘制如图 3-4 所示的正多边形,通过对图形的基本特性分析可知,正多边形程序设计中的最少变量为 x_c, y_c, r, n, th。其中 x_c, y_c 分别为外接圆圆心;r 为外接圆半径;n 为边数($n \geqslant 3$);th 为起始点半径与 x 轴正向夹角。

如果将正多边形的外接圆圆心作为图形的绘制定位点,根据上面的变量,即可计算出该正多边形的其他顶点的坐标,从而可用 DrawLine 方法顺序连接正多边形的各个顶点,实现图形的绘制。

正多边形程序设计过程中涉及到的计算公式如下(正多边形顶点的标号如图 3-4 所示):

由正多边形的几何特性可知,增角 dq 为

$$\mathrm{d}q = 2\pi/\mathrm{n}$$

各个顶点半径与 x 轴的夹角 th 为

$$\mathrm{th} = \mathrm{th} + \mathrm{d}q, \text{且 } \mathrm{th} \in [0, 2\pi]$$

设各个顶点坐标为(x_n, y_n),则有

$$\begin{cases} x_n = x_c + r * \cos(\mathrm{th}) \\ y_n = y_c - r * \sin(\mathrm{th}) \end{cases}$$

根据上述分析,绘制正多边形子函数的流程框图如图 3-5 所示(其中各参数意义参考图 3-4)。

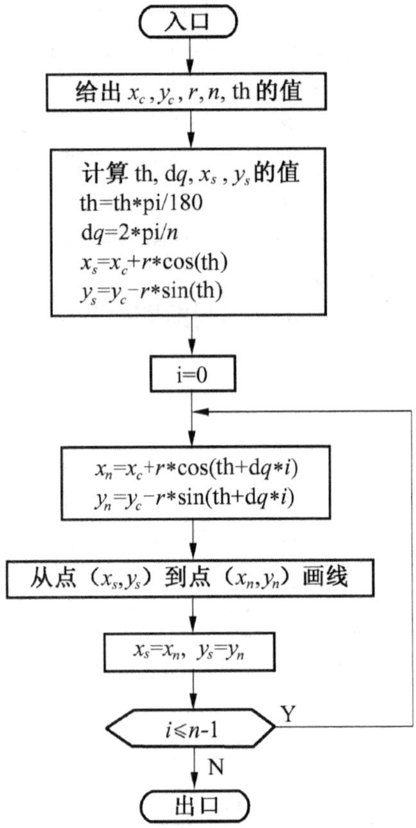

图 3-5 绘制正多边形子函数的流程框图

绘制正多边形子函数为

```
Private Sub draw_poly()
  xc = 250 : yc = 200          '外接圆圆心
  r = 200                      '外接圆半径
  n = 6                        '边数
  th = 0                       '起始点半径与 x 轴半径正向夹角
  th = th * pi / 180
  dq = 2 * pi / n
```

```
    xs = xc + r * Cos(th)
    ys = yc - r * Sin(th)
    g = Graphics.FromImage(BM)
    g.Clear(PictureBox1.BackColor)
    myPen = New Pen(Color.Black, 2)                    '定义画笔
    For i = 1 To n
      xn = xc + r * Cos(th + dq * i)
      yn = yc - r * Sin(th + dq * i)
      g.DrawLine(myPen, xs, ys, xn, yn)
      xs = xn : ys = yn
    Next
  End Sub
```

例 3-2　编制正多边形的图形程序。

解　用户可以在程序中修改要绘制的正多边形的外接圆半径、正多边形的边数、倾斜角度等参数，然后调用绘制正多边形子函数来完成正多边形的绘制。详细代码见光盘。

正多边形的输出窗体如图 3-6 所示。

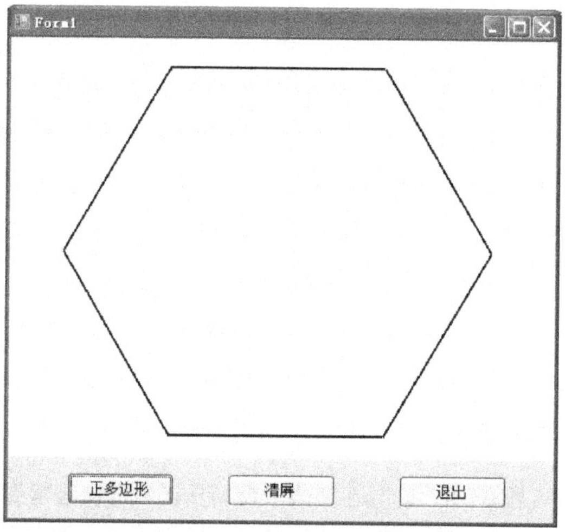

图 3-6　正多边形的绘制示例

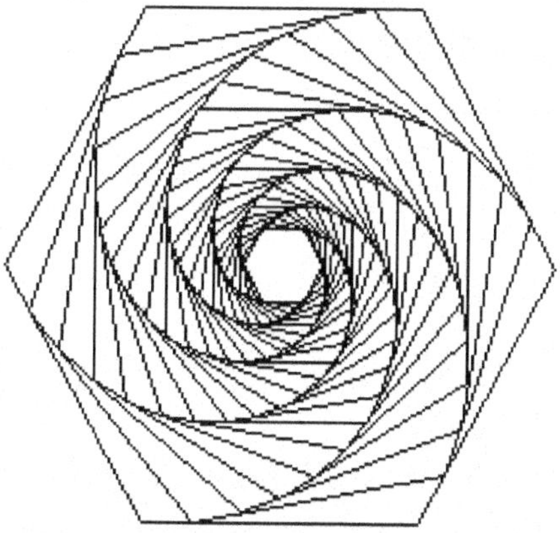

图 3-7　$n=6$ 的螺旋图案

3.1.1.3　直线类图形设计示例

下面给出几个直线类绘图程序的示例，在学习过程中，读者不但可以提高自己的编程能力，同时也可体会到图形的趣味性，增加自己的学习兴趣。

例 3-3　绘制螺旋图案。

解　将正多边形图案按照一定的规律旋转、叠加而生成的图案称为螺旋图案。如图 3-7 所示的图案就是将正六边形按照一定的规律旋转、叠加而生成的螺旋图案。

根据螺旋图案的生成特点，构成螺旋图案大致可分为两步：

第一步：编写绘制正多边形的子函数。

```
draw_poly(r1, xc, yc, n, th1)
```

参数说明：正多边形的外接圆圆心作为图形的绘制定位点，坐标（x_c，y_c），外接圆半径 r_1，边数 $n(n\geqslant 3)$，以及控制正多边形摆放的起始点半径的倾斜角度参数 th_1。

第二步：编写正多边形旋转子程序。

Rot _ poly(r1, xc, yc, nn, n, th1, tt)

参数说明：正多边形的外接圆圆心作为图形的绘制定位点，坐标（x_c，y_c），外接圆半径 r_1，边数 $n(n\geqslant 3)$，控制正多边形摆放的起始点半径的倾斜角度参数 th_1，原始图形在生成螺旋图案中的旋转次数 nn，旋转后正多边形起始点半径与旋转前正多边形起始点半径之间的夹角 tt，即转角。此外在该子程序中还要用到一些重要的局部变量，如旋转前后正多边形的缩小系数 k 及旋转后所得变小的正多边形的外接圆半径 r_2 等。

编制图形程序，单击螺旋正多边形按钮可绘制指定参数的螺旋图案。

本例题基本参数设置如下：

外接圆圆心：$x_c=250, y_c=200$

外接圆半径：$r_1=200$

正多边形边数：$n=6$

起始点半径与 x 轴半径正向夹角：

$th_1=0, th_1=th_1*\ pi\ /\ 180$

旋转次数：nn = 25

转角：tt = 10

在程序中应分别调用正多边形子函数和正多边形旋转子函数。

Draw _ poly(r1, n, xc, yc, th1)

Rot _ poly(r1, xc, yc, nn, n, th1, tt)

绘制正多边形旋转子函数的流程框图如图 3-8 所示。

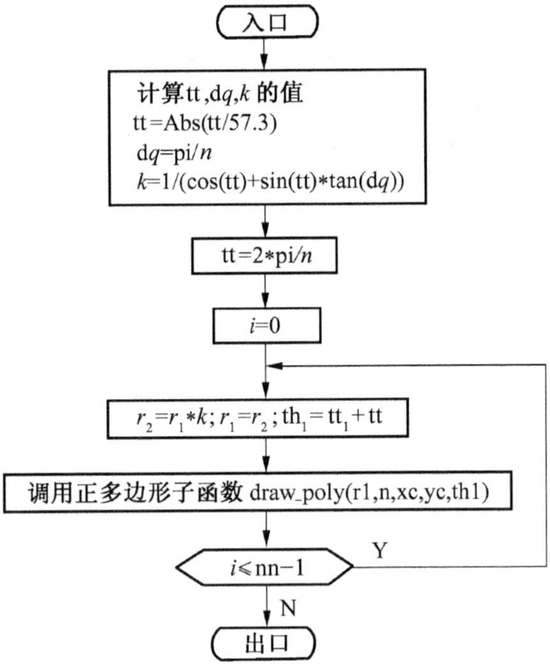

图 3-8　绘制正多边形旋转子函数的流程框图

绘制正多边形旋转子函数如下：

```
Public Sub Rot _ poly(ByVal r1, ByVal xc, ByVal yc, ByVal nn, ByVal n, ByVal th1, ByVal tt)
  Dim I As Integer
  Dim k, r2, dq As Double
  tt = Abs(tt / 57.3)
  dq = pi / n
  k = 1 / (Cos(tt) + Sin(tt) * Tan(dq))
  For I = 1 To nn - 1
    r2 = r1 * k
    r1 = r2
    th1 = th1 + tt
    draw _ poly(r1, n, xc, yc, th1)
  Next i
```

```
End Sub
```

本例题程序完整代码详见光盘。运行程序后，螺旋正多边形的输出窗体如图 3－9 所示。

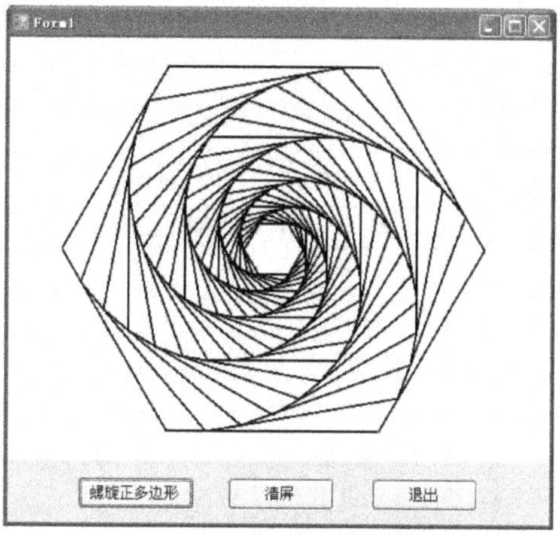

图 3－9　螺旋正多边形图案绘制示例

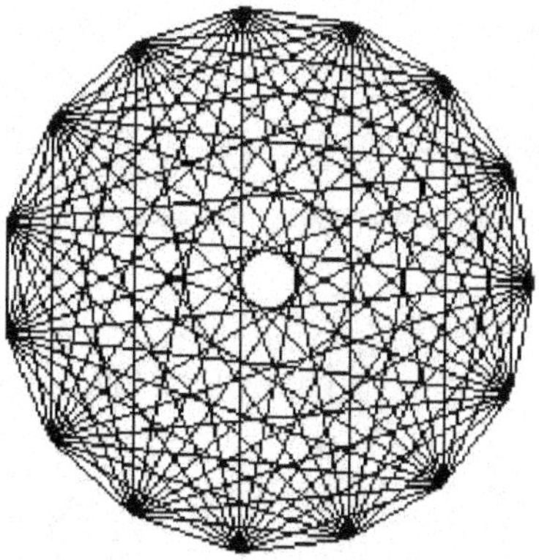

图 3－10　$n = 15$ 的钻石图案

例 3－4　绘制钻石图案。

解　将半径为 r 的圆周进行 n 等分，然后将各等分点用直线两两相连，构成的图案称为钻石图案，如图 3－10 所示。

本例题基本参数设置如下：

圆心：$x_c = 280$，$y_c = 240$

半径：$r = 200$

等分数：$n = 21$

转角：tt = 2 * pi / n

绘制钻石图案的流程框图如图 3－11 所示。

实现钻石图案的主要程序代码如下：

```
xc = 280
yc = 240
r = 200                 '圆周半径
n = 21                  '等分数
tt = 2 * pi / n
g = Graphics.FromImage(BM)
g.Clear(PictureBox1.BackColor)
myPen = New Pen(Color.Black, 2)
'定义画笔
For i = 0 To n   1      '计算每个顶点坐标
  x(i) = xc + r * Cos(i * tt)
  y(i) = yc - r * Sin(i * tt)
Next i
```

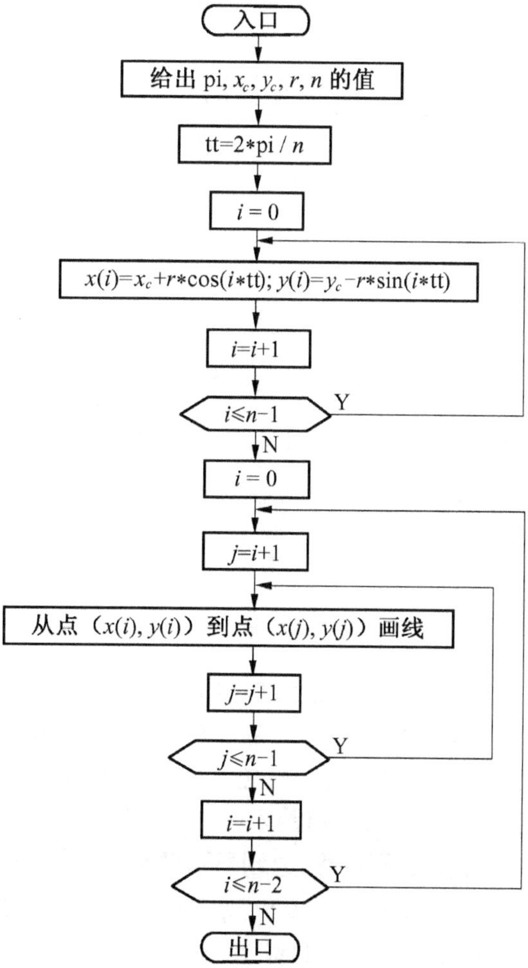

图 3－11　绘制钻石图案的流程框图

```
For i = 0 To n   2        '各等分点用直线两两相连
  For j = i + 1 To n - 1
    g.DrawLine(myPen, x(i), y(i), x(j), y(j))
  Next j
Next i
```

本例题程序完整代码详见光盘。运行程序后，钻石图案的输出窗体如图 3 - 12 所示。

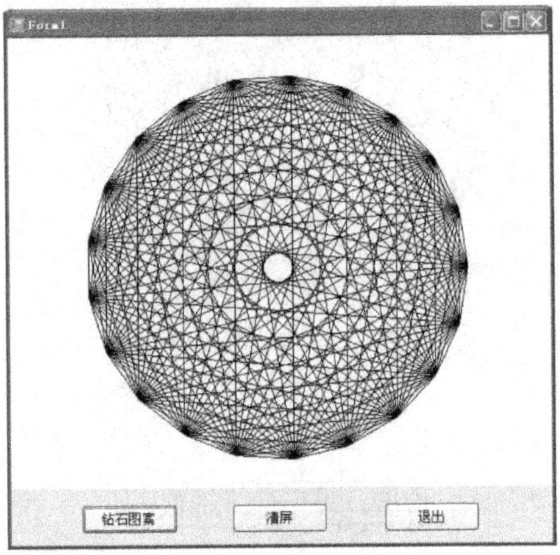

图 3 - 12　$n = 21$ 的钻石图案绘制示例

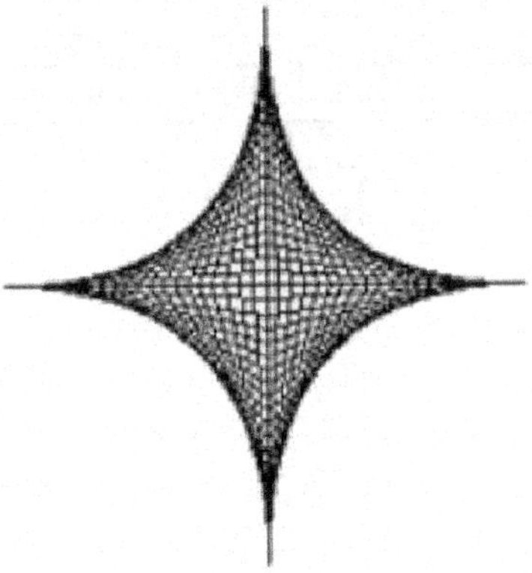

图 3 - 13　星形图案

例 3 - 5　绘制星形图案。

解　以长度为 a 的直线段在直角坐标系上移动，其移动的轨迹产生的图案称为星形图案，如图 3 - 13 所示。

编写图形程序，绘制星形图案。其中，子程序 star(x, y)用于实现图形的绘制，代码中使用了 4 次 DrawLine 方法，分别绘制直线段在坐标系的四个象限中的运动轨迹。该例中坐标轴的增量 $b = 10$，直线段长度 $a = 100$。

实现星形图案的流程框图如图 3 - 14 所示。

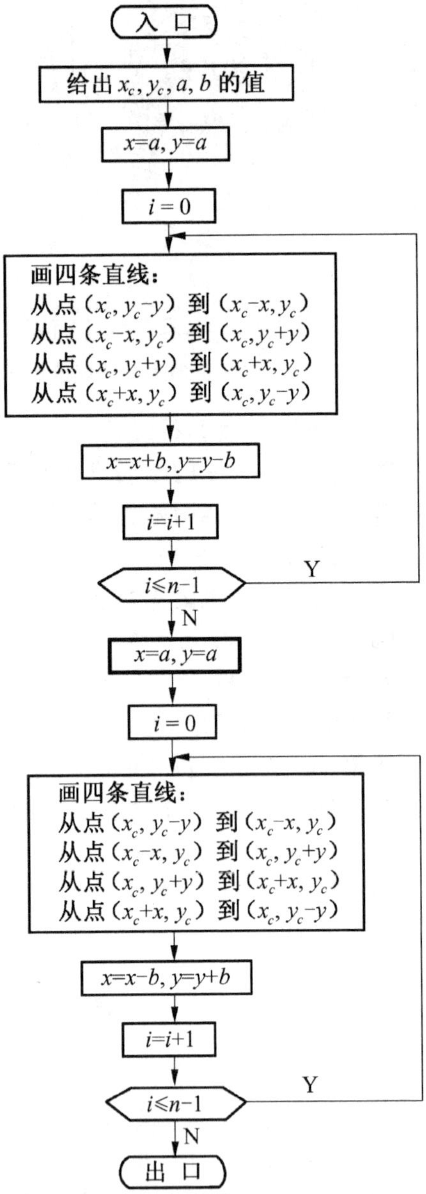

图 3 - 14　绘制星形图案的流程框图

实现星形图案的代码如下：

```
xc = 260
yc = 220
a = 100
b = 10
x = a
y = a
g = Graphics.FromImage(BM)
g.Clear(PictureBox1.BackColor)
myPen = New Pen(Color.Black, 2)                    '定义画笔
For i = 0 To 10
    g.DrawLine(myPen, xc, yc - y, xc - x, yc)
    g.DrawLine(myPen, xc - x, yc, xc, yc + y)
    g.DrawLine(myPen, xc, yc + y, xc + x, yc)
    g.DrawLine(myPen, xc + x, yc, xc, yc - y)
    x = x + b
    y = y - b
Next i
x = a
y = a
For i = 0 To 10
    g.DrawLine(myPen, xc, yc - y, xc - x, yc)
    g.DrawLine(myPen, xc - x, yc, xc, yc + y)
    g.DrawLine(myPen, xc, yc + y, xc + x, yc)
    g.DrawLine(myPen, xc + x, yc, xc, yc - y)
    x = x - b
    y = y + b
Next i
```

运行程序后，星形图案的输出窗体如图 3-15 所示。

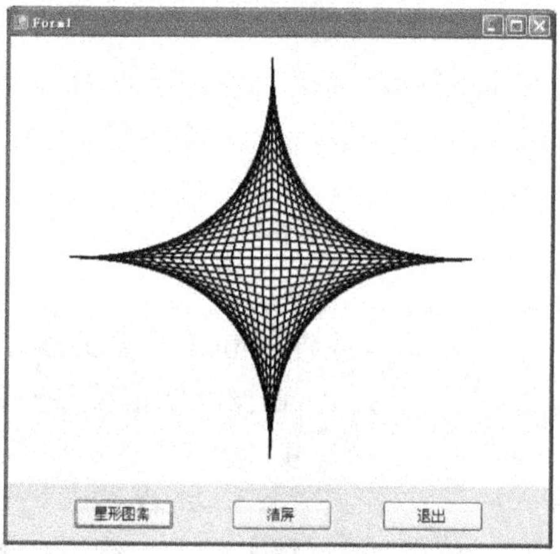

图 3-15　星形图案绘制示例

图 3-16　树形图案

例 3－6　绘制树形图案。

解　通过使用随机函数 Rnd，随机生成直线段，可以构成树叶，与树干组合可形成美丽的树形图案，如图 3－16 所示。

实现树形图案的流程框图如图 3－17 所示。

实现树形图案的主要代码如下：

```
Randomize()
a = pi / 15
th = pi / 12
g = Graphics.FromImage(BM)
g.Clear(PictureBox1.BackColor)
myPen = New Pen(Color.Black, 2)          '定义画笔
'画出树干
g.DrawLine(myPen, 150, 400, 450, 400)
g.DrawLine(myPen, 285, 400, 300, 180)
g.DrawLine(myPen, 300, 180, 315, 400)
myPen = New Pen(Color.Black, 1)          '定义画笔
'画出树叶
For i = 0 To 99
  xc = 180 + Rnd() * 200
  yc = 100 + Rnd() * 180
  For j = 0 To 12
    x = xc + 20 * Cos(j * a + th)
    y = yc - 20 * Sin(j * a + th)
    g.DrawLine(myPen, xc, yc, x, y)
  Next j
Next i
```

本例题程序完整代码详见光盘。运行程序后，树形图案的输出窗体如图 3－18 所示。

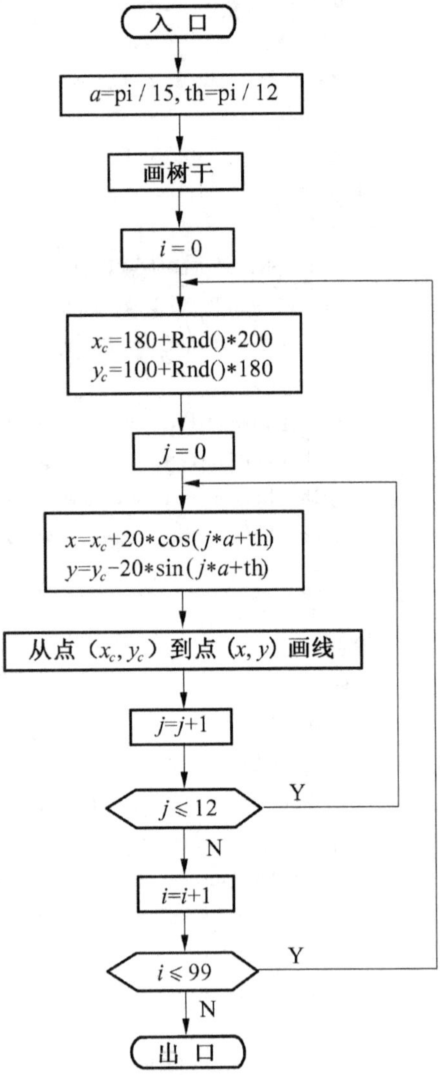

图 3－17　绘制树形图案的流程框图

通过以上的几个例子可以看出，使用 DrawLine 方法可以生成复杂美丽的图案。结合书中给出的示例，读者可以尝试着设计出新的直线类图形。

3.1.2　圆类图形设计

3.1.2.1　倾斜椭圆的设计

利用前面介绍的 Circle 方法，可以在程序中绘制水平或垂直放置的椭圆或椭圆弧。但需要绘制倾斜的椭圆时，Circle 方法就无法实现图形的绘制了。因此，在设计图形程序时，需要开发倾斜椭圆及倾斜椭圆弧的程序。

程序的设计算法分析如下：

设椭圆的中心为绘图的定位点，坐标(x_c，y_c)，椭圆的长半轴 r_x，短半轴 r_y，椭圆长轴与 x 轴正向的夹角为 th，椭圆弧的初始角 angs，终止角 ange。

图 3－18　树形图案绘制示例

所绘制的倾斜椭圆图形，相当于原来水平放置椭圆上的每一点 A 旋转 th 角后得到的点 A_1 所构成的图形(图 3－19)。设点 A 的坐标为(x, y)，旋转后的对应点 A_1 的坐标为(x_1, y_1)，则两者之间存在如下关系：

$$\begin{cases} x_1 = x * \cos(\text{th}) - y * \sin(\text{th}) \\ y_1 = x * \sin(\text{th}) + y * \cos(\text{th}) \end{cases}$$

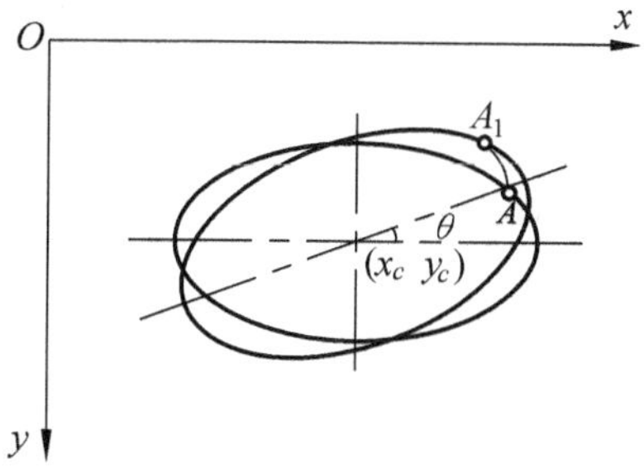

图 3－19　倾斜椭圆结构关系

绘制倾斜椭圆(椭圆弧)的最少变量为 x_c，y_c，r_x，r_y，th，angs，ange，dt。其中 x_c 和 y_c 分别为椭圆(椭圆弧)的中心；r_x 和 r_y 分别为椭圆(椭圆弧)的长半轴、短半轴长；th 为椭圆(椭圆弧)长轴与 x 轴正向的夹角；angs 和 ange 分别为椭圆弧的起始角、终止角(单位为度)；dt 为参变量的增量。

例 3－7　绘制倾斜椭圆(椭圆弧)。

解　绘制倾斜椭圆(椭圆弧)的主要程序代码如下：

```
xc = 240 : yc = 200
rx = 200
ry = 150
angs = 0
ange = 360
th = 30
dt = 10
angs = angs / 57.3
```

```
ange = ange / 57.3
t = angs
th = th / 57.3
dt = dt / 57.3
n = CInt((ange - angs) / dt)
x0 = rx * Cos(t)
y0 = ry * Sin(t)
xx0 = x0 * Cos(th) - y0 * Sin(th)
y0 = x0 * Sin(th) + y0 * Cos(th)
x0 = xx0
oldx = xc + x0 : oldy = yc - y0
PictureBox1.Invalidate()
g = Graphics.FromImage(BM)
g.Clear(PictureBox1.BackColor)
myPen = New Pen(Color.Black, 2)                    '定义画笔
For i = 1 To n
   t = t + dt
   x = rx * Cos(t)
   y = ry * Sin(t)
   xx = x * Cos(th) - y * Sin(th)
   y = x * Sin(th) + y * Cos(th)
   x = xx
   g.DrawLine(myPen, oldx, oldy, xc + x, yc - y)
   oldx = xc + x
   oldy = yc - y
Next i
g.DrawLine(myPen, oldx, oldy, xc + x0, yc - y0)
```

本例题程序完整代码详见光盘。运行程序后，倾斜椭圆的输出窗体如图 3-20 所示。

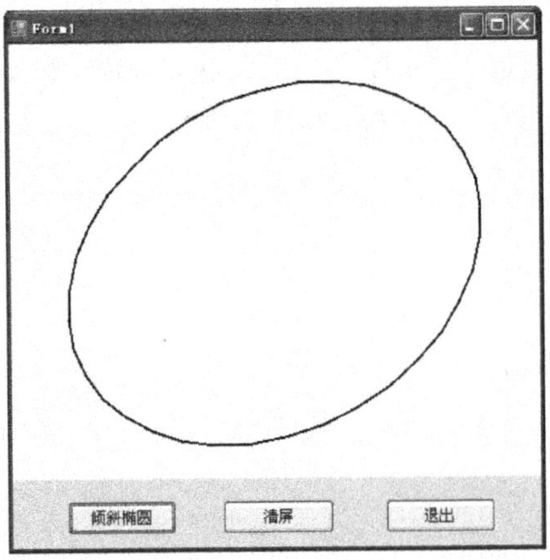

图 3-20　倾斜椭圆绘制示例

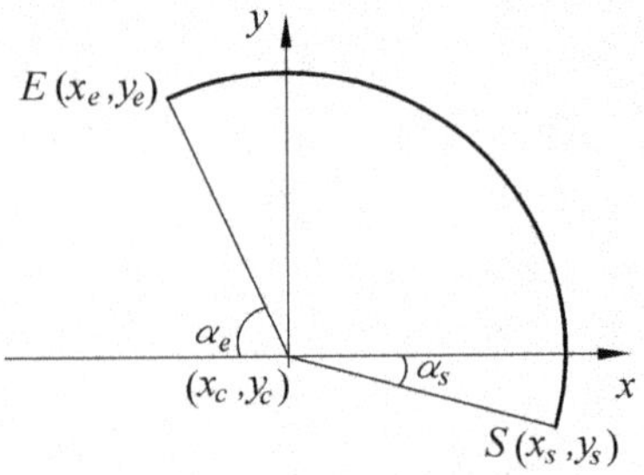

图 3-21　圆弧的已知条件

3.1.2.2　圆弧的程序设计

绘画圆弧时，若给出圆弧所在圆的圆心(x, y)，半径 r，起始角 angs，终止角 ange，则可以应用 Circle 函数绘画圆弧。若给出的条件为：圆弧所在圆的圆心坐标(x_c, y_c)，圆弧的起始点 S 的坐标(x_s, y_s)和终止点 E 的坐标(x_e, y_e)，要绘画圆弧时则要另编一个画圆弧的子程序。

设圆弧的起始角为 t_1，终止角为 t_2（图 3－21），则有

$$t_1 = \arctan \frac{|y_s - y_c|}{|x_s - x_c|}$$

$$t_2 = \arctan \frac{|y_e - y_c|}{|x_e - x_c|}$$

由以上两式可求出 t_1 和 t_2 的数值（弧度值），但不反映起始点和终止点所在的象限。所以程序应能根据起始点和终止点对圆心的相对位置判别它们所在的象限，然后对算出的 t_1 和 t_2 值进行修正。起始点 S 所在象限的判断如图 3－22 所示。

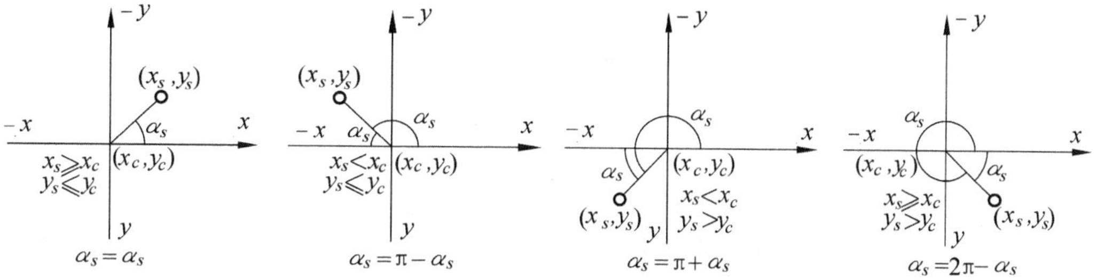

图 3－22　起始点所在象限判断

根据图 3－21 和图 3－22，计算 t_1 值的流程框图如图 3－23 所示。同理，可得出计算 t_2 值的流程框图。

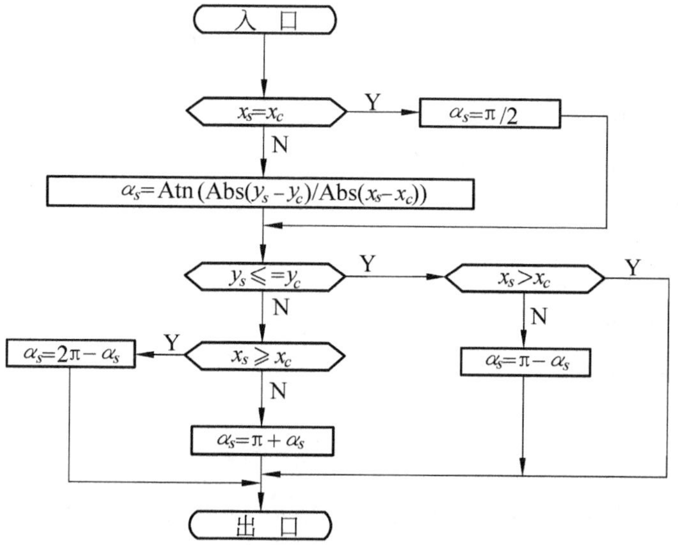

图 3－23　计算 t_1 值的流程框图

终止点 E 所在象限的判断与起始点 S 的判断同理。于是，在已知圆弧的始点坐标(x_s,

y_s)、终点坐标(x_e,y_e)和圆心坐标(x,y)的前提下,绘画圆弧子程序的流程框图如图 3-24 所示。

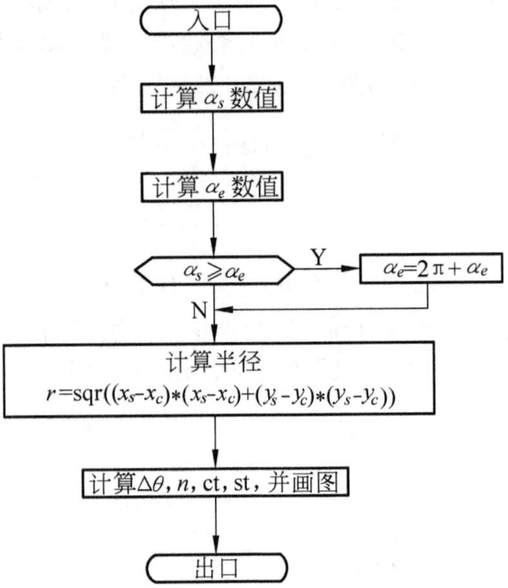

图 3-24 绘制圆弧子程序的流程框图

在图 3-24 所示的绘制圆弧子程序的流程框图中,t_1 值的计算表示为图 3-23 的流程框图,t_2 值的计算流程框图与图 3-23 相似,读者可用 t_2 代所有的 t_1, x_e 代x_s,y_e 代y_s,即可得其流程框图。

由图 3-24 的流程框图便可写出绘制圆弧的函数。

```
'以下是绘制圆弧的函数 Arc(),该函数共有 6 个参数
Sub Arc(ByVal xs As Integer, ByVal ys As Integer, ByVal xe As Integer, ByVal ye As Integer, ByVal xc As Integer, ByVal yc As Integer)
    '定义函数体所需变量
    Dim t1, t2, s1, dt, st, ct, tt As Double
    Dim x, y, r, xx, oldx, oldy As Single
    Dim i, n As Integer
    g = Graphics.FromImage(BM)
    myPen = New Pen(Color.Black, 3)          '定义画笔
    t1 = angle(xs, ys, xc, yc)               '计算起始角和终止角
    t2 = angle(xe, ye, xc, yc)
    If t1 > = t2 Then                        '修正计算所得值
      t2 = 2 * pi + t2
    End If
    r = Sqrt((xs - xc) * (xs - xc) + (ys - yc) * (ys - yc))          '计算半径值
    tt = t2 - t1
    s1 = Abs(r * tt)
```

```
        n = Int(s1 / 2 + 0.5)
        dt = tt / n
        st = Sin(dt) : ct = Cos(dt)
        x = r * Cos(t1) : y = r * Sin(t1)
        For i = 0 To n                    '绘制圆弧
            oldx = xc + x
            oldy = yc - y
            xx = x * ct - y * st
            y = x * st + y * ct
            x = xx
            g.DrawLine(myPen, oldx, oldy, xc + x, yc - y)
        Next
    End Sub                               '函数结束
    '以下是计算起始角(或终止角)的函数 angle(),该函数共有 4 个参数
    Public Function angle(ByVal x As Integer, ByVal y As Integer, ByVal xc As Integer, ByVal yc As Integer)
        If x = xc Then
            angle = pi / 2
        Else
            angle = Atan(Abs(y - yc) / Abs(x - xc))
        End If
        If y < = yc Then
            If x < = xc Then
                angle = pi - angle
            End If
        Else
            If x > = xc Then
                angle = 2 * pi - angle
            Else
                angle = pi + angle
            End If
        End If
    End Function
```

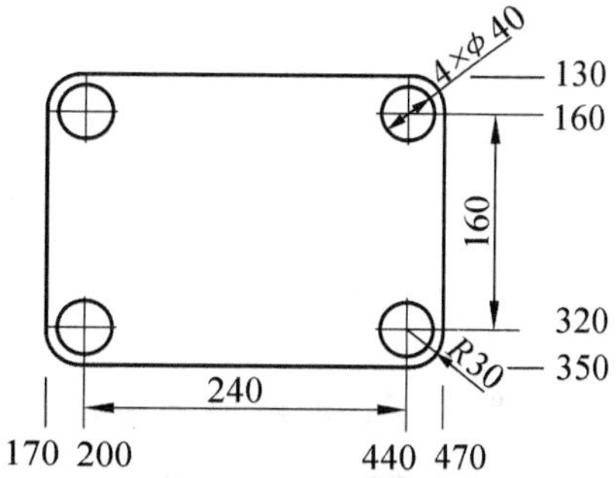

图 3 - 25　圆类图形实例

例 3 - 8　编程绘制如图 3 - 25 所示的图形,不注尺寸。

解　由图 3 - 25 可知,该图形由 4 个小圆、4 段直线和 4 段圆弧组成,各直线段的始点和终点坐标见图。可以直接利用 VB 所提供的图形方法 DrawLine、DrawEllipse 和 DrawArc 完成图形的绘制。

主要程序代码如下:

```
    g = Graphics.FromImage(BM)
    '绘制中心线
    myPen = New Pen(Color.Black, 1)                    '定义画笔
    myPen.DashStyle = Drawing2D.DashStyle.DashDot
```

```
g.DrawLine(myPen, 35, 60, 345, 60)
g.DrawLine(myPen, 35, 220, 345, 220)
g.DrawLine(myPen, 70, 25, 70, 255)
g.DrawLine(myPen, 310, 25, 310, 255)
'绘制轮廓线
myPen = New Pen(Color.Black, 3)                    '定义画笔
g.DrawLine(myPen, 70, 250, 310, 250)
g.DrawLine(myPen, 340, 220, 340, 60)
g.DrawLine(myPen, 310, 30, 70, 30)
g.DrawLine(myPen, 40, 60, 40, 220)
'以点(70,60)为圆心,半径为20画圆
'DrawEllipse(画笔, 矩形左上角点 x 坐标, 矩形左上角点 y 坐标, 矩形宽度, 矩形高度)
g.DrawEllipse(myPen, 70 - 20, 60 - 20, 40, 40)
g.DrawEllipse(myPen, 70 - 20, 220 - 20, 40, 40)
g.DrawEllipse(myPen, 310 - 20, 60 - 20, 40, 40)
g.DrawEllipse(myPen, 310 - 20, 220 - 20, 40, 40)
'270° - 360°圆弧
'DrawArc(画笔, 矩形左上角点 x 坐标, 矩形左上角点 y 坐标, 矩形宽度, 矩形高度,起始角度,弧长角度)
g.DrawArc(myPen, 310 - 29, 220 - 29, 58, 58, 0, 90)
'0° - 90°圆弧
g.DrawArc(myPen, 310 - 29, 60 - 29, 58, 58, 270, 90)
'90° - 180°圆弧
g.DrawArc(myPen, 70 - 29, 60 - 29, 58, 58, 180, 90)
'180° - 270°圆弧
g.DrawArc(myPen, 70 - 29, 220 - 29, 58, 58, 90, 90)
```

本例题程序完整代码详见光盘。运行程序后,圆类图形的输出窗体如图 3-26 所示。

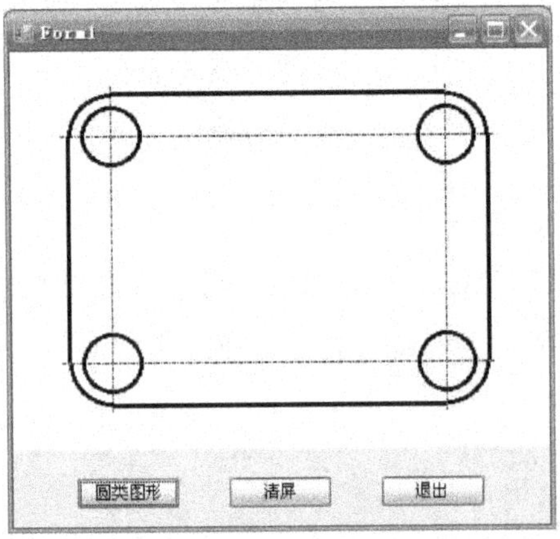

图 3-26 圆类图形绘制示例

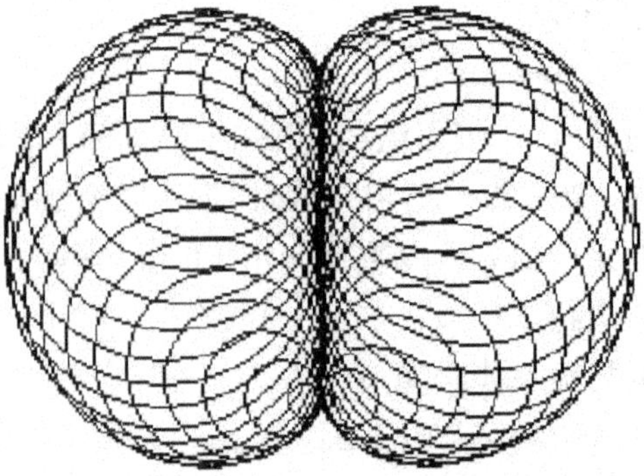

图 3-27 肾形图案

3.1.2.3　有趣的圆类图形设计示例

圆是最基本的曲线图形，在应用中将圆和直线组合在一起，可以绘制出许多有趣的图案。下面给出一些示例。

例 3-9　绘制肾形图案。

解　将一个半径为定值 r 的圆进行 n 等分，然后以各个等分点为圆心，等分点到定圆直径的距离为半径画圆，生成的图案称为肾形图案，如图 3-27 所示。

实现肾形图案的程序框图如图 3-28 所示。

实现肾形图案的主要程序代码如下：

```
r = 100
n = 45
th = 2 * pi / n
g = Graphics.FromImage(BM)
g.Clear(PictureBox1.BackColor)
myPen = New Pen(Color.Black, 2)          '定义画笔
For i = 0 To n
  x = r * Cos(i * th) + 280
  y = r * Sin(i * th) + 220
  rr = Abs(x - 280)
  g.DrawEllipse(myPen, x - rr, y - rr, 2 * rr, 2 * rr)
Next i
```

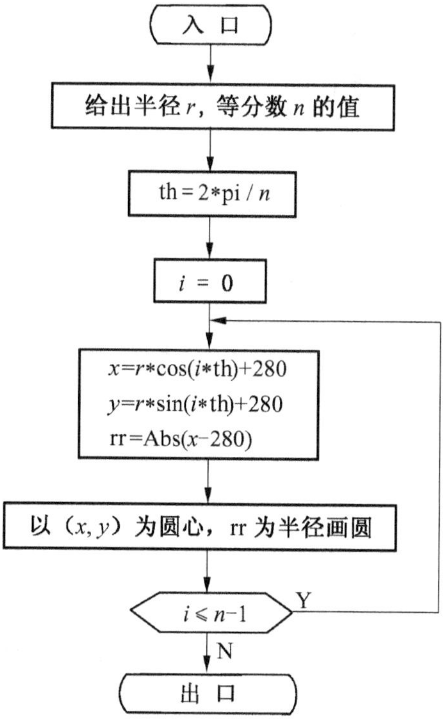

图 3-28　绘制肾形图案的程序框图

本例题程序完整代码详见光盘。运行程序后，肾形图案的输出窗体如图 3-29 所示。

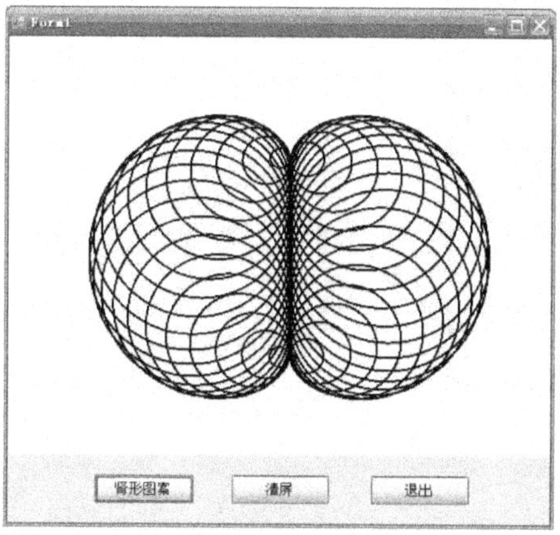

图 3-29　肾形图案绘制示例

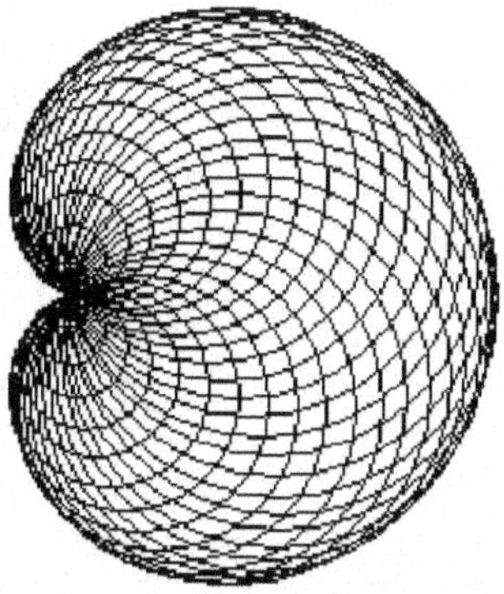

图 3-30　心形图案

例 3-10　绘制心形图案。

解　将一个半径为定值 r 的圆进行 n 等分，然后以各个等分点为圆心，等分点到定点的距离为半径画圆，生成的图案称为心形图案，如图 3-30 所示。

设定点为圆周上水平直径的左端点，则心形图案的程序框图如图 3 - 31 所示。

心形图案的主要程序代码如下：

```
r = 80
x1 = 240 - r
n = 40
th = 2 * pi / n
PictureBox1.Invalidate()
g = Graphics.FromImage(BM)
g.Clear(PictureBox1.BackColor)
myPen = New Pen(Color.Black, 2)          '定义画笔
For i = 0 To n
   x = r * Cos(i * th) + 240
   y = r * Sin(i * th) + 240
   rr = ((x - x1)^2 + (y - 240)^2)^(1 / 2)
   g.DrawEllipse(myPen, x - rr, y - rr, 2 * rr, 2 * rr)
Next i
```

本例题程序完整代码详见光盘。运行程序后，心形图案的输出窗体如图 3 - 32 所示。

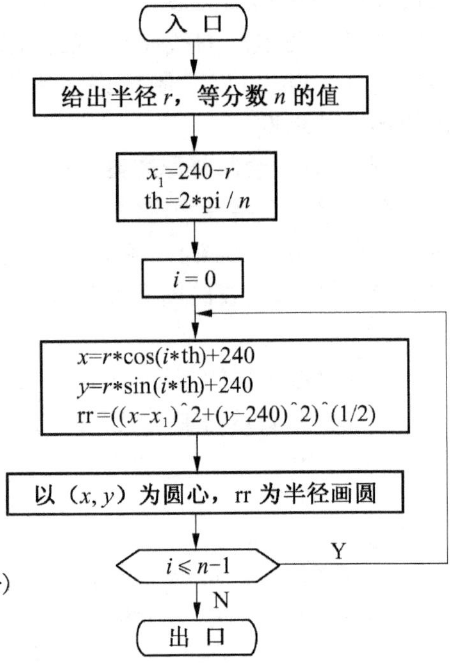

图 3 - 31　绘制心形图案的程序框图

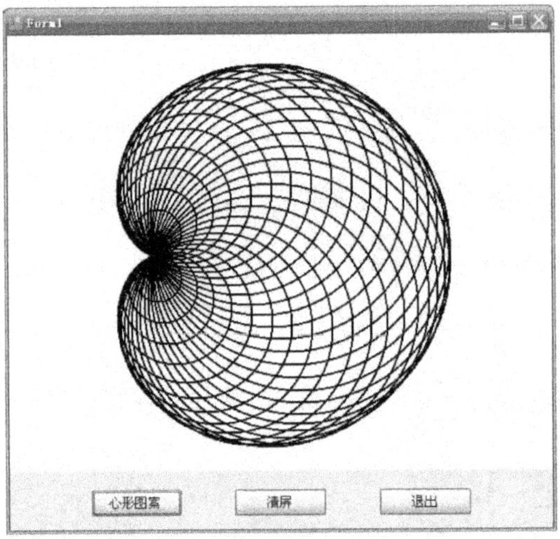

图 3 - 32　心形图案绘制示例

3.2　圆弧连接程序设计

在计算机辅助工程设计中，经常会用到圆弧连接直线或圆弧的情况。因此有必要研究解决这一问题的计算机算法。本节将主要讲述与之有关的数学方法，并在此基础上分类讲述不同连接情况下的程序设计方法。

3.2.1　圆弧连接数学方法

在计算机绘图领域中，绘制图形的基本方法是首先根据相应的数学方法计算出各种图形的特征点坐标，然后利用程序语言提供的绘图方法绘制出图形。因此，无论是编写圆弧连接程序还是绘制其他图形，都首先需要考虑数学方法，即建立数学模型。在编制圆弧连接相应程序时所用到的数学方法主要包括以下几种：

1. 直线算法

直线的一般方程为

$$Ax + By + C = 0 \tag{3-1}$$

式中，只要系数 A、B 和常数 C 确定，则该式表示唯一的一条直线。在计算机绘图中，一般通过给定一直线段的始点坐标 (x_s, y_s) 和终点坐标 (x_e, y_e) 来确定直线（图 3-33）。

因此，由直线的两点式方程有

$$\frac{x_e - x_s}{x - x_s} = \frac{y_e - y_s}{y - y_s} \tag{3-2}$$

将上式移项并整理得

$$(y_s - y_e)x + (x_e - x_s)y + (x_s y_e - x_e y_s) = 0 \tag{3-3}$$

将式(3-3)与式(3-1)相比较可得

$$\left.\begin{aligned} A &= y_s - y_e \\ B &= x_e - x_s \\ C &= x_s y_e - x_e y_s \end{aligned}\right\} \tag{3-4}$$

于是得到直线的一般方程。

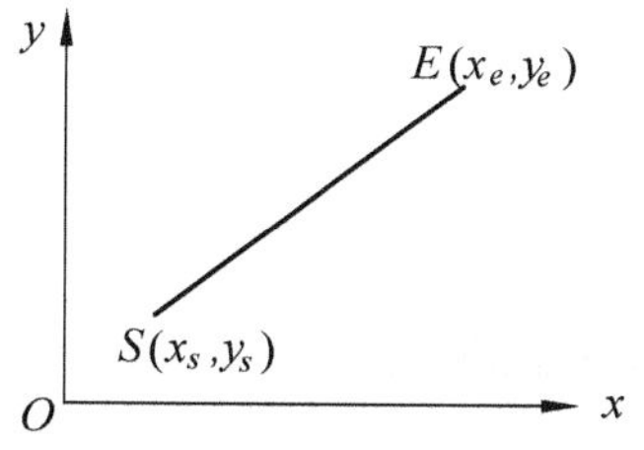

图 3-33　直线

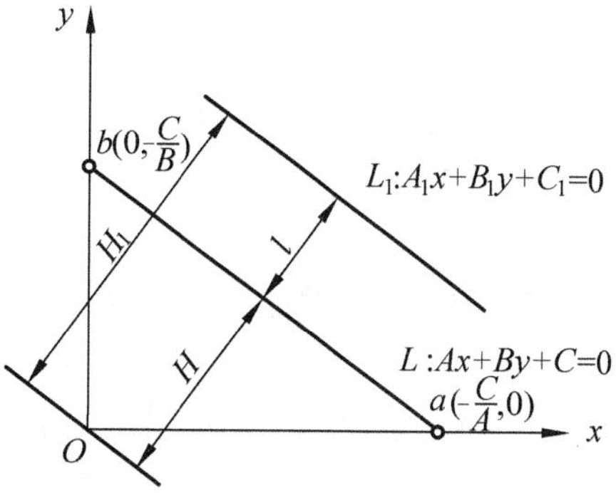

图 3-34　平行线

2. 平行线算法

已知直线 L 的方程为

$$Ax + By + C = 0$$

如图 3-34 所示，直线 L 与 x 轴的交点为 $a\left(-\frac{C}{A}, 0\right)$，与 y 轴的交点为 $b\left(0, -\frac{C}{B}\right)$，则从坐标原点 O 到已知直线 L 的垂距 H 有

$$\frac{H}{-\frac{C}{A}}=\frac{-\frac{C}{B}}{\sqrt{\left(-\frac{C}{A}\right)^2+\left(-\frac{C}{B}\right)^2}}$$

整理后得

$$H=\frac{|C|}{\sqrt{A^2+B^2}} \tag{3-5}$$

将直线 L 平行移动距离 l 后得到它的平行线 L_1。此时,坐标原点 O 至给定直线 L 的平行线 L_1 的垂距 H_1 为

$$H_1=H+l=\frac{|C|}{\sqrt{A^2+B^2}}+l$$

又因为

$$H_1=\frac{|C_1|}{\sqrt{A_1^2+B_1^2}}$$

于是有

$$\frac{|C_1|}{\sqrt{A_1^2+B_1^2}}=\frac{|C|}{\sqrt{A^2+B^2}}+l \tag{3-6}$$

由两直线平行的条件 $AB_1=A_1B$,可得

$$A_1=A,\quad B_1=B$$

代入式(3-6),可得

$$|C_1|=|C|=\pm l\sqrt{A^2+B^2}$$

其中 $\pm$ 的取值原则为:相对于直线 L,若 L_1 位于原点一侧,则取负值;反之,取正值。此外,计算所得的 C_1 值,应为 $|C_1|$ 乘上原 C 值的符号,即 C_1 与 C 同号。于是得到给定直线 L 的平行线 L_1 的方程。

3. 垂直线算法

如图 3-35 所示,设已知直线 L 为

$$Ax+By+C=0$$

设点 P 的坐标为(x_p,y_p),则过点 P 并垂直于直线 L 的直线 L_1 为

$$A_1x+B_1y+C_1=0$$

将两直线正交的条件 $AA_1+BB_1=0$ 代入,可得

$$A_1=-B,\quad B_1=A,\quad C_1=Bx_p-Ay_p$$

于是得到过已知点 P,并垂直于已知直线 L 的直线 L_1 的方程。

4. 两直线交点算法

设已知两直线 L_1 和 L_2(图 3-36)的方程分别为

$$A_1x+B_1y+C_1=0$$

$$A_2x+B_2y+C_2=0$$

解方程组,得到两直线交点坐标(x,y)为

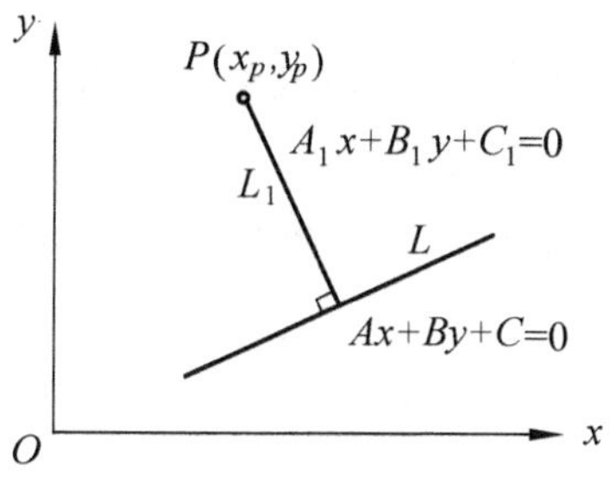

图 3－35　垂直线

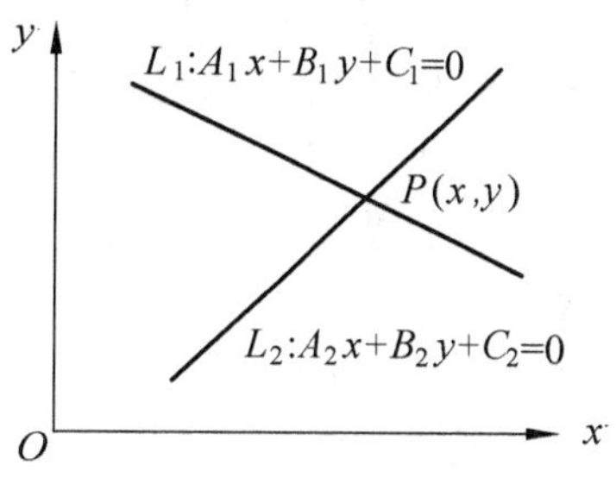

图 3－36　两直线相交

$$x = \frac{C_2B_1 - C_1B_2}{A_1B_2 - A_2B_1},\quad y = \frac{C_2A_1 - C_1A_2}{A_2B_1 - A_1B_2}$$

5. 圆的算法

圆的一般方程为

$$x^2 + y^2 + Dx + Ey + F = 0 \tag{3-7}$$

在计算机绘图中，经常用圆的圆心(x_c, y_c)和半径 R 来定义一个圆(图 3－37)，此时圆的方程可写为

$$(x - x_c)^2 + (y - y_c)^2 = R^2 \tag{3-8}$$

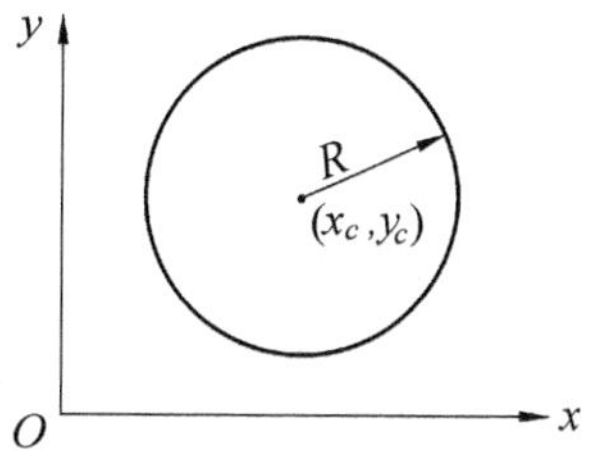

图 3－37　圆

比较式(3－7)和式(3－8)可得

$$D = -2x_c$$

$$E = -2y_c$$

$$F = x_c^2 + y_c^2 - R^2$$

于是得到圆的一般方程。

6. 过圆心直线与圆的交点算法

设已知圆的圆心 C 坐标(x_c, y_c)和半径 R，以及通过圆心的直线上的另外一点 P 的坐标(x_p, y_p)，如图 3－38 所示，求解由圆的方程和直线方程所组成的方程组，可以得到直线与圆的交点坐标(x, y)为

$$x = \frac{(x_p - x_c)R}{l} + x_c,\quad y = \frac{(y_p - y_c)R}{l} + y_c$$

其中，l 为圆心 C 与已知点 P 之间的距离，且

$$l = \sqrt{(x_p - x_c)^2 + (y_p - y_c)^2}$$

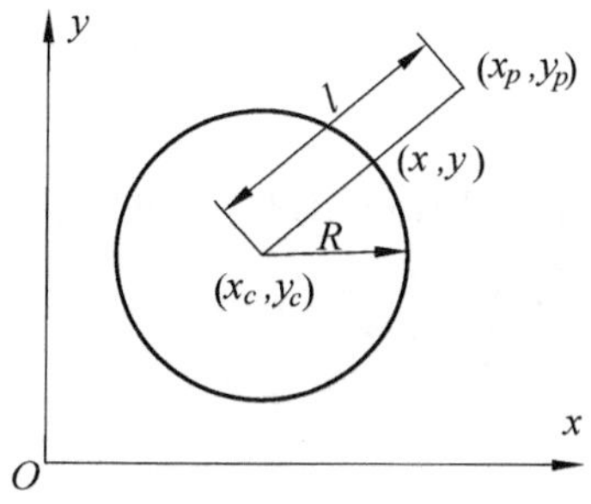

图 3－38　过圆心直线与圆相交

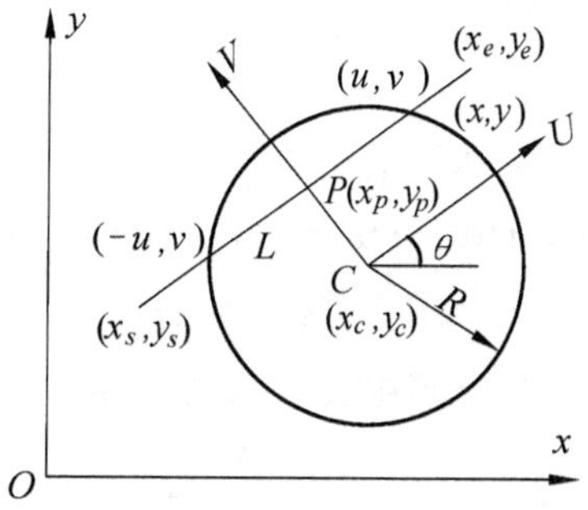

图 3－39　不过圆心直线与圆相交

7. 不通过圆心直线与圆的交点算法

如图 3-39 所示，设已知圆的圆心 C 的坐标(x_c, y_c)和半径 R，以及给定直线 L 的始点坐标(x_s, y_s)和终点坐标(x_e, y_e)，求解不通过圆心直线与圆的交点如下。

首先以圆心 C 为原点作新轴线 U 和 V，使 U 平行于直线 L，V 垂直于直线 L。然后按下列步骤计算：

(1)确定直线 L 的方程

设直线 L 的一般方程为

$$A_l x + B_l y + C_l = 0$$

其中

$$A_l = y_s - y_e, \quad B_l = x_e - x_s, \quad C_l = x_s y_e - x_e y_s$$

(2)确定直线 V 的方程

设直线 V 的一般方程为

$$A_v x + B_v y + C_v = 0$$

其中

$$A_v = -B_l, \quad B_v = A_l, \quad C_v = B_l x_c - A_l y_c$$

(3)求解直线 L 与直线 V 交点 P 的坐标

联立两直线方程，可得

$$x_p = \frac{C_v B_l - C_l A_l}{A_l^2 + B_l^2} = \frac{(B_l x_c - A_l y_c) B_l - C_l A_l}{A_l^2 + B_l^2}$$

$$y_p = \frac{-C_v A_l - C_l B_l}{A_l^2 + B_l^2} = \frac{(B_l x_c - A_l y_c) A_l - C_l B_l}{A_l^2 + B_l^2}$$

(4)求解直线与圆的交点在新坐标系下的坐标(u, v)

可先根据新坐标系下的位置关系，求出 v 坐标，然后再根据圆在新坐标系下的方程 $u^2 + v^2 = R^2$，求出 u 坐标，相应结果如下：

$$v = \sqrt{(x_p - x_c)^2 + (y_p - y_c)^2}, \quad u = \pm\sqrt{R^2 - v^2}$$

(5)通过坐标变换，求得交点在原坐标系下的坐标(x, y)

绕 UV 坐标系的原点旋转 θ 角，通过坐标变换，可得所求交点的坐标(x, y)为

$$\begin{cases} x = u\cos\theta - v\sin\theta + x_c \\ y = u\sin\theta + v\cos\theta + y_c \end{cases}$$

8. 两圆的交点算法

如图 3-40 所示，设已知圆 1 的圆心坐标(x_1, y_1)和半径 R_1，圆 2 的圆心坐标(x_2, y_2)和半径 R_2，求解两圆的交点。

以圆 1 的圆心为原点作新坐标系 UV，使 U 轴通过圆 2 的圆心，则两圆心间的距离为

$$l = \sqrt{(x_2 - x_1)^2 + (y_2 - y_1)^2}$$

在 UV 坐标系中，圆 1 和圆 2 的方程分别为

$$\begin{aligned} u^2 + v^2 &= R_1^2 \\ (u - l)^2 + v^2 &= R_2^2 \end{aligned} \tag{3-9}$$

解联立方程组(3 - 9),可得两圆在新坐标系下的交点的坐标(u,v)为

$$u = \frac{R_1^2 - R_2^2 + l^2}{2l}, \quad v = \pm\sqrt{R_1^2 - u^2}$$

绕 UV 坐标系的原点旋转 θ 角,通过坐标变换,可求得交点的坐标(x,y)为

$$\begin{cases} x = x_1 + u\cos\theta - v\sin\theta \\ y = y_1 + u\sin\theta + v\cos\theta \end{cases}$$

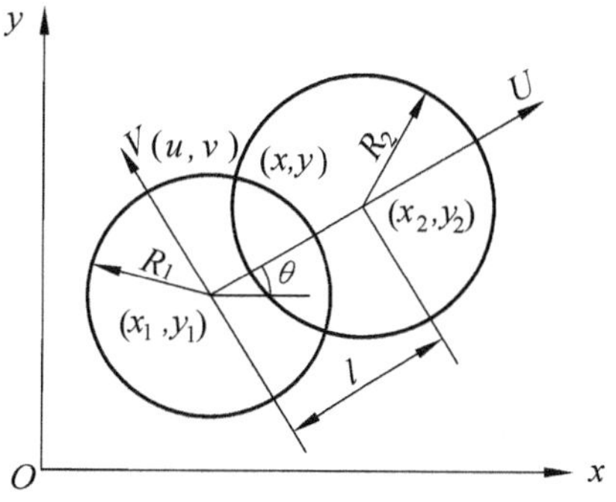

图 3 - 40　两圆相交

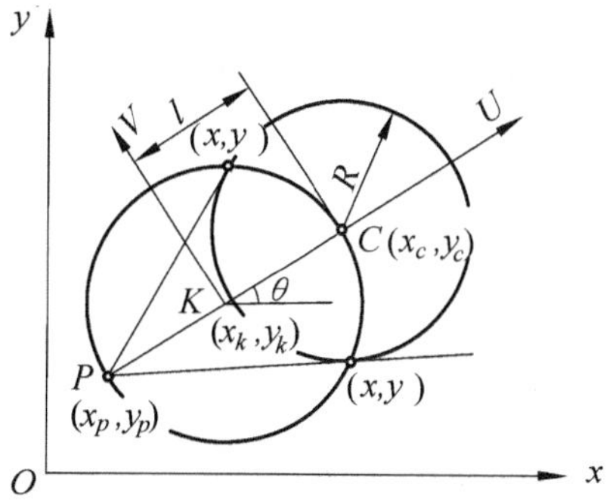

图 3 - 41　过圆外一点作圆的切线

9. 过圆外一点作切于圆的切线算法

如图 3 - 41 所示,设已知点 P 的坐标为(x_p,y_p),圆的圆心 C 的坐标为(x_c,y_c),半径为 R。求解过点 P 与圆相切的直线。

连接点 P 和圆心 C,则直线段 PC 的中点 K 的坐标为

$$\begin{cases} x_k = (x_c - x_p)/2 + x_p \\ y_k = (y_c - y_p)/2 + y_p \end{cases}$$

以点 K 为原点作新的 UV 坐标系,使 U 轴通过圆的圆心 C,则点 K 到圆心 C 之间的距离为

$$l = \sqrt{(x_c - x_k)^2 + (y_c - y_k)^2}$$

以 l 为半径,以点 K 为圆心作圆 K。在新坐标系中,圆 K 和圆 C 的方程分别为

$$\begin{aligned} u^2 + v^2 &= l^2 \\ (u - l)^2 + v^2 &= R^2 \end{aligned} \qquad (3 - 10)$$

解联立方程组(3 - 10),得到切点在新坐标系中的坐标(u,v)为

$$u = \frac{l^2 - R^2 + l^2}{2l} = l - \frac{R^2}{2l}, \quad v = \pm\sqrt{l^2 - u^2}$$

绕点 K 旋转 θ 角,通过坐标变换,可求得切点的坐标(x,y)为

$$\begin{cases} x = x_k + u\cos\theta \mp \sin\theta \\ y = y_k + u\sin\theta \pm v\cos\theta \end{cases}$$

根据点 P 及所求得的切点的坐标,可以得到过点 P 切于圆的切线方程。

3.2.2　圆弧连接两直线的程序设计

给定两已知直线的始点和终点时,为了方便计算,规定按逆时针方向作圆弧时的顺序编

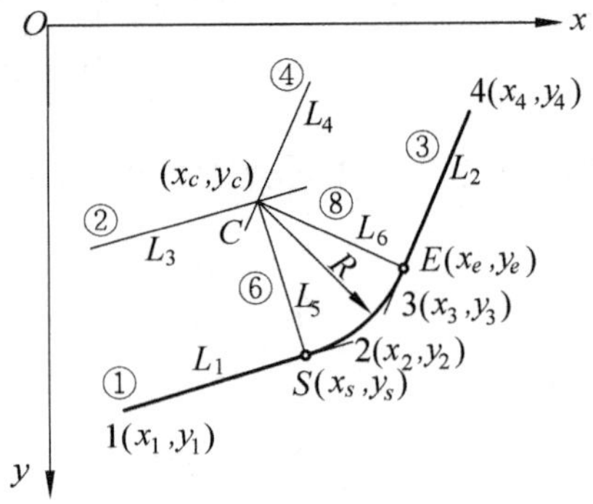

图 3-42　圆弧连接两直线

排,如图 3-42 所示。这样的编排方便于在求得圆弧的始点 $S(x_s,y_s)$和终点 $E(x_e,y_e)$之后,顺序画出直线 $1S$、圆弧 SE 和直线 $E4$,特别是方便于计算平行线 L_3 和 L_4 的系数 C_3 及 C_4 的值。

根据圆弧连接两已知直线的作图方法可知,计算连接圆弧的圆心 C、切点 S 和 E 的步骤如下(对照图 3-42 中小圆内的标记数字):

(1) 计算直线 L_1 的系数:

$$A_1 = y_1 - y_2$$

$$B_1 = x_2 - x_1$$

$$C_1 = x_1 y_2 - x_2 y_1$$

(2) 引直线 L_1 的平行线 L_3,直线 L_3 的系数为

$$A_3 = A_1, \quad B_3 = B_1, \quad C_3 = C_1 + R\sqrt{A_1^2 + B_1^2}$$

(3) 计算直线 L_2 的系数:

$$A_2 = y_3 - y_4, \quad B_2 = x_4 - x_3, \quad C_2 = x_3 y_4 - x_4 y_3$$

(4) 引直线 L_2 的平行线 L_4,直线 L_4 的系数为

$$A_4 = A_2, \quad B_4 = B_2, \quad C_4 = C_2 + R\sqrt{A_2^2 + B_2^2}$$

(5) 求直线 L_3 和 L_4 的交点,得到连接弧的圆心 C,其坐标(x_c,y_c)为

$$x_c = \frac{B_3 C_4 - B_4 C_3}{A_3 B_4 - A_4 B_3}, \quad y_c = \frac{A_3 C_4 - A_4 C_3}{A_4 B_3 - A_3 B_4}$$

(6) 过点 C 作直线L_5 垂直于直线 L_1,直线 L_5 的系数为

$$A_5 = -B_1, \quad B_5 = A_1, \quad C_5 = B_1 x_c - A_1 y_c$$

(7) 求直线 L_5 与 L_1 的交点,得到连接弧始点 S,其坐标(x_s,y_s)为

$$x_s = \frac{B_1 C_5 - B_5 C_1}{A_1 B_5 - A_5 B_1}, \quad y_s = \frac{A_1 C_5 - A_5 C_1}{A_5 B_1 - A_1 B_5}$$

(8) 过点 C 作直线L_6 垂直于直线 L_2,直线 L_6 的系数为

$$A_6 = -B_2, \quad B_6 = A_2, \quad C_6 = B_2 x_c - A_2 y_c$$

(9) 求直线 L_6 与 L_2 的交点,得到连接弧终点 E,其坐标(x_e,y_e)为

$$x_e = \frac{B_2 C_6 - B_6 C_2}{A_2 B_6 - A_6 B_2}, \quad y_e = \frac{A_2 C_6 - A_6 C_2}{A_6 B_2 - A_2 B_6}$$

按照上述顺序和计算,可以编制用一给定半径的圆弧连接两已知直线的函数如下:

```
'以下是圆弧连接两已知直线的函数 Arc _ link(),该函数共有 9 个参数。
Private Sub Arc _ link(ByVal x1 As Integer, ByVal y1 As Integer, ByVal x2 As Integer, ByVal y2 As Integer, _
ByVal x3 As Integer, ByVal y3 As Integer, ByVal x4 As Integer, ByVal y4 As Integer, ByVal r As Integer)
  '以下定义函数体中所需变量
  Dim a1, a2, a3, a4, a5, a6 As Single
  Dim b1, b2, b3, b4, b5, b6 As Single
  Dim c1, c2, c3, c4, c5, c6 As Single
  Dim xc, yc, xs, ys, xe, ye As Single
```

```
    '进行变量计算
    a1 = y1 - y2 : b1 = x2 - x1 : c1 = x1 * y2 - x2 * y1
    a3 = a1 : b3 = b1 : c3 = c1 + r * Sqrt(a1 * a1 + b1 * b1)
    a2 = y3 - y4 : b2 = x4 - x3 : c2 = x3 * y4 - x4 * y3
    a4 = a2 : b4 = b2 : c4 = c2 + r * Sqrt(a2 * a2 + b2 * b2)
    xc = (b3 * c4 - b4 * c3) / (a3 * b4 - a4 * b3)
    yc = (a3 * c4 - a4 * c3) / (a4 * b3 - a3 * b4)
    a5 = -b1 : b5 = a1 : c5 = b1 * xc - a1 * yc
    xs = (b1 * c5 - b5 * c1) / (a1 * b5 - a5 * b1)
    ys = (a1 * c5 - a5 * c1) / (a5 * b1 - a1 * b5)
    a6 = -b2 : b6 = a2 : c6 = b2 * xc - a2 * yc
    xe = (b2 * c6 - b6 * c2) / (a2 * b6 - a6 * b2)
    ye = (a2 * c6 - a6 * c2) / (a6 * b2 - a2 * b6)
    '绘制并显示图形
    g = Graphics.FromImage(BM)
    myPen = New Pen(Color.Black, 3)                 '定义画笔
    g.DrawLine(myPen, x1, y1, xs, ys)               '绘制已知直线
    Call Arc(xs, ys, xe, ye, xc, yc)                '调用绘制圆弧函数Arc()画弧
    g.DrawLine(myPen, xe, ye, x4, y4)               '绘制已知直线
End Sub                                             '函数结束
```

在代码中，函数 Arc()是前面章节中给出的，已知始点、终点和圆心坐标画圆弧的子函数。另外，在调用该函数时，参数要按前文的规定原则给出，点 2 和点 3 只需是分别位于直线 L_1 和 L_2 上的任意点即可，在给定时不必考虑它们与切点 S 和 E 的位置关系，其余各语句的功能解释见程序代码中的注释。

例 3-11　试编写程序，绘制如图 3-43 所示的图形(不注尺寸)。

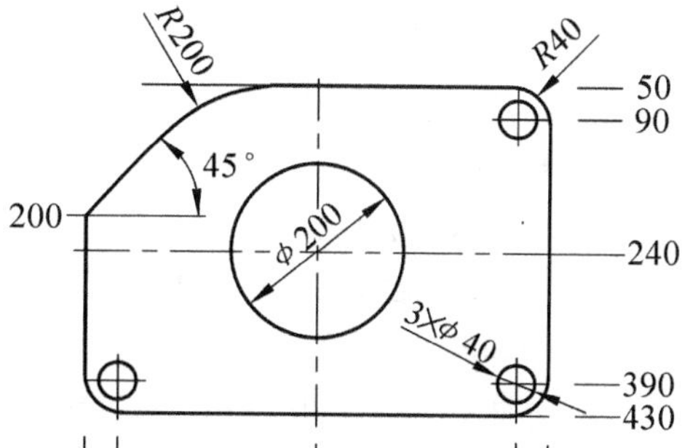

图 3-43　圆弧连接两已知直线实例

解　根据图形结构确定求解步骤如下：

(1)按设定屏幕坐标系确定各关键点的坐标值，参考图 3-43；

(2)绘制中心线；

(3)绘制三个小圆、一个大圆及三段 90°内角圆弧；

(4)绘制图形左上角的圆弧连接，考虑逆时针编排原则，相应点的坐标值分别为

$$x_1 = 550,\quad y_1 = 50,\quad x_2 = 320,\quad y_2 = y_1,\quad x_4 = 50,\quad y_4 = 200$$

对于 x_3 和 y_3，则要通过以下公式计算求得：

$$\begin{cases} x_3 = 100\cos(45/57.3) + x_4 \\ y_3 = y_4 - 100\sin(45/57.3) \end{cases}$$

(5)绘制图形中剩余的直线部分。

该例主程序段的程序代码(不含界面代码)如下：

```
Private Sub draw()
  '定义函数体中所需变量
  Dim x1, y1, x2, y2, x3, y3, x4, y4, r As Integer
  x1 = 550 : y1 = 50 : x2 = 320 : y2 = y1 : x4 = 50 : y4 = 200 : r = 200
  x3 = x4 + 100 * Cos(45 / 57.3) : y3 = y4 - 100 * Sin(45 / 57.3)
  g = Graphics.FromImage(BM)
  g.Clear(PictureBox1.BackColor)

  '绘制中心线
  myPen = New Pen(Color.Black, 1)                          '定义画笔
  myPen.DashStyle = Drawing2D.DashStyle.DashDot
  g.DrawLine(myPen, 40, 240, 600, 240)
  g.DrawLine(myPen, 320, 40, 320, 440)
  g.DrawLine(myPen, 40, 390, 120, 390)
  g.DrawLine(myPen, 510, 390, 600, 390)
  g.DrawLine(myPen, 510, 90, 600, 90)
  g.DrawLine(myPen, 540, 40, 540, 120)
  g.DrawLine(myPen, 540, 360, 540, 440)
  g.DrawLine(myPen, 90, 360, 90, 440)

  '绘制轮廓线
  myPen = New Pen(Color.Black, 3)                          '定义画笔
  '绘制四个完整的圆
  'DrawEllipse(画笔, 矩形左上角点 x 坐标, 矩形左上角点 y 坐标, 矩形宽度, 矩形高度)
  g.DrawEllipse(myPen, 320 - 100, 240 - 100, 200, 200)
  g.DrawEllipse(myPen, 540 - 20, 390 - 20, 40, 40)
  g.DrawEllipse(myPen, 540 - 20, 90 - 20, 40, 40)
  g.DrawEllipse(myPen, 90 - 20, 390 - 20, 40, 40)

  '绘制 90°圆弧
  'DrawArc(画笔, 矩形左上角点 x 坐标, 矩形左上角点 y 坐标, 矩形宽度, 矩形高度,起始角度,
弧长角度)
  g.DrawArc(myPen, 540 - 40, 390 - 40, 80, 80, 0, 90)        '270° - 360°
  g.DrawArc(myPen, 540 - 40, 90 - 40, 80, 80, 270, 90)       '0° - 90°
  g.DrawArc(myPen, 90 - 40, 390 - 40, 80, 80, 90, 90)        '180° - 270°

  '调用 Arc_link()圆弧连接两已知直线子程序
  Call Arc_link(x1, y1, x2, y2, x3, y3, x4, y4, r)

  '绘制其余直线段
  g.DrawLine(myPen, 50, 200, 50, 390)
  g.DrawLine(myPen, 90, 430, 550, 430)
  g.DrawLine(myPen, 580, 390, 580, 90)
End Sub
```

本例题程序完整代码详见光盘。程序运行结果如图 3-44 所示。

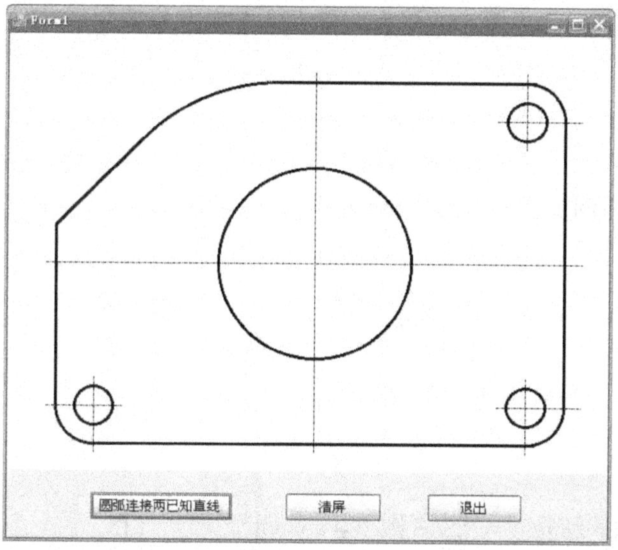

图 3-44　圆弧连接两已知直线示例运行结果

3.2.3　圆弧连接两圆弧的程序设计

圆弧连接两已知圆弧包括：圆弧外切两已知圆弧、圆弧内切两已知圆弧、圆弧与一个已知圆弧内切与另一个已知圆弧外切等几种情况。下面分别对上述的几种情况进行讨论。

1. 圆弧外切两已知圆弧

如图 3-45 所示，已知圆弧①和②，并给定连接圆弧⑤的半径 R。要作圆弧连接两圆弧必须求出连接弧的圆心 5 和与已知圆弧的两切点 6、7。为了简化程序，各点的编排顺序应遵循以下的规定：

(1)将位于右侧的圆弧编号为①，即要保证 $x_2 > x_4$；并且当 $x_2 = x_4$ 时，位于上方的圆弧编号为①，即应满满足 $y_2 < y_4$。

(2)圆弧①的始点为 1，圆心为 2；圆弧②的始点为 3，圆心为 4。

(3)绘制图形时输入数据应包括：x_1，y_1，x_2，y_2，x_3，y_3，x_4，y_4，以及连接圆弧的半径 R。此外，为了判断连接弧圆心 5 相对 U 轴的位置关系，还要设立一个变量 s。当 $s = 1$ 时，表示圆心 5 位于 V 轴正向的一侧；当 $s = -1$ 时，表示圆心 5 位于 V 轴负向的一侧。图 3-45 所示的情况为 $s = 1$。

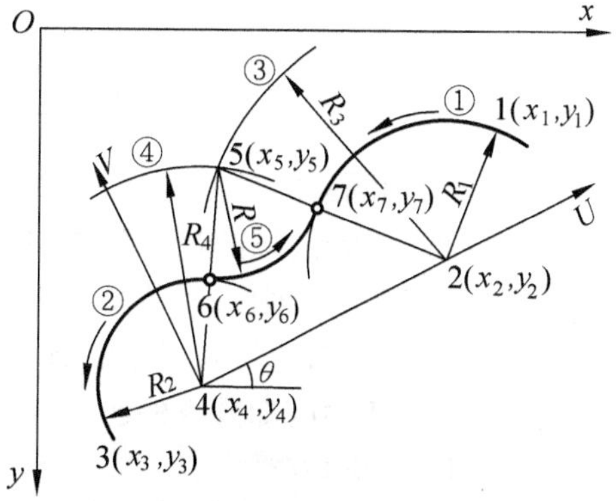

图 3-45　圆弧外切两圆弧

按照圆弧连接两已知圆弧的作图方法，可得计算连接圆弧的圆心 5、切点 6 和 7 的步骤如下(对照图 3-45 中小圆内的标记数字)：

(1)计算圆弧①、圆弧②、圆弧③和圆弧④的半径。

$$R_1 = \sqrt{(x_1 - x_2)^2 + (y_1 - y_2)^2}$$
$$R_2 = \sqrt{(x_3 - x_4)^2 + (y_3 - y_4)^2}$$
$$R_3 = R_1 + R$$
$$R_4 = R_2 + R$$

(2)计算圆弧③与圆弧④的交点坐标(x_5, y_5)。

在 UV 坐标系中,有

$$u = \frac{R_4^2 - R_3^2 + l^2}{2l}, \quad v = \sqrt{R_4^2 - u^2}$$

其中

$$l = \sqrt{(x_2 - x_4)^2 + (y_2 - y_4)^2}$$

进行坐标变换:

当 $x_2 = x_4$ 时,则旋转角 $\theta = \frac{\pi}{2}$,否则 $\theta = \arctan\left(\frac{|y_2 - y_4|}{|x_2 - x_4|}\right)$。

如果 $y_2 > y_4$,则 U 轴向右下倾斜,有 $\theta = 2\pi - \theta$。

于是可得变换后的交点坐标为

$$\begin{cases} x_5 = x_4 + u\cos\theta - v\sin\theta \\ y_5 = y_4 - (u\sin\theta + v\cos\theta) \end{cases}$$

(3)计算切点 6 的坐标(x_6, y_6)。

因为 $l = R_4$,所以

$$\begin{cases} x_6 = \dfrac{(x_5 - x_4)R_2}{R_4} + x_4 \\ y_6 = \dfrac{(y_5 - y_4)R_2}{R_4} + y_4 \end{cases}$$

(4)计算切点 7 的坐标(x_7, y_7)。

因为 $l = R_3$,所以

$$\begin{cases} x_7 = \dfrac{(x_5 - x_2)R_1}{R_3} + x_2 \\ y_7 = \dfrac{(y_5 - y_2)R_1}{R_3} + y_2 \end{cases}$$

(5)确定绘制圆弧的顺序。

当 $s = 1$ 时,绘制圆弧的顺序和方向为:1→7,6→7,6→3。如图 3-45 所示的箭头方向。

当 $s = -1$ 时,绘制圆弧的顺序和方向为:7→1,7→6,3→6。

按照上述顺序和计算,可以编制圆弧外切两已知圆弧的流程框图如图 3-46 所示。

绘制圆弧外切两已知圆弧的函数如下:

```
Const PI = 3.1415926                                    '定义常量 π=3.1415926
'以下是圆弧外切两已知圆弧的函数 Arc_link_arc(),该函数共有 10 个参数
Private Sub Arc_link_Arc(ByVal x1, ByVal y1, ByVal x2, ByVal y2, ByVal x3, ByVal y3, ByVal x4, By-
Val y4, ByVal r, ByVal s)
    '定义变量
```

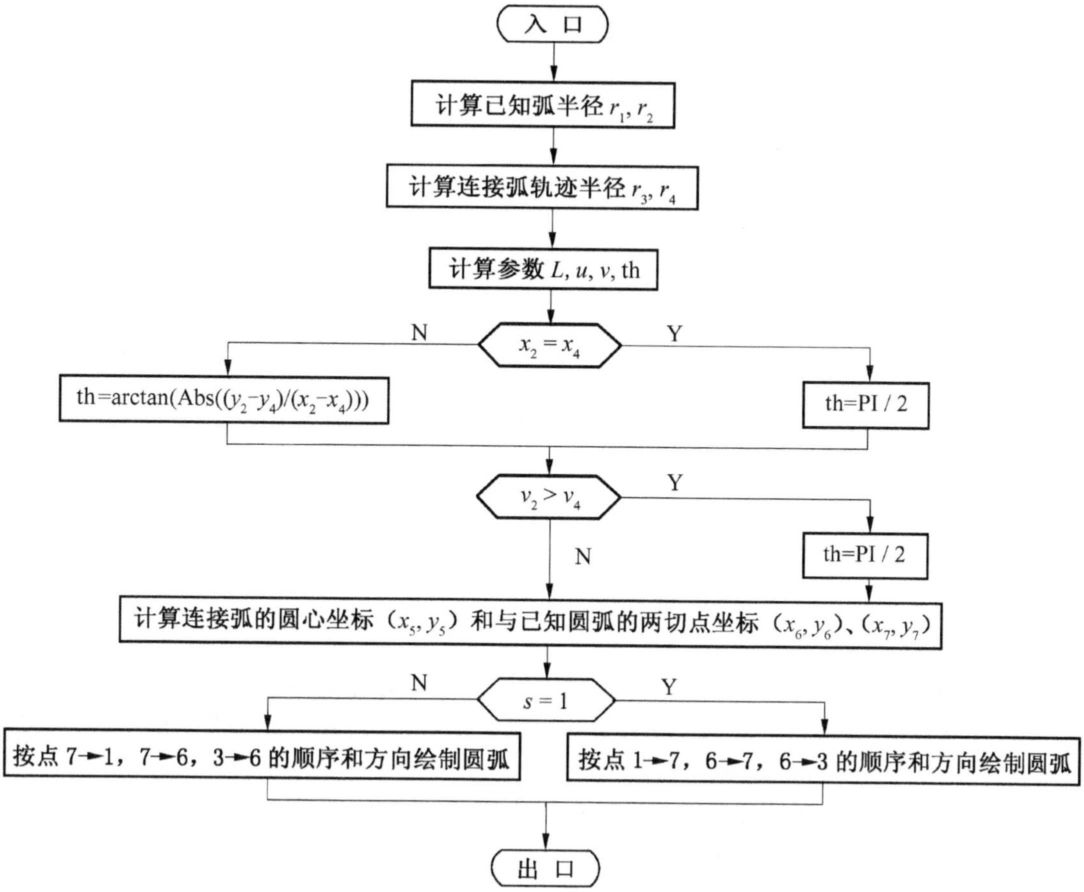

图 3-46　绘制圆弧外切两已知圆弧的流程框图

```
Dim r1, r2, r3, r4, L, u, v, th, x5, y5, x6, y6, x7, y7 As Single
'计算已知弧半径 r1, r2
r1 = Sqrt((x1 - x2) * (x1 - x2) + (y1 - y2) * (y1 - y2))
r2 = Sqrt((x3 - x4) * (x3 - x4) + (y3 - y4) * (y3 - y4))
'计算连接弧轨迹半径 r3, r4
r3 = r1 + r
r4 = r2 + r
'计算参数 L, u, v, th
L = Sqrt((x2 - x4) * (x2 - x4) + (y2 - y4) * (y2 - y4))
u = (r4 * r4 - r3 * r3 + L * L) / (2 * L)
v = s * Sqrt(r4 * r4 - u * u)
If x2 = x4 Then
  th = PI / 2
Else
  th = Atan(Abs((y2 - y4) / (x2 - x4)))
End If
If y2 > y4 Then th = 2 * PI - th
```

```
'计算连接弧的圆心坐标(x5,y5)和与已知圆弧的两切点坐标(x6,y6)、(x7,y7)
x5 = x4 + u * Cos(th) - v * Sin(th)
y5 = y4 - u * Sin(th) - v * Cos(th)
x6 = x4 + (x5 - x4) * r2 / r4
y6 = y4 + (y5 - y4) * r2 / r4
x7 = x2 + (x5 - x2) * r1 / r3
y7 = y2 + (y5 - y2) * r1 / r3
'画两已知弧和连接弧
If s = 1 Then
   Arc(x1, y1, x7, y7, x2, y2)
   Arc(x6, y6, x7, y7, x5, y5)
   Arc(x6, y6, x3, y3, x4, y4)
Else
   Arc(x7, y7, x1, y1, x2, y2)
   Arc(x7, y7, x6, y6, x5, y5)
   Arc(x3, y3, x6, y6, x4, y4)
End If
End Sub
```

在代码中,函数 Arc()是前面章节中给出的,已知始点、终点和圆心坐标画圆弧的子函数。另外,在调用该函数时,参数要按前文的规定原则给出,其余各语句的功能解释见程序代码中注释。

例 3-12 试编写程序并调用相关自编函数,绘制如图 3-47 所示的图形(不标注尺寸)。

解 根据图形结构确定解决步骤如下:

(1)按屏幕坐标系确定各点的坐标值,参看图 3-47;

(2)绘画图中有关的中心线;

(3)绘画图中的四个完整小圆及中间的两个半圆,并连接两个半圆;

(4)考虑左边以点 A、B 为两已知弧的两端点,右边以点 C、D 为两已知弧的两端点;调用圆弧连接两已知圆弧函数,绘制左右两侧的连接圆弧;在给定已知条件的时候,要注意区分点的给定顺序及 s 参量的取值;

(5)绘画图中的连接线段,最上和最下两条线。

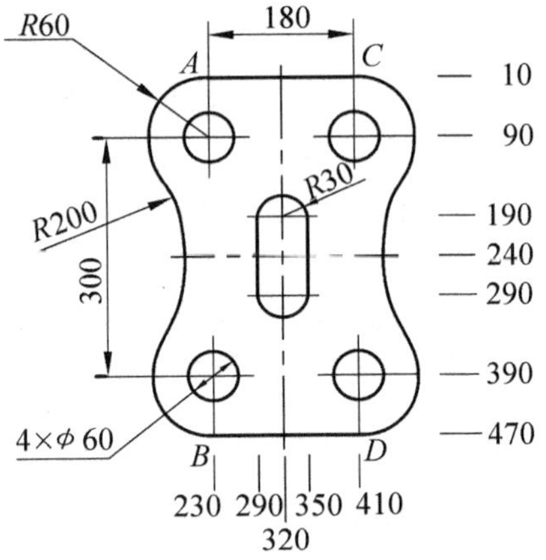

图 3-47 圆弧连接两已知圆弧实例

该例主程序代码(不含界面代码)如下:

```
Private Sub draw()
  '定义变量
  Dim x1, y1, x2, y2, x3, y3, x4, y4, r, s As Single
  x1 = 230 : y1 = 10 : x2 = 230 : y2 = 90 : x4 = 230 : y4 = 390
  x3 = 230 : y3 = 470 : r = 120 : s = 1
  g = Graphics.FromImage(BM)
```

```
g.Clear(PictureBox1.BackColor)
'绘制中心线
myPen = New Pen(Color.Black, 1)                          '定义画笔
myPen.DashStyle = Drawing2D.DashStyle.DashDot
g.DrawLine(myPen, 220, 240, 420, 240)
g.DrawLine(myPen, 410, 5, 410, 475)
g.DrawLine(myPen, 140, 90, 500, 90)
g.DrawLine(myPen, 230, 5, 230, 475)
g.DrawLine(myPen, 140, 390, 500, 390)
g.DrawLine(myPen, 320, 5, 320, 475)
'绘制轮廓线
myPen = New Pen(Color.Black, 3)                          '定义画笔
'绘制 4 个完整的小圆
'DrawEllipse(画笔, 矩形左上角点 x 坐标, 矩形左上角点 y 坐标, 矩形宽度, 矩形高度)
g.DrawEllipse(myPen, 230 - 30, 90 - 30, 60, 60)
g.DrawEllipse(myPen, 410 - 30, 90 - 30, 60, 60)
g.DrawEllipse(myPen, 230 - 30, 390 - 30, 60, 60)
g.DrawEllipse(myPen, 410 - 30, 390 - 30, 60, 60)
'绘制中间两直线
g.DrawLine(myPen, 350, 290, 350, 190)
g.DrawLine(myPen, 290, 190, 290, 290)
'绘制连中间两直线的两个半圆
'DrawArc(画笔, 矩形左上角点 x 坐标, 矩形左上角点 y 坐标, 矩形宽度, 矩形高度,起始角度,
弧长角度)
g.DrawArc(myPen, 320 - 30, 190 - 30, 60, 60, 180, 180)   '0° - 180°
g.DrawArc(myPen, 320 - 30, 290 - 30, 60, 60, 0, 180)     '180° - 360°
'调用 Arc_link__Arc()圆弧外切两已知圆弧子程序
Arc_link__Arc(x1, y1, x2, y2, x3, y3, x4, y4, r, s)
x1 = 410 : x2 = 410 : x3 = 410 : x4 = 410 : r = 120 : s = -1
Arc_link__Arc(x1, y1, x2, y2, x3, y3, x4, y4, r, s)
'绘制上下两已知直线
g.DrawLine(myPen, 230, 10, 410, 10)
g.DrawLine(myPen, 230, 470, 410, 470)
End Sub
```

本例题程序完整代码详见光盘。程序运行结果如图 3-48 所示。

2. 圆弧内切两已知圆弧及内外切两已知圆弧

通过对圆弧外切两已知圆弧的分析可知,如果在编写连接函数时能够考虑圆弧内切两已知圆弧及内外切两已知圆弧的问题,则该函数的使用会更为方便。为此,调整前面编写的函数代码,为其增加两个参数 K_1 和 K_2。并规定:

当 $K_1=1$ 时,连接圆弧与已知圆弧①外切;$K_1=-1$ 时连接圆弧与已知圆弧①内切。

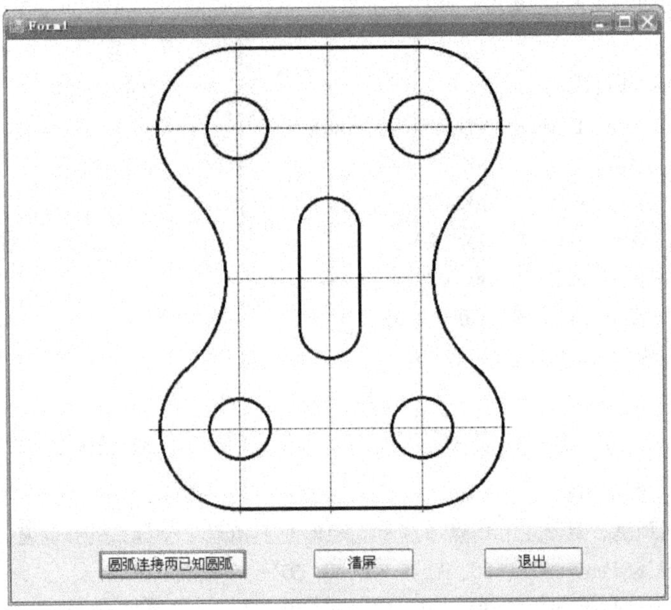

图 3－48　圆弧连接两已知圆弧示例运行结果

当 $K_2=1$ 时，连接圆弧与已知圆弧②外切；$K_2=-1$ 时连接圆弧与已知圆弧②内切。

为了使连接函数能够适合各种相切情况，将原有的计算步骤重新考虑为：

(1)原连接函数中须相应更改的量

在计算各圆弧的半径时，除 R_1 和 R_2 的计算不变外，R_3 和 R_4 的计算更改为

$$R_3 = |R + K_1 R_1|$$

$$R_4 = |R + K_2 R_2|$$

(2)参数 s 符号的选定

在考虑连接圆弧与两已知圆弧外切和内切的各种情况时，如果仍按连接圆弧的圆心位置来选定参数 s 的符号，将会出现麻烦。通过分析发现，如果改为根据切点的位置来选定参数 s 的符号，可以较简单地获得正确的结果。

情况一：如果连接圆弧与两已知圆弧都为外切，此时有 $K_1=1, K_2=1$。如果对应的切点位于 V 轴的正方向一侧时，$s=1$，否则 $s=-1$(图 3－49)。

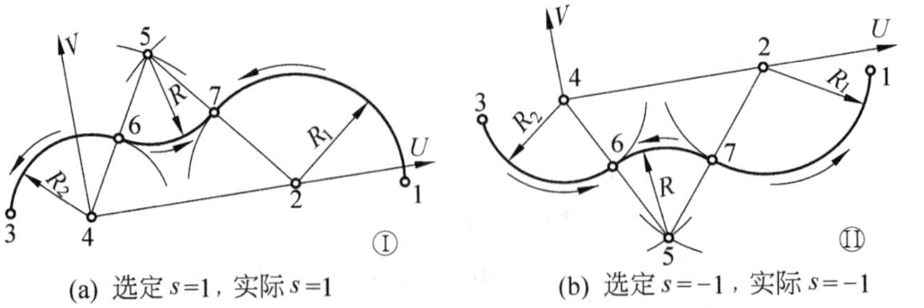

图 3－49　圆弧外切两已知圆弧($K_1=1, K_2=1$)

情况二：如果连接圆弧与两已知圆弧都为外切，此时有 $K_1=-1, K_2=-1$。参数 s 的符

号按较大半径的已知圆弧的内切切点位置进行选定。如果该切点位于 V 轴的正方向一侧时，$s=1$，否则 $s=-1$（图 3－50）。

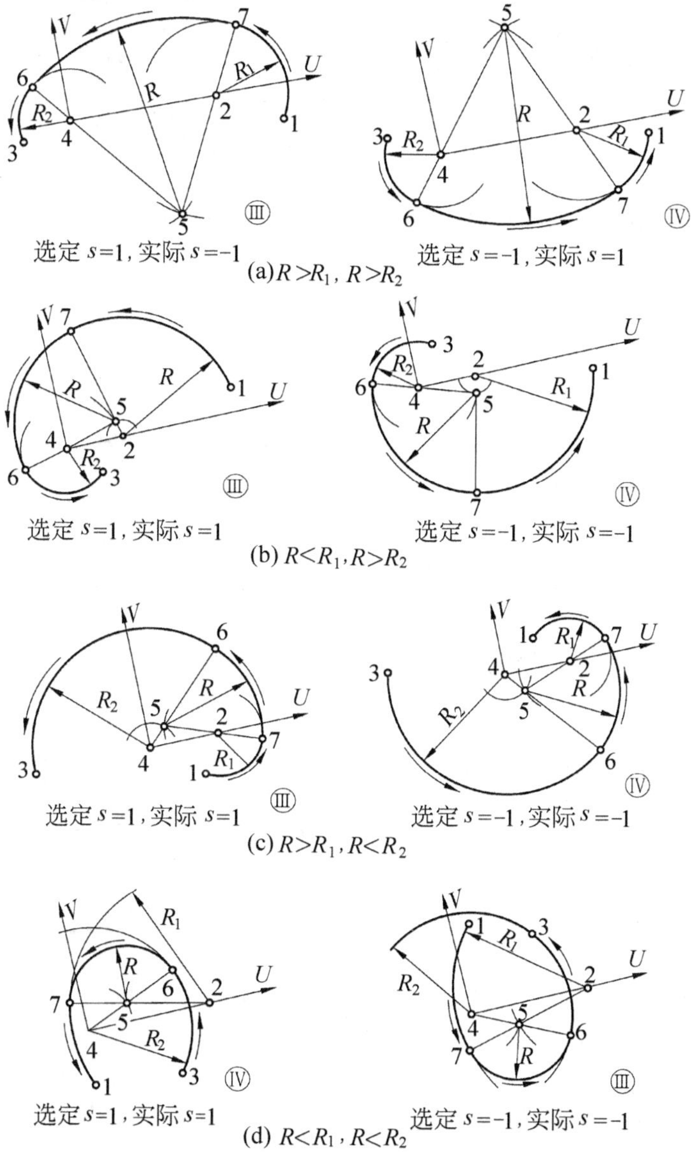

图 3－50　圆弧内切两已知圆弧（$K_1=-1, K_2=-1$）

情况三：如果连接圆弧与一已知圆弧内切，与另一已知圆弧外切，则参数 s 的符号按内切切点的位置进行选定。如果该切点位于 V 轴的正方向一侧时，$s=1$，否则 $s=-1$（图 3－51、图 3－52）。

由图 3－49 至图 3－52 可见，参数 s 的选定值与实际值不尽相同，因此，在程序中要对实际使用的参数 s 的值进行自动修正。自动修正算法的流程图如图 3－53 所示。在图 3－49 至图 3－52 中所示的各种类型中，只要按流程图中所示的规定选定参数 s 的值，程序便会自动进行修正。

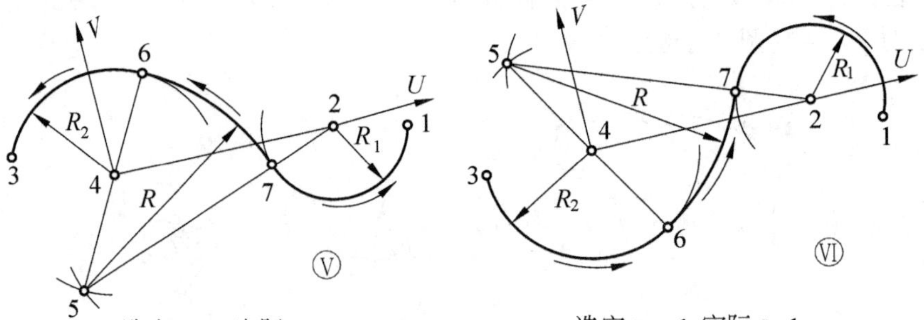

选定 $s=1$，实际 $s=-1$　　　　选定 $s=-1$，实际 $s=1$

(a) $R>R_2$

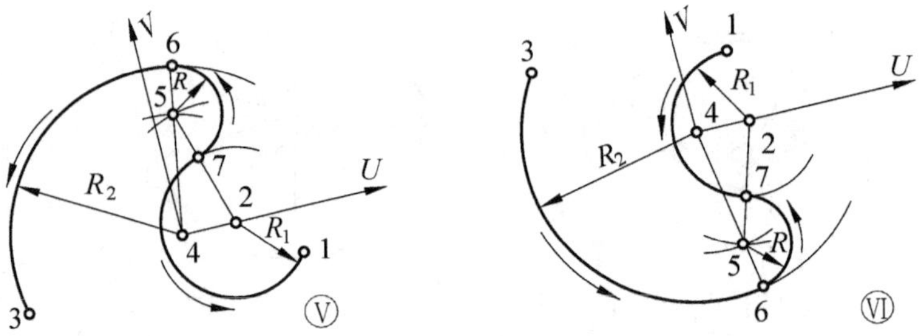

选定 $s=1$，实际 $s=1$　　　　选定 $s=-1$，实际 $s=-1$

(b) $R<R_2$

图 3－51　圆弧内外切两已知圆弧

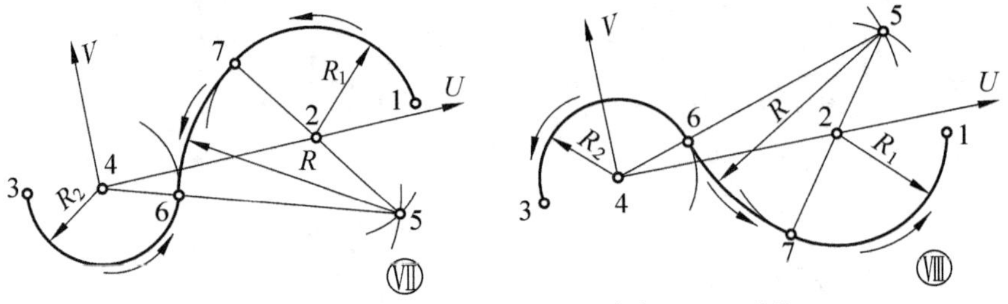

选定 $s=1$，实际 $s=-1$　　　　选定 $s=-1$，实际 $s=1$

(a) $R>R_1$

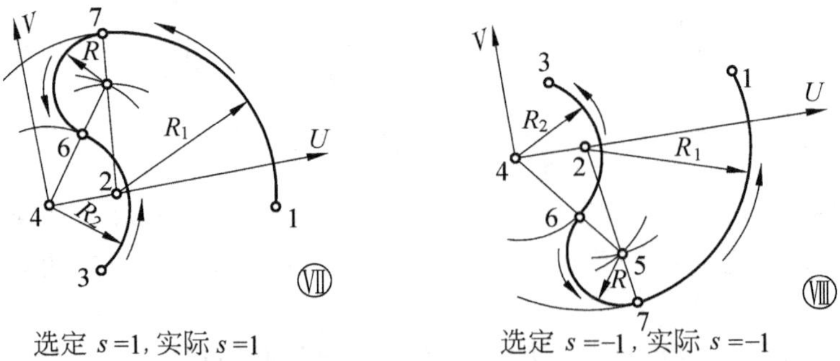

选定 $s=1$，实际 $s=1$　　　　选定 $s=-1$，实际 $s=-1$

(b) $R<R_1$

图 3－52　圆弧内外切两已知圆弧

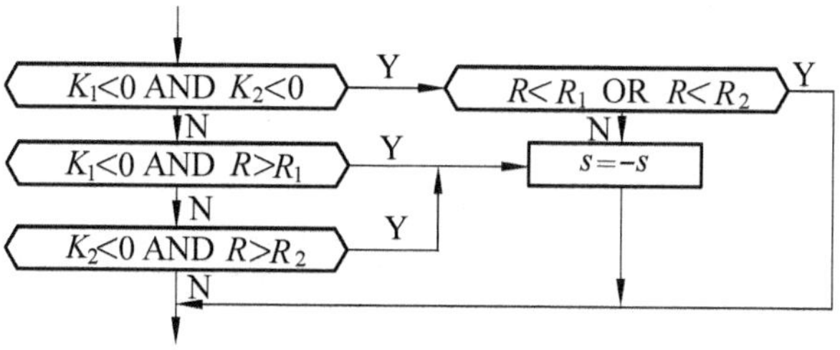

图 3-53 修正参数 s 的流程图

(3)连接圆弧圆心5的坐标(x_5, y_5)的计算方法

保持不变。

(4)对切点6和7的坐标(x_6, y_6)和(x_7, y_7)的计算方法

对切点6和7的坐标的计算方法要根据图3-49至图3-52中所示的各种类型,参照切点坐标计算算法流程图(图3-54)来执行。

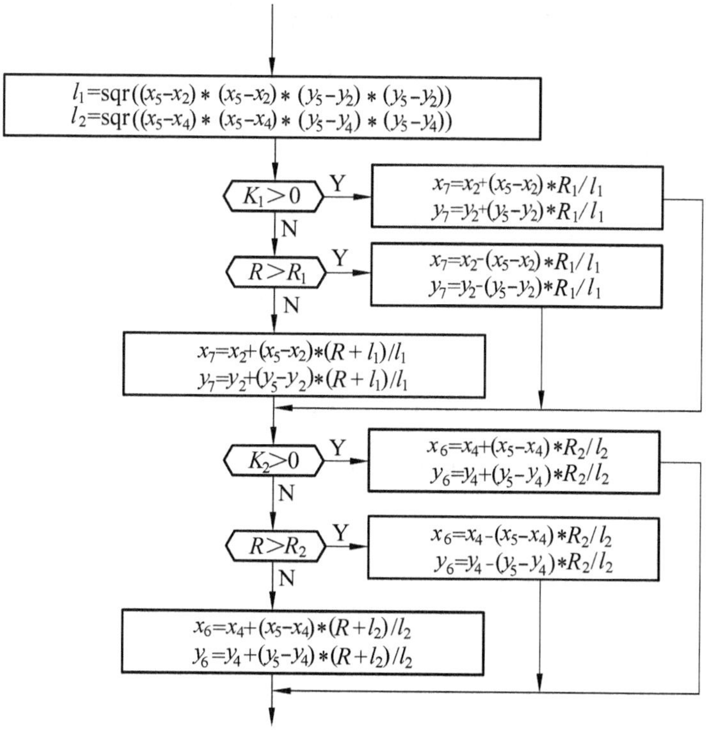

图 3-54 切点6、7坐标计算的流程图

(5)绘画圆弧

观察图3-49至图3-52中给出的类型示例可知,在图3-49中有两种不同的绘画圆弧的顺序和方向Ⅰ、Ⅱ;在图3-50中有两种不同的绘画圆弧的顺序和方向Ⅲ、Ⅳ;在图3-51中有两种不同的绘画圆弧的顺序和方向Ⅴ、Ⅵ;在图3-52中有两种不同的绘画圆弧的顺序和方向Ⅶ、Ⅷ。根据K_1、K_2、R和修正后的参数s的取值,可以按照流程图(图3-55)所示算法自动判别画图顺序和方向。

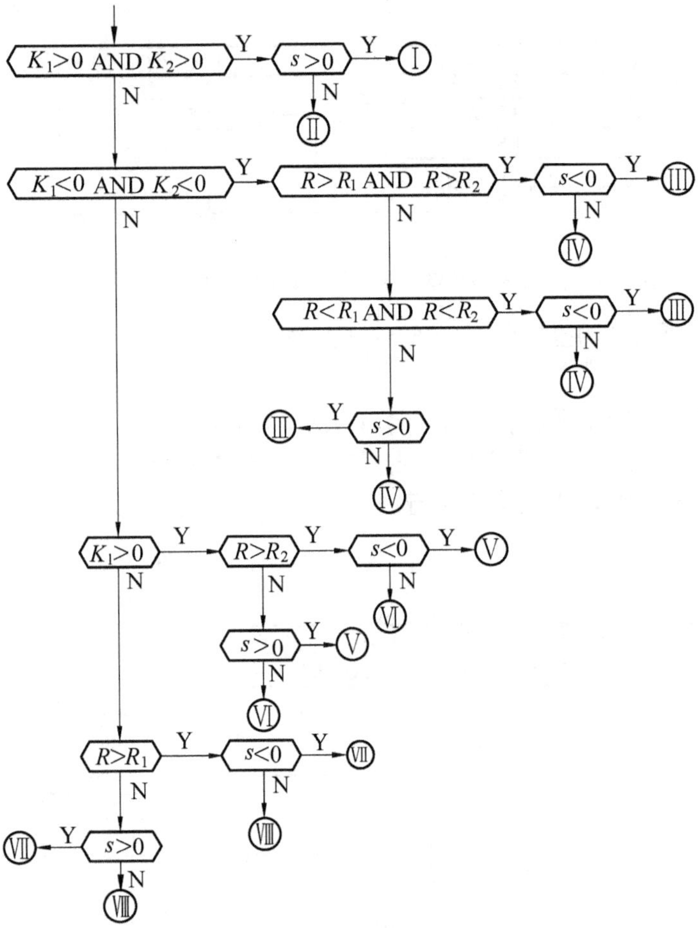

图 3-55 判别画图顺序和方向的流程图

8 个画制圆弧的不同顺序和方向可归纳为如下：

Ⅰ:1→7,6→7,6→3;

Ⅱ:7→1,7→6,3→6;

Ⅲ:1→7,7→6,6→3;

Ⅳ:3→6,6→7,7→1;

Ⅴ:7→1,7→6;6→3;

Ⅵ:1→7,6→7,3→6;

Ⅶ:1→7,7→6,3→6;

Ⅷ:7→1,6→7,6→3。

其中,对于单独一个圆弧而言,只可能有如下 6 种方向:

圆弧 1→7,7→1,6→7,7→6,3→6,6→3。

根据上面的分析可写出圆弧连接两已知圆弧的函数,其主要代码如下:

```
Const PI = 3.1415926      '定义常量 π=3.1415926
'以下是新的圆弧连接两已知圆弧的函数 Arc _ link _ arc(),该函数共有 12 个参数
Private Sub Arc _ link _ arc (x1, y1, x2, y2, x3, y3, x4, y4, r, s, k1, k2 )
```

```
Dim r1, r2, r3, r4, L, u, v, th, x5, y5, x6, y6, x7, y7, L1, L2
r1 = Sqr((x1 - x2) ^ 2 + (y1 - y2) ^ 2)
r2 = Sqr((x3 - x4) ^ 2 + (y3 - y4) ^ 2)
r3 = Abs(k1 * r1 + r)
r4 = Abs(k2 * r2 + r)
If k1 < 0 And k2 < 0 Then
  If Not (r < r1 Or r < r2) Then s = - s
Else
  If (k1 < 0 And r > r1) Or (k2 < 0 And r > r2) Then s = - s
End If
L = Sqr((x2 - x4) ^ 2 + (y2 - y4) ^ 2)
u = (r4 * r4 - r3 * r3 + L * L) / (2 * L)
v = s * Sqr(Abs(r4 * r4 - u * u))
If x2 = x4 Then
  th = PI / 2
Else
  th = Atn(Abs((y2 - y4) / (x2 - x4)))
End If
If y2 > y4 Then th = 2 * PI - th
x5 = x4 + u * Cos(th) - v * Sin(th)
y5 = y4 - u * Sin(th) - v * Cos(th)
L1 = Sqr((x5 - x2) ^ 2 + (y5 - y2) ^ 2)
L2 = Sqr((x5 - x4) ^ 2 + (y5 - y4) ^ 2)
  If k1 > 0 Then
    x7 = x2 + (x5 - x2) * r1 / L1
    y7 = y2 + (y5 - y2) * r1 / L1
  ElseIf r > r1 Then
    x7 = x2 - (x5 - x2) * r1 / L1
    y7 = y2 - (y5 - y2) * r1 / L1
  Else
    x7 = x2 + (x5 - x2) * (r1 + L1) / L1
    y7 = y2 + (y5 - y2) * (r1 + L1) / L1
  End If
  If k2 > 0 Then
    x6 = x4 + (x5 - x4) * r2 / L2
    y6 = y4 + (y5 - y4) * r2 / L2
  ElseIf r > r2 Then
    x6 = x4 - (x5 - x4) * r2 / L2
    y6 = y4 - (y5 - y4) * r2 / L2
  Else
    x6 = x4 + (x5 - x4) * (r2 + L2) / L2
```

```
  y6 = y4 + (y5 - y4) * (r2 + L2) / L2
End If
If k1 > 0 And k2 > 0 Then
  If s > 0 Then
    Arc x1, y1, x7, y7, x2, y2
    Arc x6, y6, x7, y7, x5, y5
    Arc x6, y6, x3, y3, x4, y4
  Else
    Arc x7, y7, x1, y1, x2, y2
    Arc x7, y7, x6, y6, x5, y5
    Arc x3, y3, x6, y6, x4, y4
  End If
Else
  If k1 < 0 And k2 < 0 Then
    If r > r1 And r > r2 Or r < r1 And r < r2 Then
      If s < 0 Then
        Arc x1, y1, x7, y7, x2, y2
        Arc x7, y7, x6, y6, x5, y5
        Arc x6, y6, x3, y3, x4, y4
      Else
        Arc x3, y3, x6, y6, x4, y4
        Arc x6, y6, x7, y7, x5, y5
        Arc x7, y7, x1, y1, x2, y2
      End If
    Else
      If s > 0 Then
        Arc x1, y1, x7, y7, x2, y2
        Arc x7, y7, x6, y6, x5, y5
        Arc x6, y6, x3, y3, x4, y4
      Else
        Arc x3, y3, x6, y6, x4, y4
        Arc x6, y6, x7, y7, x5, y5
        Arc x7, y7, x1, y1, x2, y2
      End If
    End If
  Else
    If k1 > 0 Then
      If r > r2 Then
        If s < 0 Then
          Arc x7, y7, x1, y1, x2, y2
          Arc x7, y7, x6, y6, x5, y5
```

```
        Arc x6, y6, x3, y3, x4, y4
      Else
        Arc x1, y1, x7, y7, x2, y2
        Arc x6, y6, x7, y7, x5, y5
        Arc x3, y3, x6, y6, x4, y4
      End If
    Else
      If s > 0 Then
        Arc x7, y7, x1, y1, x2, y2
        Arc x7, y7, x6, y6, x5, y5
        Arc x6, y6, x3, y3, x4, y4
      Else
        Arc x1, y1, x7, y7, x2, y2
        Arc x6, y6, x7, y7, x5, y5
        Arc x3, y3, x6, y6, x4, y4
      End If
    End If
  Else
    If (r > r1) Then
      If s < 0 Then
        Arc x1, y1, x7, y7, x2, y2
        Arc x7, y7, x6, y6, x5, y5
        Arc x3, y3, x6, y6, x4, y4
      Else
        Arc x7, y7, x1, y1, x2, y2
        Arc x6, y6, x7, y7, x5, y5
        Arc x6, y6, x3, y3, x4, y4
      End If
    Else
      If s > 0 Then
        Arc x1, y1, x7, y7, x2, y2
        Arc x7, y7, x6, y6, x5, y5
        Arc x3, y3, x6, y6, x4, y4
      Else
        Arc x7, y7, x1, y1, x2, y2
        Arc x6, y6, x7, y7, x5, y5
        Arc x6, y6, x3, y3, x4, y4
    End If
   End If
  End If
End If
```

```
    End If
End Sub
```

例 3－13 试编写程序并调用相关自编函数，绘制如图 3－56 所示的图形（不标注尺寸）。

解 根据图形结构确定解决步骤如下：

(1) 按图示尺寸确定各点的坐标值，参看图 3－56 所示数值；

(2) 绘画图中有关的中心线；

(3) 绘画图中圆；

(4) 以点 A、B 为两段圆弧连接的分界点，画左边一段圆弧连接，此时 U 轴正向由点 C 指向点 D，V 轴通过点 C，选定 $s=1, K_1=1, K_2=1$；

(5) 绘画右边一段圆弧连接，U 轴与 V 轴同上，选定 $s=-1, K_1=-1, K_2=-1$。

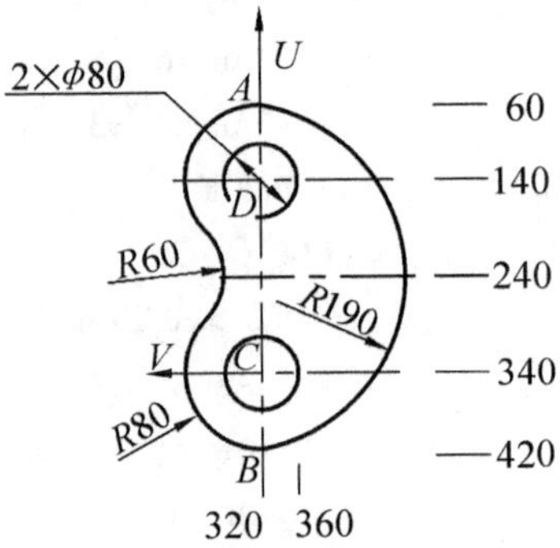

图 3－56 圆弧连接两已知圆弧（内切、外切）

该例主程序代码（不含界面代码）如下：

```
Private Sub draw()
  '定义变量
  Dim x1, y1, x2, y2, x3, y3, x4, y4, r, s, k1, k2 As Single
  x1 = 320 : y1 = 60 : y2 = 140 : y4 = 340 : y3 = 420 : s = 1 : k1 = 1 : k2 = 1
  g = Graphics.FromImage(BM)
  g.Clear(PictureBox1.BackColor)
  '绘制中心线
  myPen = New Pen(Color.Black, 1)                    '定义画笔
  myPen.DashStyle = Drawing2D.DashStyle.DashDot
  g.DrawLine(myPen, 320, 55, 320, 425)
  g.DrawLine(myPen, 235, 140, 430, 140)
  g.DrawLine(myPen, 235, 340, 430, 340)
  '绘制轮廓线
  myPen = New Pen(Color.Black, 3)                    '定义画笔
  '绘制两个完整的圆
  'DrawEllipse(画笔, 矩形左上角点 x 坐标, 矩形左上角点 y 坐标, 矩形宽度, 矩形高度)
  g.DrawEllipse(myPen, 320 - 40, 140 - 40, 80, 80)
  g.DrawEllipse(myPen, 320 - 40, 340 - 40, 80, 80)
  x2 = x1 : x3 = x1 : x4 = x1 : r = 60
  '调用圆弧连接两已知圆弧的函数 Arc_link_arc()
  Arc_link_arc(x1, y1, x2, y2, x3, y3, x4, y4, r, s, k1, k2)
  r = 190 : s = -1 : k1 = -1 : k2 = -1
  Arc_link_arc(x1, y1, x2, y2, x3, y3, x4, y4, r, s, k1, k2)
End Sub
```

本例题程序完整代码详见光盘。程序运行结果如图 3－57 所示。

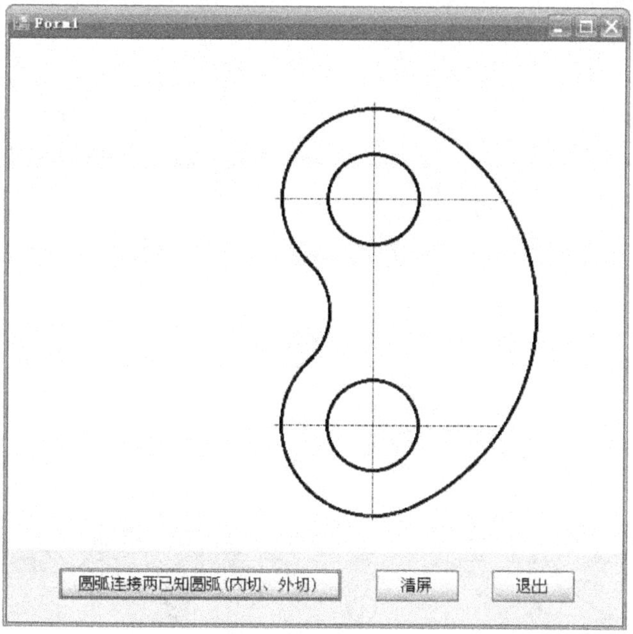

图 3 - 57　圆弧连接两已知圆弧(内切、外切)示例运行结果

3.2.4　圆弧连接直线与圆弧的程序设计

圆弧连接已知直线和已知圆弧时,会产生如图 3 - 58、图 3 - 59 所示的几种内外切的情况。为了便于计算,规定在构建新的坐标系时以已知圆弧的圆心 2 作为原点引出 UV 坐标系,且使 U 轴平行于已知直线。同时规定 U 轴的正向指向右侧,其极限位置取在垂直向上,而不取垂直向下。

各点的排号规定为:已知圆弧的始点为 1,圆心为 2;已知直线的终点为 4,直线上另外任意一点为 3(该点必须位于连接圆弧的一侧);连接圆弧半径为 R,圆心点为 5;连接圆弧与已知直线的切点为 6,与已知圆弧的切点为 7。

设立 3 个判别参数 K、s 和 s_1,其中 $K=1$ 时,表示连接圆弧与已知圆弧外切,否则为内切;$s=1$ 时,表示连接圆弧的圆心 5 相对于已知直线位于 V 轴的正向一侧,否则为另一侧;$s_1=1$ 时,表示连接圆弧圆心 5 位于 U 轴的正向一侧,否则为另一侧。

情况一:如果连接圆弧与已知圆弧外切时,即 $K=1$ 时,圆弧连接已知直线和已知圆弧的各种情况参见图 3 - 58。

情况二:如果连接圆弧与已知圆弧内切时,即 $K=-1$ 时,圆弧连接已知直线和已知圆弧的各种情况参见图 3 - 59。

编制程序输入的变量为点 1、2、3、4 的坐标 $x_1, y_1, x_2, y_2, x_3, y_3, x_4, y_4$ 及 s、K,而且要注意在函数调用之前必须先将它们赋值。其余各点的坐标及变量 s_1,则在函数体中计算求得。具体的编程步骤及计算如下:

(1)计算已知圆弧的半径 R_1 和求解连接圆弧圆心 5 时所作的辅助圆弧半径 R_2。

$$R_1 = \sqrt{(x_1 - x_2)^2 + (y_1 - y_2)^2}$$

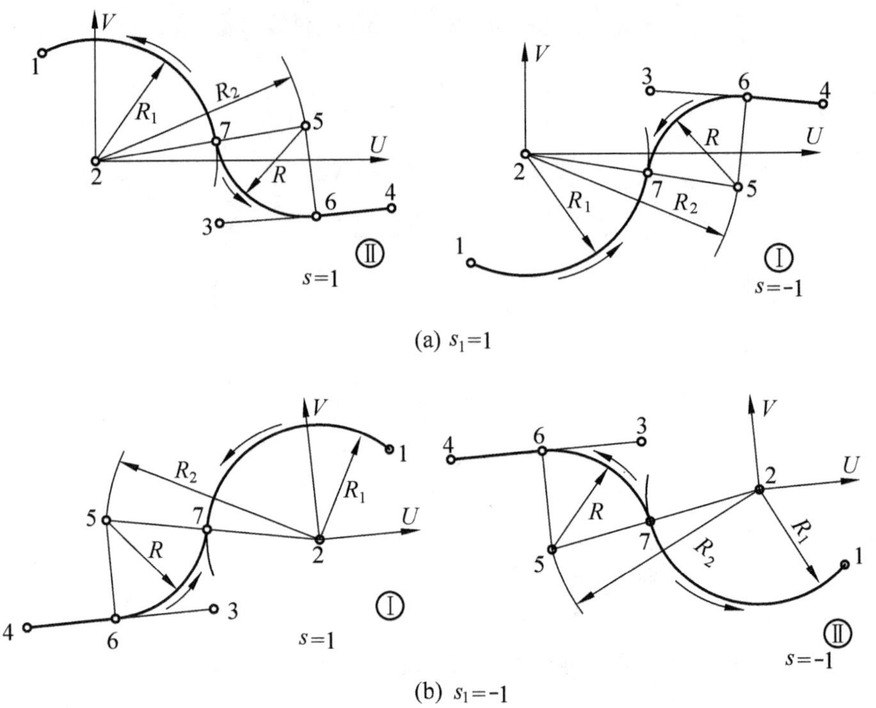

(a) $s_1=1$

(b) $s_1=-1$

图 3－58 圆弧连接直线与圆弧情况一（$K=1$）

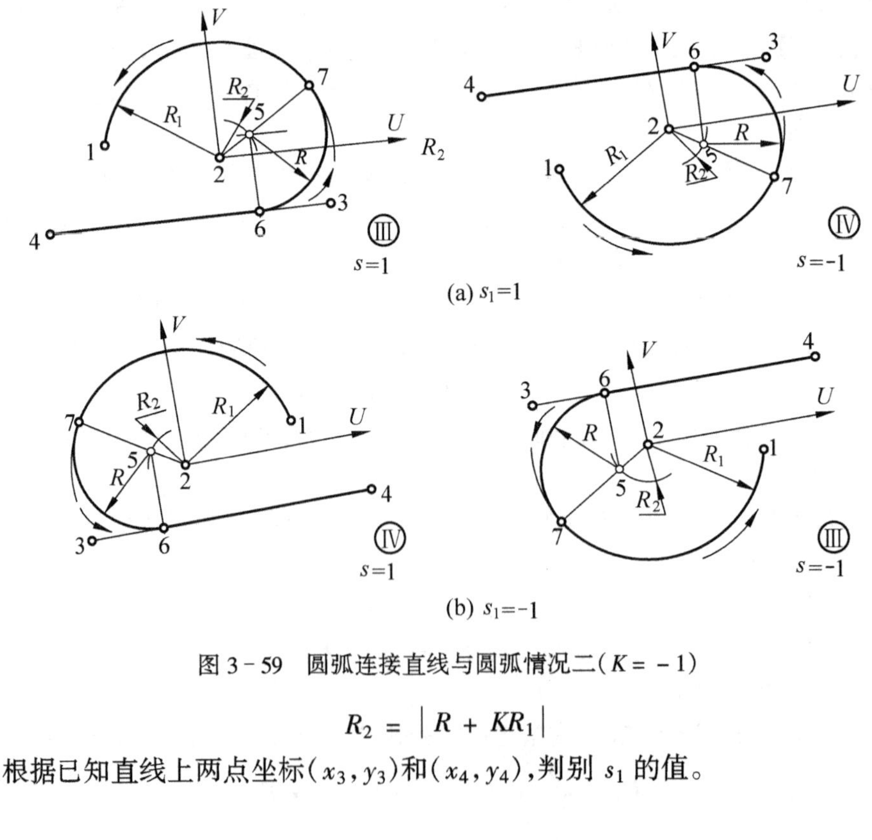

(a) $s_1=1$

(b) $s_1=-1$

图 3－59 圆弧连接直线与圆弧情况二（$K=-1$）

$$R_2 = |R + KR_1|$$

(2)根据已知直线上两点坐标(x_3, y_3)和(x_4, y_4)，判别 s_1 的值。

流程框图如图 3－60 所示。

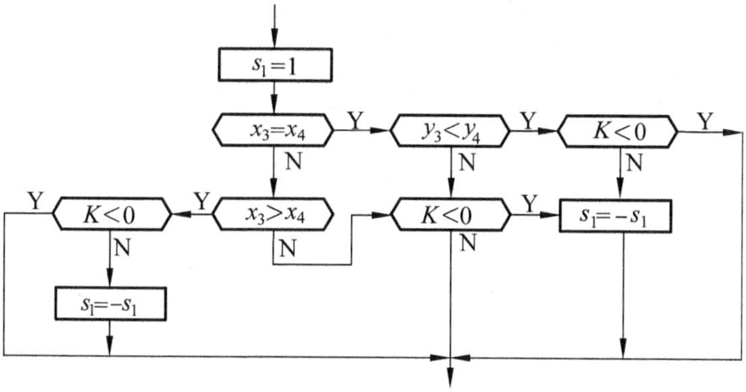

图 3－60　判别参数 s_1 的流程框图

(3)计算连接圆弧的圆心坐标(x_5,y_5)。

①计算已知直线上任一点，例如点 4 相对与点 2 的相对坐标(x,y)，如图3－61所示，则有

$$x = x_4 - x_2$$

$$y = y_2 - y_4$$

这里要注意屏幕坐标系中 y 坐标向下为正方向。

② 计算夹角 θ(图 3－61)。计算与判断的流程框图如图 3－62 所示。

③ 将 xOy 坐标系旋转 θ 角，计算 v_4(见图 3－61)。然后计算点 5 的坐标(u,v)。最后，再将坐标系进行逆变换，求出点 5 的坐标(x_5,y_5)。

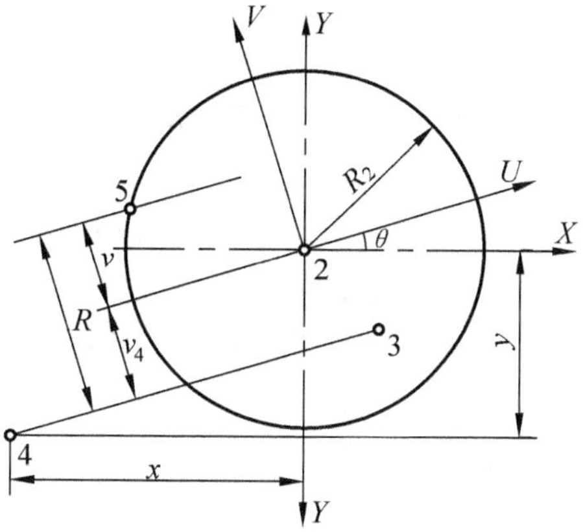

图 3－61　点 4 和点 2 相对坐标分析

$$v_4 = y\cos\theta - x\sin\theta$$

$$\begin{cases} v = v_4 + sR \\ u = s_1\sqrt{(R_2)^2 - v^2} \end{cases}$$

$$\begin{cases} x_5 = x_2 + u\cos\theta - v\sin\theta \\ y_5 = y_2 - u\sin\theta - v\cos\theta \end{cases}$$

(4)计算垂足点 6 的坐标(x_6,y_6)。

过点 5 做辅助直线垂直于直线 34，然后求辅助直线与直线 34 的交点 6 的坐标(x_6,y_6)。

①确定直线 34 方程的系数。

$$A_1 = y_3 - y_4,\quad B_1 = x_4 - x_3,\quad C_1 = x_3y_4 - x_4y_3$$

②确定垂线 56 方程的系数。

$$A_2 = -B_1,\quad B_2 = A_1,\quad C_2 = B_1x_5 - A_1y_5$$

③求解垂足点 6 的坐标(x_6,y_6)。

$$x_6 = \frac{C_2B_1 - C_1B_2}{A_1B_2 - A_2B_1},\quad y_6 = \frac{C_2A_1 - C_1A_2}{A_2B_1 - A_1B_2}$$

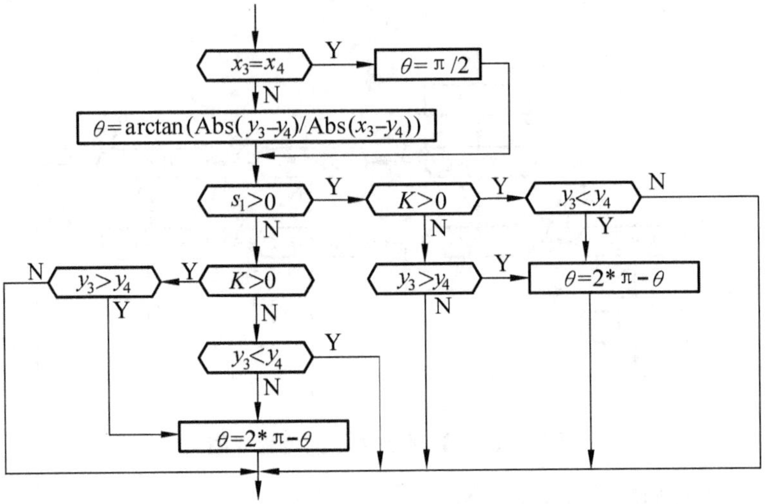

图 3-62　计算与判断夹角 θ 的流程图

(5)计算连接圆弧 5 与已知圆弧的切点 7 的坐标(x_7, y_7)。

$$\begin{cases} x_7 = (x_5 - x_2)R_1/R_2 + x_2 \\ y_7 = (y_5 - y_2)R_1/R_2 + y_2 \end{cases}$$

(6)绘画直线段 46 和两个圆弧。

共有 4 种绘画圆弧和直线的顺序:

Ⅰ:1→7,6→7,6→4;

Ⅱ:7→1,7→6,6→4;

Ⅲ:7→1,6→7,6→4;

Ⅳ:1→7,7→6,6→4。

判断绘画圆弧的方向时,可以根据变量 K、s 和 s_1 来进行,具体流程框图如图 3-63 所示。

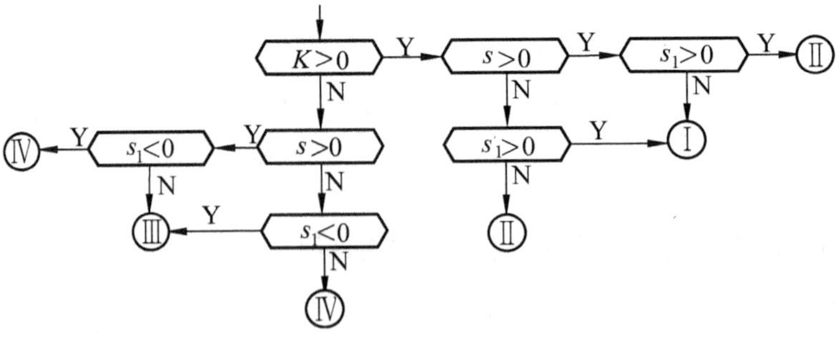

图 3-63　判别绘画圆弧方向的流程图

根据上述分析,可编写出函数的代码如下:

```
Private Sub Arc_link_line(ByVal x1, y1, x2, y2, x3, y3, x4, y4, r, s, k)
    Dim r1, r2, s1, X, Y, th, v4, u, v, a1, b1, c1, a2, b2, c2, x5, y5, x6, y6, x7, y7, l1, l2
    s1 = 1
```

```
r1 = Sqr((x1 - x2) * (x1 - x2) + (y1 - y2) * (y1 - y2))
r2 = Abs(k * r1 + r)
If x3 = x4 Then
  If y3 < y4 And k < 0 Or Not y3 < y4 And k < 0 Then s1 = - s1
  ElseIf x3 > x4 And Not k < 0 Or Not x3 > x4 And k < 0 Then s1 = - s1
End If
X = x4 - x2
Y = y2 - y4
If x3 = x4 Then
  th = PI / 2
Else
  th = Atn(Abs((y3 - y4) / (x3 - x4)))
End If
If s1 > 0 Then
  If k > 0 And y3 < y4 Or Not k > 0 And y3 > y4 Then th = 2 * PI  th
ElseIf k > 0 And y3 > y4 Or Not k > 0 And Not y3 < y4 Then th = 2 * PI - th
End If
v4 = Y * Cos(th) - X * Sin(th)
v = v4 + s * r
u = s1 * Sqr(r2 * r2 - v * v)
x5 = x2 + u * Cos(th) - v * Sin(th)
y5 = y2 - u * Sin(th) - v * Cos(th)
a1 = y3 - y4
b1 = x4 - x3
c1 = x3 * y4 - x4 * y3
a2 = - b1
b2 = a1
c2 = b1 * x5 - a1 * y5
x6 = (c2 * b1 - c1 * b2) / (a1 * b2 - a2 * b1)
y6 = (c2 * a1 - c1 * a2) / (a2 * b1 - a1 * b2)
x7 = (x5 - x2) * r1 / r2 + x2
y7 = (y5 - y2) * r1 / r2 + y2
If k > 0 Then
  If s > 0 And Not s1 > 0 Or Not s > 0 And s1 > 0 Then
    Arc x1, y1, x7, y7, x2, y2
    Arc x6, y6, x7, y7, x5, y5
  ElseIf s > 0 And s1 > 0 Or Not s > 0 And Not s1 > 0 Then
    Arc x7, y7, x1, y1, x2, y2
    Arc x7, y7, x6, y6, x5, y5
  End If
Else
  If s > 0 And Not s1 < 0 Or Not s > 0 And s1 < 0 Then
    Arc x7, y7, x1, y1, x2, y2
```

```
      Arc x6, y6, x7, y7, x5, y5
    ElseIf s > 0 And s1 < 0 Or Not s > 0 And Not s1 < 0 Then
      Arc x1, y1, x7, y7, x2, y2
      Arc x7, y7, x6, y6, x5, y5
    End If
  End If
  Form1.Pic.Line (x6, y6) - (x4, y4)
End Sub
```

例 3-14 试编写程序并调用相关自编函数，绘画如图 3-64 所示的图形(不标注尺寸)。

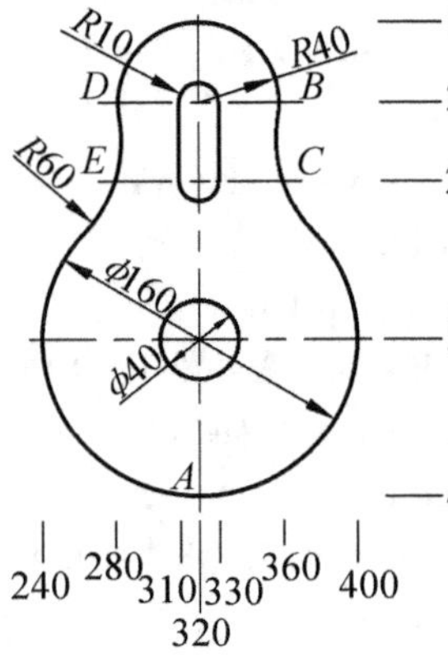

图 3-64 圆弧连接直线与圆弧示例

解 根据图形结构，可考虑以点 *A* 作为两段圆弧连接的分界点，编程步骤如下：

(1)绘画图中有关的中心线。

(2)绘画图中圆及 3 个半圆，直线。

(3)绘画 *AB* 段圆弧连接。这时以点 *A* 为子函数中的点 1，以点 *B* 为点 4，点 3 则为 *BC* 线上的 *C* 点。此时，圆弧连接是外切，故 $K=1$；连接圆弧圆心位于 *BC* 线的 *V* 反向一侧，故 $s=-1$；*R* 为 60。调用圆弧连接已知圆弧和已知直线的自编函数。

(4)绘画 *AD* 段圆弧连接。选点 *D* 作为自编函数中的点 4，*DE* 线上的点 *E* 为点 3，连接圆心位于 *DE* 线的 *V* 正向一侧，故 $s=1$。其余与画 *AB* 段圆弧连接相同。

该例主程序代码(不含界面代码)如下：

```
Private Sub draw()
  '定义变量
  Dim x1, y1, x2, y2, x4, y4, x3, y3, r, s, k As Single
  g = Graphics.FromImage(BM)
  g.Clear(PictureBox1.BackColor)
  '绘制中心线
  myPen = New Pen(Color.Black, 1)                          '定义画笔
  myPen.DashStyle = Drawing2D.DashStyle.DashDot
  g.DrawLine(myPen, 320, 140, 320, 410)
  g.DrawLine(myPen, 230, 320, 410, 320)
  g.DrawLine(myPen, 270, 200, 370, 200)
  g.DrawLine(myPen, 270, 240, 370, 240)
  '绘制轮廓线
  myPen = New Pen(Color.Black, 3)                          '定义画笔
  '绘制小圆及三个半圆,连中间的两个半圆
  'DrawEllipse(画笔, 矩形左上角点 x 坐标, 矩形左上角点 y 坐标, 矩形宽度, 矩形高度)
  g.DrawEllipse(myPen, 320 - 40, 320 - 40, 80, 80)
```

```
'DrawArc(画笔，矩形左上角点 x 坐标，矩形左上角点 y 坐标，矩形宽度，矩形高度，起始角度，
弧长角度)
    g.DrawArc(myPen, 320 - 10, 200 - 10, 20, 20, 180, 180)   '0° - 180°
    g.DrawArc(myPen, 320 - 10, 240 - 10, 20, 20, 0, 180)     '180° - 360°
    g.DrawArc(myPen, 320 - 40, 200 - 40, 80, 80, 180, 180)   '0° - 180°
    '绘制已知直线
    g.DrawLine(myPen, 330, 240, 330, 200)
    g.DrawLine(myPen, 310, 200, 310, 240)
    x1 = 320 : y1 = 400 : x2 = 320 : y2 = 320 : x3 = 360 : y3 = 240 : x4 = 360 : y4 = 200
    k = 1 : s = -1 : r = 60
    Call Arc_link_line(x1, y1, x2, y2, x3, y3, x4, y4, r, s, k)
    x3 = 280 : x4 = 280 : s = 1
    Call Arc_link_line(x1, y1, x2, y2, x3, y3, x4, y4, r, s, k)
End Sub
```

本例题程序完整代码详见光盘。程序运行结果如图 3-65 所示。

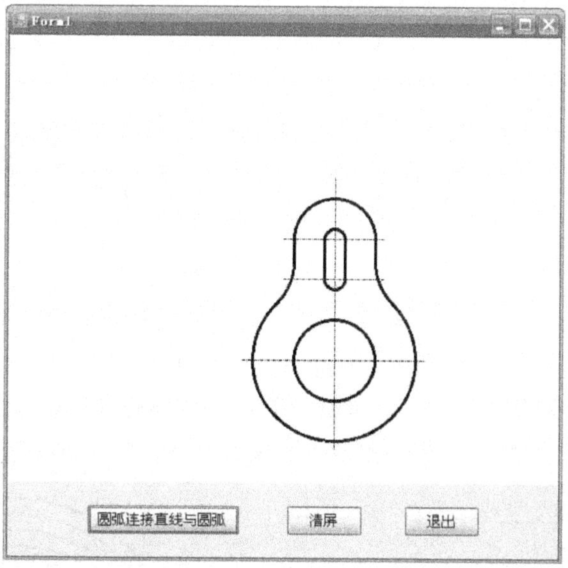

图 3-65　圆弧连接一已知圆弧和一已知直线示例运行结果

圆弧连接中的其他情况，如圆弧连接一已知点和一已知圆弧，直线和两已知圆弧相切等，本书不再讨论，有兴趣的读者可以参考有关的计算机绘图教材。

习　题　3

3-1　试编程绘画如图 3-66 所示的图形，不注尺寸。

3-2　试编程绘画如图 3-67 所示的图形，不注尺寸。

3-3　试编程绘画如图 3-68 所示的倾斜矩形，矩形基点(x, y)均布在 $R=200$ 的短画线圆周上，矩形宽 W 依次递增 20，矩形高 H 不变(不注尺寸)。

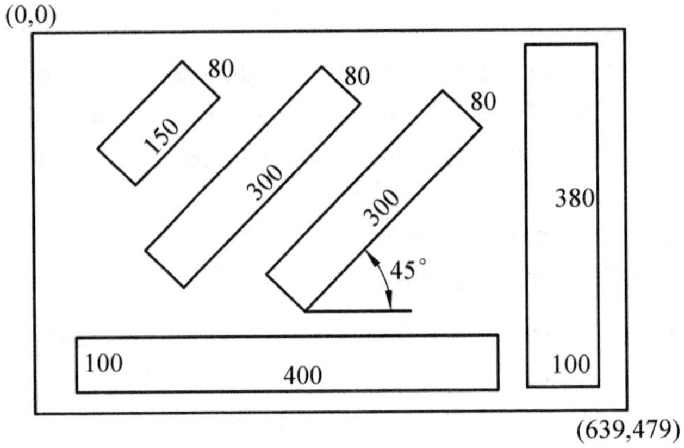

图 3-66

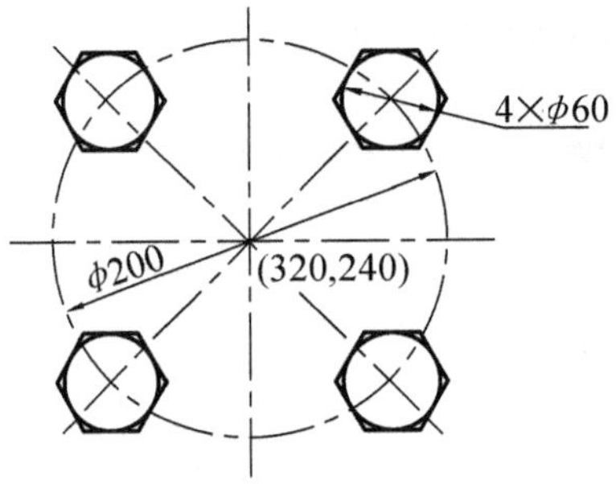

图 3-67

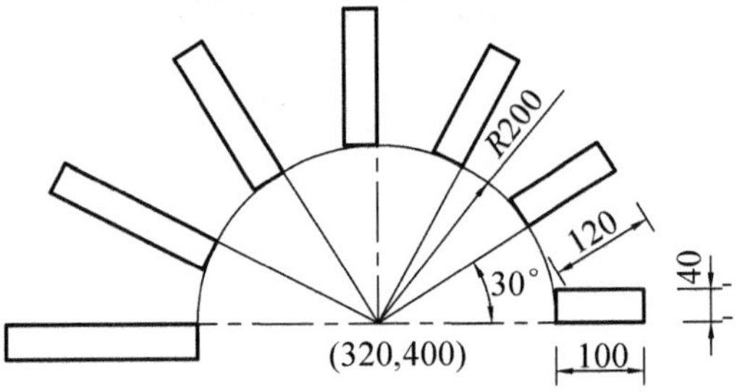

图 3-68

3-4　试编程绘画一组多边形，边数 $N=6,5,4,3$。要求每个多边形外接圆是前一多边形的内切圆。取 $R_6=200, X_c=360, Y_c=240$（图 3-69）。

3-5　试编制一个绘画正 N 边形图形（图 3-70）的程序。已知每个正多边形边长相等，有一公共边，设定位点为左下角(x_0, y_0)，边长为 a，边数 N 为 3 ■ 20。

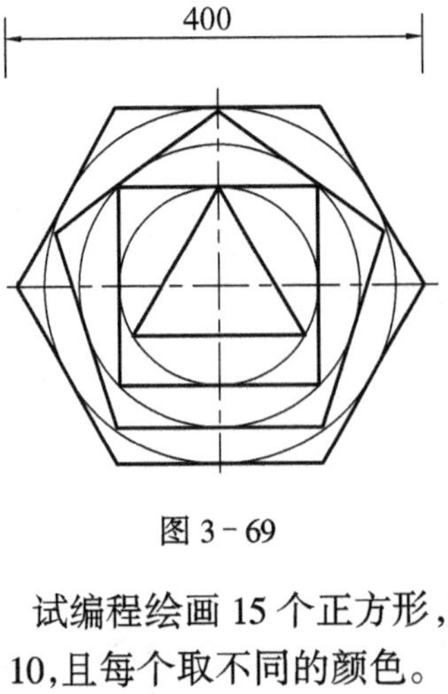

图 3-69

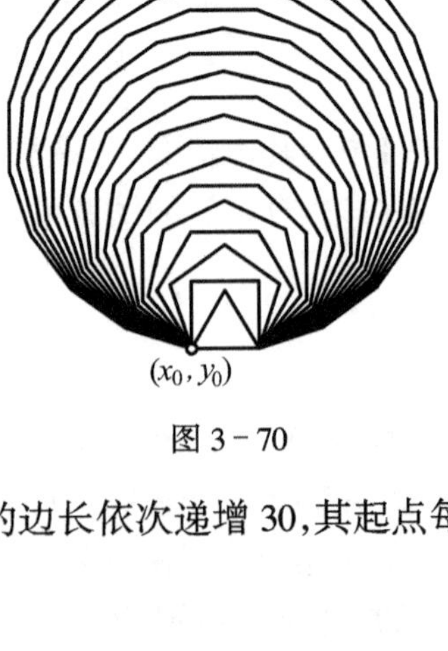

图 3-70

3-6　试编程绘画 15 个正方形，其中每个正方形的边长依次递增 30，其起点每次向右、向上移动 10，且每个取不同的颜色。

3－7　第 6 题中，若要求正方形中心不变，图形依次向外扩展，程序须作何改动？

3－8　画 5 个椭圆，其基点为(600,240)，且长轴与短轴比为 $R_x : R_y = 4:3$，最小的 $R_x = 64$，其余每个 R_x 依次递增 30 (图 3－71)。

3－9　绘画 3 个椭圆，其中心在(320,240)，最小的 $R_x = 64$，且长轴与短轴比为 $R_x : R_y = 5:3$，每个 R_x 依次递增 40 (图 3－72)。

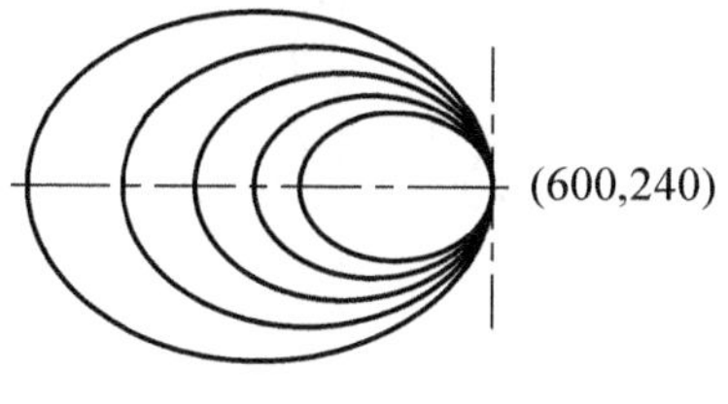

图 3－71

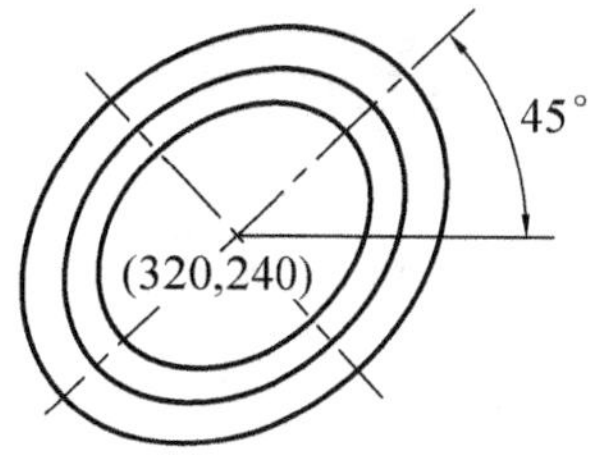

图 3－72

3－10　试编程绘画图 3－73 所示的图形，中心为(320,240)，不注尺寸。

3－11　试编程绘画图 3－74 所示的图形，中心为(320,240)，不注尺寸。

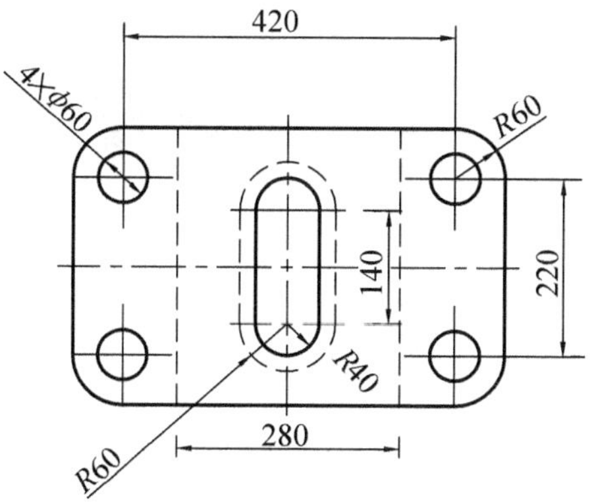

图 3－73

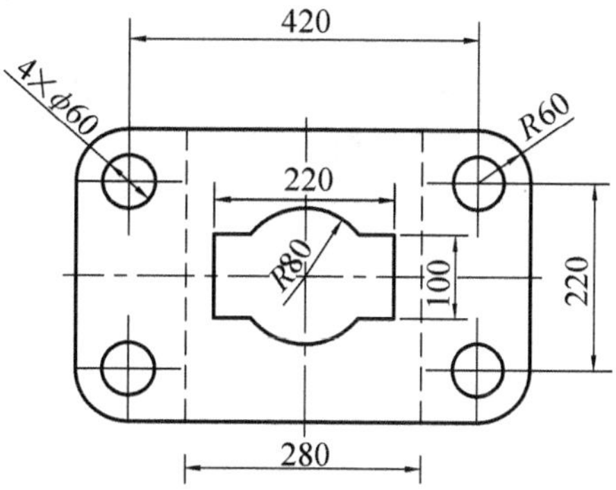

图 3－74

3－12　试编程绘画图 3－75 所示的圆弧连接的各种图形，不注尺寸。

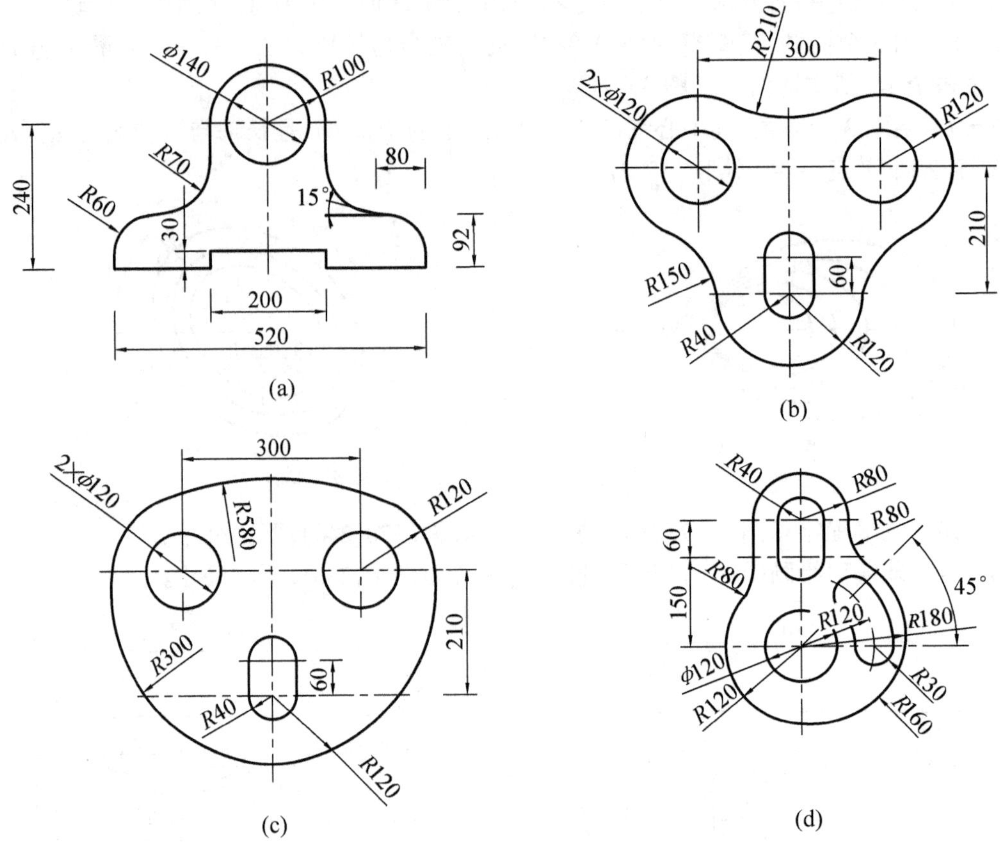
φ140
R100
240
R70
80
R60
15°
30
92
200
520
(a)
R210
300
2×φ120
R120
210
60
R150
R40
R120
(b)
300
2×φ120
R580
R120
210
R300
60
R40
R120
(c)
R40
R80
R80
60
R80
45°
150
R120
R180
φ120
R30
R120
R160
(d)

图 3-75

第 4 章　图形变换及图形设计

图形的几何变换就是将几何图形按某种法则或规律变换成另一种几何图形。如将空间形体转变为多面正投影图、轴测图、透视图，以及设计的原始图形，按需要使其大小、位置、形状改变等。这种图形的几何变换，从图形类型分为：二维平面图形的几何变换；三维图形的几何变换以及三维立体向二维平面的投影变换等。从变换的性质分为：比例、反射、旋转、平移变换；正投影变换；轴测投影变换和透视投影变换等。

计算机绘图是形数结合，用数学形式描述形体，使图形信息化。图形的几何变换是计算机绘图的重要组成部分。由于图形的几何变换可以使构成图形的所有点和在几何变换前后的坐标关系，用矩阵运算方式来实现，因此，图形的矩阵变换成为计算机绘图和图形显示的数学基础之一。

本章将介绍图形变换的矩阵方法及图形变换的程序设计。

4.1　二维图形变换

4.1.1　点、直线、平面的矩阵表示

4.1.1.1　点的矩阵表示

从解析几何知道，二维平面的点 P 可用两个坐标值来表示(图 4-1)，记作 $P(x, y)$。

点 P 的两个坐标值可以表示为一个行向量

$$[x \quad y]$$

或一个列向量

$$\begin{bmatrix} x \\ y \end{bmatrix}$$

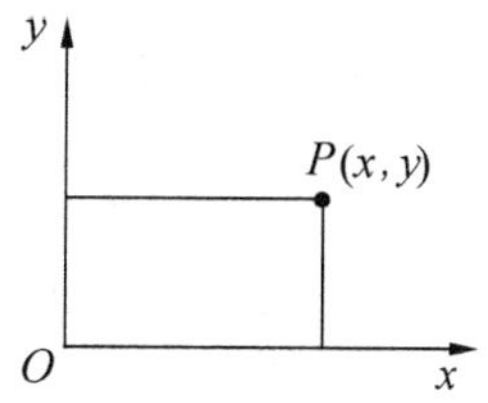

图 4-1　二维点的表达方式

4.1.1.2　直线的矩阵表示

两点可以确定一条直线。设这两点为 $P_1(x_1, y_1)$，$P_2(x_2, y_2)$，则直线可以表示为一个 2×2 的矩阵，即

$$\begin{bmatrix} x_1 & y_1 \\ x_2 & y_2 \end{bmatrix}$$

4.1.1.3　平面的矩阵表示

平面可以用一个点集来表示。设属于这个平面的点为 $P_1(x_1, y_1)$，$P_2(x_2, y_2)$，$P_3(x_3, y_3)$，…，$P_n(x_n, y_n)$，则平面的点集可以表示为 $n\times2(n\geqslant3)$ 的矩阵，即

$$\begin{bmatrix} x_1 & y_1 \\ x_2 & y_2 \\ \vdots & \vdots \\ x_n & y_n \end{bmatrix}$$

图形点集有 n 个元素,其矩阵为 $n\times 2$,设计程序时可用二维数组 $a(n,2)$ 存放各点的坐标值:

$$a(n,2) = \{x_1, y_1, x_2, y_2, x_3, y_3, \cdots, x_n, y_n\}$$

4.1.2 二维图形的几何变换

二维图形的几何变换,就是对图形的各点的坐标根据几何关系变换产生新的点。一个图形可以和一个矩阵相对应。对图形的几何变换可通过相应的矩阵变换来实现,使图形的变换转变为矩阵之间的数学运算。二维平面的几何变换是对构成图形的点集矩阵运算。点的变换是最基本的变换,所以下面的各种变换主要讨论点的矩阵变换。

在二维图形中,点 $P(x,y)$经过变换为点 $P^*(x^*,y^*)$的过程,可以表示为一个行向量 $[x \quad y]$和一个 2×2 阶矩阵的运算结果,即

$$[x \quad y]\begin{bmatrix} a & b \\ c & d \end{bmatrix}$$

则

$$\begin{cases} x^* = ax + cy \\ y^* = bx + dy \end{cases} \tag{4-1}$$

记$[x, \quad y]$为源坐标,$[x^*, \quad y^*]$为像坐标,$\boldsymbol{T}=\begin{bmatrix} a & b \\ c & d \end{bmatrix}$为变换矩阵。

设变换前物体的源坐标为矩阵 $\boldsymbol{A}$(N 行 M 列),变换矩阵 $\boldsymbol{T}$(M 行 M_1 列),则物体的像坐标为矩阵 $\boldsymbol{B}$(N 行 M_1 列),即

$$\boldsymbol{A}_{N\times M} \cdot \boldsymbol{T}_{M\times M_1} = \boldsymbol{B}_{N\times M_1}$$

其中矩阵中的每一元素为

$$\boldsymbol{B}_{ij} = \sum_{k=1}^{M} a_{ik}t_{kj} \qquad (i = 1,2,\cdots,N; j = 1,2,\cdots,M_1)$$

图形的几何变换所用的矩阵运算主要是矩阵乘法,两矩阵相乘的条件:

左矩阵列数 = 右矩阵行数

相乘结果是矩阵的行数为左矩阵行数,列数为右矩阵列数。

图 4-2 是两矩阵相乘过程的流程框图。

下面是两矩阵相乘的过程代码:

```
'矩阵相乘
Private Sub mamul()
  '定义变量
  Dim i As Integer
  Dim j As Integer
  Dim k As Integer
  Dim Tem1(20, 2) As Single          '存储原图形的顶点数组(即顶点的 x,y 坐标)
  Dim Tem2(2, 2) As Single           '存储几何变换矩阵数组
  For i = 1 To M1                    'M1 为原图形的顶点数
    For j = 1 To N1                  'N1 为几何变换矩阵的维数
      Tem1(i, j) = A(i, j)           '将原图形的顶点数组 A 赋给数组 Tem1
```

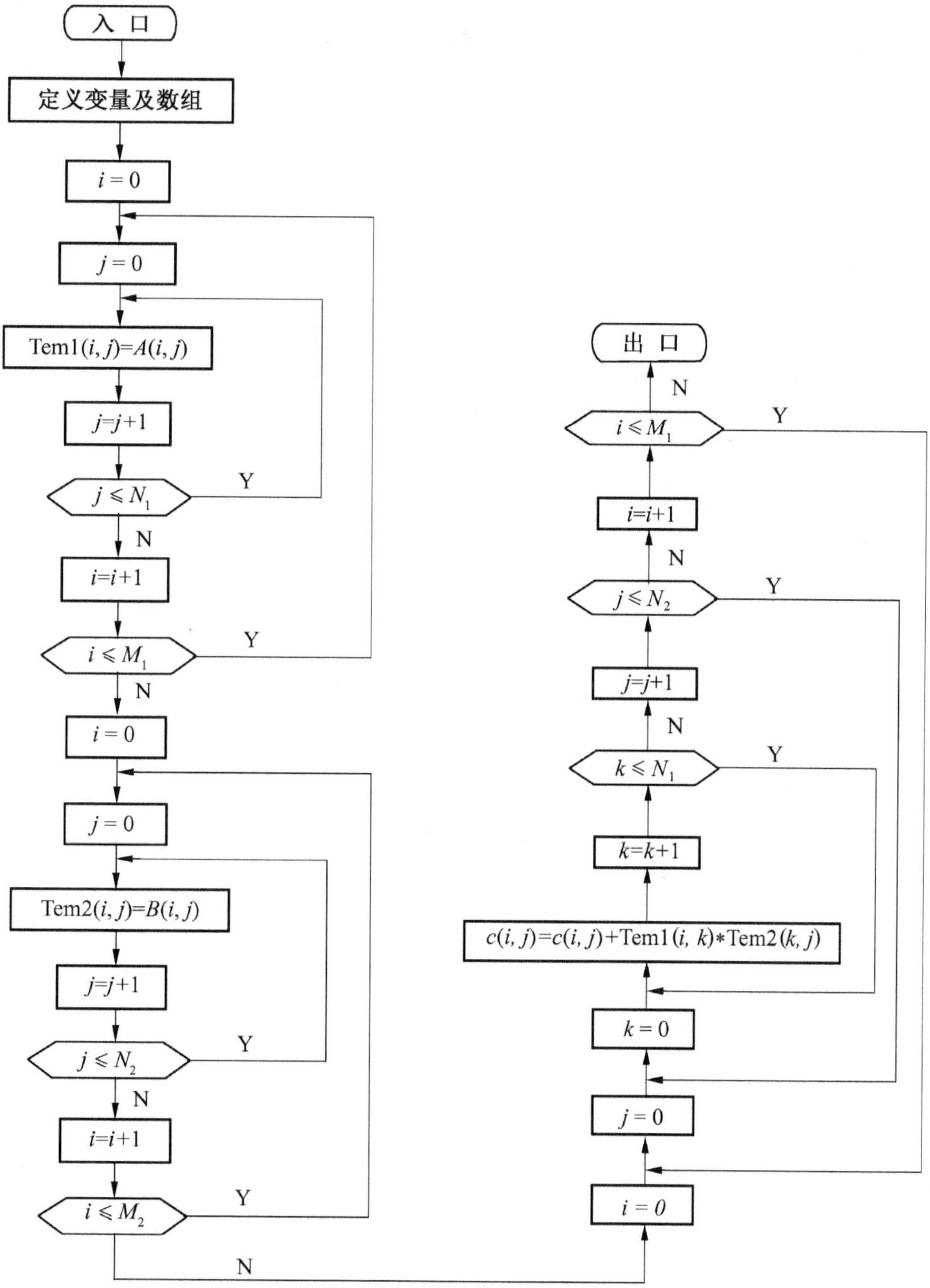

图 4－2　两矩阵相乘过程的流程框图

```
    Next j
Next i
For i = 1 To M2
    For j = 1 To N2
        Tem2(i, j) = B(i, j)          '将几何变换矩阵数组 B 赋给数组 Tem2
    Next j
```

```
    Next i
    '计算图形变换后的顶点数组 C(即变换后顶点的 x,y 坐标)
    For i = 1 To M1
      For j = 1 To N2
        C(i, j) = 0
        For k = 1 To N1
          C(i, j) = C(i, j) + Tem1(i, k) * Tem2(k, j)
        Next k
      Next j
    Next i
  End Sub
```

对于不同的物体和不同的元素构成的变换矩阵所产生的变换结果,只需代入不同的矩阵 **A** 和不同的变换矩阵 **B** 的各元素,利用上述过程即可求得变换结果。

变换后的图形,可用函数 Draw()画出,代码如下:

```
  '画变换后的图形
  Private Sub Draw()
    Dim i As Integer
    g = Graphics.FromImage(BM)
    g = PictureBox1.CreateGraphics()              '实例化对象变量,与控件相关联
    myPen = New Pen(Color.Black, 3)               '定义画笔
    For i = 2 To M1
      g.DrawLine(myPen, ox + C(i - 1, 1), oy - C(i - 1, 2), ox + C(i, 1), oy - C(i, 2))
    Next i
    g.DrawLine(myPen, ox + C(i - 1, 1), oy - C(i - 1, 2), ox + C(1, 1), oy - C(1, 2))
  End Sub
```

由式(4-1)可见,像坐标由变换矩阵 **T** 中各元素决定。下面具体讨论各元素对变换所起的作用。

4.1.2.1 比例变换

变换矩阵为

$$\boldsymbol{T} = \begin{bmatrix} a & 0 \\ 0 & d \end{bmatrix}$$

设源坐标为 $P(x,y)$(下同),则

$$[\,x \quad y\,]\begin{bmatrix} a & 0 \\ 0 & d \end{bmatrix} = [\,ax \quad dy\,] = [\,x^* \quad y^*\,]$$

变换后的点坐标为

$$\begin{cases} x^* = ax \\ y^* = dy \end{cases}$$

变换前后的点如图 4-3 所示。

(1) 若 $d=1$,点 P 沿 x 方向伸缩(图 4-4)。当 $a>1$ 时,点 P 沿 x 正向伸长(P_2^*);当 $a<1$时,点 P 沿 X 反向压缩(P_1^*)。

(2) 若 $a=1$,点 P 沿 y 方向伸缩(图 4-5)。当 $d>1$ 时,点 P 沿 y 正向伸长(P_2^*);当

$d<1$时,点 P 沿 y 反向压缩(P_1^*)。

(3) 若 $a=d$,则

$$[x\quad y]\begin{bmatrix}1&0\\0&1\end{bmatrix}=[x\quad y]=[x^*\quad y^*]$$

即

$$\begin{cases}x^*=x\\y^*=y\end{cases}$$

变换前后的坐标不变,这种变换称为恒等变换,矩阵$\begin{bmatrix}1&0\\0&1\end{bmatrix}$称为单位矩阵。

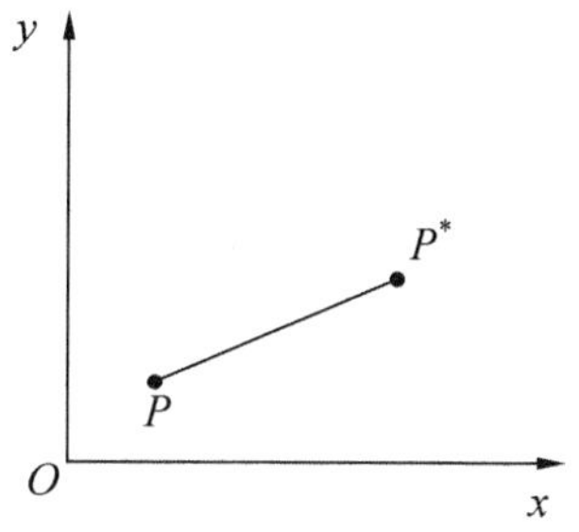

图 4-3　点 P 的变换

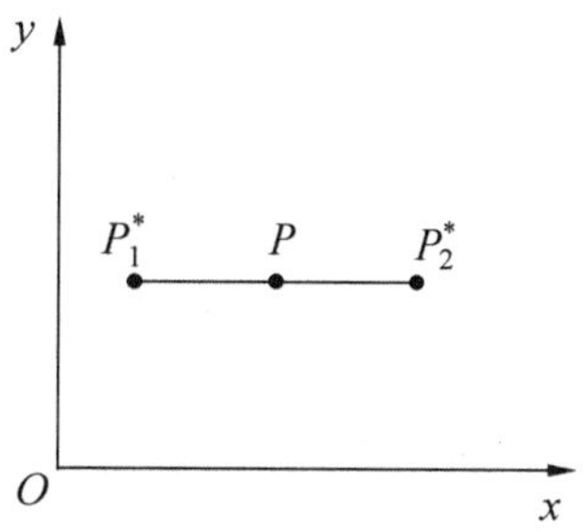

图 4-4　点 P 沿 x 方向伸缩变换

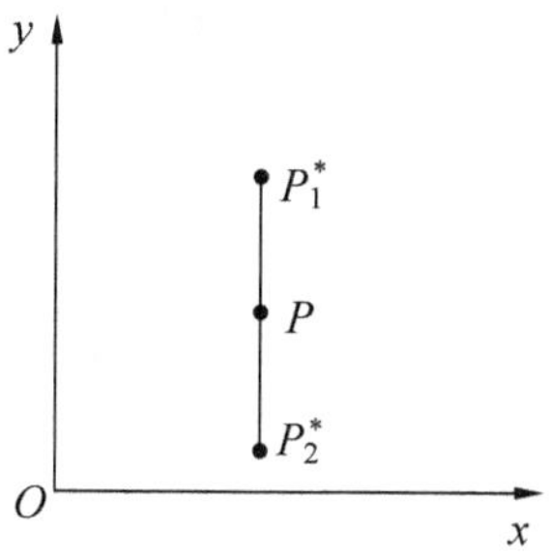

图 4-5　点 P 沿 y 方向伸缩变换

例 4-1　将正方形 $ABCD$ 沿 x 轴正方向放大 2 倍(图 4-6)。

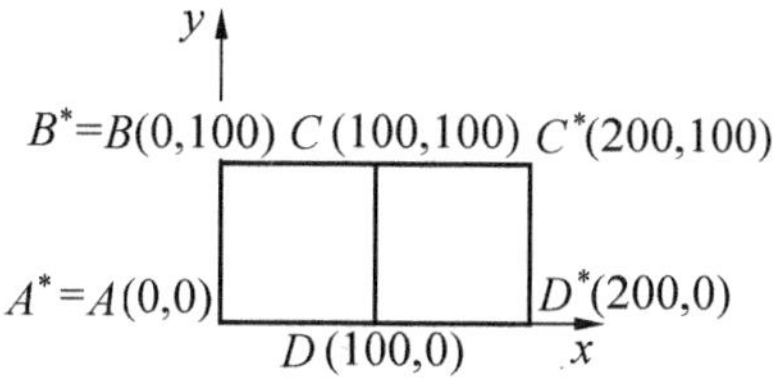

图 4-6　正方形沿 x 轴正方向放大

解　设图 4-6 正方形 $ABCD$ 的矩阵为 $\boldsymbol{A}$,变换矩阵为 $\boldsymbol{T}$,则

$$\boldsymbol{A}=\begin{matrix}A\rightarrow\\B\rightarrow\\C\rightarrow\\D\rightarrow\end{matrix}\begin{bmatrix}0&0\\0&100\\100&100\\100&0\end{bmatrix},\quad \boldsymbol{T}=\begin{bmatrix}2&0\\0&1\end{bmatrix}$$

于是有

$$\begin{bmatrix}0&0\\0&100\\100&100\\100&0\end{bmatrix}\begin{bmatrix}2&0\\0&1\end{bmatrix}=\begin{bmatrix}0&0\\0&100\\200&100\\200&0\end{bmatrix}\begin{matrix}\rightarrow A^*\\\rightarrow B^*\\\rightarrow C^*\\\rightarrow D^*\end{matrix}$$

变换后的图形如图 4-6 中的 $A^*B^*C^*D^*$。

下面是比例变换过程的代码:

```
'比例变换
Private Sub Button2_Click(ByVal sender As System.Object, ByVal e As System.EventArgs) Handles Button2.Click
    Dim aa As String
    Dim dd As String
    aa = InputBox("输入 x 轴方向比例系数 aa:")
    dd = InputBox("输入 y 轴方向比例系数 dd:")
```

```
    B(1, 1) = aa : B(1, 2) = 0
    B(2, 1) = 0 : B(2, 2) = dd
    g = Graphics.FromImage(BM)
    myPen = New Pen(Color.Blue, 3)                    '定义画笔
    Call mamul()          '调用矩阵相乘的过程计算图形比例变换后的顶点坐标 x,y
    Call Draw()           '画变换后的图形
    g.Dispose()
    PictureBox1.Invalidate()
End Sub
```

4.1.2.2 反射变换

(1) 若变换矩阵为

$$T = \begin{bmatrix} 1 & 0 \\ 0 & -1 \end{bmatrix}$$

则
$$[x \quad y]\begin{bmatrix} 1 & 0 \\ 0 & -1 \end{bmatrix} = [x \quad -y] = [x^* \quad y^*]$$

点 $P^*(x^*, y^*)$与点 $P(x, y)$关于 x 轴对称(图 4-7),点 P^* 称为点 P 对于 x 轴的反射。

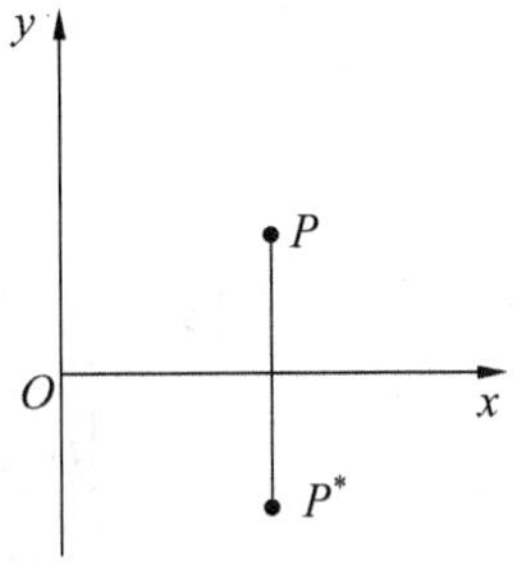

图 4-7 点 P 对 x 轴反射变换

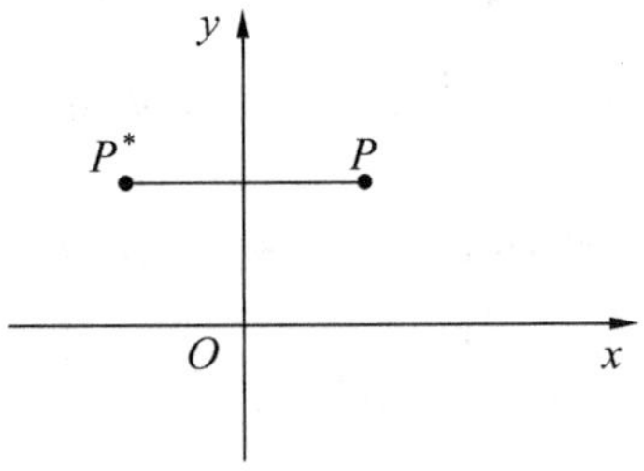

图 4-8 点 P 对 y 轴反射变换

(2) 若变换矩阵为

$$T = \begin{bmatrix} -1 & 0 \\ 0 & 1 \end{bmatrix}$$

则
$$[x \quad y]\begin{bmatrix} -1 & 0 \\ 0 & 1 \end{bmatrix} = [-x \quad y] = [x^* \quad y^*]$$

点 $P^*(x^*, y^*)$与点 $P(x, y)$关于 y 轴对称(图 4-8),点 P^* 称为点 P 对于 y 轴的反射。

(3) 若变换矩阵为

$$T = \begin{bmatrix} -1 & 0 \\ 0 & -1 \end{bmatrix}$$

则
$$[x \quad y]\begin{bmatrix} -1 & 0 \\ 0 & -1 \end{bmatrix} = [-x \quad -y] = [x^* \quad y^*]$$

点 $P^*(x^*, y^*)$与点 $P(x, y)$关于原点对称(图 4-9),点 P^* 称为点 P 对于原点的反射。

(4) 若变换矩阵为

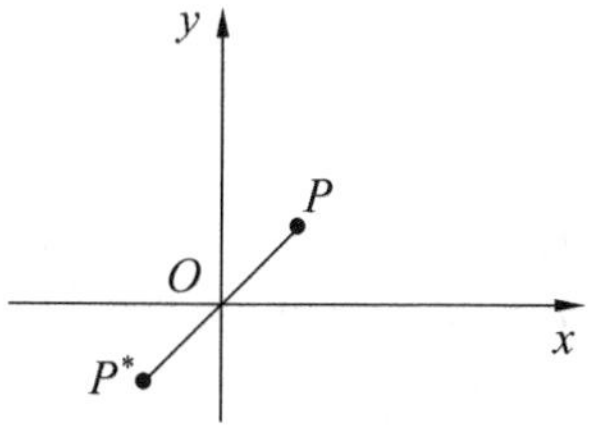

图 4-9　点 P 对原点反射变换

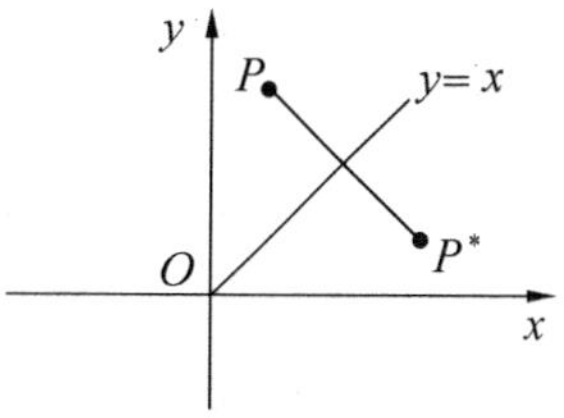

图 4-10　点 P 对 $x=y$ 直线反射变换

$$T=\begin{bmatrix}0 & 1\\1 & 0\end{bmatrix}$$

则
$$[x\quad y]\begin{bmatrix}0 & 1\\1 & 0\end{bmatrix}=[y\quad x]=[x^*\quad y^*]$$

点 $P^*(x^*,y^*)$与点 $P(x,y)$关于 $y=x$ 直线对称(图 4-10),点 P^*称为点 P 对于 $y=x$ 直线的反射。

(5)若变换矩阵为

$$T=\begin{bmatrix}0 & -1\\-1 & 0\end{bmatrix}$$

则
$$[x\quad y]\begin{bmatrix}0 & -1\\-1 & 0\end{bmatrix}=[-y\quad -x]=[x^*\quad y^*]$$

点 $P^*(x^*,y^*)$与点 $P(x,y)$关于 $y=-x$ 直线对称(图 4-11),点 P^*称为点 P 对于 $y=-x$ 直线的反射。

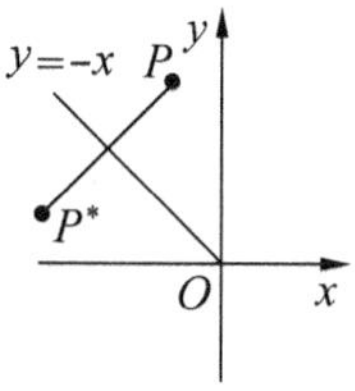

图 4-11　点 P 对 $y=-x$ 直线反射变换

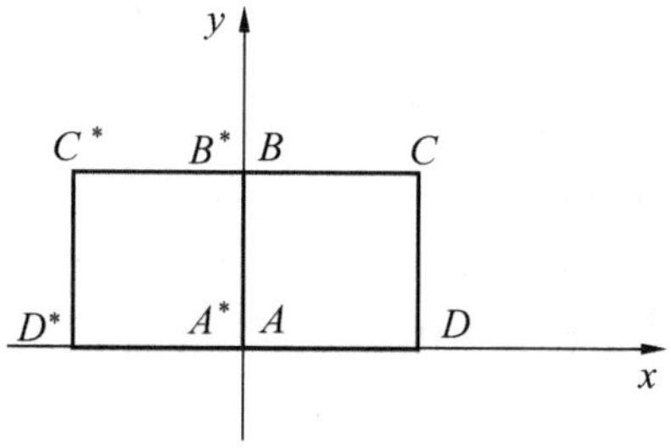

图 4-12　正方形对 y 轴反射变换

例 4-2　求正方形 $ABCD$ 对 y 轴反射的图形(图 4-12)。

解　正方形 $ABCD$ 的矩阵为

$$A=\begin{matrix}A\rightarrow\\B\rightarrow\\C\rightarrow\\D\rightarrow\end{matrix}\begin{bmatrix}0 & 0\\0 & 100\\100 & 100\\100 & 0\end{bmatrix}$$

正方形 $ABCD$ 对 y 轴反射的变换矩阵为

$$T = \begin{bmatrix} -1 & 0 \\ 0 & 1 \end{bmatrix}$$

于是有

$$\begin{bmatrix} 0 & 0 \\ 0 & 100 \\ 100 & 100 \\ 100 & 0 \end{bmatrix} \begin{bmatrix} -1 & 0 \\ 0 & 1 \end{bmatrix} = \begin{bmatrix} 0 & 0 \\ 0 & 100 \\ 100 & 100 \\ 100 & 0 \end{bmatrix} \begin{matrix} \to A^* \\ \to B^* \\ \to C^* \\ \to D^* \end{matrix}$$

变换前后的图形如图 4-12 所示。

下面是正方形 *ABCD* 对 y 轴反射变换过程的代码：

```
'反射变换
Private Sub Button3_Click(ByVal sender As System.Object, ByVal e As System.EventArgs) Handles Button3.Click
    Dim aa As Integer
    Dim bb As Integer
    Dim cc As Integer
    Dim dd As Integer
    aa = InputBox("输入反射变换矩阵中的元素值 aa:")
    bb = InputBox("输入反射变换矩阵中的元素值 bb:")
    cc = InputBox("输入反射变换矩阵中的元素值 cc:")
    dd = InputBox("输入反射变换矩阵中的元素值 dd:")
    B(1, 1) = aa : B(1, 2) = bb
    B(2, 1) = cc : B(2, 2) = dd
    g = Graphics.FromImage(BM)
    myPen = New Pen(Color.Green, 3)                    '定义画笔
    Call mamul()    '调用矩阵相乘的过程计算图形反射变换后的顶点坐标 x,y
    Call Draw()     '画变换后的图形
    g.Dispose()
    PictureBox1.Invalidate()
End Sub
```

4.1.2.3 旋转变换

若绕坐标原点逆时针旋转 θ 角的变换矩阵为

$$T = \begin{bmatrix} \cos\theta & \sin\theta \\ -\sin\theta & \cos\theta \end{bmatrix}$$

则 $$[x \quad y]\begin{bmatrix} \cos\theta & \sin\theta \\ -\sin\theta & \cos\theta \end{bmatrix} = [x\cos\theta - y\sin\theta \quad x\sin\theta + y\cos\theta] = [x^* \quad y^*]$$

变换后的点的坐标为

$$\begin{cases} x^* = x\cos\theta - y\sin\theta \\ y^* = x\sin\theta + y\cos\theta \end{cases}$$

若绕坐标原点顺时针旋转 θ 角的变换矩阵为

$$T = \begin{bmatrix} \cos\theta & -\sin\theta \\ \sin\theta & \cos\theta \end{bmatrix}$$

同理,变换后的点的坐标为

$$\begin{cases} x^* = x\cos\theta + y\sin\theta \\ y^* = -x\sin\theta + y\cos\theta \end{cases}$$

几种特殊的旋转变换矩阵:

(1)绕坐标原点逆时针旋转 90°:

$$T = \begin{bmatrix} 0 & 1 \\ -1 & 0 \end{bmatrix}$$

(2)绕坐标原点顺时针旋转 90°:

$$T = \begin{bmatrix} 0 & -1 \\ 1 & 0 \end{bmatrix}$$

(3)绕原点旋转 180°:

$$T = \begin{bmatrix} -1 & 0 \\ 0 & -1 \end{bmatrix}$$

例 4-3　求正方形 *ABCD* 逆时针旋转 30°后的图形(图 4-13)。

解　正方形 *ABCD* 的矩阵为

$$A = \begin{matrix} A \rightarrow \\ B \rightarrow \\ C \rightarrow \\ D \rightarrow \end{matrix}\begin{bmatrix} 0 & 0 \\ 0 & 100 \\ 100 & 100 \\ 100 & 0 \end{bmatrix}$$

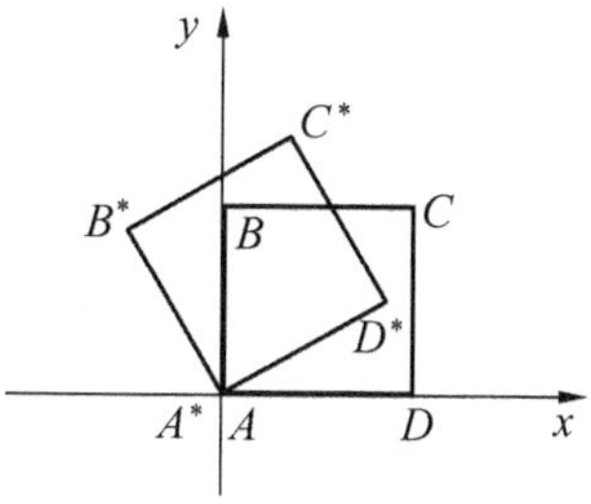

图 4-13　正方形的旋转变换

逆时针旋转 30°的变换矩阵为

$$T = \begin{bmatrix} \cos30° & \sin30° \\ -\sin30° & \cos30° \end{bmatrix} = \begin{bmatrix} 0.866 & 0.5 \\ -0.5 & 0.866 \end{bmatrix}$$

则

$$\begin{bmatrix} 0 & 0 \\ 0 & 100 \\ 100 & 100 \\ 100 & 0 \end{bmatrix}\begin{bmatrix} 0.866 & 0.5 \\ -0.5 & 0.866 \end{bmatrix} = \begin{bmatrix} 0 & 0 \\ -50 & 86.6 \\ 123.2 & 186.6 \\ -173.2 & 100 \end{bmatrix}\begin{matrix} \rightarrow A^* \\ \rightarrow B^* \\ \rightarrow C^* \\ \rightarrow D^* \end{matrix}$$

变换前后的图形如图 4-13 所示。

正方形 *ABCD* 逆时针旋转的变换过程的代码如下:

```
'旋转变换
Private Sub Button4_Click(ByVal sender As System.Object, ByVal e As System.EventArgs) Handles Button4.Click
    Dim T As String
    Dim CT As String
    Dim ST As String
    T = InputBox("输入旋转角 T:")
    T = T * PI / 180
    CT = Cos(T)
    ST = Sin(T)
    B(1, 1) = CT : B(1, 2) = ST
    B(2, 1) = -ST : B(2, 2) = CT
```

```
    g = Graphics.FromImage(BM)
    myPen = New Pen(Color.Red, 3)                    '定义画笔
    Call mamul()        '调用矩阵相乘的过程计算图形旋转变换后的顶点坐标 x,y
    Call Draw()         '画变换后的图形
    g.Dispose()
    PictureBox1.Invalidate()
End Sub
```

4.1.3 二维图形变换程序设计

1. 程序代码设计的主要功能部分(完整代码详见光盘)

(1)变量声明部分

```
Imports System.Math
Public Class Form1
    Dim g As Graphics
    Dim myPen As Pen
    Const PI = 3.1415926
    Private BM As Bitmap
    Dim M1 As Integer                       '原图形的顶点数
    Dim N1 As Integer                       '原图形的维数
    Dim M2 As Integer                       '变换后图形的顶点数
    Dim N2 As Integer                       '变换后图形的维数
    Dim A(0 To 20, 0 To 2) As Single        '原图形的顶点数组(即顶点的 x,y 坐标)
    Dim B(0 To 2, 0 To 2) As Single         '几何变换矩阵数组
    Dim C(0 To 20, 0 To 2) As Single        '图形变换后的顶点数组(即顶点的 x,y 坐标)
    Dim ox As Single
    Dim oy As Single
```

(2)画原图形部分

```
Private Sub Button1_Click(ByVal sender As System.Object, ByVal e As System.EventArgs) Handles Button1.Click
    '定义变量
    Dim i As Integer
    '设置原点
    ox = 320
    oy = 240
    '画坐标轴
    g = Graphics.FromImage(BM)
    myPen = New Pen(Color.Black, 1)                   '定义画笔
    g.DrawLine(myPen, ox - 240, oy, ox + 240, oy)
    g.DrawLine(myPen, ox + 240, oy, ox + 234, oy - 1)
    g.DrawLine(myPen, ox + 234, oy - 1, ox + 234, oy + 1)
    g.DrawLine(myPen, ox, oy + 200, ox, oy - 200)
    g.DrawLine(myPen, ox, oy - 200, ox - 1, oy - 194)
    g.DrawLine(myPen, ox - 1, oy - 194, ox + 1, oy - 194)
```

```
'画原图形
M1 = 4 : M2 = 2 : N1 = 2 : N2 = 2
A(1, 1) = 0 : A(1, 2) = 0
A(2, 1) = 0 : A(2, 2) = 100
A(3, 1) = 100 : A(3, 2) = 100
A(4, 1) = 100 : A(4, 2) = 0
myPen = New Pen(Color.Black, 3)                '定义画笔
For i = 2 To M1
  g.DrawLine(myPen, ox + A(i - 1, 1), oy - A(i - 1, 2), ox + A(i, 1), oy - A(i, 2))
Next i
g.DrawLine(myPen, ox + A(i - 1, 1), oy - A(i - 1, 2), ox + A(1, 1), oy - A(1, 2))
g.Dispose()
PictureBox1.Invalidate()
End Sub
```

(3)比例变换、反射变换、旋转变换的程序说明如前所述。

2. 程序运行结果 (图 4 - 14)

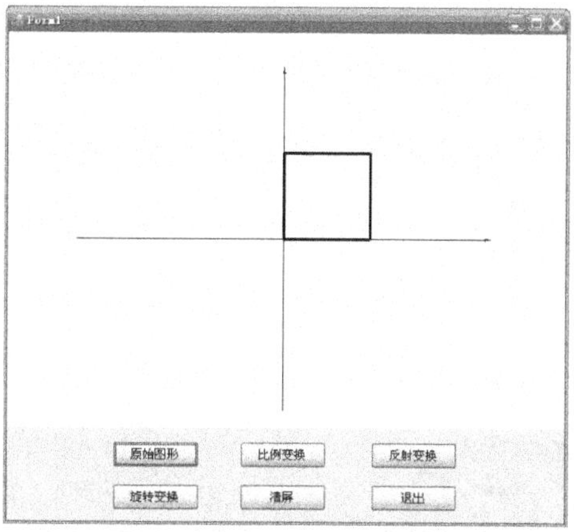

(a) 原图

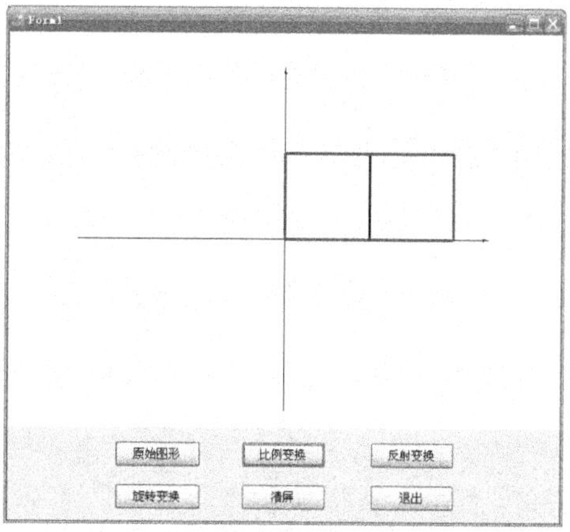

(b) 沿 x 轴正向放大 2 倍的图形

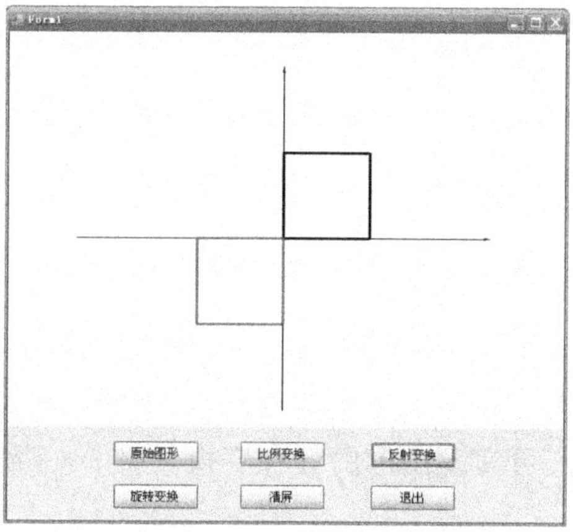

(c)对 $y = -x$ 轴反射变换的图形

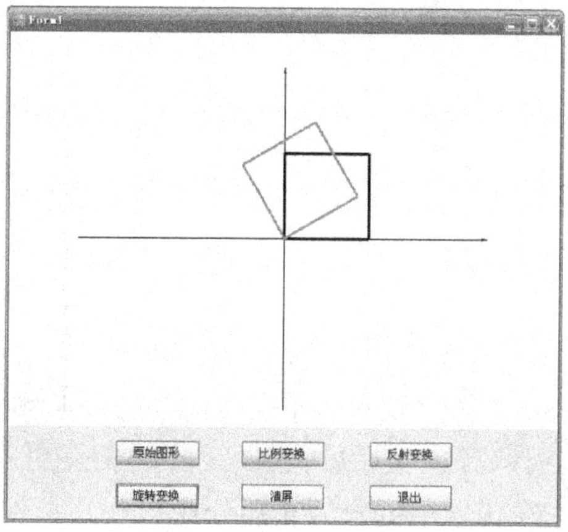

(d)逆时针旋转 30°的图形

图 4 - 14　二维图形变换

4.1.4 齐次坐标与平移变换

4.1.4.1 齐次坐标

上文介绍的采用 2×2 阶矩阵不能产生平移变换，这是它的一个缺点。引入齐次坐标后可解决这个问题。齐次坐标是用 $n+1$ 维向量去表示 n 维向量。例如，二维平面中一点的直角坐标是 (A,B)，该点的齐次坐标是 (P,Q,R) 时，它们的对应关系是：

$$A=\frac{P}{R},\quad B=\frac{Q}{R}\qquad (R\neq 0)$$

点用齐次坐标表示并不是唯一的，如 $P(2,5)$ 的齐次坐标可以是 $P(2,5,1)$，$P(4,10,2)$，$P(-20,-50,-10)$ 等。当 $R=1$ 时，称为标准齐次坐标。因此，一点的直角坐标为 (x,y) 时，它的标准齐次坐标为 $(x,y,1)$。引入齐次坐标后，原变换矩阵

$$\boldsymbol{T}=\begin{bmatrix} a & b \\ c & d \end{bmatrix}$$

便要改为

$$\boldsymbol{T}=\begin{bmatrix} a & b & p \\ c & d & q \\ l & m & s \end{bmatrix}$$

于是点的变换为

$$[x\quad y\quad 1]\begin{bmatrix} a & b & p \\ c & d & q \\ l & m & s \end{bmatrix}=[ax+cy+l\quad bx+dy+l\quad px+qy+s]=[x^*\quad y^*\quad k]$$

从而

$$[x^*\quad y^*\quad 1]=\left[\frac{x'}{k}\quad \frac{y'}{k}\quad 1\right]$$

今后，任何变换运算，都统一采用齐次坐标。在齐次坐标下，点的矩阵表示为

$$[x\quad y\quad 1]$$

直线的矩阵表示为

$$\begin{bmatrix} x_1 & y_1 & 1 \\ x_2 & y_2 & 1 \end{bmatrix}$$

平面的矩阵表示为

$$\begin{bmatrix} x_1 & y_1 & 1 \\ x_2 & y_2 & 1 \\ \vdots & \vdots & \vdots \\ x_n & y_n & 1 \end{bmatrix}$$

引入齐次坐标后，变换矩阵的功能更齐全了，它可实现图形的各种变换。将 3×3 阶矩阵 $\boldsymbol{T}$ 按其作用可分为 4 部分：

$$T=\left[\begin{array}{cc|c} a & b & p \\ c & d & q \\ \hline l & m & s \end{array}\right]=\left[\begin{array}{c|c} 2\times 2 & 2\times 1 \\ \hline 1\times 2 & 1\times 1 \end{array}\right]$$

其中，

2×2 子矩阵是对图形进行比例、反射、旋转等基本变换；

1×2 子矩阵是对图形进行平移变换；

2×1 子矩阵是对图形进行透视变换；

1×1 子矩阵是对图形进行整体变比变换，s 为整体变比系数。

当 $s>1$ 时，整个图形按比例缩小；

当 $s=1$ 时，为恒等变换；

当 $0<s<1$ 时，整个图形按比例放大；

当 $s<0$ 时，图形对原点反射加上比例变换。

4.1.4.2　平移变换

平移变换的变换矩阵为

$$T=\begin{bmatrix} 1 & 0 & 0 \\ 0 & 1 & 0 \\ l & m & 1 \end{bmatrix}$$

则
$$[x\quad y\quad 1]\begin{bmatrix} 1 & 0 & 0 \\ 0 & 1 & 0 \\ l & m & 1 \end{bmatrix}=[x+l\quad y+m\quad 1]=[x^*\quad y^*\quad 1]$$

其中，矩阵元素 l、m 分别为沿 x、y 方向的平移量。

例 4-4　已知平面图形 $ABCDEFGH$ 各顶点的坐标(图 4-15)，试设计该平面图形的比例变换、反射变换、旋转变换和平移变换。

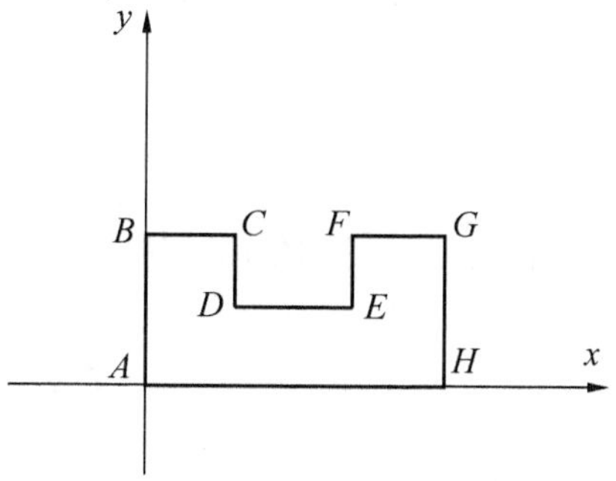

图 4-15　平面图形

解　设平面图形 $ABCDEFGH$ 的矩阵为

$$A=\begin{matrix} A\rightarrow \\ B\rightarrow \\ C\rightarrow \\ D\rightarrow \\ E\rightarrow \\ F\rightarrow \\ G\rightarrow \\ H\rightarrow \end{matrix}\begin{bmatrix} 0 & 0 & 1 \\ 0 & 50 & 1 \\ 30 & 50 & 1 \\ 30 & 25 & 1 \\ 70 & 25 & 1 \\ 70 & 50 & 1 \\ 100 & 50 & 1 \\ 100 & 0 & 1 \end{bmatrix}$$

(1)比例变换矩阵为

$$T=\begin{bmatrix} a & 0 & 0 \\ 0 & d & 0 \\ 0 & 0 & 1 \end{bmatrix}$$

其中，a 为 x 轴方向比例系数；d 为 y 轴方向比例系数。

(2)反射变换矩阵为

$$\boldsymbol{T}=\begin{bmatrix} a & b & 0 \\ c & d & 0 \\ 0 & 0 & 1 \end{bmatrix}$$

对 x 轴反射变换矩阵为

$$\boldsymbol{T}=\begin{bmatrix} 1 & 0 & 0 \\ 0 & -1 & 0 \\ 0 & 0 & 1 \end{bmatrix}$$

对 y 轴反射变换矩阵为

$$\boldsymbol{T}=\begin{bmatrix} -1 & 0 & 0 \\ 0 & 1 & 0 \\ 0 & 0 & 1 \end{bmatrix}$$

对原点反射变换矩阵为

$$\boldsymbol{T}=\begin{bmatrix} -1 & 0 & 0 \\ 0 & -1 & 0 \\ 0 & 0 & 1 \end{bmatrix}$$

对 $y=x$ 直线反射变换矩阵为

$$\boldsymbol{T}=\begin{bmatrix} 0 & -1 & 0 \\ 1 & 0 & 0 \\ 0 & 0 & 1 \end{bmatrix}$$

对 $y=-x$ 直线反射变换矩阵为

$$\boldsymbol{T}=\begin{bmatrix} 0 & -1 & 0 \\ -1 & 0 & 0 \\ 0 & 0 & 1 \end{bmatrix}$$

(3)绕原点旋转变换矩阵为

$$\boldsymbol{T}=\begin{bmatrix} \cos\theta & \sin\theta & 0 \\ -\sin\theta & \cos\theta & 0 \\ 0 & 0 & 1 \end{bmatrix}$$

其中，θ 为旋转角度。

(4)平移变换矩阵为

$$\boldsymbol{T}=\begin{bmatrix} 1 & 0 & 0 \\ 0 & 1 & 0 \\ l & m & 1 \end{bmatrix}$$

其中，l 为沿 x 方向平移量；m 为沿 y 方向平移量。

程序代码设计的原理与本章第 4.1.3 节类似，注意在程序中将二维数组转变为三维数组。其中定义：

$$M_1 = 8 : M_2 = 3 : N_1 = 3 : N_2 = 3$$

本例题程序完整代码详见光盘。程序运行结果如图 4 - 16 所示。

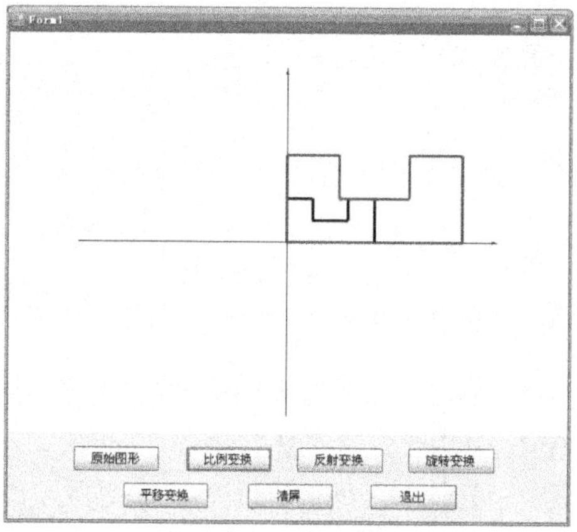

(a) x、y 方向放大 1 倍的图形

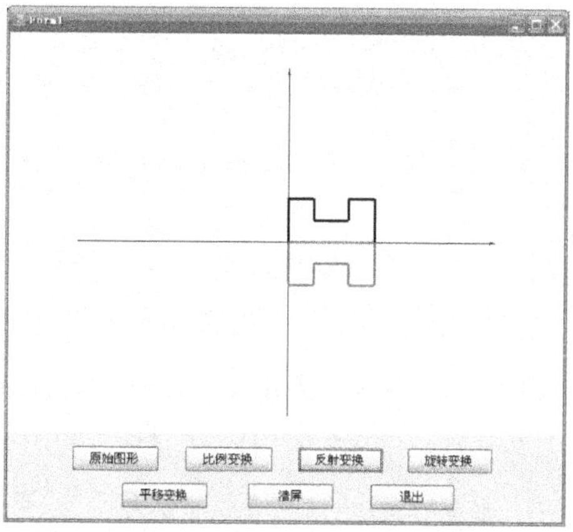

(b) 对 x 轴反射的图形

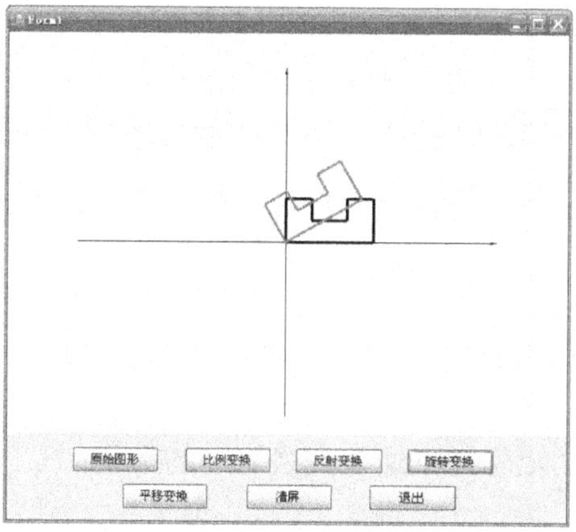

(c) 绕原点旋转 30°的图形

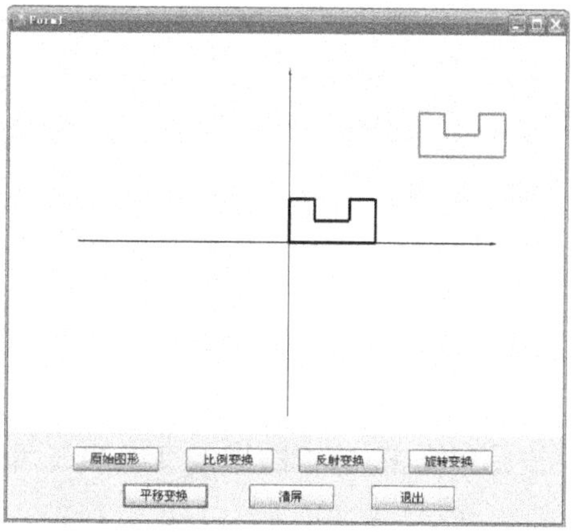

(d) 沿 x 轴平移 150 和沿 y 轴平移 100 的图形

图 4 - 16　二维图形变换

4.1.5　组合变换

当求绕任意点(l, m)的旋转变换矩阵，不能直接引用前面介绍的旋转变换矩阵，需要对图形进行连续多次的变换才能达到，这种由多个变换组合而成的变换，称为组合变换。所以绕任意点逆时针旋转变换矩阵要采用下面步骤：

(1) 将旋转中心平移到坐标原点。已知图形亦作相同的平移，则变换矩阵为

$$\boldsymbol{T}_1 = \begin{bmatrix} 1 & 0 & 0 \\ 0 & 1 & 0 \\ -l & -m & 1 \end{bmatrix}$$

(2) 将平移后的图形绕坐标原点逆时针旋转，则变换矩阵为

$$T_2 = \begin{bmatrix} \cos\theta & \sin\theta & 0 \\ -\sin\theta & \cos\theta & 0 \\ 0 & 0 & 1 \end{bmatrix}$$

(3) 将旋转中心连同旋转后的图形平移回原来位置，则变换矩阵为

$$T_3 = \begin{bmatrix} 1 & 0 & 0 \\ 0 & 1 & 0 \\ l & m & 1 \end{bmatrix}$$

将上述3个变换矩阵相乘，即得绕任意点逆时针旋转 θ 角的旋转变换矩阵：

$$T = T_1 T_2 T_3$$

$$= \begin{bmatrix} 1 & 0 & 0 \\ 0 & 1 & 0 \\ -l & -m & 1 \end{bmatrix} \begin{bmatrix} \cos\theta & \sin\theta & 0 \\ -\sin\theta & \cos\theta & 0 \\ 0 & 0 & 1 \end{bmatrix} \begin{bmatrix} 1 & 0 & 0 \\ 0 & 1 & 0 \\ l & m & 1 \end{bmatrix}$$

$$= \begin{bmatrix} \cos\theta & \sin\theta & 0 \\ -\sin\theta & \cos\theta & 0 \\ l(1-\cos\theta)+m\sin\theta & -l\sin\theta+m(1-\cos\theta) & 1 \end{bmatrix}$$

注意：因为矩阵的乘法运算不符合交换律，所以上述矩阵相乘时的顺序不能置换。

例 4-5 试求三角形 ABC（图 4-17a）绕点 $P(10,50)$ 逆时针旋转 90°后的图形，即图 4-17b 中的三角形 $A^*B^*C^*$。

解 由图 4-17a 可知三角形 ABC 的矩阵为

$$\begin{matrix} A \to \\ B \to \\ C \to \end{matrix} \begin{bmatrix} 20 & 40 & 1 \\ 40 & 40 & 1 \\ 30 & 60 & 1 \end{bmatrix}$$

按题目要求，所求图形的变换为三角形 ABC 的矩阵与下面各变换矩阵的乘积：

$$\begin{bmatrix} 20 & 40 & 1 \\ 40 & 40 & 1 \\ 30 & 60 & 1 \end{bmatrix} \underset{\text{(平移)}}{\begin{bmatrix} 1 & 0 & 0 \\ 0 & 1 & 0 \\ -10 & -50 & 1 \end{bmatrix}} \underset{\text{(绕原点逆时针旋转 90°)}}{\begin{bmatrix} 0 & 1 & 0 \\ -1 & 0 & 0 \\ 0 & 0 & 1 \end{bmatrix}} \underset{\text{(反平移)}}{\begin{bmatrix} 1 & 0 & 0 \\ 0 & 1 & 0 \\ 10 & 50 & 1 \end{bmatrix}}$$

$$= \begin{matrix} A_1 \to \\ B_1 \to \\ C_1 \to \end{matrix} \begin{bmatrix} 10 & -10 & 1 \\ 30 & -10 & 1 \\ 20 & 10 & 1 \end{bmatrix} \begin{bmatrix} 0 & 1 & 0 \\ -1 & 0 & 0 \\ 0 & 0 & 1 \end{bmatrix} \begin{bmatrix} 1 & 0 & 0 \\ 0 & 1 & 0 \\ 10 & 50 & 1 \end{bmatrix}$$

$$= \begin{matrix} A_2 \to \\ B_2 \to \\ C_2 \to \end{matrix} \begin{bmatrix} 10 & 10 & 1 \\ 10 & 30 & 1 \\ -10 & 20 & 1 \end{bmatrix} \begin{bmatrix} 1 & 0 & 0 \\ 0 & 1 & 0 \\ 10 & 50 & 1 \end{bmatrix}$$

$$= \begin{matrix} A^* \to \\ B^* \to \\ C^* \to \end{matrix} \begin{bmatrix} 20 & 60 & 1 \\ 20 & 80 & 1 \\ 0 & 70 & 1 \end{bmatrix}$$

图 4 - 17b 表示出三角形 $ABC \xrightarrow{\text{平移}} A_1B_1C_1 \xrightarrow{\text{旋转}} A_2B_2C_2 \xrightarrow{\text{反平移}} A^*B^*C^*$ 一步步的变换过程。最后的图形为三角形 $A^*B^*C^*$。

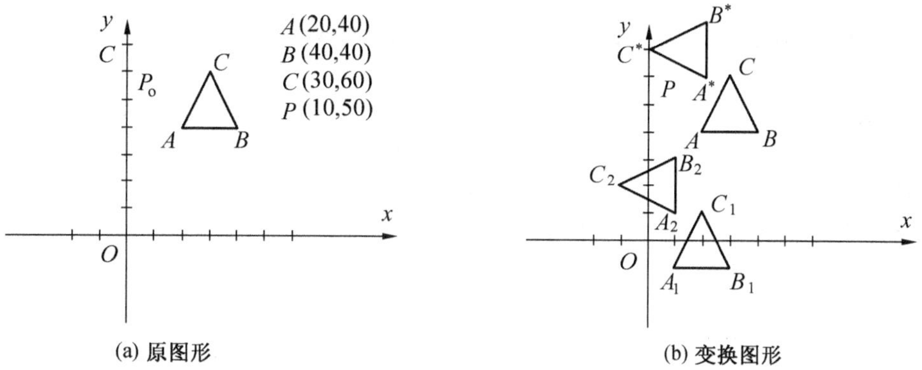

图 4 - 17　三角形绕任意点 P 的旋转变换

本例题程序代码设计的主要功能部分如下：

```
'画原始图形
Private Sub Button1_Click(ByVal sender As System.Object, ByVal e As System.EventArgs) Handles Button1.Click
    Dim i As Integer
    Dim j As Integer

    '设置原点
    ox = 140
    oy = 120

    '画坐标轴
    g = Graphics.FromImage(BM)
    myPen = New Pen(Color.Black, 1)                    '定义画笔
    g.DrawLine(myPen, ox - 60, oy, ox + 60, oy)
    g.DrawLine(myPen, ox + 60, oy, ox + 54, oy - 1)
    g.DrawLine(myPen, ox + 54, oy - 1, ox + 54, oy + 1)
    g.DrawLine(myPen, ox, oy + 60, ox, oy - 100)
    g.DrawLine(myPen, ox, oy - 100, ox - 1, oy - 94)
    g.DrawLine(myPen, ox - 1, oy - 94, ox + 1, oy - 94)

    M1 = 3 : N1 = 3 : M2 = 3 : N2 = 3
    A(1, 1) = 20 : A(1, 2) = 40 : A(1, 3) = 1
    A(2, 1) = 40 : A(2, 2) = 40 : A(2, 3) = 1
    A(3, 1) = 30 : A(3, 2) = 60 : A(3, 3) = 1
    For i = 1 To M1
      For j = 1 To N1
```

```
      A1(i, j) = A(i, j)
    Next j
  Next i

  myPen = New Pen(Color.Black, 3)                    '定义画笔
  For i = 2 To M1
    g.DrawLine(myPen, ox + A(i - 1, 1), oy - A(i - 1, 2), ox + A(i, 1), oy - A(i, 2))
  Next i
  g.DrawLine(myPen, ox + A(i - 1, 1), oy - A(i - 1, 2), ox + A(1, 1), oy - A(1, 2))
  g.Dispose()
  PictureBox1.Invalidate()
End Sub

'组合变换
Private Sub Button2_Click(ByVal sender As System.Object, ByVal e As System.EventArgs) Handles Button2.Click
  myPen = New Pen(Color.Green, 3)                    '定义画笔
  Call pingyijzn()                                   '平移变换
  Call xuanzhujzn()                                  '旋转变换
  Call fapingyijzn()                                 '反平移变换
  Call Draw()                                        '画变换后图形
  g.Dispose()
  PictureBox1.Invalidate()
End Sub

'画平移图形
Private Sub Button5_Click(ByVal sender As System.Object, ByVal e As System.EventArgs) Handles Button5.Click
  Call pingyijzn()                                   '平移变换
  Call Draw()
  g.Dispose()
  PictureBox1.Invalidate()
End Sub

'画旋转图形
Private Sub Button6_Click(ByVal sender As System.Object, ByVal e As System.EventArgs) Handles Button6.Click
  Call xuanzhujzn()                                  '旋转变换
  Call Draw()
  g.Dispose()
  PictureBox1.Invalidate()
End Sub
```

```
'画反平移图形
Private Sub Button7_Click(ByVal sender As System.Object, ByVal e As System.EventArgs) Handles Button7.Click
    Call fapingyijzn()                              '反平移变换
    Call Draw()
    g.Dispose()
    PictureBox1.Invalidate()
End Sub

'平移矩阵
Private Sub pingyijzn()
    B(1, 1) = 1 : B(1, 2) = 0 : B(1, 3) = 0
    B(2, 1) = 0 : B(2, 2) = 1 : B(2, 3) = 0
    B(3, 1) = -10 : B(3, 2) = -50 : B(3, 3) = 1
    myPen = New Pen(Color.Blue, 3)                  '定义画笔
    Call mamul()                                    '矩阵相乘
    Call zhuanhuan()                                '转换
End Sub

'旋转矩阵
Private Sub xuanzhujzn()
    B(1, 1) = 0 : B(1, 2) = 1 : B(1, 3) = 0
    B(2, 1) = -1 : B(2, 2) = 0 : B(2, 3) = 0
    B(3, 1) = 0 : B(3, 2) = 0 : B(3, 3) = 1
    myPen = New Pen(Color.Red, 3)                   '定义画笔
    Call mamul()                                    '矩阵相乘
    Call zhuanhuan()                                '转换
End Sub

'反平移矩阵
Private Sub fapingyijzn()
    Dim i As Integer
    Dim j As Integer
    B(1, 1) = 1 : B(1, 2) = 0 : B(1, 3) = 0
    B(2, 1) = 0 : B(2, 2) = 1 : B(2, 3) = 0
    B(3, 1) = 10 : B(3, 2) = 50 : B(3, 3) = 1
    myPen = New Pen(Color.Green, 3)                 '定义画笔
    Call mamul()                                    '矩阵相乘
    Call zhuanhuan()                                '转换
    For i = 1 To M1
        For j = 1 To N1
            A(i, j) = A1(i, j)
        Next j
```

```
    Next i
End Sub

'转换
Private Sub zhuanhuan()
    Dim i, j As Integer
    For i = 1 To M1
        For j = 1 To N1
            A(i, j) = C(i, j)
    Next j, i
End Sub
```

过程 mamul() 和 Draw()的详细描述同前,此处省略。

本例题程序完整代码详见光盘。程序运行结果如图 4-18 所示。

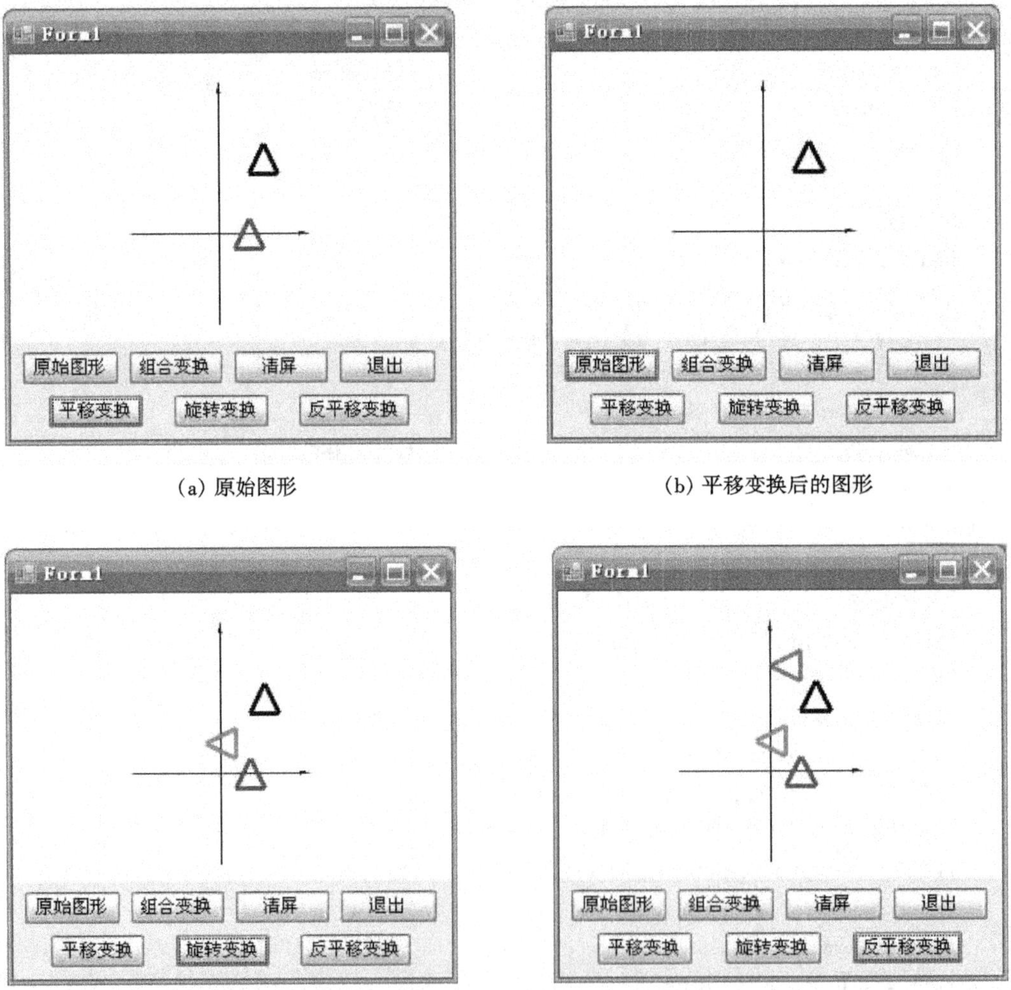

(a) 原始图形　　(b) 平移变换后的图形

(c) 旋转变换后的图形　　(d) 反平移变换后的图形

图 4-18　组合变换

例 4-6　已知图形和点坐标以及中心线如图 4-19 所示。若绕点 K 旋转，每次旋转 18°，共旋转 19 次，则可画成一齿轮状的图形。试编写绘图程序。

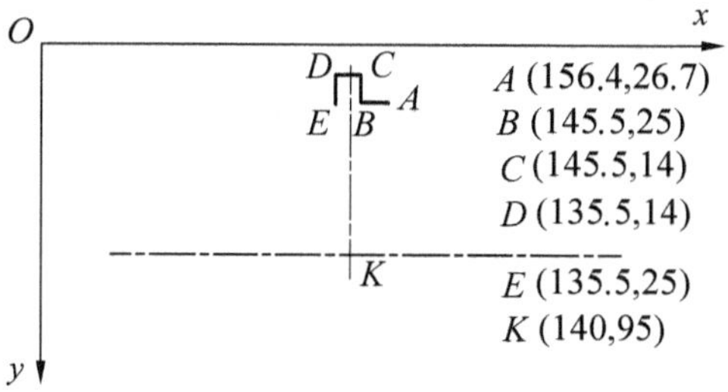

图 4-19　齿轮图形

解　按题目要求，已知图形 $ABCD$ 绕点 K 旋转 18°，其图形的矩阵为下列各矩阵的乘积：

$$\begin{matrix} A \rightarrow \\ B \rightarrow \\ C \rightarrow \\ D \rightarrow \\ E \rightarrow \end{matrix}\begin{bmatrix} 156.4 & 26.7 & 1 \\ 145.5 & 25 & 1 \\ 145.5 & 14 & 1 \\ 135.5 & 14 & 1 \\ 135.5 & 25 & 1 \end{bmatrix}\begin{bmatrix} 1 & 0 & 0 \\ 0 & 1 & 0 \\ -140 & -95 & 1 \end{bmatrix}\begin{bmatrix} \cos 18° & \sin 18° & 0 \\ -\sin 18° & \cos 18° & 0 \\ 0 & 0 & 1 \end{bmatrix}\begin{bmatrix} 1 & 0 & 0 \\ 0 & 1 & 0 \\ 140 & 95 & 1 \end{bmatrix}$$

将旋转后的图形绕点 K 旋转 18°，重复旋转 19 次，即可求出旋转后齿轮形状的图形。

程序设计与例 4-5 相似，程序代码的主要功能部分如下：

```
'画原始图形
Private Sub Button1_Click(ByVal sender As System.Object, ByVal e As System.EventArgs) Handles Button1.Click
    Dim i As Integer
    '设置原点
    ox = 50
    oy = 220
    '画坐标轴
    g = Graphics.FromImage(BM)
    myPen = New Pen(Color.Black, 1)                 '定义画笔
    g.DrawLine(myPen, ox - 10, oy, ox + 240, oy)
    g.DrawLine(myPen, ox + 240, oy, ox + 234, oy - 1)
    g.DrawLine(myPen, ox + 234, oy - 1, ox + 234, oy + 1)
    g.DrawLine(myPen, ox, oy + 10, ox, oy - 200)
    g.DrawLine(myPen, ox, oy - 200, ox - 1, oy - 194)
    g.DrawLine(myPen, ox - 1, oy - 194, ox + 1, oy - 194)

    M1 = 5 : N1 = 3 : M2 = 3 : N2 = 3
    A(1, 1) = 156.4  : A(1, 2) = 26.7: A(1, 3) = 1
    A(2, 1) = 145.5  : A(2, 2) = 25 : A(2, 3) = 1
    A(3, 1) = 145.5  : A(3, 2) = 14 : A(3, 3) = 1
    A(4, 1) = 135.5  : A(4, 2) = 14 : A(4, 3) = 1
```

```
    A(5, 1) = 135.5  : A(5, 2) = 25 : A(5, 3) = 1

    myPen = New Pen(Color.Black, 3)                    '定义画笔
    For i = 2 To M1
      g.DrawLine(myPen, ox + A(i - 1, 1), oy - A(i - 1, 2), ox + A(i, 1), oy - A(i, 2))
    Next i
    g.Dispose()
    PictureBox1.Invalidate()
  End Sub

  '组合变换
  Private Sub Button2_Click(ByVal sender As System.Object, ByVal e As System.EventArgs) Handles Button2.Click
    myPen = New Pen(Color.Red, 3)                      '定义画笔
    Call jieguo()
    g.Dispose()
    PictureBox1.Invalidate()
  End Sub

  Private Sub Button3_Click(ByVal sender As System.Object, ByVal e As System.EventArgs) Handles Button3.Click
    g = PictureBox1.CreateGraphics
    g.Clear(PictureBox1.BackColor)
  End Sub

  Private Sub Button4_Click(ByVal sender As System.Object, ByVal e As System.EventArgs) Handles Button4.Click
    End
  End Sub

  '画平移图形
  Private Sub Button5_Click(ByVal sender As System.Object, ByVal e As System.EventArgs) Handles Button5.Click
    myPen = New Pen(Color.Blue, 3)                     '定义画笔
    Call pingyijzn()  '平移变换
    Call Draw()
    g.Dispose()
    PictureBox1.Invalidate()
  End Sub

  '画旋转图形
```

```
Private Sub Button6 _ Click(ByVal sender As System.Object, ByVal e As System.EventArgs) Handles Button6.Click
    myPen = New Pen(Color.Green, 3)                '定义画笔
    Call xuanzhujzn()  '旋转变换
    Call Draw()
    g.Dispose()
    PictureBox1.Invalidate()
End Sub

'画反平移图形
Private Sub Button7 _ Click(ByVal sender As System.Object, ByVal e As System.EventArgs) Handles Button7.Click
    myPen = New Pen(Color.Red, 3)                  '定义画笔
    Call fapingyijzn()  '反平移变换
    Call Draw()
    g.Dispose()
    PictureBox1.Invalidate()
End Sub
'平移矩阵
Private Sub pingyijzn()
    B(1, 1) = 1 : B(1, 2) = 0 : B(1, 3) = 0
    B(2, 1) = 0 : B(2, 2) = 1 : B(2, 3) = 0
    B(3, 1) = -140 : B(3, 2) = -95 : B(3, 3) = 1
    Call mamul()
    Call zhuanhuan()
End Sub

'旋转矩阵
Private Sub xuanzhujzn()
    Dim T As Single
    Dim CT As Single
    Dim ST As Single
    T = pi / 10
    CT = Cos(T) : ST = Sin(T)
    B(1, 1) = CT : B(1, 2) = ST : B(1, 3) = 0
    B(2, 1) = -ST : B(2, 2) = CT : B(2, 3) = 0
    B(3, 1) = 0 : B(3, 2) = 0 : B(3, 3) = 1
    Call mamul()
    Call zhuanhuan()
End Sub

'反平移矩阵
Private Sub fapingyijzn()
```

```
    B(1, 1) = 1 : B(1, 2) = 0 : B(1, 3) = 0
    B(2, 1) = 0 : B(2, 2) = 1 : B(2, 3) = 0
    B(3, 1) = 140 : B(3, 2) = 95 : B(3, 3) = 1
    Call mamul()
    Call zhuanhuan()
End Sub

'画变换后的图形
Private Sub Draw()
    Dim i As Integer
    g = Graphics.FromImage(BM)
    For i = 2 To M1
        g.DrawLine(myPen, ox + C(i - 1, 1), oy - C(i - 1, 2), ox + C(i, 1), oy - C(i, 2))
    Next i
End Sub

'组合变换
Private Sub jieguo()
    Dim i As Integer
    For i = 1 To 19
        Call pingyijzn()
        Call xuanzhujzn()
        Call fapingyijzn()
        Call Draw()
    Next i
End Sub
```

过程 mamul()、Draw ()和 zhuanhuan()的详细描述同前,此处省略。

本例题程序完整代码详见光盘。程序运行结果如图 4-20 所示。

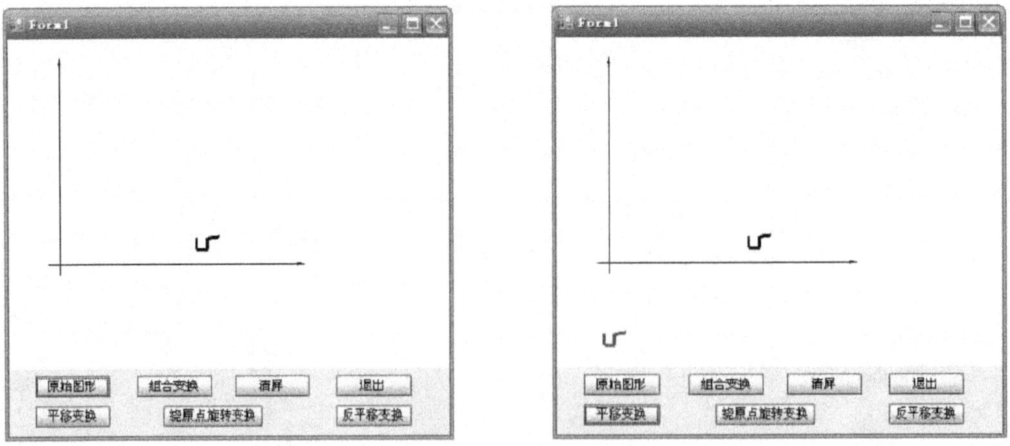

(a) 原图　　　　(b) 平移变换后的图形

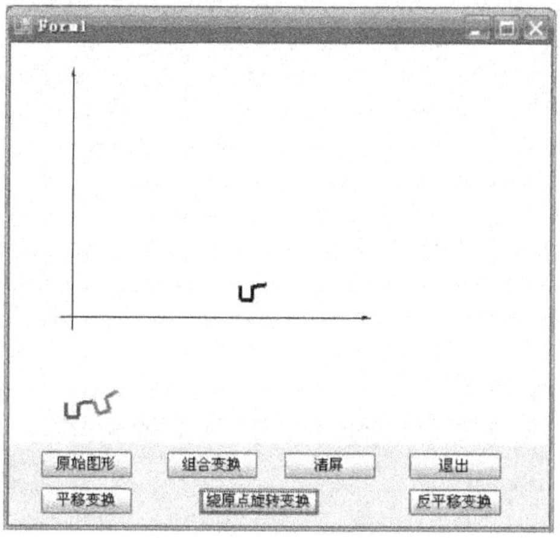

(c) 旋转变换后的图形

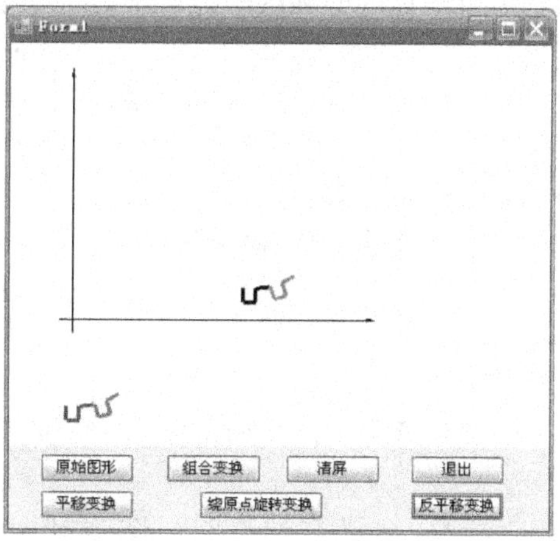

(d) 反平移变换后的图形

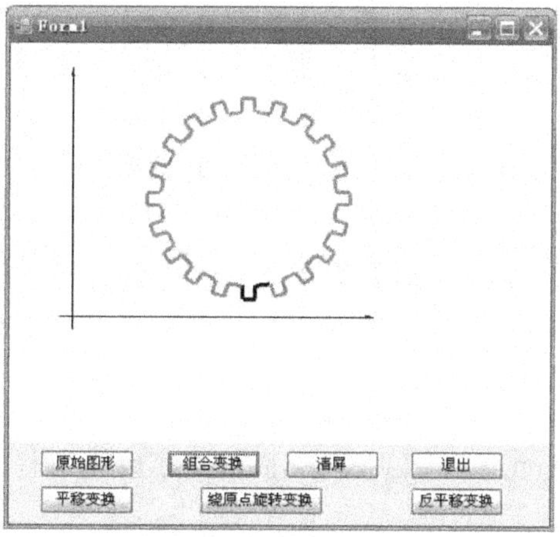

(e) 组合变换后的图形

图 4-20　程序运行结果

例 4-7　求三角形 *ABC*(图 4-21)对任意直线 *L* 的反射变换后的图形。

解　三角形 *ABC* 对任意直线 *L* 的反射变换是不能通过一次基本变换实现的。三角形 *ABC* 对直线 *L* 的反射变换可以通过以下的变换来实现:

(1) 将直线 *L* 和图形沿 x 轴方向平移,使其通过坐标原点,其变换矩阵为

$$T_1 = \begin{bmatrix} 1 & 0 & 0 \\ 0 & 1 & 0 \\ C/A & 0 & 1 \end{bmatrix}$$

其中,

$$A = y_1 - y_2$$

$$B = x_2 - x_1$$

$$C = y_1 y_2 - x_2 y_1$$

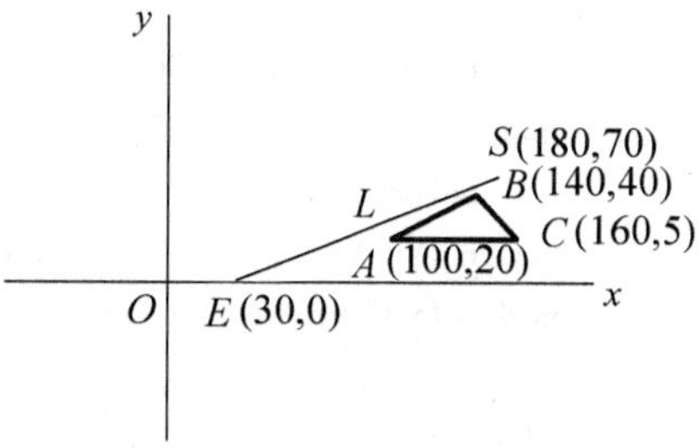

图 4-21　原图形

(2) 再将直线 L 和图形绕坐标原点顺时针旋转 α 角,使直线 L 和 x 轴重合,其变换矩阵为

$$\boldsymbol{T}_2 = \begin{bmatrix} \cos\alpha & -\sin\alpha & 0 \\ \sin\alpha & \cos\alpha & 0 \\ 0 & 0 & 1 \end{bmatrix}$$

其中,$\tan\alpha = -A/B$。

(3) 求三角形 ABC 对 x 轴(即直线 L)的反射,其变换矩阵为

$$\boldsymbol{T}_3 = \begin{bmatrix} 1 & 0 & 0 \\ 0 & -1 & 0 \\ 0 & 0 & 1 \end{bmatrix}$$

(4) 将三角形 ABC 绕原点逆时针旋转 α 角,使恢复到原来倾斜位置,其变换矩阵为

$$\boldsymbol{T}_4 = \begin{bmatrix} \cos\alpha & \sin\alpha & 0 \\ -\sin\alpha & \cos\alpha & 0 \\ 0 & 0 & 1 \end{bmatrix}$$

(5) 最后反平移回原来位置,即沿 X 轴方向平移 $-C/A$,其变换矩阵为

$$\boldsymbol{T}_5 = \begin{bmatrix} 1 & 0 & 0 \\ 0 & 1 & 0 \\ -C/A & 0 & 1 \end{bmatrix}$$

综合以上 5 种变换,三角形 ABC 对任意直线 L 的变换如下:

$$\begin{matrix} A \rightarrow \\ B \rightarrow \\ C \rightarrow \end{matrix} \begin{bmatrix} x_A & y_A & 1 \\ x_B & y_B & 1 \\ x_C & y_C & 1 \end{bmatrix} \boldsymbol{T}_1 \boldsymbol{T}_2 \boldsymbol{T}_3 \boldsymbol{T}_4 \boldsymbol{T}_5 = \begin{bmatrix} x_A^* & y_A^* & 1 \\ x_B^* & y_B^* & 1 \\ x_C^* & y_C^* & 1 \end{bmatrix} \begin{matrix} \leftarrow A^* \\ \leftarrow B^* \\ \leftarrow C^* \end{matrix}$$

程序代码设计的主要功能部分如下:

```
'画原始图形
Private Sub Button1_Click(ByVal sender As System.Object, ByVal e As System.EventArgs) Handles Button1.Click
    Dim i As Integer
    '设置原点
    ox = 60
    oy = 140
    '画坐标轴
    g = PictureBox1.CreateGraphics()                '实例化对象变量,与控件相关联
    myPen = New Pen(Color.Black, 1)                 '定义画笔
    g.DrawLine(myPen, ox - 240, oy, ox + 240, oy)
    g.DrawLine(myPen, ox + 240, oy, ox + 234, oy - 1)
    g.DrawLine(myPen, ox + 234, oy - 1, ox + 234, oy + 1)
    g.DrawLine(myPen, ox, oy + 120, ox, oy - 120)
    g.DrawLine(myPen, ox, oy - 120, ox - 1, oy - 114)
    g.DrawLine(myPen, ox - 1, oy - 114, ox + 1, oy - 114)

    Call shuju()
    g.DrawLine(myPen, ox + Xs, oy - Ys, ox + Xe, oy - Ye)
    myPen = New Pen(Color.Black, 3)                 '定义画笔
    For i = 2 To M1
```

```
        g.DrawLine(myPen, ox + A(i - 1, 1), oy - A(i - 1, 2), ox + A(i, 1), oy - A(i, 2))
      Next i
      g.DrawLine(myPen, ox + A(i - 1, 1), oy - A(i - 1, 2), ox + A(1, 1), oy - A(1, 2))
    End Sub

    '组合变换
    Private Sub Button2 _ Click(ByVal sender As System.Object, ByVal e As System.EventArgs) Handles Button2.Click
      Call pingyijzn()          '平移变换
      Call zhuanhuan()          '转换
      Call xuanzhujzn()         '顺时旋转变换
      Call zhuanhuan()
      Call xduichengjzn()       '对 x 轴反射变换
      Call zhuanhuan()
      Call faxuanzhujzn()       '反时旋转变换
      Call zhuanhuan()
      Call fapingyijzn()        '反平移变换
      Call Draw()
      Call shuju()
    End Sub

    '画平移变换图形
    Private Sub Button5 _ Click(ByVal sender As System.Object, ByVal e As System.EventArgs) Handles Button5.Click
      Call pingyijzn()
      Call Draw()
    End Sub

    '画顺时旋转变换图形
    Private Sub Button6 _ Click(ByVal sender As System.Object, ByVal e As System.EventArgs) Handles Button6.Click
      Call xuanzhujzn()
      Call Draw()
    End Sub

    '画对 x 轴反射变换图形
    Private Sub Button7 _ Click(ByVal sender As System.Object, ByVal e As System.EventArgs) Handles Button7.Click
      Call xduichengjzn()
      Call Draw()
    End Sub

    '画反时旋转变换图形
    Private Sub Button8 _ Click(ByVal sender As System.Object, ByVal e As System.EventArgs) Handles Button8.Click
      Call faxuanzhujzn()
```

```
    Call Draw()
End Sub

'画反平移变换图形
Private Sub Button9 _ Click(ByVal sender As System.Object, ByVal e As System.EventArgs) Handles Button9.Click
    Call fapingyijzn()
    Call Draw()
End Sub

'数据
Private Sub shuju()
    Dim i As Integer
    Dim j As Integer
    M1 = 3 : N1 = 3 : M2 = 3 : N2 = 3
    A(1, 1) = 100 : A(1, 2) = 20 : A(1, 3) = 1
    A(2, 1) = 140 : A(2, 2) = 40 : A(2, 3) = 1
    A(3, 1) = 160 : A(3, 2) = 5 : A(3, 3) = 1
    Xs = 30 : Ys = 0 : Xe = 180 : Ye = 70
    For i = 1 To M1
      For j = 1 To N1
        C(i, j) = A(i, j)
    Next j, i
    AA = Ys - Ye
    BB = Xe - Xs
    CC = Xs * Ye - Xe * Ys
    T = Atan((Ys - Ye) / (Xs - Xe))
    CT = Cos(T)
    ST = Sin(T)
End Sub

'平移矩阵
Private Sub pingyijzn()
    B(1, 1) = 1 : B(1, 2) = 0 : B(1, 3) = 0
    B(2, 1) = 0 : B(2, 2) = 1 : B(2, 3) = 0
    B(3, 1) = CC / AA : B(3, 2) = 0 : B(3, 3) = 1
    Call mamul()                '矩阵相乘
    Call zhuanhuan()            '转换
End Sub

'顺时针旋转矩阵
Private Sub xuanzhujzn()
    B(1, 1) = CT : B(1, 2) = -ST : B(1, 3) = 0
    B(2, 1) = ST : B(2, 2) = CT : B(2, 3) = 0
    B(3, 1) = 0 : B(3, 2) = 0 : B(3, 3) = 1
    Call mamul()                '矩阵相乘
```

```
    Call zhuanhuan()              '转换
End Sub

'对称矩阵
Private Sub xduichengjzn()
    B(1, 1) = 1 : B(1, 2) = 0 : B(1, 3) = 0
    B(2, 1) = 0 : B(2, 2) = -1 : B(2, 3) = 0
    B(3, 1) = 0 : B(3, 2) = 0 : B(3, 3) = 1
    Call mamul()                  '矩阵相乘
    Call zhuanhuan()              '转换
End Sub

'反时针旋转矩阵
Private Sub faxuanzhujzn()
    B(1, 1) = CT : B(1, 2) = ST : B(1, 3) = 0
    B(2, 1) = -ST : B(2, 2) = CT : B(2, 3) = 0
    B(3, 1) = 0 : B(3, 2) = 0 : B(3, 3) = 1
    Call mamul()                  '矩阵相乘
    Call zhuanhuan()              '转换
End Sub

'反平移矩阵
Private Sub fapingyijzn()
    B(1, 1) = 1 : B(1, 2) = 0 : B(1, 3) = 0
    B(2, 1) = 0 : B(2, 2) = 1 : B(2, 3) = 0
    B(3, 1) = -CC / AA : B(3, 2) = 0 : B(3, 3) = 1
    Call mamul()                  '矩阵相乘
    Call zhuanhuan()              '转换
End Sub
```

过程 mamul()、Draw ()和 zhuanhuan()的详细描述同前,此处省略。

本例题程序完整代码详见光盘。程序运行结果如图 4-22 所示。

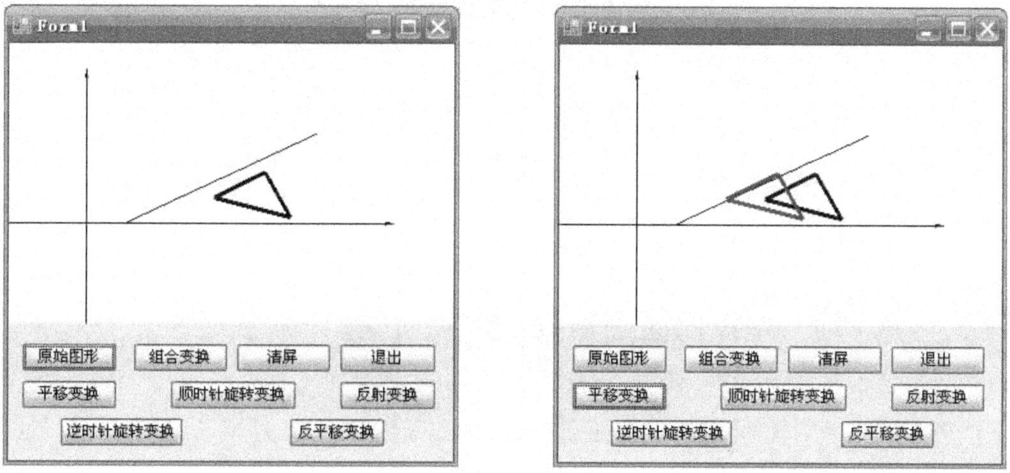

(a) 原图　　　　(b) 平移变换后的图形

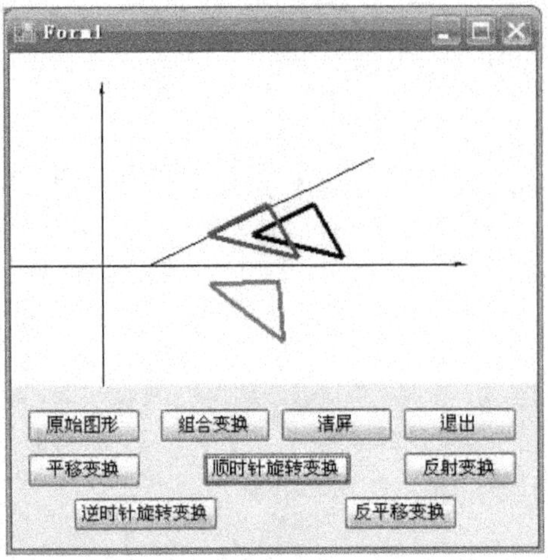

(c) 顺时针旋转变换后的图形

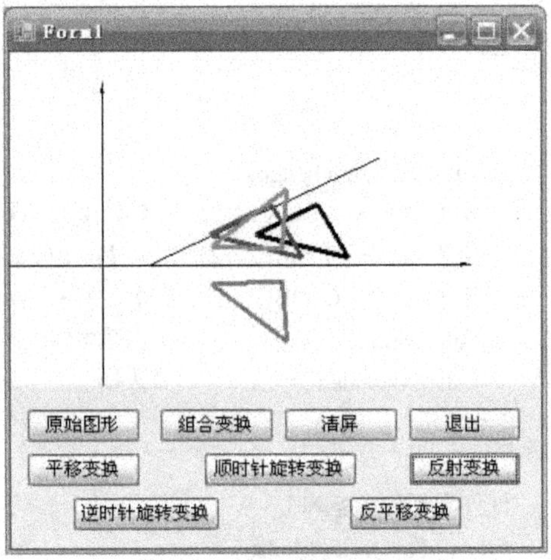

(d) 反射平移变换后的图形

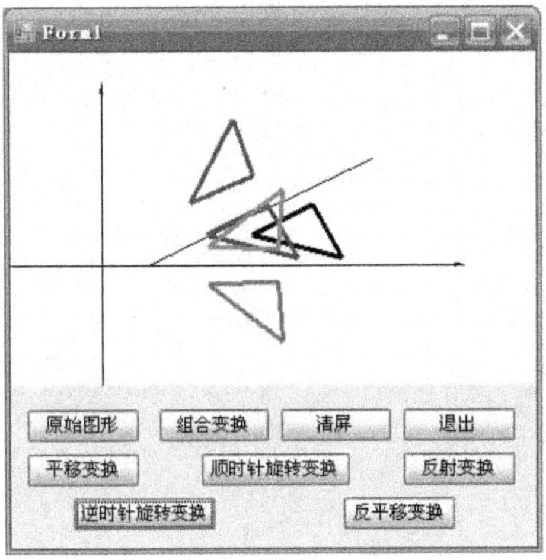

(e) 逆时针旋转变换后的图形

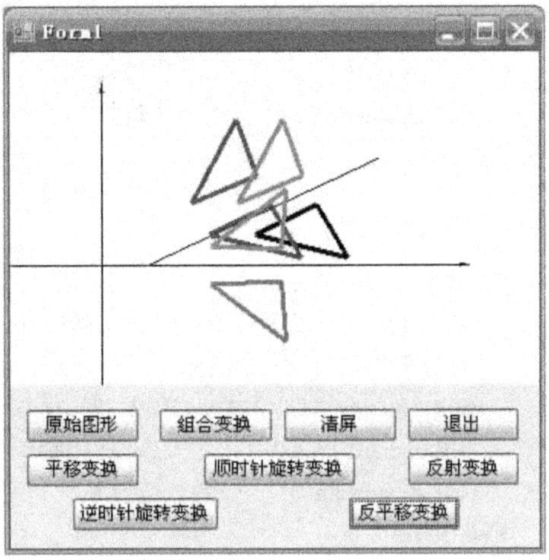

(f) 反平移变换后的图形

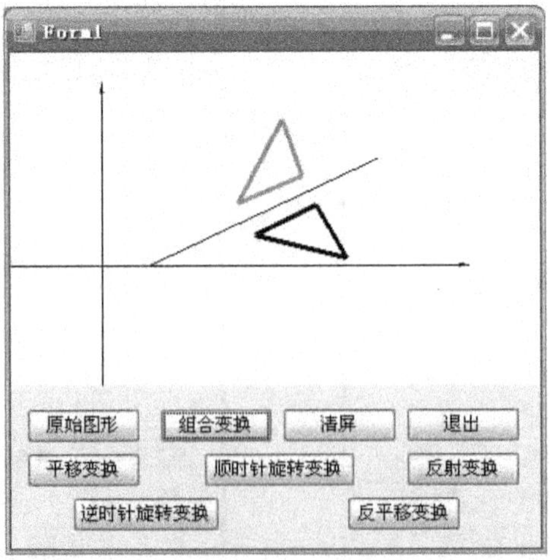

(g) 组合变换后的图形

图 4-22　程序运行结果

4.2 三维图形变换

4.2.1 三维图形的矩阵表示

三维图形的几何变换与二维平面图形的几何变换基本概念相似，都是利用矩阵的运算方法。二维图形用三维齐次坐标表示点、直线、平面。三维空间的点、直线、平面和立体，用四维齐次坐标表示。

(1) 点

$$A \rightarrow [x \quad y \quad z \quad 1]$$

(2) 直线

$$\begin{matrix} A \rightarrow \\ B \rightarrow \end{matrix} \begin{bmatrix} x_1 & y_1 & z_1 & 1 \\ x_2 & y_2 & z_2 & 1 \end{bmatrix}$$

(3) 平面(三角形)

$$\begin{matrix} A \rightarrow \\ B \rightarrow \\ C \rightarrow \end{matrix} \begin{bmatrix} x_1 & y_1 & z_1 & 1 \\ x_2 & y_2 & z_2 & 1 \\ x_3 & y_3 & z_3 & 1 \end{bmatrix}$$

(4) 立体(六面体)

$$\begin{matrix} A \rightarrow \\ B \rightarrow \\ C \rightarrow \\ D \rightarrow \\ E \rightarrow \\ F \rightarrow \\ G \rightarrow \\ H \rightarrow \end{matrix} \begin{bmatrix} x_1 & y_1 & z_1 & 1 \\ x_2 & y_2 & z_2 & 1 \\ x_3 & y_3 & z_3 & 1 \\ x_4 & y_4 & z_4 & 1 \\ x_5 & y_5 & z_5 & 1 \\ x_6 & y_6 & z_6 & 1 \\ x_7 & y_7 & z_7 & 1 \\ x_8 & y_8 & z_8 & 1 \end{bmatrix}$$

4.2.2 三维图形变换

4.2.2.1 平移变换

平移变换矩阵是指三维图形沿 x、y、z 三个方向分别平移 l、m、n，平移变换后的图形大小和形状不变(图 4－23)。

平移变换矩阵为

$$\boldsymbol{T} = \begin{bmatrix} 1 & 0 & 0 & 0 \\ 0 & 1 & 0 & 0 \\ 0 & 0 & 1 & 0 \\ l & m & n & 1 \end{bmatrix}$$

设变换前的点 A 的坐标(x, y, z)，变换后 A^* 的坐标(x^*, y^*, z^*)，则有

$$[x^* \quad y^* \quad z^* \quad 1] = [x \quad y \quad z \quad 1]\begin{bmatrix}1 & 0 & 0 & 0\\0 & 1 & 0 & 0\\0 & 0 & 1 & 0\\l & m & n & 1\end{bmatrix} = [x+l \quad y+m \quad z+n \quad 1]$$

即变换后点 A^* 的坐标为

$$\begin{cases}x^* = x + l\\y^* = y + m\\z^* = z + n\end{cases}$$

其中，l、m、n 为沿 x、y、z 三个方向的平移量，移动方向由 l、m、n 的正负值决定。

例 4-8 已知正方体各顶点坐标，试求该正方体沿 x、y、z 方向分别平移 $l=200$，$m=100$，$n=150$ 后各点的坐标(图 4-23)。

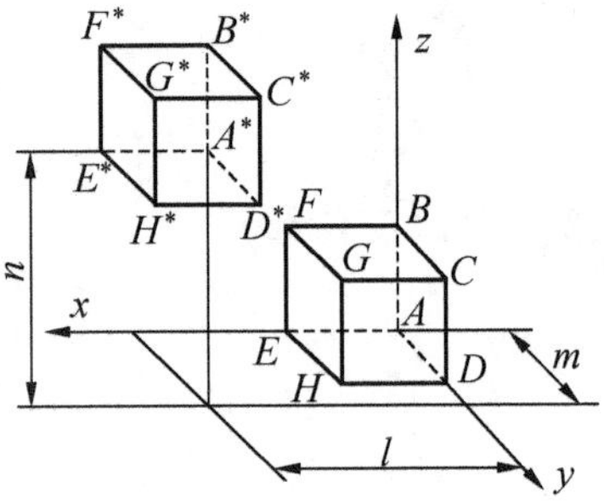

图 4-23 三维图形的平移变换

解 设正方体顶点集的矩阵为

$$A = \begin{matrix}A\rightarrow\\B\rightarrow\\C\rightarrow\\D\rightarrow\\E\rightarrow\\F\rightarrow\\G\rightarrow\\H\rightarrow\end{matrix}\begin{bmatrix}0 & 0 & 0 & 1\\0 & 0 & 50 & 1\\0 & 50 & 50 & 1\\0 & 50 & 0 & 1\\50 & 0 & 0 & 1\\50 & 0 & 50 & 1\\50 & 50 & 50 & 1\\50 & 50 & 0 & 1\end{bmatrix}$$

平移变换矩阵为

$$T = \begin{bmatrix}1 & 0 & 0 & 0\\0 & 1 & 0 & 0\\0 & 0 & 1 & 0\\l & m & n & 1\end{bmatrix} = \begin{bmatrix}1 & 0 & 0 & 0\\0 & 1 & 0 & 0\\0 & 0 & 1 & 0\\200 & 100 & 150 & 1\end{bmatrix}$$

则正方体平移后顶点集的矩阵为

$$A^* = \underset{\text{(正方体顶点集矩阵)}}{\begin{bmatrix}0 & 0 & 0 & 1\\0 & 0 & 50 & 1\\0 & 50 & 50 & 1\\0 & 50 & 0 & 1\\50 & 0 & 0 & 1\\50 & 0 & 50 & 1\\50 & 50 & 50 & 1\\50 & 50 & 0 & 1\end{bmatrix}}\underset{\text{(平移变换矩阵)}}{\begin{bmatrix}1 & 0 & 0 & 0\\0 & 1 & 0 & 0\\0 & 0 & 1 & 0\\200 & 100 & 150 & 1\end{bmatrix}} = \underset{\text{(平移变换后正方体顶点集矩阵)}}{\begin{bmatrix}200 & 100 & 150 & 1\\200 & 100 & 200 & 1\\200 & 150 & 200 & 1\\200 & 150 & 150 & 1\\250 & 100 & 150 & 1\\250 & 100 & 200 & 1\\250 & 150 & 200 & 1\\250 & 150 & 150 & 1\end{bmatrix}}\begin{matrix}\rightarrow A^*\\\rightarrow B^*\\\rightarrow C^*\\\rightarrow D^*\\\rightarrow E^*\\\rightarrow F^*\\\rightarrow G^*\\\rightarrow H^*\end{matrix}$$

4.2.2.2　比例变换

(1) 恒等变换

三维图形在 x、y、z 三个方向的比例不变称为恒等变换。

恒等变换矩阵为

$$\boldsymbol{T}=\begin{bmatrix}1&0&0&0\\0&1&0&0\\0&0&1&0\\0&0&0&1\end{bmatrix}$$

(2) 等比变换

三维图形在 x、y、z 三个方向的放大和缩小比例相等称为等比变换。

等比变换矩阵为

$$\boldsymbol{T}=\begin{bmatrix}1&0&0&0\\0&1&0&0\\0&0&1&0\\0&0&0&1/s\end{bmatrix}$$

其中，当 $s>1$ 时为放大比例；当 $0<s<1$ 时为缩小比例。

(3) 不等比变换

三维图形在 x、y、z 三个方向的放大和缩小比例不等称不等比变换。

不等比变换矩阵为

$$\boldsymbol{T}=\begin{bmatrix}a&0&0&0\\0&e&0&0\\0&0&i&0\\0&0&0&1\end{bmatrix}$$

其中，$a\neq e\neq i$。

例 4－9　已知正方体各顶点坐标，试求出正方体放大 2 倍的各顶点坐标(图 4－24)。

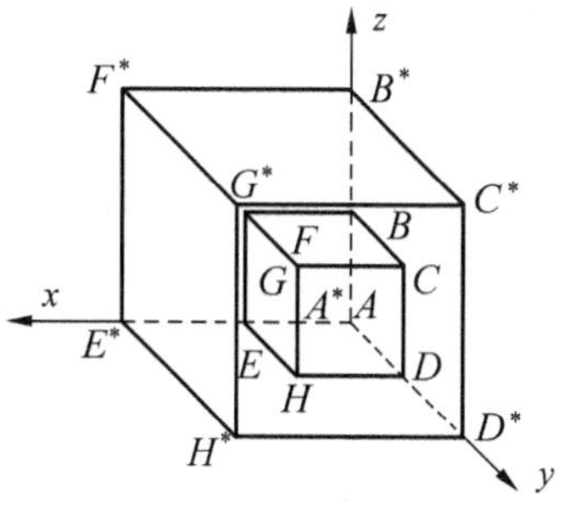

图 4－24　三维图形的比例变换

解　设正方体顶点集的矩阵为

$$\boldsymbol{A}=\begin{matrix}A\rightarrow\\B\rightarrow\\C\rightarrow\\D\rightarrow\\E\rightarrow\\F\rightarrow\\G\rightarrow\\H\rightarrow\end{matrix}\begin{bmatrix}0&0&0&1\\0&0&50&1\\0&50&50&1\\0&50&0&1\\50&0&0&1\\50&0&50&1\\50&50&50&1\\50&50&0&1\end{bmatrix}$$

放大 2 倍等比变换矩阵为

$$T = \begin{bmatrix} 1 & 0 & 0 & 0 \\ 0 & 1 & 0 & 0 \\ 0 & 0 & 1 & 0 \\ 0 & 0 & 0 & 1/2 \end{bmatrix} = \begin{bmatrix} 2 & 0 & 0 & 0 \\ 0 & 2 & 0 & 0 \\ 0 & 0 & 2 & 0 \\ 0 & 0 & 0 & 1 \end{bmatrix}$$

则正方体等比变换后，顶点集的矩阵为

$$A^* = A \times T$$

$$= \begin{bmatrix} 0 & 0 & 0 & 1 \\ 0 & 0 & 50 & 1 \\ 0 & 50 & 50 & 1 \\ 0 & 50 & 0 & 1 \\ 50 & 0 & 0 & 1 \\ 50 & 0 & 50 & 1 \\ 50 & 50 & 50 & 1 \\ 50 & 50 & 0 & 1 \end{bmatrix} \begin{bmatrix} 2 & 0 & 0 & 0 \\ 0 & 2 & 0 & 0 \\ 0 & 0 & 2 & 0 \\ 0 & 0 & 0 & 1 \end{bmatrix} = \begin{bmatrix} 0 & 0 & 0 & 1 \\ 0 & 0 & 100 & 1 \\ 0 & 100 & 100 & 1 \\ 0 & 100 & 0 & 1 \\ 100 & 0 & 0 & 1 \\ 100 & 0 & 100 & 1 \\ 100 & 100 & 100 & 1 \\ 100 & 100 & 0 & 1 \end{bmatrix} \begin{matrix} \to A^* \\ \to B^* \\ \to C^* \\ \to D^* \\ \to E^* \\ \to F^* \\ \to G^* \\ \to H^* \end{matrix}$$

变换前后的图形如图 4 - 24 所示。

4.2.2.3 旋转变换

三维图形旋转变换，是指绕轴线的旋转。图形在旋转过程中，只改变空间位置，其形状大小是不变的。

(1) 绕 z 轴旋转 θ 角的变换矩阵为

$$T_z = \begin{bmatrix} \cos\theta & \sin\theta & 0 & 0 \\ -\sin\theta & \cos\theta & 0 & 0 \\ 0 & 0 & 1 & 0 \\ 0 & 0 & 0 & 1 \end{bmatrix}$$

(2) 绕 x 轴旋转 θ 角的变换矩阵为

$$T_x = \begin{bmatrix} 1 & 0 & 0 & 0 \\ 0 & \cos\theta & \sin\theta & 0 \\ 0 & -\sin\theta & \cos\theta & 0 \\ 0 & 0 & 0 & 1 \end{bmatrix}$$

(3) 绕 y 轴旋转 θ 角的变换矩阵为

$$T_y = \begin{bmatrix} \cos\theta & 0 & -\sin\theta & 0 \\ 0 & 1 & 0 & 0 \\ \sin\theta & 0 & \cos\theta & 0 \\ 0 & 0 & 0 & 1 \end{bmatrix}$$

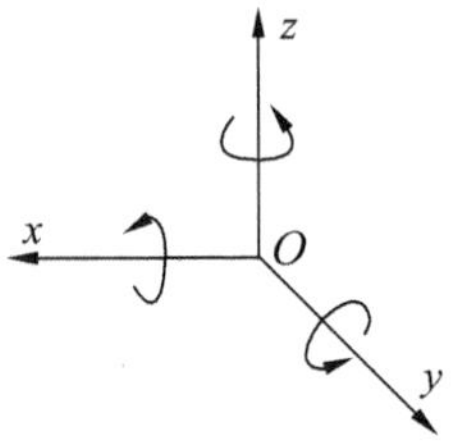

图 4 - 25 旋转方向的右手法则

旋转的方向符合右手法则(图 4 - 25)，即以右手大拇指指向轴的正方向，其余四指的方向表示绕该轴作正向旋转，取正向旋转(即 $+\theta$)，反之取负向旋转(即 $-\theta$)。

例 4 - 10 已知正方体各顶点集坐标，求该正方体绕 z 轴正向旋转 30°后正方体各顶点坐标(图 4 - 26)。

解 设正方体顶点集的矩阵为

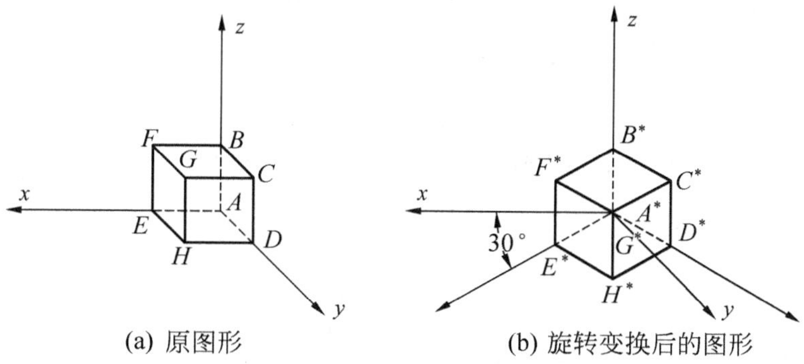

图 4-26　三维图形绕 z 轴的旋转变换

$$A=\begin{matrix}A\rightarrow\\B\rightarrow\\C\rightarrow\\D\rightarrow\\E\rightarrow\\F\rightarrow\\G\rightarrow\\H\rightarrow\end{matrix}\begin{bmatrix}0&0&0&1\\0&0&50&1\\0&50&50&1\\0&50&0&1\\50&0&0&1\\50&0&50&1\\50&50&50&1\\50&50&0&1\end{bmatrix}$$

绕 z 轴旋转 30°的变换矩阵为

$$T_z=\begin{bmatrix}\cos30^\circ&\sin30^\circ&0&0\\-\sin30^\circ&\cos30^\circ&0&0\\0&0&1&0\\0&0&0&1\end{bmatrix}=\begin{bmatrix}0.866&0.5&0&0\\-0.5&0.866&0&0\\0&0&1&0\\0&0&0&1\end{bmatrix}$$

则正方体绕 z 轴旋转 30°后,顶点集的矩阵为

$$A^*=A\times T_z$$

$$=\begin{bmatrix}0&0&0&1\\0&0&50&1\\0&50&50&1\\0&50&0&1\\50&0&0&1\\50&0&50&1\\50&50&50&1\\50&50&0&1\end{bmatrix}\begin{bmatrix}0.866&0.5&0&0\\-0.5&0.866&0&0\\0&0&1&0\\0&0&0&1\end{bmatrix}=\begin{bmatrix}0&0&0&1\\0&0&50&1\\-25&43.3&50&1\\-25&43.3&0&1\\43.3&25&0&1\\43.3&25&50&1\\18.3&68.3&50&1\\18.3&68.3&0&1\end{bmatrix}\begin{matrix}\rightarrow A^*\\\rightarrow B^*\\\rightarrow C^*\\\rightarrow D^*\\\rightarrow E^*\\\rightarrow F^*\\\rightarrow G^*\\\rightarrow H^*\end{matrix}$$

（正方体顶点集矩阵）　（绕 z 轴旋转 30° 的变换矩阵）　（旋转后正方体顶点集矩阵）

4.2.2.4　反射变换

在三维图形变换中,常见的反射变换是相对于坐标面的反射。

(1) 对 $x=0$ 平面反射的变换矩阵为

$$T_x = \begin{bmatrix} -1 & 0 & 0 & 0 \\ 0 & 1 & 0 & 0 \\ 0 & 0 & 1 & 0 \\ 0 & 0 & 0 & 1 \end{bmatrix}$$

(2) 对 $y=0$ 平面反射的变换矩阵为

$$T_y = \begin{bmatrix} 1 & 0 & 0 & 0 \\ 0 & -1 & 0 & 0 \\ 0 & 0 & 1 & 0 \\ 0 & 0 & 0 & 1 \end{bmatrix}$$

(3) 对 $z=0$ 平面反射的变换矩阵为

$$T_z = \begin{bmatrix} 1 & 0 & 0 & 0 \\ 0 & 1 & 0 & 0 \\ 0 & 0 & -1 & 0 \\ 0 & 0 & 0 & 1 \end{bmatrix}$$

例 4-11 已知正方体各顶点集矩阵(图 4-27),求正方体对于 $x=0$ 平面反射的正方体顶点集矩阵。

解 设正方体顶点集的矩阵为

$$A = \begin{matrix} A \rightarrow \\ B \rightarrow \\ C \rightarrow \\ D \rightarrow \\ E \rightarrow \\ F \rightarrow \\ G \rightarrow \\ H \rightarrow \end{matrix} \begin{bmatrix} 0 & 0 & 0 & 1 \\ 0 & 0 & 50 & 1 \\ 0 & 50 & 50 & 1 \\ 0 & 50 & 0 & 1 \\ 50 & 0 & 0 & 1 \\ 50 & 0 & 50 & 1 \\ 50 & 50 & 50 & 1 \\ 50 & 50 & 0 & 1 \end{bmatrix}$$

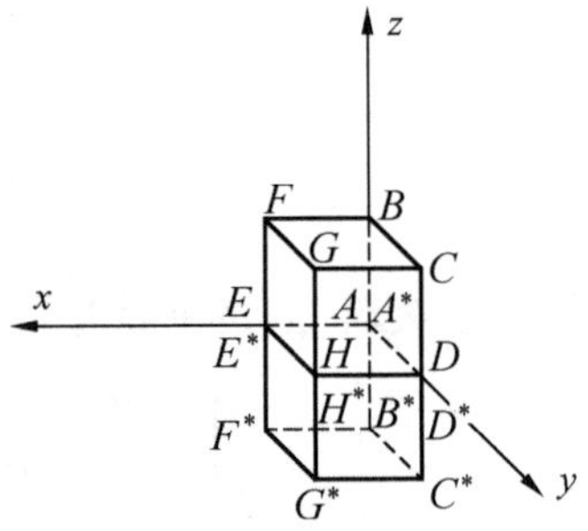

图 4-27 三维图形对于 $x=0$ 平面的反射变换

对 $x=0$ 平面反射的变换矩阵为

$$T = \begin{bmatrix} -1 & 0 & 0 & 0 \\ 0 & 1 & 0 & 0 \\ 0 & 0 & 1 & 0 \\ 0 & 0 & 0 & 1 \end{bmatrix}$$

则正方体对 $x=0$ 平面反射变换后的正方体顶点集的矩阵为

$$A^* = A \times T$$

$$= \underset{\text{(正方体顶点集矩阵)}}{\begin{bmatrix} 0 & 0 & 0 & 1 \\ 0 & 0 & 50 & 1 \\ 0 & 50 & 50 & 1 \\ 0 & 50 & 0 & 1 \\ 50 & 0 & 0 & 1 \\ 50 & 0 & 50 & 1 \\ 50 & 50 & 50 & 1 \\ 50 & 50 & 0 & 1 \end{bmatrix}} \begin{bmatrix} -1 & 0 & 0 & 0 \\ 0 & 1 & 0 & 0 \\ 0 & 0 & 1 & 0 \\ 0 & 0 & 0 & 1 \end{bmatrix} = \begin{bmatrix} 0 & 0 & 0 & 1 \\ 0 & 0 & 50 & 1 \\ 0 & 50 & 50 & 1 \\ 0 & 50 & 0 & 1 \\ -50 & 0 & 0 & 1 \\ -50 & 0 & 50 & 1 \\ -50 & 50 & 50 & 1 \\ -50 & 50 & 0 & 1 \end{bmatrix} \begin{matrix} \rightarrow A^* \\ \rightarrow B^* \\ \rightarrow C^* \\ \rightarrow D^* \\ \rightarrow E^* \\ \rightarrow F^* \\ \rightarrow G^* \\ \rightarrow H^* \end{matrix}$$

从前面所述的各种变换矩阵可知，三维变换矩阵 $\boldsymbol{T}$ 是 4×4 的矩阵。根据三维变换矩阵的一般形式及其各元素的功能，可分为如下 4 个子矩阵：

$$\begin{array}{r} \text{对称} \\ \text{旋转变换} \\ \hline \text{平移变换} \end{array}\left[\begin{array}{ccc|c} a & b & c & p \\ d & e & f & q \\ g & h & i & r \\ \hline l & m & n & s \end{array}\right]\begin{array}{l} \\ \\ \text{透视变换} \\ \hline \text{比例变换} \end{array}$$

4.2.3　三维图形变换程序设计

三维变换程序代码设计如下：

```
Imports System.Math
Public Class Form1
    Dim A(0 To 40, 0 To 4) As Double
    Dim B(0 To 4, 0 To 4) As Double
    Dim C(0 To 40, 0 To 4) As Integer
    Dim n As Integer                                '假设图形有 n 个点
    Dim x As Integer, y As Integer
    Dim SS As String
    Const pi = 3.1415926

  Private Sub 输入数据_Click(ByVal sender As System.Object, ByVal e As System.EventArgs) Handles 输入数据.Click
    Dim TextFont As New System.Drawing.Font("Arial", 10, FontStyle.Bold)
    Dim TextBrush As New System.Drawing.SolidBrush(System.Drawing.Color.Black)
    Dim g As Graphics
    g = Me.CreateGraphics()

    Dim i As Integer, j As Integer
    Dim x As Integer, y As Integer
    x = 10 : y = 10
    n = 8
    Call shuju()
    g.DrawString("正方体顶点集矩阵:", TextFont, TextBrush, x, y)

    For i = 1 To 8
      y = y + 20
      x = 10
      For j = 1 To 4
        x = x + 40
        g.DrawString(A(i, j), TextFont, TextBrush, x, y)
      Next j
    Next i
```

```
    TextFont.Dispose()
    TextBrush.Dispose()
  End Sub
  '数据
  Private Sub shuju()                    '原图形的顶点矩阵
    A(1, 1) = 0 : A(1, 2) = 0 : A(1, 3) = 0 : A(1, 4) = 1
    A(2, 1) = 0 : A(2, 2) = 0 : A(2, 3) = 50 : A(2, 4) = 1
    A(3, 1) = 0 : A(3, 2) = 50 : A(3, 3) = 50 : A(3, 4) = 1
    A(4, 1) = 0 : A(4, 2) = 50 : A(4, 3) = 0 : A(4, 4) = 1
    A(5, 1) = 50 : A(5, 2) = 0 : A(5, 3) = 0 : A(5, 4) = 1
    A(6, 1) = 50 : A(6, 2) = 0 : A(6, 3) = 50 : A(6, 4) = 1
    A(7, 1) = 50 : A(7, 2) = 50 : A(7, 3) = 50 : A(7, 4) = 1
    A(8, 1) = 50 : A(8, 2) = 50 : A(8, 3) = 0 : A(8, 4) = 1
  End Sub
  '矩阵相乘的子过程
  Private Sub mamul()
    Dim i As Integer, j As Integer
    Dim k As Integer
    For i = 1 To n
      For j = 1 To 4
        C(i, j) = 0
        For k = 1 To 4
          C(i, j) = C(i, j) + A(i, k) * B(k, j)
        Next
      Next
    Next
  End Sub

  Private Sub XianShi() '显示结果_ Click(ByVal sender As System.Object, ByVal e As System.EventArgs)
Handles 显示结果.Click
    Dim TextFont As New System.Drawing.Font("Arial", 10, FontStyle.Bold)
    Dim TextBrush As New System.Drawing.SolidBrush(System.Drawing.Color.Black)
    Dim g As Graphics
    g = Me.CreateGraphics()

    Dim i As Integer, j As Integer
    Dim a As Integer
    a = x
    g.DrawString(SS, TextFont, TextBrush, x, y)

    For i = 1 To 8
      y = y + 20
      x = a
```

```
        For j = 1 To 4
            x = x + 50
            g.DrawString(C(i, j), TextFont, TextBrush, x, y)
        Next j
    Next i

    TextFont.Dispose()
    TextBrush.Dispose()
End Sub

Private Sub 平移变换_Click(ByVal sender As System.Object, ByVal e As System.EventArgs) Handles 平移
变换.Click
    '平移变换矩阵
    B(1, 1) = 1 : B(1, 2) = 0 : B(1, 3) = 0 : B(1, 4) = 0
    B(2, 1) = 0 : B(2, 2) = 1 : B(2, 3) = 0 : B(2, 4) = 0
    B(3, 1) = 0 : B(3, 2) = 0 : B(3, 3) = 1 : B(3, 4) = 0
    B(4, 1) = 200 : B(4, 2) = 100 : B(4, 3) = 150 : B(4, 4) = 1
    x = 240 : y = 10
    SS = "平移变换后图形的顶点集矩阵:"
    Call mamul()
    Call XianShi()
End Sub

Private Sub 比例变换_Click(ByVal sender As System.Object, ByVal e As System.EventArgs) Handles 比例
变换.Click
    '比例变换矩阵
    B(1, 1) = 2 : B(1, 2) = 0 : B(1, 3) = 0 : B(1, 4) = 0
    B(2, 1) = 0 : B(2, 2) = 2 : B(2, 3) = 0 : B(2, 4) = 0
    B(3, 1) = 0 : B(3, 2) = 0 : B(3, 3) = 2 : B(3, 4) = 0
    B(4, 1) = 0 : B(4, 2) = 0 : B(4, 3) = 0 : B(4, 4) = 1
    x = 550 : y = 10
    SS = "放大倍后图形的顶点集矩阵:"
    Call mamul()
    Call XianShi()
End Sub

Private Sub 旋转变换_Click(ByVal sender As System.Object, ByVal e As System.EventArgs) Handles 旋转
变换.Click
    '旋转变换矩阵
    Dim tt, CT, ST As Double
    tt = 30 * pi / 180
    CT = Cos(tt)
    ST = Sin(tt)
```

```
    B(1, 1) = CT : B(1, 2) = ST : B(1, 3) = 0 : B(1, 4) = 0
    B(2, 1) = -ST : B(2, 2) = CT : B(2, 3) = 0 : B(2, 4) = 0
    B(3, 1) = 0 : B(3, 2) = 0 : B(3, 3) = 1 : B(3, 4) = 0
    B(4, 1) = 0 : B(4, 2) = 0 : B(4, 3) = 0 : B(4, 4) = 1 / 2
    x = 240 : y = 210
    SS = "绕 Z 轴正向旋转°后图形的顶点集矩阵:"
    Call mamul()
    Call XianShi()
End Sub

Private Sub 反射变换_ Click(ByVal sender As System.Object, ByVal e As System.EventArgs) Handles 反射变换.Click
    '反射变换矩阵
    B(1, 1) = -1 : B(1, 2) = 0 : B(1, 3) = 0 : B(1, 4) = 0
    B(2, 1) = 0 : B(2, 2) = 1 : B(2, 3) = 0 : B(2, 4) = 0
    B(3, 1) = 0 : B(3, 2) = 0 : B(3, 3) = 1 : B(3, 4) = 0
    B(4, 1) = 0 : B(4, 2) = 0 : B(4, 3) = 0 : B(4, 4) = 1
    x = 550 : y = 210
    SS = "对于 x=0 平面反射后图形的顶点集矩阵:"
    Call mamul()
    Call XianShi()
End Sub
```

程序运行结果如图 4-28 所示。

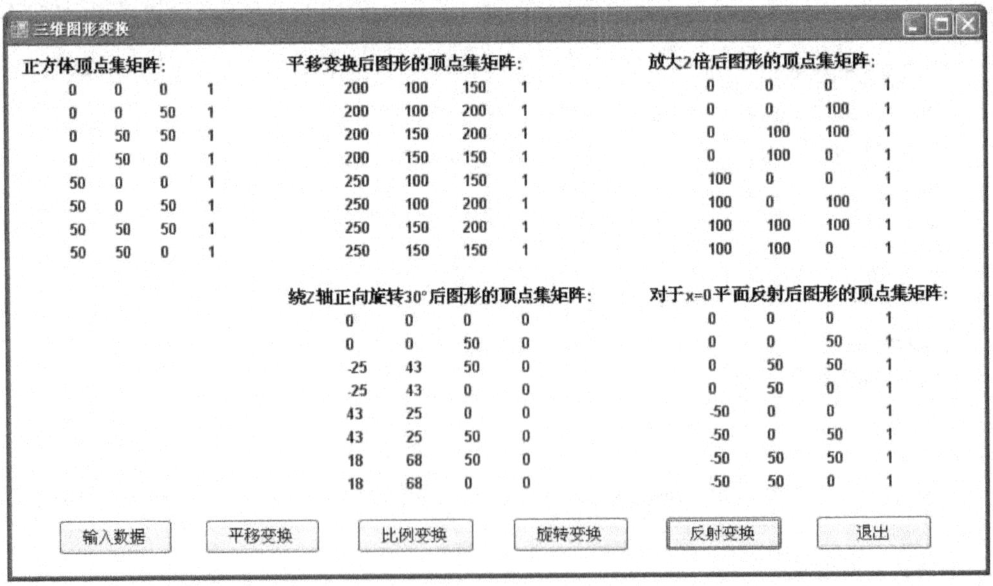

图 4-28 程序运行结果

4.3　正投影变换

空间形体分别向互相垂直的投影面作正投影，使三维形体变换成二维平面图形，称正投影变换。

4.3.1　正面投影变换

设立体如图 4 - 29 所示，当立体向正立投影面（V 面）投射时，只需消去物体上各点的 y 坐标，即令单位矩阵中第二行、第二列的元素为零，故正面投影的变换矩阵是：

$$\boldsymbol{T} = \begin{bmatrix} 1 & 0 & 0 & 0 \\ 0 & 0 & 0 & 0 \\ 0 & 0 & 1 & 0 \\ 0 & 0 & 0 & 1 \end{bmatrix}$$

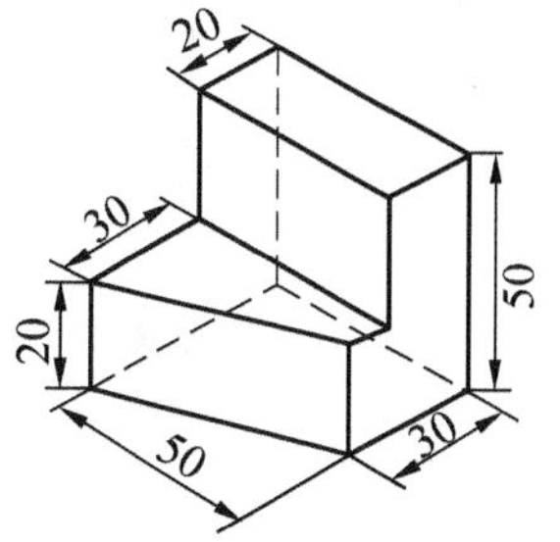

图 4 - 29　平面立体的轴测图

设点 A 的坐标为 (x, y, z)，点 A 经正面投影变换后为点 A^*，点 A^* 的坐标为 (x^*, y^*, z^*)，即

$$A \rightarrow [\,x \quad y \quad z \quad 1\,] = \begin{bmatrix} 1 & 0 & 0 & 0 \\ 0 & 0 & 0 & 0 \\ 0 & 0 & 1 & 0 \\ 0 & 0 & 0 & 1 \end{bmatrix} = [\,x^* \quad y^* \quad z^* \quad 1\,] \leftarrow A^*$$

则

$$\begin{cases} x^* = x \\ y^* = 0 \\ z^* = z \end{cases} \tag{4-2}$$

立体（图 4 - 29）经正面投影变换，可以得到立体的正面投影的二维坐标，但要在屏幕上绘制出立体的正面投影，还要考虑以下问题：

（1）如图 4 - 30b、c 所示，投影坐标系（图 4 - 30b）和屏幕坐标系（图 4 - 30c）不一致。立体的正面投影只有 x 和 z 坐标，而屏幕坐标是 x^* 和 y^*，故要将正面投影图中的 z^* 坐标改为屏幕的 y^* 坐标。

（2）立体的正面投影图在屏幕显示时，图要画在屏幕某处（图 4 - 30c），故要将正面投影图进行平移变换。沿 x^* 方向平移 x_V，沿 y^* 方向平移 y_V。

（3）投影坐标是右手坐标系（图 4 - 30b），即 x 轴向左为正，z 轴向上为正。而屏幕坐标系的 x^* 向右为正，y^* 向下为正（图 4 - 30c），故要换成与屏幕坐标一致。

据此，正面投影图的屏幕绘图坐标应为

$$\begin{cases} x_p = x_V - x \\ y_p = y_V - z \end{cases} \tag{4-3}$$

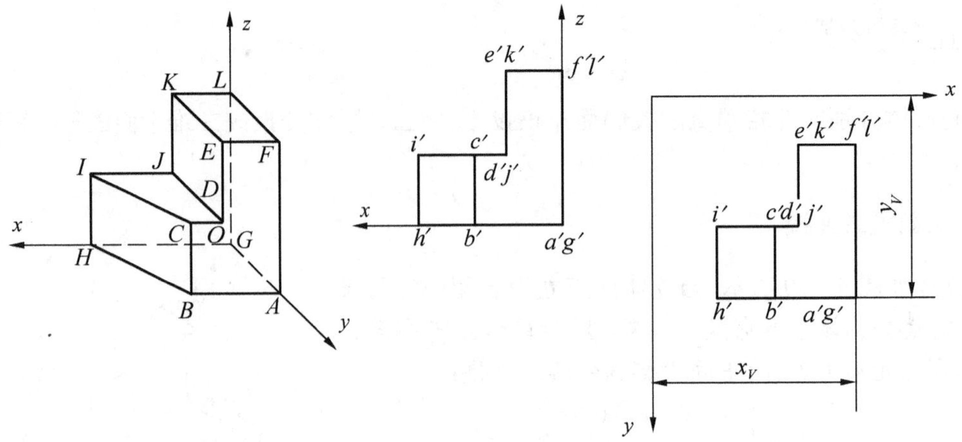

(a) 轴测图　　(b) 正面投影变换　　(c) 正面投影

图 4-30　平面体的正面投影变换

4.3.2 水平投影和侧面投影变换

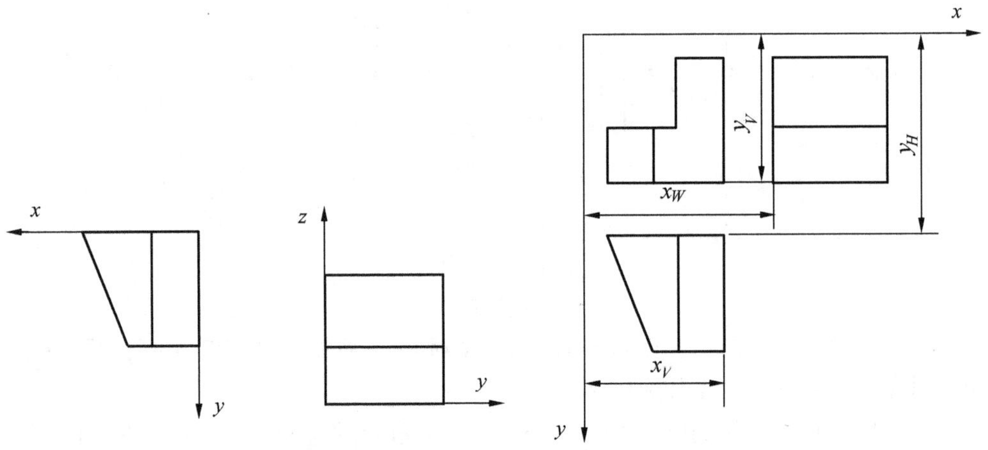

(a) 水平投影变换　　(b) 侧面投影变换　　(c) 三面投影图

图 4-31　平面体的投影变换

4.3.2.1　水平投影(图 4-31a)

立体向水平投影面(H 面)投影时,只要消去立体上各点的 z 坐标。其变换矩阵为

$$T_H = \begin{bmatrix} 1 & 0 & 0 & 0 \\ 0 & 1 & 0 & 0 \\ 0 & 0 & 0 & 0 \\ 0 & 0 & 0 & 1 \end{bmatrix}$$

$$A \rightarrow [\,x \quad y \quad z \quad 1\,]\,T_H = [\,x^* \quad y^* \quad z^* \quad 1\,] \leftarrow A^*$$

即

$$\begin{cases} x^* = x \\ y^* = y \\ z^* = 0 \end{cases} \tag{4-4}$$

同样，在屏幕上显示时，要进行平移变换和坐标变换。从图4－31c可得出水平投影图的绘图坐标是：

$$\begin{cases} x_p = x_V - x \\ y_p = y_H + y \end{cases} \tag{4-5}$$

式中，y_H 是沿 y^* 轴的平移值。

4.3.2.2　侧面投影图(图4－31b)

立体向侧立投影面(W 面)投影时，立体上各点的 x 坐标为零，其变换矩阵为

$$\boldsymbol{T}_W = \begin{bmatrix} 0 & 0 & 0 & 0 \\ 0 & 1 & 0 & 0 \\ 0 & 0 & 1 & 0 \\ 0 & 0 & 0 & 1 \end{bmatrix}$$

$$A \rightarrow [\, x \quad y \quad z \quad 1 \,] \boldsymbol{T}_W = [\, x^* \quad y^* \quad z^* \quad 1 \,] \leftarrow A^*$$

即

$$\begin{cases} x^* = 0 \\ y^* = y \\ z^* = z \end{cases} \tag{4-6}$$

同样，从图4－31c可知，屏幕坐标只有 x^*、y^*。按三投影关系，侧面投影图配置在正面投影正右方，故将式(4－5)中 y^* 改为 x^*，z^* 改为 y^*。侧面投影图的绘图坐标是：

$$\begin{cases} x_p = x_W + y \\ y_p = y_V + z \end{cases} \tag{4-7}$$

式中，x_W 是沿 x 轴的平移值。

4.3.3　正投影变换程序设计

例4－12　试设计绘制如图4－32所示平面体的正面投影图程序。

解　(1) 对于绘制平面体的投影图，可看作是一个点集用线段按一定顺序连接而成的。

在编写绘图程序时，除应用式(4－3)、式(4－5)、式(4－7)外，还要设计画线时走笔顺序和下笔画线或抬笔不画线。如图4－32所示，设先抬笔到点 A，从点 A 开始下笔画线至点 B，依次逐一画线。在图4－32中，下笔画线用实线箭头表示，抬笔不画线用虚线箭头表示。根据这样画线的顺序，建立一个 $P(M_1,4)$ 的二维

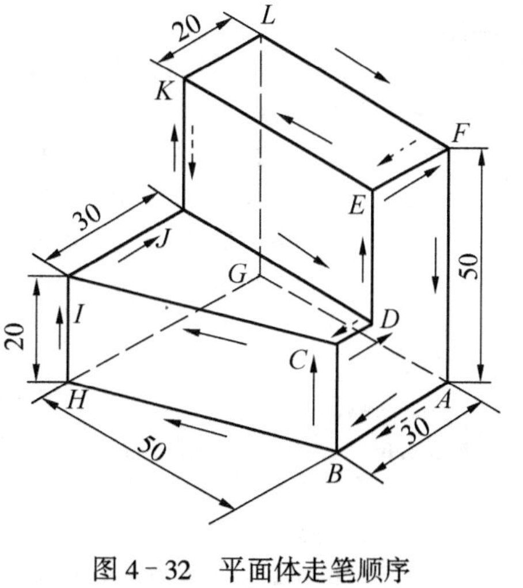

图4－32　平面体走笔顺序

数组,表示顶点的 x、y、z 坐标和 F。N 是走笔次数,$P(M_1,1)=x$,$P(M_1,2)=y$,$P(M_1,4)=z$,$P(M_1,2)=F$,其中 $F=1$ 是下笔画线,$F=0$ 是抬笔不画线。

(2)按图 4-32 所示画线顺序,二维数组 $P(M_1,4)$各元素的数值如表 4-1 所示。

表 4-1

M_1	顶点	x	y	z	F	M_1	顶点	x	y	z	F
1	A	0	50	0	0	11	J	20	0	20	1
2	B	30	50	0	1	12	K	20	0	50	1
3	C	30	50	20	1	13	L	0	0	50	1
4	D	20	50	20	1	14	F	0	50	50	1
5	E	20	50	50	1	15	E	20	50	50	0
6	F	0	50	50	1	16	K	20	0	50	1
7	A	0	50	0	1	17	J	20	0	20	0
8	B	30	50	0	0	18	D	20	50	20	1
9	H	50	0	0	1	19	C	30	50	20	0
10	I	50	0	20	1	20	I	50	0	20	1

绘画三面投影图的程序代码的主要功能部分如下:

```
Dim g As Graphics                '声明对象变量
Dim myPen As Pen
Const PI = 3.1415926
'设置窗体变量
Dim ox, oy As Single
Dim A(0 To 50, 0 To 4) As Single
Dim B(0 To 4, 0 To 4) As Single
Dim C(0 To 50, 0 To 4) As Single
Dim M1, N1, M2, N2, F, E1, E2 As Integer

'正面投影变换
Private Sub Button1 _ Click(ByVal sender As System.Object, ByVal e As System.EventArgs) Handles Button1.Click
    Call shuju()             '调用子函数 shuju(),数值参见表 4-1
    '正面投影变换矩阵
    B(1, 1) = 1 : B(1, 2) = 0 : B(1, 3) = 0 : B(1, 4) = 0
    B(2, 1) = 0 : B(2, 2) = 0 : B(2, 3) = 0 : B(2, 4) = 0
    B(3, 1) = 0 : B(3, 2) = 0 : B(3, 3) = 1 : B(3, 4) = 0
    B(4, 1) = 0 : B(4, 2) = 0 : B(4, 3) = 0 : B(4, 4) = 1
    Call mamul()
    F = 1
    Call draw()
End Sub

'水平投影变换
Private Sub Button2 _ Click(ByVal sender As System.Object, ByVal e As System.EventArgs) Handles Button2.Click
```

```
    Call shuju()
    '水平投影变换矩阵
    B(1, 1) = 1 : B(1, 2) = 0 : B(1, 3) = 0 : B(1, 4) = 0
    B(2, 1) = 0 : B(2, 2) = 1 : B(2, 3) = 0 : B(2, 4) = 0
    B(3, 1) = 0 : B(3, 2) = 0 : B(3, 3) = 0 : B(3, 4) = 0
    B(4, 1) = 0 : B(4, 2) = 0 : B(4, 3) = 0 : B(4, 4) = 1
    Call mamul()
    F = 2
    Call draw()
End Sub

'侧面投影变换
Private Sub Button3 _ Click(ByVal sender As System.Object, ByVal e As System.EventArgs) Handles But-
ton3.Click
    Call shuju()
    '侧面投影变换矩阵
    B(1, 1) = 0 : B(1, 2) = 0 : B(1, 3) = 0 : B(1, 4) = 0
    B(2, 1) = 0 : B(2, 2) = 1 : B(2, 3) = 0 : B(2, 4) = 0
    B(3, 1) = 0 : B(3, 2) = 0 : B(3, 3) = 1 : B(3, 4) = 0
    B(4, 1) = 0 : B(4, 2) = 0 : B(4, 3) = 0 : B(4, 4) = 1
    Call mamul()
    F = 3
    Call draw()
End Sub

'画图子程序
Private Sub draw()
    Dim i, l, k, m, n, Sc, xa, ya, oldx, oldy As Integer
    Dim Xp, Yp As Single

    Select Case F
      Case 1
        m = 1 : n = 3 : l = 1 : k = 1            '画正面投影图
        xa = 220
        ya = 220
      Case 2
        m = 1 : n = 2 : l = 1 : k = -1           '画水平投影图
        xa = 220
        ya = 250
      Case 3
        m = 2 : n = 3 : l = -1 : k = 1           '画侧面投影图
        xa = 280
        ya = 220
    End Select
    Sc = 3
```

```
    Xp = l * C(1, m)
    Yp = k * C(1, n)

    g = PictureBox1.CreateGraphics()            '实例化对象变量,与控件相关联
    myPen = New Pen(Color.Black, 3)             '定义画笔
    oldx = xa - Sc * Xp
    oldy = ya - Sc * Yp
    For i = 2 To M1
      Xp = l * C(i, m)
      Yp = k * C(i, n)
      If C(i, 4) = 0 Then
        oldx = xa - Sc * Xp
        oldy = ya - Sc * Yp
      Else
        g.DrawLine(myPen, oldx, oldy, xa - Sc * Xp, ya - Sc * Yp)
        oldx = xa - Sc * Xp
        oldy = ya - Sc * Yp
      End If
    Next i
  End Sub
```

矩阵相乘子函数 mamul()同前,此处省略。输入数据函数 shuju(),数值参见表 4 - 1。本例题程序完整代码详见配套光盘。

(3)程序运行结果如图 4 - 33 所示。

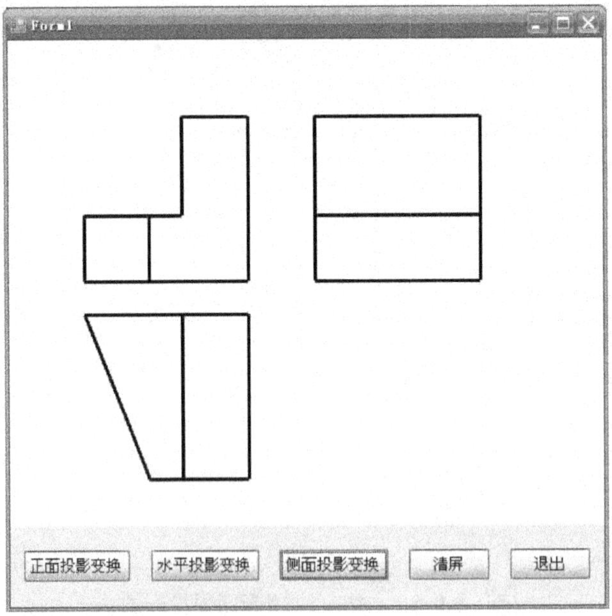

图 4 - 33　画三面投影的程序运行结果

4.4　轴侧投影变换

4.4.1　正轴测投影变换

图 4－34a 是一长方体的三面投影图。图 4－34b 是长方体绕 z 轴旋转 γ（$\gamma = 90° - E_1$）角度后，再投影得到的投影图。若将图 4－34a 的长方体绕 z 轴逆时针转 γ 角，再绕 x 轴顺时针旋转 θ 角，然后向 V 面投影，得图 4－34c 就是长方体的正轴测投影图。因此，立体的正轴测投影图，是立体经过两次旋转变换后作正投影获得的，故正轴测投影的变换矩阵是：

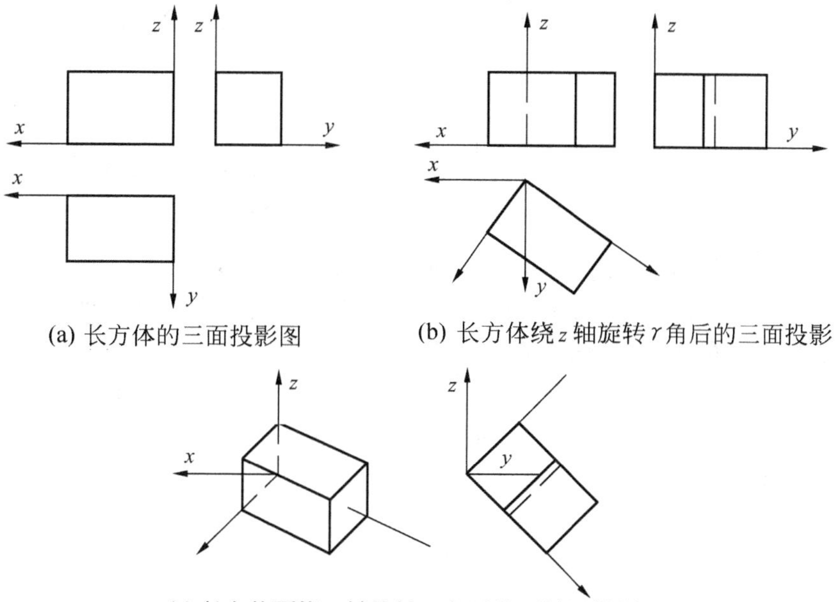

(a) 长方体的三面投影图　　(b) 长方体绕 z 轴旋转 γ 角后的三面投影

(c) 长方体再绕 x 轴旋转 θ 角后的正轴测投影

4－34　正轴测投影变换

$$\boldsymbol{T} = \boldsymbol{T}_z \times \boldsymbol{T}_x \times \boldsymbol{T}_V$$

$$= \underset{\text{（绕 } z \text{ 轴正向旋转 } \gamma\text{）}}{\begin{bmatrix} \cos\gamma & \sin\gamma & 0 & 0 \\ -\sin\gamma & \cos\gamma & 0 & 0 \\ 0 & 0 & 1 & 0 \\ 0 & 0 & 0 & 1 \end{bmatrix}} \underset{\text{（绕 } x \text{ 轴反向旋转 } \theta \text{ 角）}}{\begin{bmatrix} 1 & 0 & 0 & 0 \\ 0 & \cos\theta & -\sin\theta & 0 \\ 0 & \sin\theta & \cos\theta & 0 \\ 0 & 0 & 0 & 1 \end{bmatrix}} \underset{\text{（向正面投影）}}{\begin{bmatrix} 1 & 0 & 0 & 0 \\ 0 & 0 & 0 & 0 \\ 0 & 0 & 1 & 0 \\ 0 & 0 & 0 & 1 \end{bmatrix}}$$

$$= \begin{bmatrix} \cos\gamma & 0 & -\sin\gamma\sin\theta & 0 \\ -\sin\gamma & 0 & -\cos\gamma\sin\theta & 0 \\ 0 & 0 & \cos\theta & 0 \\ 1 & 0 & 0 & 1 \end{bmatrix}$$

设点 A 的坐标为(x, y, z)，则

$$A \to [\,x \quad y \quad z \quad 1\,]\,\boldsymbol{T} = [\,x^* \quad y^* \quad z^* \quad 1\,] \leftarrow A^*$$

即

$$\begin{cases} x^* = x\cos\gamma - y\sin\gamma \\ y^* = -x\sin\gamma\sin\theta - y\cos\gamma\sin\theta + z\cos\theta \end{cases} \tag{4-8}$$

由图 4-35a 可知，$\gamma = 90 - E_1$，又因 $\tan\theta = \tan E_2/\sec E_1$，所以

$$\theta = \arctan(\tan E_2 \cos E_1) \tag{4-9}$$

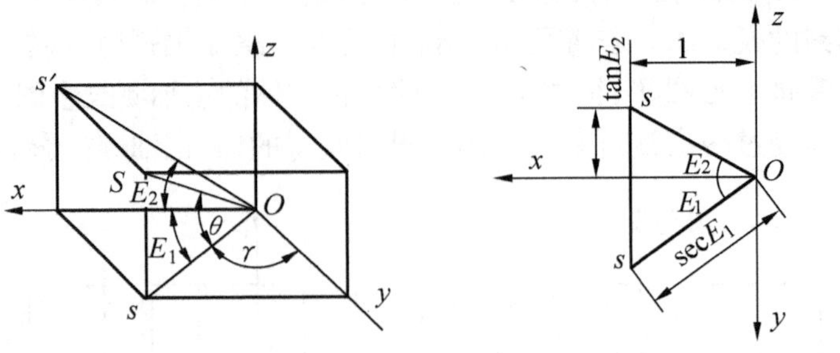

(a) γ 角与 E_1 角的关系　　(b) θ 角与 E_1、E_2 角的关系

图 4-35　γ、θ 角分别与 E_1、E_2 角的关系

式(4-9)中的角 E_1 和 E_2 分别是正轴测投影方向 S 的水平投影 s、正面投影 s' 与 x 轴的夹角(图 4-35a)。对立体作正轴测投影时，首先要选定正轴测投影方向 S，即选定角 E_1 和 E_2，从而可求出 γ 角和 θ 角，代入式(4-8)求得正轴测投影后的 x^* 和 z^* 坐标值。

式(4-9)中的角 E_1 和 E_2 选择不同的值，可获得不同的正轴测投影图。

当 $E_1 = 45°$，$E_2 = 45°$时，可得正等轴测图。

当 $E_1 = 69°17'$，$E_2 = 45°$时，可得正二测轴测图。

当 E_1 和 E_2 任意给定时，可得正三测轴测图。

当 $E_1 = 90°$，$E_2 = 0°$时，可得正面投影图。

当 $E_1 = 0°$，$E_2 = 90°$时，可得水平投影图。

当 $E_1 = 0°$，$E_2 = 0°$时，可得侧面投影图。

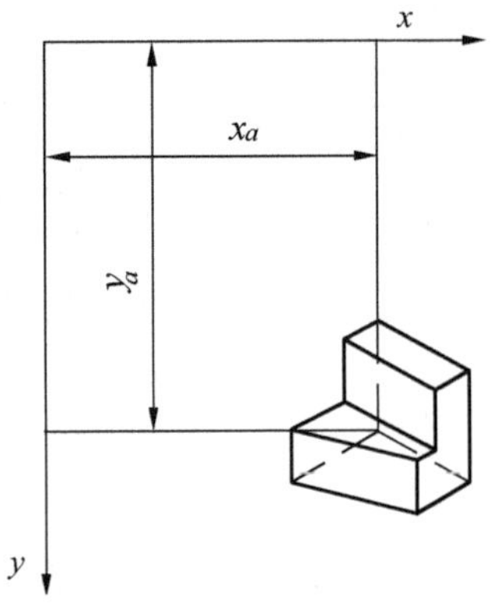

图 4-36　正轴测投影图

屏幕显示正轴测图时，与三面投影图同样道理(图 4-36)，正轴测图的绘图坐标为

$$\begin{cases} x_p = x_a - x\cos\gamma + y\sin\gamma \\ y_p = y_a + x\sin\gamma\sin\theta + y\cos\gamma\sin\theta - z\cos\theta \end{cases} \tag{4-10}$$

式中，x_a，y_a 分别是沿 x 轴和 y 轴平移值。

4.4.2　斜轴测投影变换

立体沿 x 轴含 y 轴的错移(图 4-37)，再沿 z 轴含 y 轴的错移(图 4-38)，组合错移后向正立投影面投影，即得斜轴测投影图。其变换矩阵为

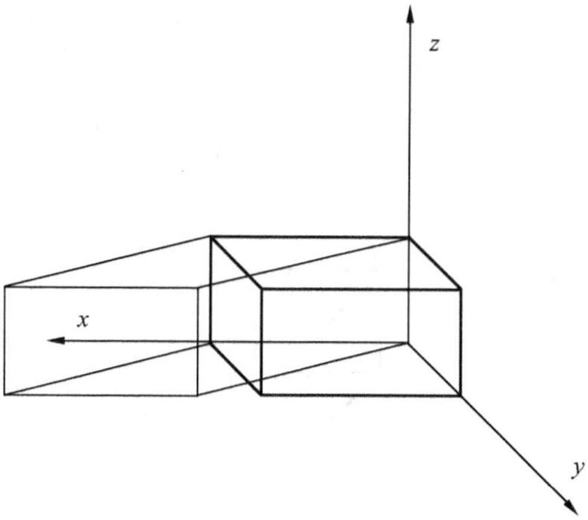

图 4-37　立体沿 x 轴含 y 轴的错移

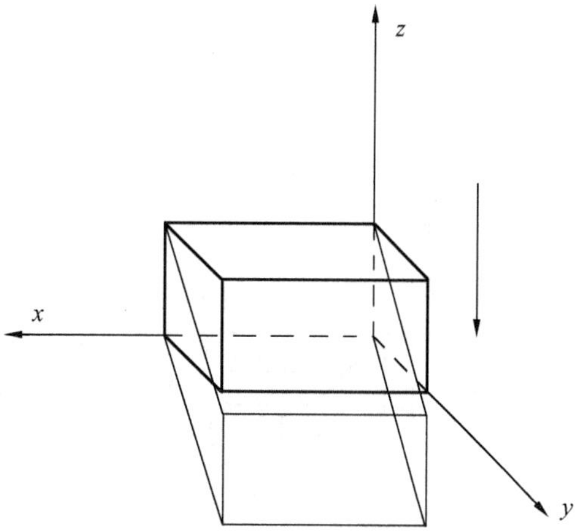

图 4-38　立体沿 z 轴含 y 轴的错移

$$\boldsymbol{T}=\underset{\text{(沿 x 轴含 y 轴错移)}}{\begin{bmatrix}1&0&0&0\\d&1&0&0\\0&0&1&0\\0&0&0&1\end{bmatrix}}\underset{\text{(沿 z 轴含 y 轴错移)}}{\begin{bmatrix}1&0&0&0\\0&1&f&0\\0&0&1&0\\0&0&0&1\end{bmatrix}}\underset{\text{(向正面投影)}}{\begin{bmatrix}1&0&0&0\\0&0&0&0\\0&0&1&0\\0&0&0&1\end{bmatrix}}=\begin{bmatrix}1&0&0&0\\d&0&f&0\\0&0&1&0\\0&0&0&1\end{bmatrix}$$

设点 A 的坐标为(x、y、z)，则有

$$A\rightarrow[x\quad y\quad z\quad 1]\boldsymbol{T}=[x^*\quad y^*\quad z^*\quad 1]\leftarrow A^*$$

即

$$\begin{cases}x^*=x+dy\\y^*=0\\z^*=z+fy\\R=1\end{cases}$$

分析图 4-39，可得立体上任一点 A(x、y、z)经变换后的坐标：

$$\begin{cases}x^*=x-qy\cos\theta\\z^*=z-qy\sin\theta\end{cases}$$

即

$$\begin{cases}d=-q\cos\theta\\f=-q\sin\theta\end{cases}$$

式中，q 为 y 轴的轴向变形系数；θ 为 y 轴与 x 轴的夹角。

屏幕显示斜轴测图时(图 4-40)，同样要进行坐标变换和平移。其绘图坐标是：

$$\begin{cases}x_p=x_a-(x-qy\sin\theta)\\y_p=y_a+(qy\sin\theta-z)\end{cases}\tag{4-11}$$

在工程图中，常用到斜二等轴测图，这时 $\theta=45°$，$q=0.5$。

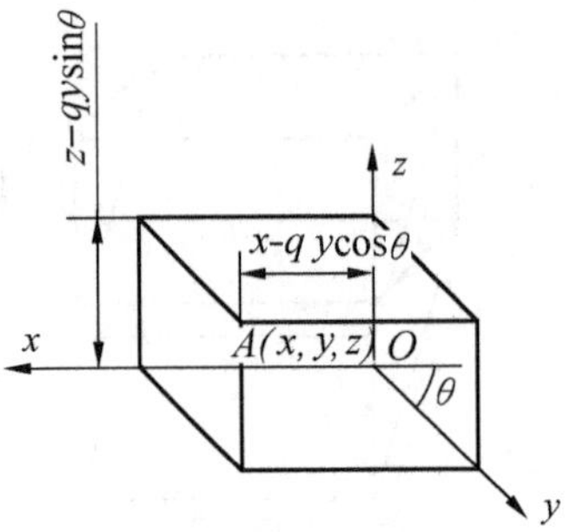

图 4-39　斜轴测投影变换

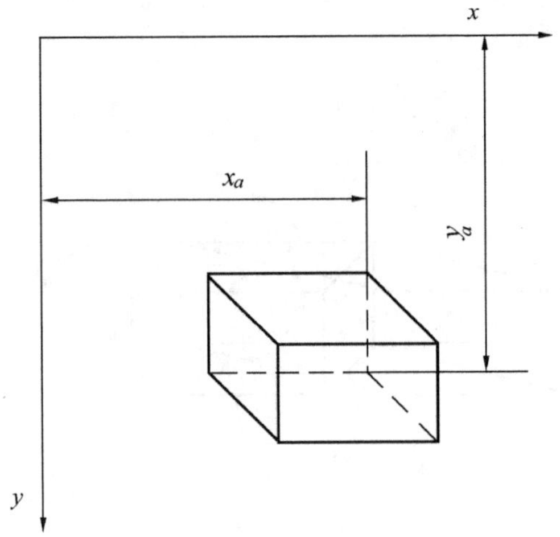

图 4-40　斜轴测投影图

4.4.3 轴测投影变换程序设计

例 4-13　试编写绘画图 4-41、图 4-42 所示平面体的正轴测投影图和斜二等轴测图程序。

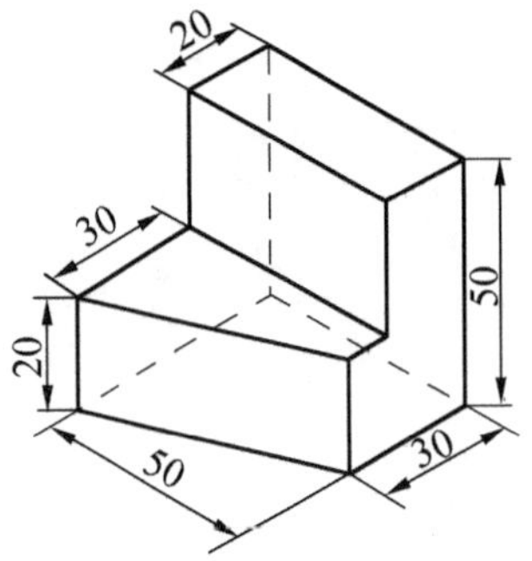

图 4-41　平面体的轴测图

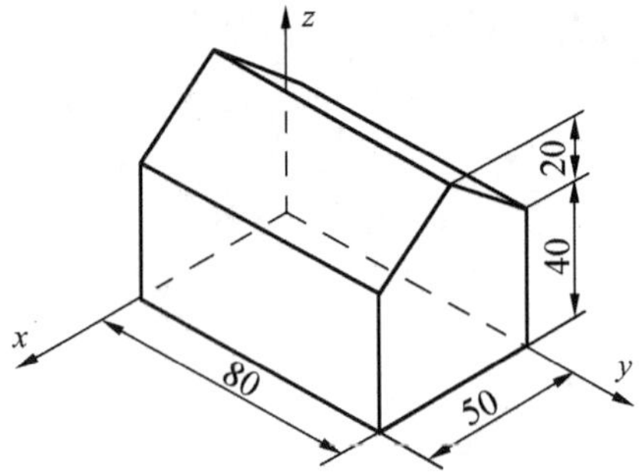

图 4-42　房屋的轴测图

解　程序代码设计的主要功能部分如下：

```
Private Sub Button1 _ Click(ByVal sender As System.Object, ByVal e As System.EventArgs) Handles Button1.Click
    '输入数据
    Dim FF As Integer
    FF = InputBox("画图 4-41 输入 FF=1,画图 4-42 输入 FF=2")
    Select Case FF
      Case 1
        Call shuju1()            '存储图 4-41 的数据
      Case 2
        Call shuju2()            '存储图 4-42 的数据
    End Select
End Sub
```

```
'正轴测投影变换
Private Sub Button2_Click(ByVal sender As System.Object, ByVal e As System.EventArgs) Handles Button2.Click
    Dim E1, E2 As Integer
    Dim GA, TH As Single
    g = Graphics.FromImage(BM)
    E1 = 45 : E2 = 45
    E1 = E1 / 57.3 : E2 = E2 / 57.3
    GA = 1.5708 - E1
    TH = Atan(Tan(E2) * Cos(E1))
    CT = Cos(TH) : ST = Sin(TH)
    CG = Cos(GA) : SG = Sin(GA)
    Call juzhen()
    Call mamul()
    Call draw()
    g.Dispose()
    PictureBox1.Invalidate()
End Sub

'斜轴测投影变换
Private Sub Button3_Click(ByVal sender As System.Object, ByVal e As System.EventArgs) Handles Button3.Click
    Dim d, f, q, TH As Single
    g = Graphics.FromImage(BM)
    q = 0.5 : TH = 45
    TH = TH / 57.3
    CT = Cos(TH) : ST = Sin(TH)
    d = -q * CT
    f = -q * ST
    '斜轴测投影变换矩阵
    B(1, 1) = 1 : B(1, 2) = 0 : B(1, 3) = 0 : B(1, 4) = 0
    B(2, 1) = d : B(2, 2) = 0 : B(2, 3) = f : B(2, 4) = 0
    B(3, 1) = 0 : B(3, 2) = 0 : B(3, 3) = 1 : B(3, 4) = 0
    B(4, 1) = 0 : B(4, 2) = 0 : B(4, 3) = 0 : B(4, 4) = 1
    Call mamul()
    Call draw()
    g.Dispose()
    PictureBox1.Invalidate()
End Sub

'正投影变换
Private Sub Button6_Click(ByVal sender As System.Object, ByVal e As System.EventArgs) Handles Button6.Click
    Dim E1, E2, TH, GA As Single
```

```
  g = Graphics.FromImage(BM)
  E1 = InputBox("E1---输入投影方向S水平投影s与x轴的夹角")
  E2 = InputBox("E2---输入投影方向S正面投影s'与x轴的夹角")
  E1 = E1 / 57.3 : E2 = E2 / 57.3
  If E1 = 0 And E2 > 1.57 And E2 < 1.571 Then
    GA = 0
  Else
    GA = 1.5708 - E1
  End If
  If E2 > 1.57 And E2 < 1.571 Then TH = 1.5708
  TH = Atan(Tan(E2) * Cos(E1))
  CT = Cos(TH) : ST = Sin(TH)
  CG = Cos(GA) : SG = Sin(GA)
  Call juzhen()
  Call mamul()
  Call draw()
  g.Dispose()
  PictureBox1.Invalidate()
End Sub

'正投影变换矩阵
Private Sub juzhen()
  B(1, 1) = CG : B(1, 2) = 0 : B(1, 3) = -SG * ST : B(1, 4) = 0
  B(2, 1) = -SG : B(2, 2) = 0 : B(2, 3) = -CG * ST : B(2, 4) = 0
  B(3, 1) = 0 : B(3, 2) = 0 : B(3, 3) = CT : B(3, 4) = 0
  B(4, 1) = 0 : B(4, 2) = 0 : B(4, 3) = 0 : B(4, 4) = 1
End Sub

'画图子程序
Private Sub draw()
  Dim i, Sc, XA, YA As Integer
  Dim Xp, Yp As Single
  Dim oldx, oldy As Integer
  XA = InputBox("XA---沿X方向平移值")
  YA = InputBox("YA---沿Y方向平移值")
  Sc = 2

  g = Graphics.FromImage(BM)
  myPen = New Pen(Color.Black, 3)              '定义画笔
  For i = 1 To M1
    Xp = XA - Sc * C(i, 1)
    Yp = YA - Sc * C(i, 3)
    If C(i, 4) = 0 Then
```

```
            oldx = Xp
            oldy = Yp
        End If
        g.DrawLine(myPen, oldx, oldy, Xp, Yp)
        oldx = Xp
        oldy = Yp
    Next i
End Sub
```

本例题程序完整代码详见光盘。程序运行结果如图 4-43 所示。

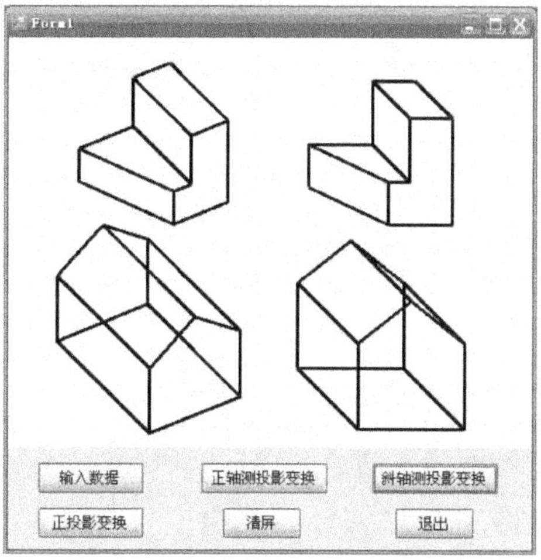

图 4-43　正轴测投影图和斜轴测投影图

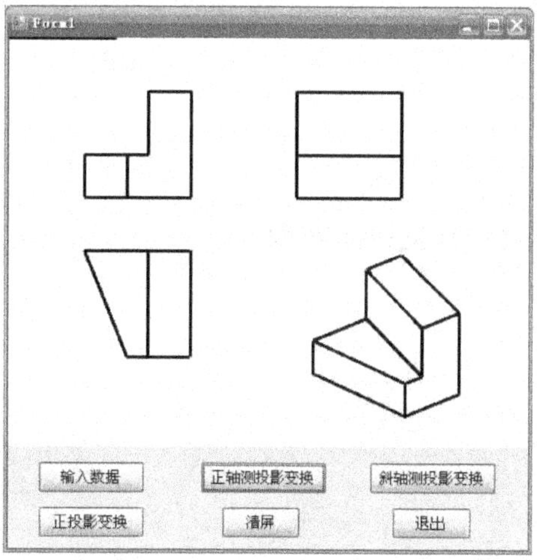

图 4-44　三面投影图和正轴测投影图

该程序不仅能画轴测投影,还可以画正投影图。程序运行时,只要输入不同的 E_1、E_2 角,则可画出正面投影图,水平投影图,侧面投影图以及轴测投影图(图 4-44)。

当 $E_1=90°$, $E_2=0°$时,可得正面投影图。

当 $E_1=0°$, $E_2=90°$时,可得水平投影图。

当 $E_1=0°$, $E_2=0°$时,可得侧面投影图。

当 $E_1=45°$, $E_2=45°$时,可得正轴测投影图。

4.5　透视投影变换

4.5.1　透视投影变换矩阵

空间一点 $A(x,y,z)$的透视投影 $A^*(x^*,y^*,z^*)$,就是通过该点 A 和视点 $S(x_s,y_s,z_s)$ 连结的视线 SA 和画面的交点。为使变换矩阵简单,并符合通常建筑师绘画透视图的方法,设视点 S 位于 y 轴上(图 4-45),即 $x_s=0, y_s=q, z_s=0$。因画面与 $y=0$ 平面(即 V 面)重合,故 $y^*=0$。

列出视线 SA 的方程,并求 SA 与 $y^*=0$ 平面的交点如下:

$$\begin{cases}\dfrac{x_s - x^*}{x_s - x} = \dfrac{y_s - y^*}{y_s - y} = \dfrac{z_s - z^*}{z_s - z}\\ y^* = 0\end{cases}$$

解上述联立方程得

$$\frac{x_s - x^*}{x_s - x} = \frac{y_s}{y_s - y}$$

$$\frac{x_s - z^*}{z_s - z} = \frac{y_s}{y_s - y}$$

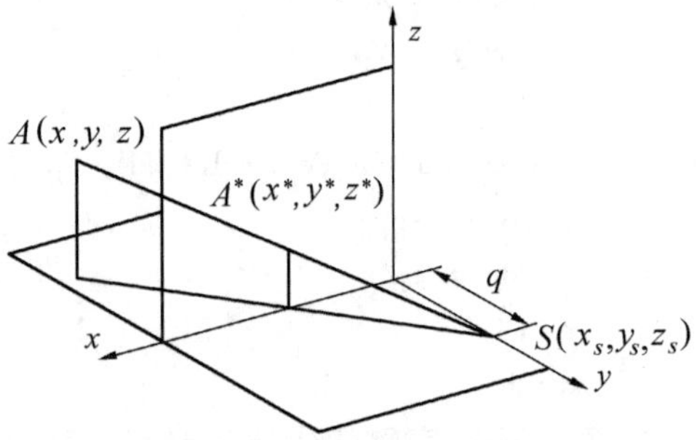

图 4-45　点的透视投影

将 $x_s = 0, y_s = q$ 代入上式得交点 A^* 的坐标 x^*，z^*：

$$x^* = \frac{x}{1 - y/q}$$

$$z^* = \frac{z}{1 - y/q}$$

设透视变换矩阵为

$$\boldsymbol{T} = \begin{bmatrix} a & b & c & d \\ e & f & g & h \\ i & j & k & l \\ m & n & o & p \end{bmatrix}$$

则

$$[\,x \quad y \quad z \quad 1\,]\boldsymbol{T} = [\,X \quad Y \quad Z \quad R\,] = [\,x^* \quad y^* \quad z^* \quad 1\,]$$

即

$$\begin{cases} X = ax + ey + iz + m \\ Y = bx + fy + jz + n \\ Z = cx + gy + kz + o \\ R = dx + hy + lz + p \end{cases} \tag{4-12}$$

又因

$$x^* = \frac{X}{R} = \frac{x}{1 - y/q}$$

$$z^* = \frac{Z}{R} = \frac{z}{1 - y/q}$$

即

$$\begin{cases} X = x \\ Y = y = 0 \\ Z = z \\ R = 1 - y/q \end{cases}$$

将其代入式(4-12)得

$$\begin{array}{llll} a = 1, & e = 0, & i = 0, & m = 0 \\ b = 0, & f = 0, & j = 0, & n = 0 \\ c = 0, & g = 0, & k = 1, & o = 0 \\ d = 0, & h = -1/q, & l = 0, & p = 1 \end{array}$$

从而得视点位于 y 轴上，画面与 $y=0$ 平面(即 V 面)重合的透视投影变换矩阵为

$$
\boldsymbol{T}=\begin{bmatrix}1&0&0&0\\0&0&0&-1/q\\0&0&1&0\\0&0&0&1\end{bmatrix}
$$

式中，q 为视点至画面的距离，q 的正、负符号与 y 轴的正、负相同。

4.5.2　一点透视

透视投影中，空间原来平行的直线，在透视图中可能不平行，并且是越远越靠拢，直至相交于一点，这个点称为灭点。用直角坐标系 x、y、z 轴表示物体长、宽、高时，两个坐标轴平行于画面，则只有一个灭点，这样的透视图称为一点透视(图 4－46)。x、z 平行于画面，在 y 方向有灭点的一点透视的变换矩阵为

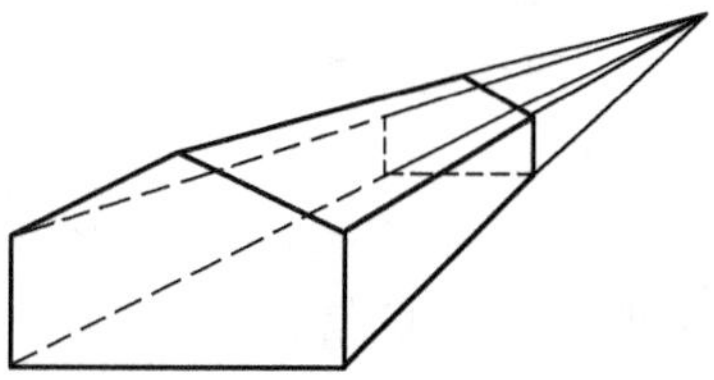

图 4－46　房屋的一点透视投影

$$
\boldsymbol{T}=\begin{bmatrix}1&0&0&0\\0&0&0&-1/q\\0&0&1&0\\0&0&0&1\end{bmatrix}
$$

为使一点透视图清晰，符合人的视觉效果，可先将物体沿 x、y、z 轴作适当平移(图 4－47)后，再进行透视变换。故一点透视变换矩阵是：

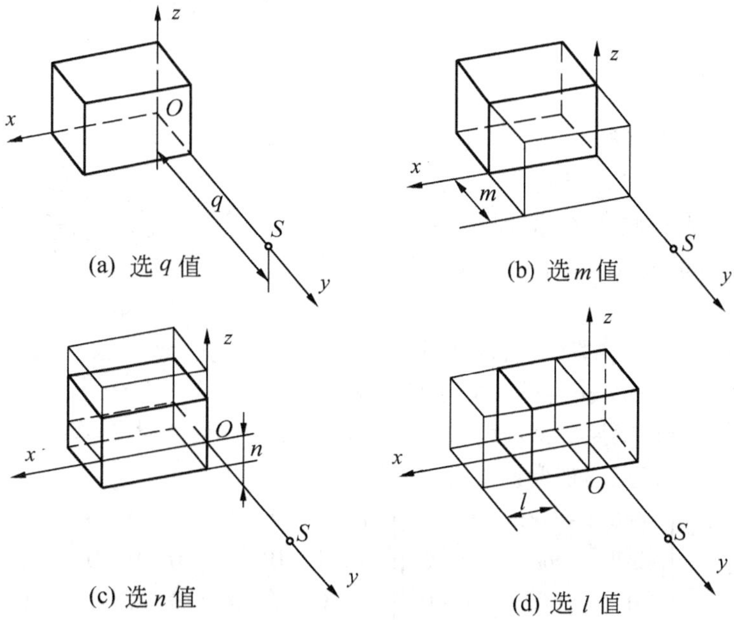

图 4－47　一点透视投影 q、m、n、l 值的选定

$$
\boldsymbol{T}_1 = \begin{bmatrix} 1 & 0 & 0 & 0 \\ 0 & 1 & 0 & 1 \\ 0 & 0 & 1 & 0 \\ l & m & n & 1 \end{bmatrix} \begin{bmatrix} 1 & 0 & 0 & 0 \\ 0 & 0 & 0 & -1/q \\ 0 & 0 & 1 & 0 \\ 0 & 0 & 0 & 1 \end{bmatrix} = \begin{bmatrix} 1 & 0 & 0 & 0 \\ 0 & 0 & 0 & -1/q \\ 0 & 0 & 0 & 0 \\ l & 0 & n & 1-m/q \end{bmatrix}
$$

（平移）　　　　（透视）

其中，

(1) q 值表示视距，即视点 S 至画面（$y=0$ 平面）的距离（图 4－47a）。

(2) m 值确定图形大小。物体越靠近视点，所得透视图越大；反之越小。一般使物体的前表面与画面重合（图 4－47b）。

(3) n 值确定视点的高度。一般选择物体顶面高于视点，底面低于视点（图 4－47c）。

(4) l 值确定主视线（y 轴）与物体的相对位置。一般使 y 轴处于物体左、右表面之间（图 4－47d）。

q、m、n、l 的正、负符号与各相应轴的正、负相同。

设点 A 的坐标值是 (x, y, z)，则有

$$
A \rightarrow [x \quad y \quad z \quad 1]\boldsymbol{T}_1 = [x^* \quad y^* \quad z^* \quad 1] \leftarrow A^*
$$

$$
\begin{cases} x^* = (x+l)/[1-(y+m)/q] \\ y^* = 0 \\ z^* = (z+n)/[1-(y+m)/q] \end{cases} \tag{4-13}
$$

加入平移值 x_a、y_a，并转换为屏幕坐标，得绘图坐标：

$$
\begin{cases} x_p = x_a - (x+l)/[1-(y+m)/q] \\ y_p = y_a - (z+n)/[1-(y+m)/q] \end{cases} \tag{4-14}
$$

4.5.3 二点透视

仅有一个坐标轴平行于画面，则有两个灭点，这样的透视图称为二点透视。当铅垂画面与建筑物的正面成一倾角 θ，即建筑物绕 z 轴旋转 θ 角，再进行透视投影，所得透视图就是二点透视（图 4－48）。

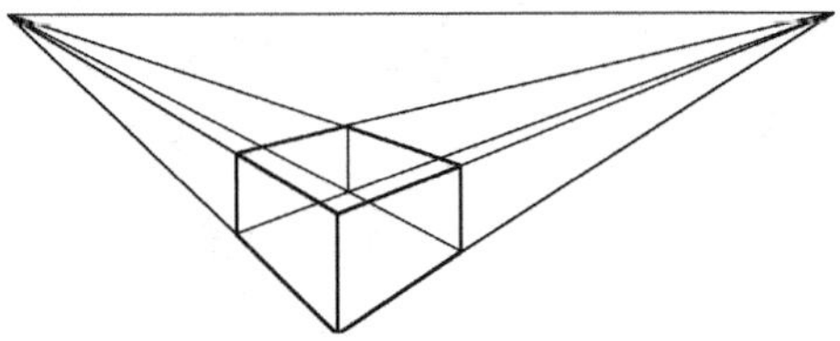

图 4－48　二点透视

二点透视的变换是由绕 z 轴旋转 θ 角（图 4－49a），再进行透视变换获得的。为了使透视图效果好，在进行透视变换之前，使建筑物沿 x、y、z 轴作恰当地平移（图 4－49b、c、d）之后进行透视变换，所以二点透视变换矩阵是：

$$
\boldsymbol{T}_2 = \begin{bmatrix} \cos\theta & -\sin\theta & 0 & 0 \\ \sin\theta & \cos\theta & 0 & 0 \\ 0 & 0 & 1 & 0 \\ 0 & 0 & 0 & 1 \end{bmatrix} \begin{bmatrix} 1 & 0 & 0 & 0 \\ 0 & 1 & 0 & 1 \\ 0 & 0 & 1 & 0 \\ l & m & n & 1 \end{bmatrix} \begin{bmatrix} 1 & 0 & 0 & 0 \\ 0 & 0 & 0 & -1/q \\ 0 & 0 & 1 & 0 \\ 0 & 0 & 0 & 1 \end{bmatrix}
$$

（绕 z 轴反向旋转 θ 角）　　（平移）　　（透视）

$$= \begin{bmatrix} \cos\theta & 0 & 0 & \sin\theta/q \\ \sin\theta & 0 & 0 & -\cos\theta/q \\ 0 & 0 & 1 & 0 \\ l & 0 & n & 1-m/q \end{bmatrix}$$

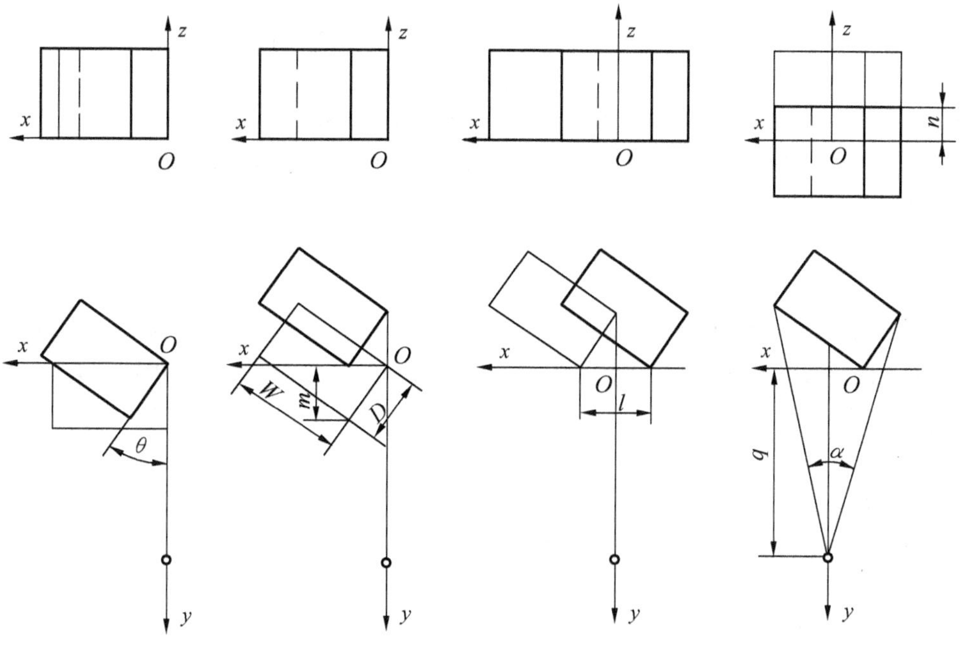

图 4-49　二点透视投影 θ 角、q、m、l 值的选定

设点 A 的坐标为(x,y,z)，则有

$$A \rightarrow [x \quad y \quad z \quad 1]\boldsymbol{T}_2 = [X \quad Y \quad Z \quad R] = [x^* \quad y^* \quad z^* \quad 1] \leftarrow A^*$$

$$\begin{cases} X = x\cos\theta + y\sin\theta + l \\ Y = 0 \\ Z = z + n \\ R = (x\sin\theta)/q - (y\cos\theta)/q + 1 - m/q \end{cases}$$

即

$$\begin{cases} x^* = X/R = (x\cos\theta + y\sin\theta + l)/[1 + (x\sin\theta - y\cos\theta - m)/q] \\ y^* = 0 \\ z^* = Z/R = (z + n)/(1 + [x\sin\theta - y\cos\theta - m)/q] \end{cases} \quad (4-15)$$

加入平移值 x_a、y_a，并转换为屏幕坐标，得绘图坐标：

$$\begin{cases} x_p = x_a - (x\cos\theta + y\sin\theta + l)/[1 + (x\sin\theta - y\cos\theta - m)/q] \\ y_p = y_a - (z + n)/[1 + (x\sin\theta - y\cos\theta - m)/q] \end{cases} \quad (4-16)$$

式中，θ、l、m、n、q 值的选定如下：

（1）绕 z 轴正向旋转 θ 角，当 $\theta < 90°$时，透视图可看见物体前表面和左表面；反向旋转 θ 角，当 $\theta < 90°$时，透视图可看见物体前表面和右表面。一般取 $\theta = 20° \sim 40°$(图 4-49a)。

(2) m 值与图形大小有关。一般使物体前竖直棱边与画面相重合(图 4-49b)。

当物体绕 z 轴正向旋转 θ 角时,

$$m = D\cos\theta + W\sin\theta$$

当物体绕 z 轴反向旋转 θ 角时,

$$m = D\cos\theta$$

(3) l 值表示主视线与物体的相对位置,应尽量满足下式来确定(图 4-49c)。

$$l = W\cos\theta + w\sin\theta$$

(4) n 值表示视点的高度,它的选择与一点透视相同(图 4-49d)。

(5) q 值表示视距。一般 q 值应使过视点并通过物体左、右垂直棱边的两条视线的夹角 α 约为 25°～30°。

4.5.4 三点透视

三个坐标轴都不平行于画面,则有三个灭点,这样的透视图称为三点透视图,即将建筑物绕 z 轴反向旋转 θ 角,绕 x 轴旋转 γ 角,再沿 x、y、z 轴平移 l、m、n 后进行透视变换。三点透视变换矩阵为

$$\boldsymbol{T}_3 = \underset{(\text{绕 } z \text{ 轴反向旋转 } \theta \text{ 角})}{\begin{bmatrix} \cos\theta & \sin\theta & 0 & 0 \\ -\sin\theta & \cos\theta & 0 & 0 \\ 0 & 0 & 1 & 0 \\ 0 & 0 & 0 & 1 \end{bmatrix}} \underset{(\text{绕 } x \text{ 轴反向旋转 } \gamma \text{ 角})}{\begin{bmatrix} 1 & 0 & 0 & 0 \\ 0 & \cos\gamma & \sin\gamma & 0 \\ 0 & -\sin\gamma & \cos\gamma & 0 \\ 0 & 0 & 0 & 1 \end{bmatrix}} \underset{(\text{平移})}{\begin{bmatrix} 1 & 0 & 0 & 0 \\ 0 & 1 & 0 & 1 \\ 0 & 0 & 1 & 0 \\ l & m & n & 1 \end{bmatrix}} \underset{(\text{透视})}{\begin{bmatrix} 1 & 0 & 0 & 0 \\ 0 & 0 & 0 & -1/q \\ 0 & 0 & 1 & 0 \\ 0 & 0 & 0 & 1 \end{bmatrix}}$$

$$= \begin{bmatrix} \cos\theta & 0 & \sin\theta\sin\gamma & (-\sin\theta\cos\gamma)/q \\ -\sin\theta & 0 & \cos\theta\sin\gamma & (-\cos\theta\cos\gamma)/q \\ 0 & 0 & \cos\gamma & \sin\gamma/q \\ l & 0 & n & 1 - m/q \end{bmatrix}$$

设点 A 的坐标为 (x, y, z),则有

$$A \rightarrow [x \quad y \quad z \quad 1]\boldsymbol{T}_3 = [X \quad Y \quad Z \quad R] = [x^* \quad y^* \quad z^* \quad 1] \leftarrow A^*$$

$$\begin{cases} X = x\cos\theta - y\sin\theta + l \\ Y = 0 \\ Z = x\sin\theta\sin\gamma + y\cos\theta\sin\gamma + z\cos\gamma + n \\ R = 1 + (-m - x\sin\theta\cos\gamma - y\cos\theta\cos\gamma + z\sin\gamma)/q \end{cases}$$

即

$$\begin{cases} x^* = (x\cos\theta - y\sin\theta + l)/[1 + (-m - x\sin\theta\cos\gamma - y\cos\theta\cos\gamma + z\sin\gamma)/q)] \\ y^* = 0 \\ z^* = (x\sin\theta\sin\gamma + y\cos\theta\sin\gamma + z\cos\gamma + n)/[1 + (-m - x\sin\theta\cos\gamma - y\cos\theta\cos\gamma + z\sin\gamma/q] \end{cases} \tag{4-17}$$

加入平移值 x_a、y_a,并转换为屏幕坐标,得绘图坐标:

$$\begin{cases} x_p = x_a - (x\cos\theta + y\sin\theta + l)/[1 + (-m - x\sin\theta\cos\gamma - y\cos\theta\cos\gamma + z\sin\gamma/q] \\ y_p = y_a - (x\sin\theta\sin\gamma + y\cos\theta\sin\gamma + z\cos\gamma + n)/[1 + (-m - x\sin\theta\cos\gamma - y\cos\theta\cos\gamma + z\sin\gamma/q] \end{cases}$$

(4-18)

式中，θ、l、m、n、q 的取值与两点透视相同。而绕 x 轴旋转 γ 角的选择，当视高小于建筑物高度 1/3 时，取正向旋转，反之取反向旋转。

4.5.5　透视投影变换程序设计

例 4-14　试编写图 4-50 建筑物一、二、三点透视图的绘图程序。

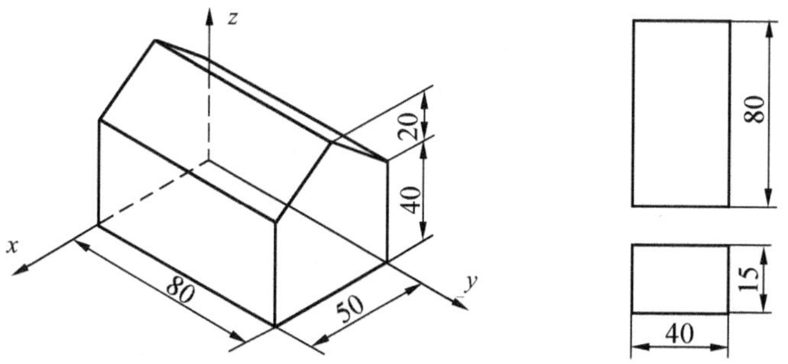

(a) 房屋的正轴测投影图　　(b) 房屋的二面投影图

图 4-50　建筑物的投影图

解　程序代码设计的主要功能部分如下：

```
'输入数据
Private Sub Button1_Click(ByVal sender As System.Object, ByVal e As System.EventArgs) Handles Button1.Click
    Dim FF As Integer
    FF = InputBox("画图 4-50a 输入 FF=1,画图 4-50b 输入 FF=2")
    Select Case FF
        Case 1
            Call shuju1()    '存储图 4-50a 的数据
        Case 2
            Call shuju2()    '存储图 4-50b 的数据
    FF = InputBox("FF---画图 a 输入 FF=1,画图 b 输入 FF=2")
    Select Case FF
        Case 1
            Call shuju1()
        Case 2
            Call shuju2()
    End Select
End Sub

'一点透视
Private Sub Button2_Click(ByVal sender As System.Object, ByVal e As System.EventArgs) Handles Button2.Click
    q = 50 : l = -90
```

```
    m = -72 : n = -20
    '一点透视变换矩阵
    B(1, 1) = 1 : B(1, 2) = 0 : B(1, 3) = 0 : B(1, 4) = 0
    B(2, 1) = 0 : B(2, 2) = 0 : B(2, 3) = 0 : B(2, 4) = -1 / q
    B(3, 1) = 0 : B(3, 2) = 0 : B(3, 3) = 1 : B(3, 4) = 0
    B(4, 1) = l : B(4, 2) = 0 : B(4, 3) = n : B(4, 4) = 1 - m / q
    Call mamul()
    Call draw(200, 150)
End Sub

'二点透视
Private Sub Button3_Click(ByVal sender As System.Object, ByVal e As System.EventArgs) Handles Button3.Click
    Dim TH As Single
    Dim CT As Single
    Dim ST As Single
    q = 110 : l = -28
    m = -50 : n = -35
    TH = 35 : TH = TH / 57.3
    CT = Cos(TH) : ST = Sin(TH)
    '二点透视变换矩阵
    B(1, 1) = CT : B(1, 2) = 0 : B(1, 3) = 0 : B(1, 4) = ST / q
    B(2, 1) = ST : B(2, 2) = 0 : B(2, 3) = 0 : B(2, 4) = -CT / q
    B(3, 1) = 0 : B(3, 2) = 0 : B(3, 3) = 1 : B(3, 4) = 0
    B(4, 1) = l : B(4, 2) = 0 : B(4, 3) = n : B(4, 4) = 1 - m / q
    Call mamul()
    Call draw(200, 300)
End Sub

'三点透视
Private Sub Button4_Click(ByVal sender As System.Object, ByVal e As System.EventArgs) Handles Button4.Click
    Dim TH As Single
    Dim CT As Single
    Dim ST As Single
    Dim GA As Single
    Dim CG As Single
    Dim SG As Single
    q = 200 : l = -28
    m = -50 : n = -35
    TH = 35 : TH = TH / 57.3
    CT = Cos(TH) : ST = Sin(TH)
    GA = 20 : GA = GA / 57.3
```

```
    CG = Cos(GA) : SG = Sin(GA)
    '三点透视变换矩阵
    B(1, 1) = CT : B(1, 2) = 0 : B(1, 3) = -ST * SG : B(1, 4) = -ST * CG / q
    B(2, 1) = -ST : B(2, 2) = 0 : B(2, 3) = CT * SG : B(2, 4) = -CT * CG / q
    B(3, 1) = 0 : B(3, 2) = 0 : B(3, 3) = CG : B(3, 4) = SG / q
    B(4, 1) = l : B(4, 2) = 0 : B(4, 3) = n : B(4, 4) = 1 - m / q
    Call mamul()
    Call draw(300, 300)
End Sub

'画图子程序
Private Sub draw(ByVal XA, ByVal YA)
    Dim i As Integer
    Dim Sc As Integer
    Dim Xp As Single
    Dim Yp As Single
    Dim R As Single
    Dim oldx, oldy As Integer
    Sc = 2
    g = PictureBox1.CreateGraphics()              '实例化对象变量,与控件相关联
    myPen = New Pen(Color.Black, 3)               '定义画笔
    For i = 1 To M1
        R = C(i, 4)
        Xp = XA - C(i, 1) * Sc / R
        Yp = YA - C(i, 3) * Sc / R
        If F(i) = 0 Then
            oldx = Xp
            oldy = Yp
        End If
        g.DrawLine(myPen, oldx, oldy, Xp, Yp)
        oldx = Xp
        oldy = Yp
    Next i
End Sub
```

本例题程序完整代码详见光盘。程序运行结果如图 4 - 51 所示。

4.6　凸平面立体隐藏线的消除

绘画物体的图形时，由于实际物体大都是不透明的，故有看得见和看不见两部分。计算机图形学中，把看不见的线条叫隐藏线，看不见的面叫隐藏面。在绘画物体的图形时，如果不加区别地将可见和不可见的线条都画出来的话，人们就很难辨认所表示物体的确切形状。如图 4 - 52a 既可理解为长方体上叠加了另一个长方体（图 4 - 52b），也可以理解为长方体中

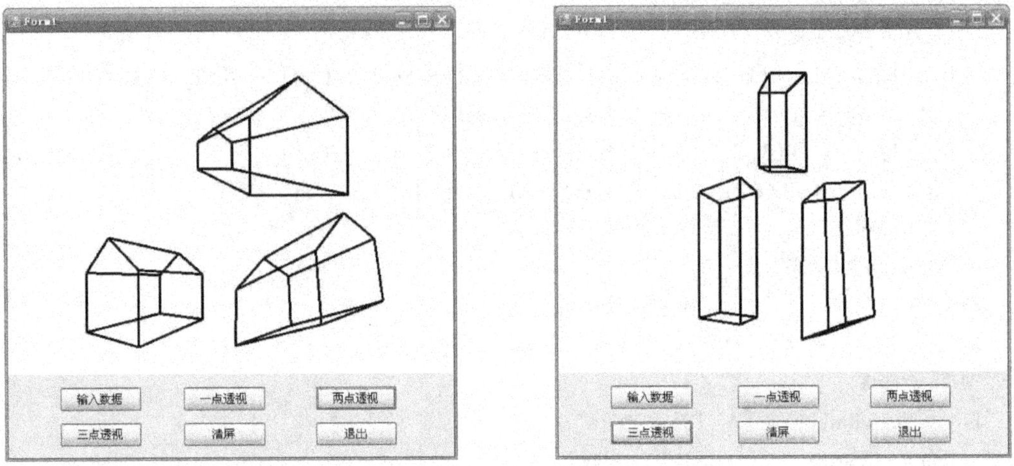

图 4－51　透视投影变换程序运行结果

挖去了一个长方体(图 4－52c)，所以隐藏线(面)的消除与否关系到能否正确表示物体形状。消除隐藏线和隐藏面称消隐。消隐早在 20 世纪 60 年代初期就开始研究，迄今为止已提出了多种消隐的算法。消隐算法通常可以分为物空间算法、像空间算法和介于这两种算法之间的列表优先算法。物空间算法是在描述物体的坐标系中进行消隐计算，它着重分析物体之间在空间的几何关系，精确求出物体上每一条边或面的可见性。像空间算法是在物体成像空间(即显示物体画面的屏幕空间)进行消隐计算，它从形成的图像计算每个像素是否在可见区域，因此，这种算法的精度与光栅显示屏幕的分辨率有关。列表优先算法是在物体空间中预先计算各面可见性的优先级，然后再在像空间中产生画面，当需要比较两个面的前后顺序时，具有较高优先级的面是可见的。消隐算法因条件不同而不同。这些条件包括：从图形的体形类型来分，是凸面体还是凹面体，是平面体还是曲面体，是相贯体还是分离体；从图形的形式来分，是动态还是静态，是线图还是图像。有些算法比较初级，有些比较高级；有些适用于特定的形体，另一些则相对比较通用。但通用算法往往比较复杂，使用中受到运算时间和存储容量的限制。目前对解决消隐问题，还有待进一步探讨研究，这不仅涉及数学方法，还与计算机硬件的发展密切相关。本节只讨论用外法线法消除凸平面体的隐藏线。

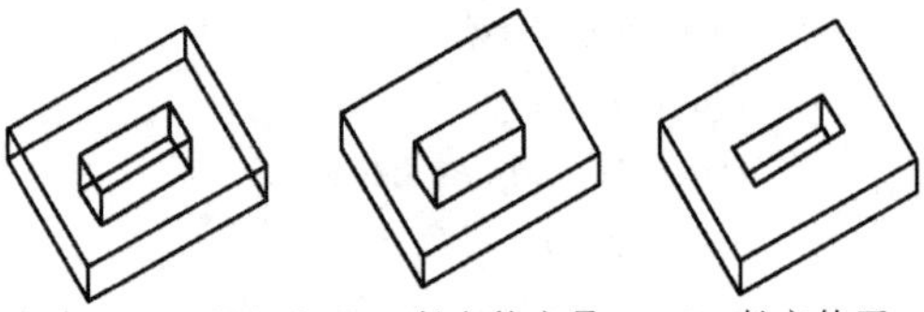
(a) 平面体没有消隐处理的轴测投影图　(b) 长方体上叠加一长方体　(c) 长方体开长方孔

图 4－52　平面体的轴测投影

4.6.1　外法线法的基本原理和计算判断方法

1. 凸平面体表面的外法线与可见性关系

凸面体是由多个平面凸多边形包围而成的物体。从图 4－53 可知，凸面体的每个面，都有一个向外的法线向量。向外的法线是由物体内部指向外部空间，故称为外法线，如图 4－53 中的 N_a、N_b 等。从图 4－53 看到，当物体进行投影时，立体的每个平面的外法线 $\boldsymbol{N}$ 与投影方向 $\boldsymbol{S}$ 之间各有一夹角。当夹角小于 90° 时，表示这个平面是向着投影方向，该平面可见，围成该平面的棱边都可见（如图 4－53 的 A 面）；当夹角大于或等于 90° 时，表示这个平面是背向投影方向或平行于投影方向，该平面不可见，围成该平面的棱边也不可见（如图 4－53 中的 B 面）。

由以上分析，根据立体表面的外法线 $\boldsymbol{N}$ 和投影方向 $\boldsymbol{S}$ 的夹角大小，就可以判断该外法线所代表的平面的可见性。因此，只有将平面体的每个平面的外法线与投影方向之间的夹角求得，就能判断平面的可见性，从而对平面体的隐藏线进行消除。

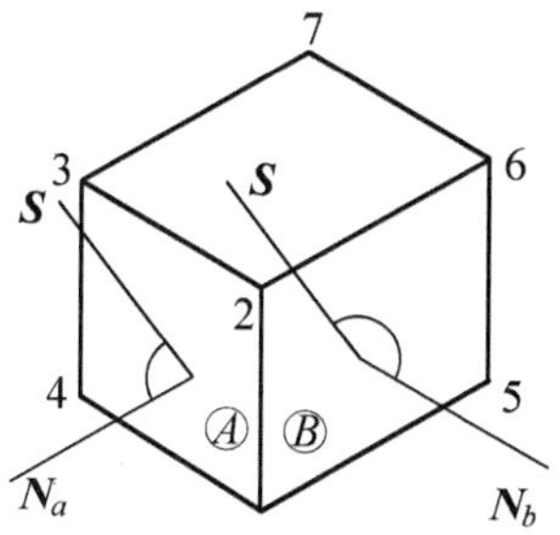

图 4－53　平面体的外法线

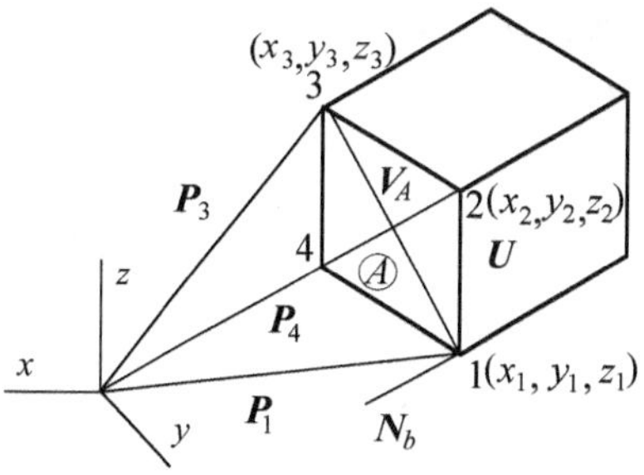

图 4－54　平面体的外法线与平面矢量的关系

2. 计算平面外法线与投影方向之间夹角的方法（图 4－54）

由空间解析几何可知，平面外法线 $\boldsymbol{N}$ 等于平面上矢量 $\boldsymbol{U}$ 和 $\boldsymbol{V}$ 的乘积，即

$$\boldsymbol{N}=\boldsymbol{U}\times\boldsymbol{V}=\begin{vmatrix} i & j & k \\ U_1 & U_2 & U_3 \\ V_1 & V_2 & V_3 \end{vmatrix}=\begin{vmatrix} U_2 & U_3 \\ V_2 & V_3 \end{vmatrix}\boldsymbol{i}+\begin{vmatrix} U_3 & U_1 \\ V_3 & V_1 \end{vmatrix}\boldsymbol{j}+\begin{vmatrix} U_1 & U_2 \\ V_1 & V_2 \end{vmatrix}\boldsymbol{k}$$

式中，U_1、U_2、U_3 和 V_1、V_2、V_3 是矢量 $\boldsymbol{U}$ 和矢量 $\boldsymbol{V}$ 在坐标轴 x、y、z 上的分量，且

$$\begin{cases} U_1 = x_2 - x_1 \\ U_2 = y_2 - y_1 \\ U_3 = z_2 - z_1 \end{cases} \tag{4-19}$$

$$\begin{cases} V_1 = x_3 - x_1 \\ V_2 = y_3 - y_1 \\ V_3 = z_3 - z_1 \end{cases} \tag{4-20}$$

外法线 $\boldsymbol{N}$ 和投影方向 $\boldsymbol{S}$ 在 x、y、z 坐标轴上的分量是 N_1、N_2、N_3 和 S_1、S_2、S_3，且

$$\begin{cases} N_1 = \begin{vmatrix} U_2 & U_1 \\ V_2 & V_1 \end{vmatrix} \\ N_2 = \begin{vmatrix} U_3 & U_1 \\ V_3 & V_1 \end{vmatrix} \\ N_3 = \begin{vmatrix} U_1 & U_2 \\ V_1 & V_2 \end{vmatrix} \end{cases} \tag{4-21}$$

矢量 $\boldsymbol{N}$ 和 $\boldsymbol{S}$ 的乘积是：

$$\boldsymbol{N} \cdot \boldsymbol{S} = |\boldsymbol{N}| \cdot |\boldsymbol{S}| \cdot \cos\theta$$

故

$$\cos\theta = \frac{\boldsymbol{N} \cdot \boldsymbol{S}}{|\boldsymbol{N}| \cdot |\boldsymbol{S}|}$$

从上式可知，分母是正值，故 θ 是否大于 90°就取决于 $\boldsymbol{N}\cdot\boldsymbol{S}$ 的正负号。当 $\boldsymbol{N}\cdot\boldsymbol{S}$ 是正号时，θ 小于 90°；为负号时，θ 大于 90°。

3. 消隐的计算

由于

$$\boldsymbol{N} \cdot \boldsymbol{S} = N_1 \cdot S_1 + N_2 \cdot S_2 + N_3 \cdot S_3 \qquad (4-22)$$

即式(4－22)的值大于零时，该平面可见，否则不可见。

(1)经投影变换后，投影面是 V 面。当正轴测投影时，投影方向垂直于 V 面，故 $\boldsymbol{S}$ 的分量为

$$\begin{cases} S_1 = 0 \\ S_2 = 1 \\ S_3 = 0 \end{cases}$$

代入式(4－22)得

$$\boldsymbol{N} \cdot \boldsymbol{S} = N_2$$

即作正轴测投影时，只需根据 N_2 来判断。N_2 大于零时，该平面可见，否则不可见。

进行计算必须注意：平面各顶点的坐标是经坐标变换后的坐标，即经绕 z 轴正向旋转 γ 角，再绕 x 轴反向旋转 θ 角的坐标，按下式计算：

$$\begin{cases} x^* = x\cos\gamma - y\sin\gamma \\ y^* = x\sin\gamma\cos\theta + y\cos\theta\sin\gamma + z\sin\theta \\ z^* = z\cos\theta - x\sin\gamma\sin\theta - y\cos\gamma\sin\theta \end{cases} \qquad (4-23)$$

(2)透视投影时，根据式(4－22)来判断，其值大于零时，该平面可见，否则不可见。因作透视投影时，投影方向通过视点 Q，如图 4－45 所示，视点 Q 位于 y 轴上，故 Q 点位置矢量的分量为

$$\begin{cases} Q_1 = 0 \\ Q_2 = q \\ Q_3 = 0 \end{cases}$$

投影方向的矢量 $\boldsymbol{S}$ 的分量(图 4－55)为

$$\begin{cases} S_1 = Q_1 - P_1 \\ S_2 = Q_3 - P_2 \\ S_3 = Q_3 - P_3 \end{cases}$$

式中，P_1、P_2、P_3 是位置矢量 $\boldsymbol{P}$ 的分量，即

$$\begin{cases} P_1 = x_1 \\ P_2 = y_1 \\ P_3 = z_1 \end{cases}$$

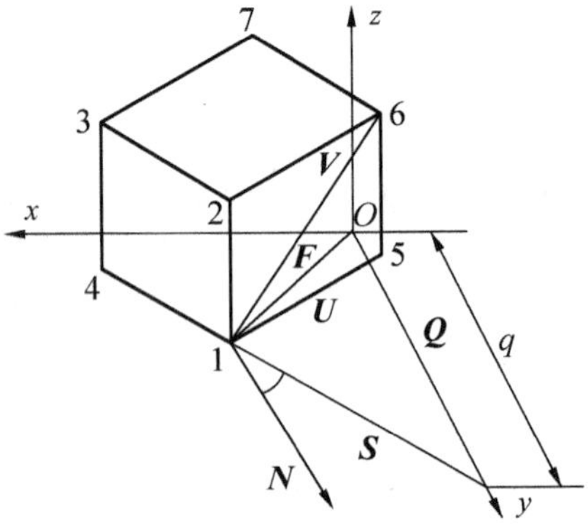

图 4－55　透视投影方向矢量与位置矢量的关系

在进行透视图的消隐计算时，各点经旋转和平移变换后的坐标不能计算。因为透视变换后，所有点都已投影到画面上，各平面矢量都垂直于画面，其算法按下式计算：

$$\begin{cases} x^{*} = (x\cos\theta + y\sin\theta + l)/R \\ y^{*} = (y\cos\theta - x\sin\theta + m)/R \\ z^{*} = (z + n)/R \\ R = 1 + (x\sin\theta - y\cos\theta - m)/q \end{cases} \tag{4-24}$$

4.6.2 消隐的程序设计

为了说明如何利用外法线法进行消隐，现以图4-56所示的房屋正轴测投影和透视投影的程序为例，分析讨论凸平面体消隐程序的设计方法。

程序设计的方法与步骤：

(1)如图4-56所示，将物体的各顶点和面进行编号，列出顶点表(表4-2)和面表(表4-3)。对于每个面，各顶点的顺序必须是从物体之外向着该面，按逆时针方向进行排列。

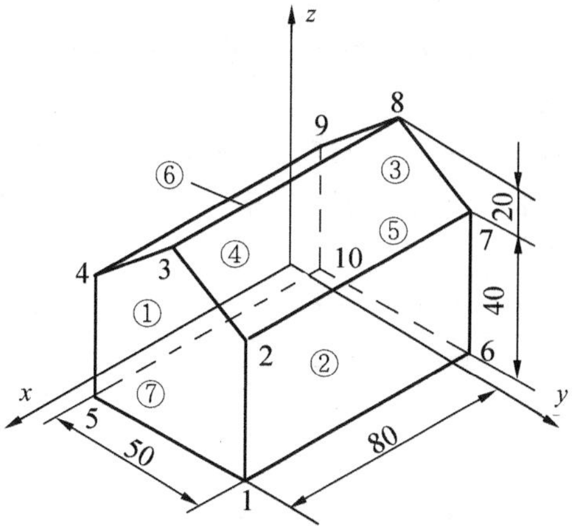

图4-56　房屋的轴测投影图

表4-2　顶点表

顶点	x	y	z	顶点	x	y	z
1	40	25	-30	6	-40	25	-30
2	40	25	10	7	-40	25	10
3	40	0	30	8	-40	0	30
4	40	-25	105	9	-40	-25	10
5	40	-25	-30	10	-40	-25	-30

表4-3　面表

	M_P(要连接的顶点)						
N_S(面)	1	2	3	4	5	6	顶点数
1	1	2	3	4	5	1	6
2	1	6	7	2	1		5
3	6	10	9	8	7	6	6
4	10	5	4	9	10		5
5	2	7	8	3	2		5
6	4	3	8	9	4		5
7	1	5	10	6	1		5

(2) 定义和初始化数组。

$V(N_V,N)$是顶点数组，N_V代表顶点数(从1到10)，而N是顶点的坐标值(1代表x坐标，2代表y坐标，3代表z坐标)。如：

顶点1

$V(1,1)=40$

$V(1,2)=25$

$V(1,3)=-30$

$S_V(N_V,N)$是屏幕顶点数组，即用式(4-23)或式(4-24)计算经变换后的各顶点的屏幕坐标值。

$S(N_S,M_P)$是面数组。为了计算各个面的外法线，将面表中各面号数和该面顶点号数存储于数组$S(N_S,M_P)$之中。$N_S=7$，$M_P=6$，如：

面1：

$S(1,1)=1$

$S(1,2)=2$

$S(1,3)=3$

$S(1,4)=4$

$S(1,5)=5$

$S(1,6)=1$

面2：

$S(2,1)=1$

$S(2,2)=6$

$S(2,3)=7$

$S(2,4)=2$

$S(2,5)=1$

其余类推。

$N_P(N_S)$是各顶点数的数组，共有7个面，所以$N_S=7$(从1到7)，即

$N_p(1)=6$

$N_p(2)=5$

$N_p(3)=6$

$N_p(4)=5$

$N_p(5)=5$

$N_p(6)=5$

$N_p(7)=5$

$N(N_S,N)$是外法线数组。如$N(1,1)$、$N(1,2)$、$N(1,3)$是面1的外法线在x、y、z的三个分量。

$E(N_E,N)$是棱边数组。N_E是棱边数，N是棱边始点、终点的顶点号以及规定的一个标记。如N_E棱边：

$E(N_E,1)$——N_E 棱边始点顶点号

$E(N_E,2)$——N_E 棱边终点顶点号

$E(N_E,3)=1$——N_E 棱边可见

$E(N_E,3)=0$——N_E 棱边不可见

$E(N_E,3)=2$——N_E 棱边两个不可见的边

(3) x_a、y_a、E_1、E_2赋值和计算γ、θ角(即$\gamma=\mathrm{ga}$、$\theta=\mathrm{th}$)，计算γ、θ的函数值。

画透视图时，q、l、m、n赋值。

(4)计算外法线和判断可见性。

计算外法线,可用式(4－20)、(4－21)和(4－22)。计算时取变换后的屏幕顶点坐标,即 $S_V(N_V,N)$。

为使属于两个可见面的棱边在画图时不重复,设置了一个计数变量 k 表示棱边号。当 k 棱边的始点号 P_S 与第 1 到 $k-1$ 根棱边中的 1 根棱边的终点号 $E(1,2)$ 相同,同时第 k 根棱边的终点号 P_E 与第 1 根棱边的始点号 $E(1,1)$ 相同,则说明第 k 根棱边已画过一次,取 $E(1,3)=2$。此时,计数变量 k 不累加,再往下判断。

(5) 绘图。

绘制正轴测图的消隐程序的主要功能部分如下:

```
Dim g As Graphics                          '声明对象变量
Dim myPen As Pen
Const PI = 3.1415926
'设置窗体变量
Const NV = 10                              '顶点数
Const N1 = 3
Const NS = 7                               '面数
Const MP = 6                               '各面顶点数
Const NE = 20                              '棱边数组
Dim V(0 To NV, 0 To N1) As Single          '点集 x,y,z 坐标
Dim SV(0 To NV, 0 To N1) As Single         '变换后点集 x,y,z 坐标
Dim NP(0 To NS) As Integer                 '面数
Dim S(0 To NS, 0 To MP) As Integer         '面数组
Dim N(0 To NS, 0 To N1) As Single          '外法线数组
Dim E(0 To NE, 0 To N1) As Integer         '棱边数组

'正轴测投影
Private Sub Button1 _ Click(ByVal sender As System.Object, ByVal e As System.EventArgs) Handles Button1.Click

    Dim TH, GA As Single
    Dim CT, ST, CG, SG As Single
    Dim E1, E2 As Single
    Dim i As Integer
    Call shuju()                           '调用数据
    E1 = 45 : E2 = 45
    E1 = E1 / 57.3 : E2 = E2 / 57.3
    TH = Atan(Tan(E2) * Cos(E1))
    GA = 1.5708 - E1
    SG = Sin(GA) : CG = Cos(GA)
    CT = Cos(TH) : ST = Sin(TH)
    For i = 1 To NV
        SV(i, 1) = V(i, 1) * CG - V(i, 2) * SG
```

```
        SV(i, 2) = V(i, 1) * SG * CT - V(i, 2) * CG * ST + V(i, 3) * ST
        SV(i, 3) = V(i, 3) * CT - V(i, 1) * SG * ST - V(i, 2) * CG * ST
    Next i
    Call waifaxian()                          '计算外法线
    Call panlengke1()                         '判断棱边可见性
    Call draw()                               '画图
End Sub

'计算外法线
Private Sub waifaxian()
    Dim U1, U2, U3, V1, V2, V3 As Single
    Dim i As Integer
    For i = 1 To NS
        U1 = SV(S(i, 2), 1) - SV(S(i, 1), 1)
        U2 = SV(S(i, 2), 2) - SV(S(i, 1), 2)
        U3 = SV(S(i, 2), 3) - SV(S(i, 1), 3)
        V1 = SV(S(i, 3), 1) - SV(S(i, 1), 1)
        V2 = SV(S(i, 3), 2) - SV(S(i, 1), 2)
        V3 = SV(S(i, 3), 3) - SV(S(i, 1), 3)
        N(i, 1) = U2 * V3 - U3 * V2
        N(i, 2) = U3 * V1 - U1 * V3
        N(i, 3) = U1 * V2 - U2 * V1
    Next i
End Sub

'判断棱边可见性(轴测投影)
Private Sub panlengke1()
    Dim Ps, Pe As Single
    Dim i, j, l, k, f As Integer
    For i = 1 To NS
        If N(i, 2) < = 0 Then i = i + 1 : GoTo 100
        Ps = S(i, 1)
        For j = 2 To NP(i)
            Pe = S(i, j)
            For l = 1 To k - 1
                f = 0
                If Ps = E(l, 2) And Pe = E(l, 1) Then E(l, 3) = 2 : f = 1
            Next l
            If f < > 1 Then E(k, 1) = Ps : E(k, 2) = Pe : E(k, 3) = 1 : k = k + 1
            Ps = Pe
        Next j
    Next i
End Sub
```

```
'画图
Private Sub draw()
  Dim i As Integer
  Dim Xa, Ya, Sc As Integer
  Dim X1, Y1, X2, Y2 As Single
  Xa = 220 : Ya = 200 : Sc = 4
  g = PictureBox1.CreateGraphics()            '实例化对象变量,与控件相关联
  myPen = New Pen(Color.Black, 3)             '定义画笔
  For i = 1 To NE
    If E(i, 3) = 0 Then Exit For
    X1 = Xa - Sc * SV(E(i, 1), 1)
    Y1 = Ya - Sc * SV(E(i, 1), 3)
    X2 = Xa - Sc * SV(E(i, 2), 1)
    Y2 = Ya - Sc * SV(E(i, 2), 3)
    g.DrawLine(myPen, X1, Y1, X2, Y2)
  Next i
End Sub
```

绘制正轴测投影图的程序运行结果如图 4－57 所示。

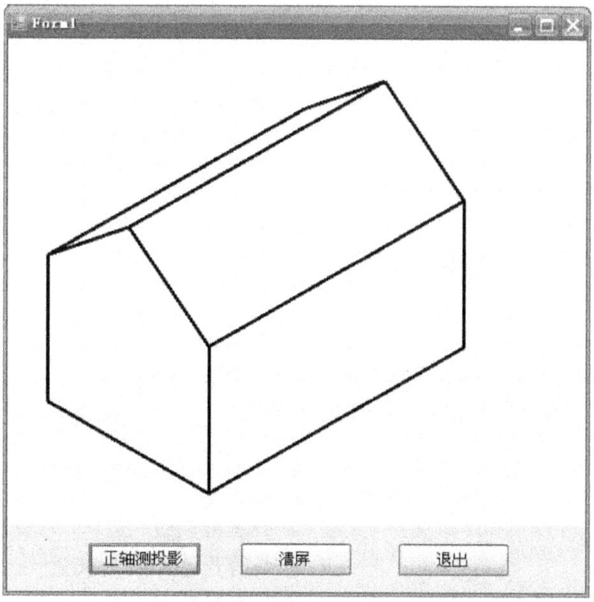

图 4－57 绘制正轴测投影图的程序运行结果

绘制透视投影图程序的主要功能部分如下：

```
Dim g As Graphics                     '声明对象变量
Dim myPen As Pen
Const PI = 3.1415926
'设置窗体变量
```

```
Const NV = 10                                  '顶点数
Const N1 = 3
Const NS = 7                                   '面数
Const MP = 6                                   '各面顶点数
Const NE = 20                                  '棱边数
Dim V(0 To NV, 0 To N1) As Single              '点集 x,y,z 坐标
Dim SV(0 To NV, 0 To N1) As Single             '变换后点集 x,y,z 坐标
Dim NP(0 To NS) As Integer                     '面数
Dim S(0 To NS, 0 To MP) As Single              '面数组
Dim N(0 To NS, 0 To N1) As Single              '外法线数组
Dim E(0 To NE, 0 To N1) As Integer             '棱边数组
Dim Ss(0 To NS, 0 To 3) As Single              '透视投影方向矢量分量数组
Dim W(0 To NS) As Single
Dim p As Integer
Dim qq, ll, nn, mm, R As Single

Private Sub Button1_Click(ByVal sender As System.Object, ByVal e As System.EventArgs) Handles Button1.Click
    '透视投影

    Dim TH, CT, ST, As Single
    Dim i As Integer
    Call shuju()                               '调用数据
    qq = 200 : ll = -28
    mm = -50 : nn = -35 : TH = 35
    TH = TH / 57.3
    CT = Cos(TH) : ST = Sin(TH)
    For i = 1 To NV
      R = 1 + (V(i, 1) * ST - V(i, 2) * CT - mm) / qq
      SV(i, 1) = (V(i, 1) * CT + V(i, 2) * ST + ll) / R
      SV(i, 2) = (-V(i, 1) * ST + V(i, 2) * CT + mm) / R
      SV(i, 3) = (V(i, 3) + nn) / R
    Next i
    Call waifaxian()                           '计算外法线
    Call touying()                             '计算投影方向 S 矢量
    Call panlengke2()                          '判断棱边可见性
    p = 12
    Call draw()
End Sub

'计算外法线
Private Sub waifaxian()
    Dim U1, U2, U3, V1, V2, V3 As Single
```

```
  Dim i As Integer
  For i = 1 To NS
    U1 = SV(S(i, 2), 1) - SV(S(i, 1), 1)
    U2 = SV(S(i, 2), 2) - SV(S(i, 1), 2)
    U3 = SV(S(i, 2), 3) - SV(S(i, 1), 3)
    V1 = SV(S(i, 3), 1) - SV(S(i, 1), 1)
    V2 = SV(S(i, 3), 2) - SV(S(i, 1), 2)
    V3 = SV(S(i, 3), 3) - SV(S(i, 1), 3)
    N(i, 1) = U2 * V3 - U3 * V2
    N(i, 2) = U3 * V1 - U1 * V3
    N(i, 3) = U1 * V2 - U2 * V1
  Next i
End Sub

'计算投影方向 S 矢量(透视投影)
Private Sub touying()
  Dim i As Integer
  For i = 1 To NS
    Ss(i, 1) = -SV(S(i, 1), 1)
    Ss(i, 2) = qq - SV(S(i, 1), 2)
    Ss(i, 3) = -SV(S(i, 1), 3)
    W(i) = Ss(i, 1) * N(i, 1) + Ss(i, 2) * N(i, 2) + Ss(i, 3) * N(i, 3)
  Next i
End Sub

'判断棱边可见性(透视投影)
Private Sub panlengke2()
  Dim Ps, Pe As Single
  Dim i, j, l, k, f As Integer
  For i = 1 To NS
    If W(i) > 0 Then
      Ps = S(i, 1)
      For j = 2 To NP(i)
        Pe = S(i, j)
        For l = 1 To k - 1
          f = 0
          If Ps = E(l, 2) And Pe = E(l, 1) Then E(l, 3) = 2 : f = 1
        Next l
        If f <> 1 Then E(k, 1) = Ps : E(k, 2) = Pe : E(k, 3) = 1 : k = k + 1
        Ps = Pe
      Next j
    End If
  Next i
```

```
End Sub

'画图
Private Sub draw()
   Dim i, XA, YA As Integer
   Dim X1, Y1, X2, Y2, Sc As Single
   XA = 150 : YA = 80 : Sc = 4
   g = PictureBox1.CreateGraphics()               '实例化对象变量,与控件相关联
   myPen = New Pen(Color.Black, 3)                '定义画笔
   For i = 0 To NE
      If E(i, 3) = 0 Then Exit For
      X1 = XA - Sc * SV(E(i, 1), 1)
      Y1 = YA - Sc * SV(E(i, 1), 3)
      X2 = XA - Sc * SV(E(i, 2), 1)
      Y2 = YA - Sc * SV(E(i, 2), 3)
      g.DrawLine(myPen, X1, Y1, X2, Y2)
   Next i
End Sub
```

绘制透视投影图的程序运行结果如图 4-58 所示。

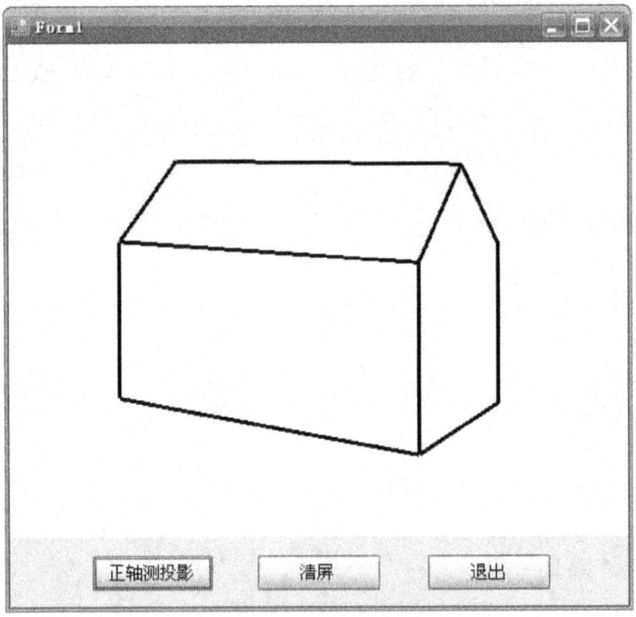

图 4-58　绘制透视投影图的程序运行结果

习　题　4

4-1　已知矩形 $ABCD$ 顶点的坐标为 $A(0,0)$、$B(20,0)$、$C(20,15)$、$D(0,15)$,试求:

(1)x 方向缩小一半,y 方向增加 1 倍后各点的坐标;

(2)将 $ABCD$ 按比例放大2倍，并画出图形。

4-2　已知 三角形 ABC 顶点的坐标 $A(10,10)$、$B(10,30)$、$C(30,20)$，试进行下列变换：

(1)沿 x 方向平移20，沿 y 方向平移15，再绕原点逆时针旋转30°；

(2)绕原点逆时针旋转30°，再沿 y 方向平移15，沿 x 方向平移15。

画出(1)、(2)变换后的图形，并对比两者的结果。

4-3　将图4-59中 AB、BC 两段折线组成的图形旋转19次，并画出旋转后的图形。

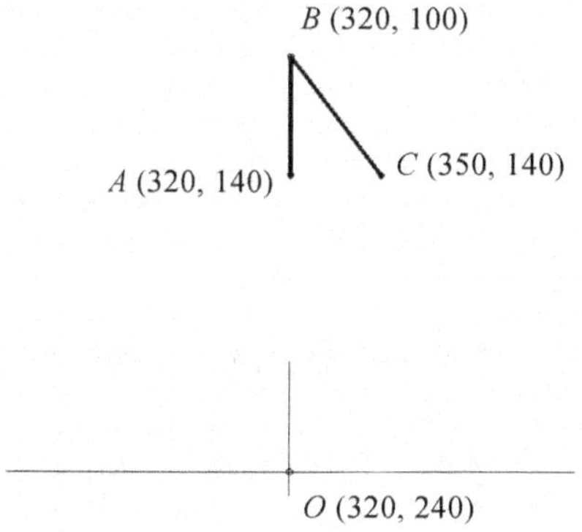

图4-59

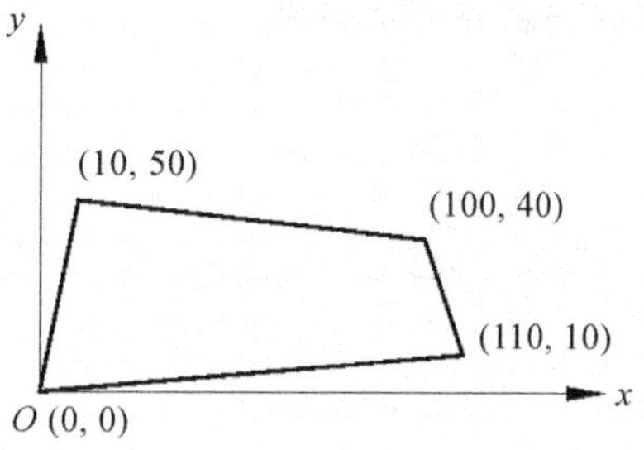

图4-60

4-4　画出图4-60所示的四边形以原点为中心旋转120°的图形。

4-5　将图4-60所示的四边形以原点为中心，每10°为间隔旋转360°，画出旋转后的图形。

4-6　列出物体绕 x 轴正转90°，再绕 y 轴正转90°的算式，并求出组合变换矩阵。

4-7　列出物体绕 z 轴正转90°，绕 x 轴正转90°的算式，并求出组合变换矩阵，将其与第6题结果进行比较。

4-8　编写位于 xy 平面上的四边形(图4-61)分别绕 y 轴和 x 轴旋转的程序。

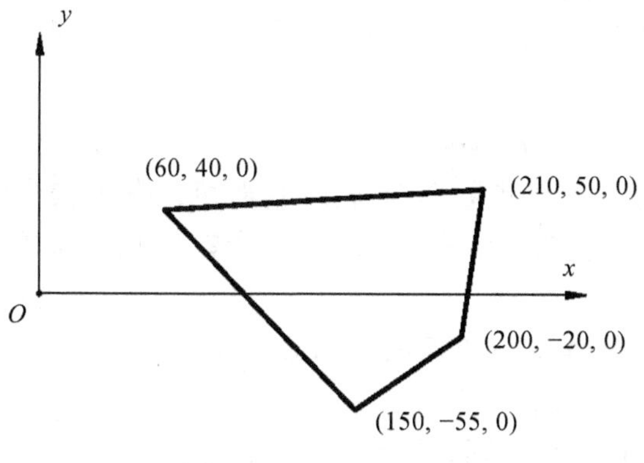

图4-61

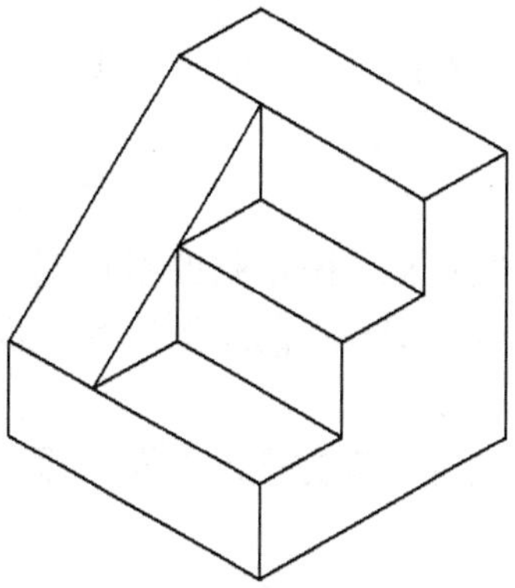

图4-62

4-9　写出三面投影图的变换矩阵，试编写图4-62所示物体的三面投影图的绘图程序。

4-10　试编写一个绘制三面投影图、正轴测投影图和正面轴测图的通用程序(物体自行设计)。

4-11　试编写长方体的消隐程序，该程序可画正轴测图和二点透视图(尺寸自定)。

第 5 章　曲线的程序设计

5.1　平面曲线

5.1.1　显式方程表示的曲线

形如

$$y = f(x)$$

的方程称为曲线的显式方程表示。要编程绘画由显示方程表示的曲线时,须注意下面的几个问题:

(1)建立一个合适的坐标系;

(2)选定曲线的起始和终止范围;

(3)考虑绘画曲线的步长;

(4)加入剪裁功能。

例 5－1　编写绘画正弦曲线 $y = \sin x$ 的程序(图 5－1)。

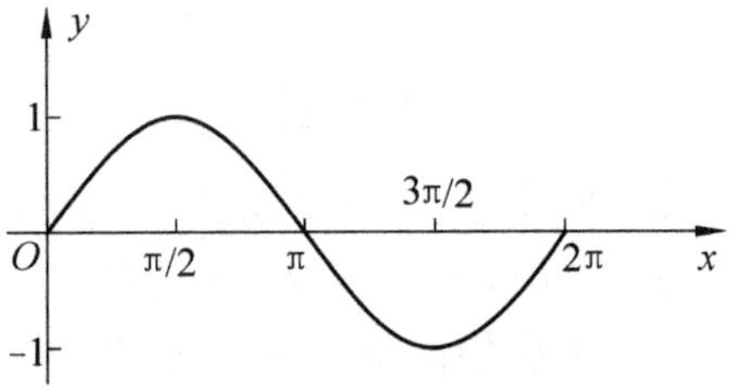

图 5－1　正弦曲线

解　(1)选定 x 坐标的比例值 x_{scale} 和 y 坐标的比例值 y_{scale}。当绘画了一个周期[0,2π]的正弦曲线图像时,该曲线所占的 x 长度为 2π。设屏幕宽度有 640 个像素,则 $x_{scale} = 640/2\pi$。而画 n 个周期时,则 $x_{scale} = (640/2\pi)/n$ 。曲线所占的 y 坐标长度为 2,可设 $y_{scale} = 100$。

(2)选定曲线本身的坐标原点的屏幕坐标 x_0、y_0。若只绘画[0,2π]一个周期的正弦曲线,由图 5－1 有

$$x_0 = 10, \quad y_0 = 240$$

(3)选定画一段正弦曲线所需的步数 s_t。当步数选择适当时,既可以获得较光滑的曲线,也可以达到较快的绘图速度。设在屏幕上画一个周期曲线时的步数为 100,则画 n 个周期时,$s_t = 100/n$。

(4)选定 x 轴方向的变化范围。由上分析,x 轴方向的变化范围为

$$x_{min} = 0, \quad x_{max} = 2\pi n$$

根据上述分析,绘制正弦曲线的程序的流程框图如图 5－2 所示。

绘制正弦曲线的程序主要功能部分如下:

```
'画正弦曲线
Private Sub draw()
    Dim i As Double
    x0 = 10 : y0 = 240
    Dim x, y, oldx, oldy As Integer
```

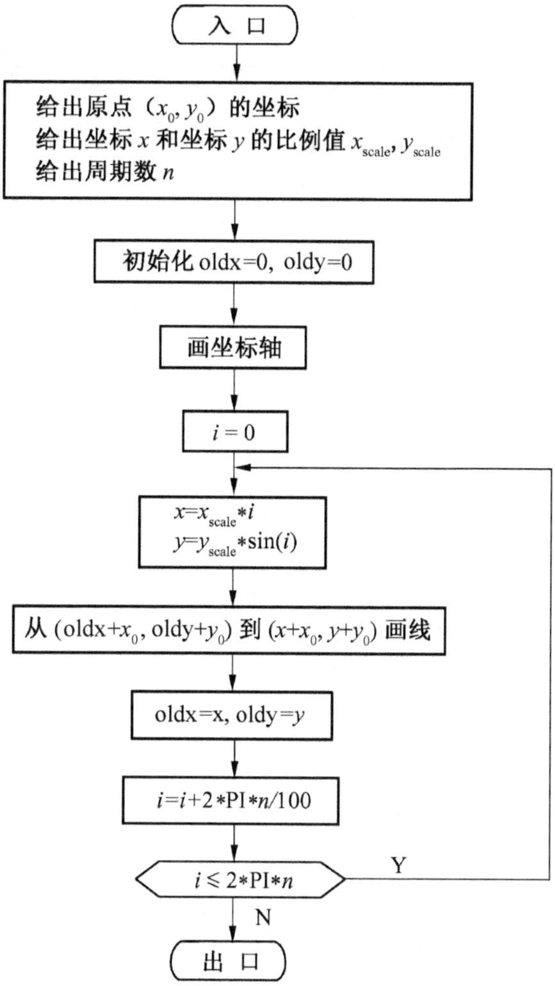

图 5-2　绘制正弦曲线的程序的流程框图

```
oldx = 0 : oldy = 0
xscale = 80
yscale = 100
n = 1
g = Graphics.FromImage(BM)
g.Clear(PictureBox1.BackColor)
myPen = New Pen(Color.Black, 1)             '定义画笔
g.DrawLine(myPen, 0, y0, 550, y0)
g.DrawLine(myPen, x0, 100, x0, 380)
myPen = New Pen(Color.Black, 3)             '定义画笔
For i = 0 To 2 * PI * (n) Step 2 * PI * n / 100
  x = xscale * i
  y = yscale * Sin(i)
  g.DrawLine(myPen, oldx + x0, oldy + y0, x + x0, y + y0)
  oldx = x : oldy = y
```

```
    Next i
End Sub
```

本例题程序的完整代码详见光盘。运行程序后,正弦曲线的输出窗体如图 5-3 所示。

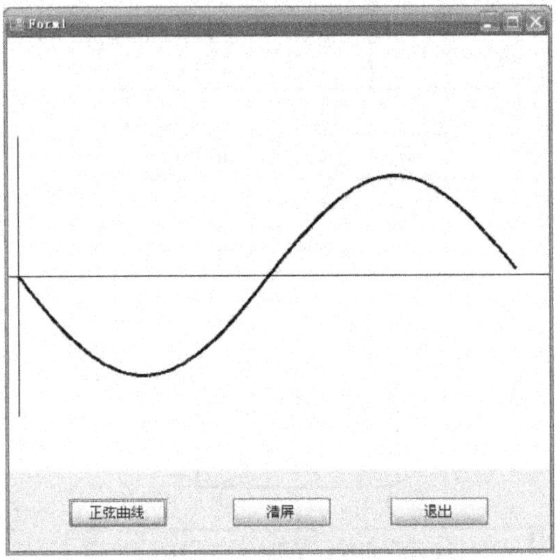

图 5-3　正弦曲线的输出窗体

5.1.2　参数方程表示的曲线

形如

$$\begin{cases} x = x(t) \\ y = y(t) \end{cases}$$

的方程称为曲线的参数方程,其中 t 称为曲线的参数。例如,圆的参数方程为

$$\begin{cases} x = R\cos\theta \\ y = R\sin\theta \end{cases}$$

一般地,利用参数化的方法规定了 x 和 y 之间的关系,可以得到较为光滑的曲线。如用参数方程绘圆时,当参数 θ 的变化相等时,圆的每段弧长(实际上是弦长)相等。但若用显示方程

$$y = \pm\sqrt{R^2 - x^2}$$

表示圆时,当 x 均匀变化时,y 的变化是不均匀的,即画圆时每段弦长不相等。由此可见,在编写平面曲线的程序时,要考虑选择适当的表达式的问题。

编写绘画用参数方程表示曲线的程序要注意的问题与用显示方程表示的曲线基本相同。

例 5-2　编写程序绘画由下列参数方程

$$\begin{cases} x = a\sin[b(T - \pi/c)] \\ y = d\cos T \end{cases}$$

确定的图形,其中 a、b、c、d 为常数。设 $a=2, b=2, c=13, d=-3$。T 为参数,其变化范围为 $0 \leqslant T \leqslant 6.28$。

解　绘制参数方程所表示的曲线的程序流程框图如图 5 - 4 所示。

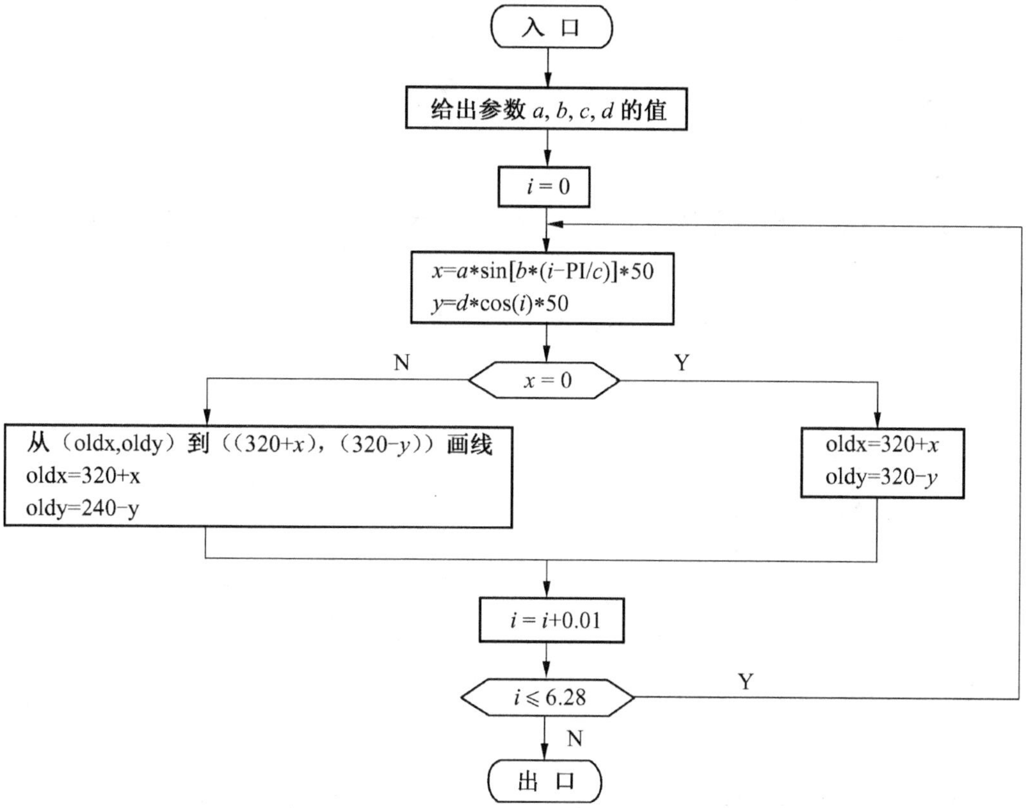

图 5 - 4　绘制参数方程所表示的曲线的程序流程框图

绘制参数方程所表示的曲线的程序主要功能部分如下：

```
'画参数方程的曲线
Private Sub draw()
    Dim a, b, c, d, x, y, oldx, oldy As Integer
    Dim i As Double
    a = 2
    b = 2
    c = 13
    d = -3
    g = Graphics.FromImage(BM)
    g.Clear(PictureBox1.BackColor)
    myPen = New Pen(Color.Black, 3)              '定义画笔
    For i = 0 To 6.28 Step 0.01
        x = a * Sin(b * (i - PI / c)) * 50
        y = d * Cos(i) * 50
        If i = 0 Then
            oldx = 320 + x
            oldy = 240 - y
```

```
        Else
          g.DrawLine(myPen, oldx, oldy, (320 + x), (240 - y))
          oldx = 320 + x
          oldy = 240 - y
        End If
      Next i
    End Sub
```

本例题程序的完整代码详见光盘。程序运行后,参数方程所表示的曲线的输出窗体如图 5-5 所示。

图 5-5　参数方程所表示的曲线的输出窗体

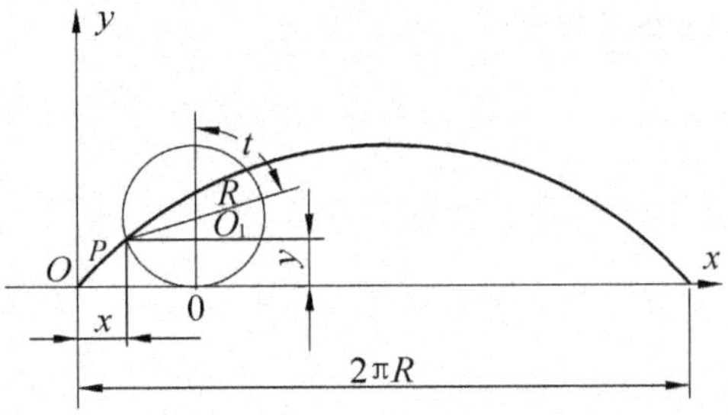

图 5-6　平摆线实例

例 5-3　编写程序绘画平摆线的图形。

解　当一个圆沿着一定直线作无滑动滚动时,圆上一定点在平面上的运动轨迹称为平摆线(图 5-6)。设摆线的起点为坐标原点(x_0, y_0),滚动半径为 R,滚动转角 t 为参数,则平摆线的方程为

$$\begin{cases} x = R(t - \sin t) \\ y = R(1 - \cos t) \end{cases}$$

绘制平摆线的程序流程框图如图 5-7 所示。

绘制平摆线的程序主要功能部分如下:

```
'画平摆线
Private Sub draw()
    Dim x, y, xright, yup, r, x0, y0, oldx, oldy As Integer
    Dim k, t As Double
    x0 = 30 : y0 = 200 : r = 50 : k = 0.25
    xright = x0 + 2 * PI * r + 10
    yup = y0 - 2 * r - 10

    g = Graphics.FromImage(BM)
    g.Clear(PictureBox1.BackColor)
```

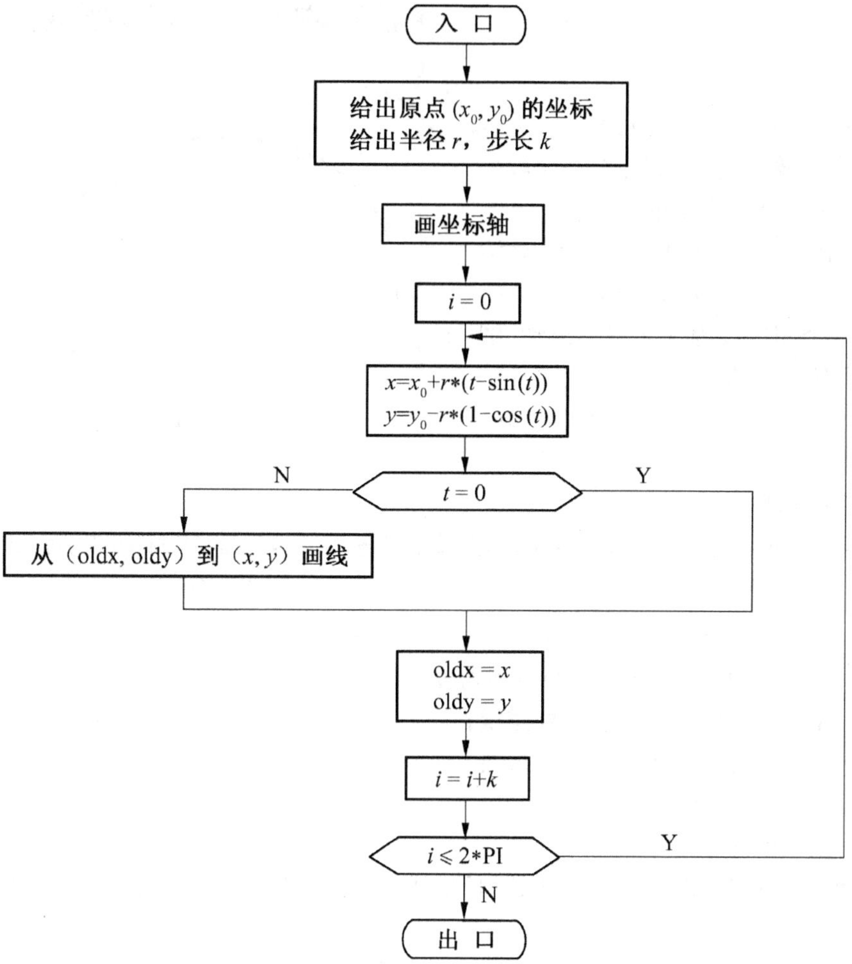

图 5－7　绘制平摆线的程序流程框图

```
myPen = New Pen(Color.Black, 1)              '定义画笔
g.DrawLine(myPen, x0, y0, xright, y0)
g.DrawLine(myPen, x0, y0, x0, yup)

myPen = New Pen(Color.Black, 3)              '定义画笔
For t = 0 To 2 * PI Step k
  x = x0 + r * (t - Sin(t))
  y = y0 - r * (1 - Cos(t))
  If t = 0 Then
    oldx = x
    oldy = y
  Else
    g.DrawLine(myPen, oldx, oldy, x, y)
    oldx = x
    oldy = y
```

```
    End If
  Next t
End Sub
```

本例题程序的完整代码详见光盘。运行程序后,平摆线的输出窗体如图 5-8 所示。上述程序中,k 是一个转角 t 的增量。

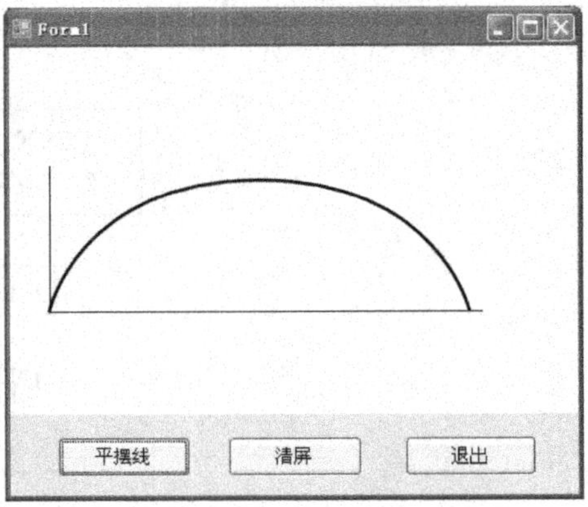

图 5-8 平摆线的绘制示例

若一个圆在一个固定圆外作无滑动滚动,圆上一定点在平面的运动轨迹称为外摆线;一个圆在一个固定圆内作无滑动滚动,圆上一定点在平面的运动轨迹称为内摆线;一个圆在一个固定圆外或圆内作无滑动滚动,圆内部或外部一定点在平面的运动轨迹称为缩短摆线或延长摆线。

设动圆半径为 R_1,定圆半径为 R_2,则圆上或圆外一点的运动轨迹满足的方程为:

$$\begin{cases} x = (R_1 + R_2)\cos t - L * R_1\cos[t(R_1 + R_2)/R_1] \\ y = (R_1 + R_2)\sin t - L * R_1\sin[t(R_1 + R_2)/R_1] \end{cases}$$

式中,L 为长短幅,t 为从开始到某点的滚动角度。当

$L=1$ 时, $R_1>0$, $R_2>0$ 时,绘出外摆线;

$L=1$ 时, $R_1<0$, $R_2<0$ 时,绘出内摆线;

$L>1$ 时,绘出延长摆线;

$L<1$ 时,绘出缩短摆线。

对于外摆线和内摆线以及缩短摆线、延长摆线图形的程序编写,可以参照上面的原理自行设计。

5.1.3 极坐标方程表示的曲线

形如

$$\rho = \rho(\theta)$$

的方程则称为曲线的极坐标方程。其中 ρ 称为极径,θ 称为极角。在极坐标系中,含有变量 ρ 和 θ 的方程表示极坐标系中的曲线。

绘图用极坐标方程表示的曲线时,必须先将极坐标的 ρ 值转换为直角坐标 x、y 值,转换的公式为

$$\begin{cases} x = \rho\cos\theta \\ y = \rho\sin\theta \end{cases}$$

其中,θ 值应与计算 ρ 值时的 θ 值相同。

在上式中,若将 ρ 定义为极角 θ 的函数,就可以把 ρ 的变化与 θ 的改变联系起来。

图 5-9 极坐标曲线实例

例 5-4 编写程序绘画图 5-9 的图形。

解 设 ρ 与 θ 的极坐标方程为

$$\rho = 4\cos(2\theta)$$

绘制极坐标曲线的程序流程框图如图 5 - 10 所示。

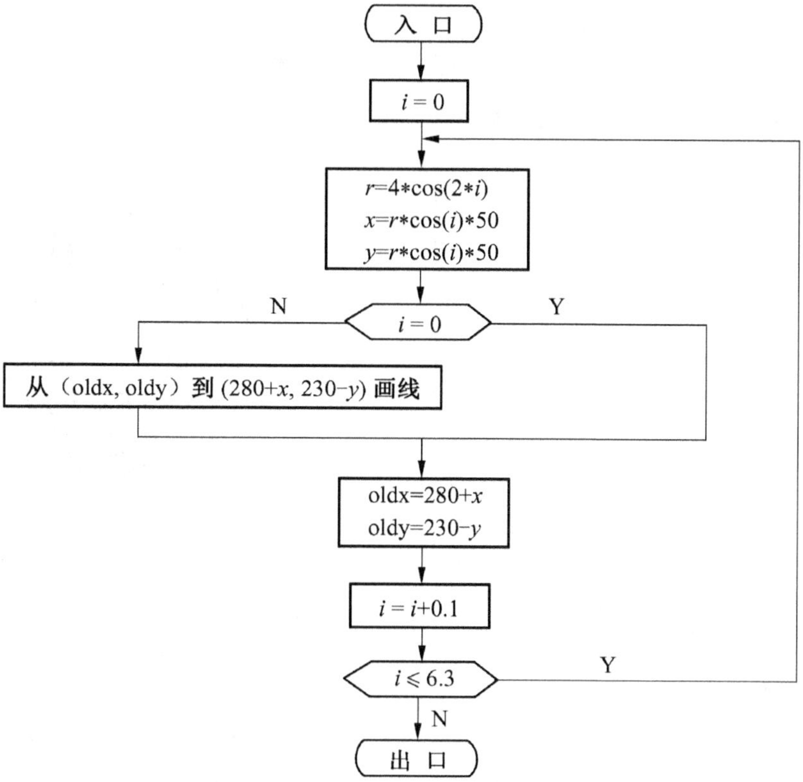

图 5 - 10　极坐标曲线的程序框图

绘制极坐标曲线的程序主要功能部分如下：

```
'绘制极坐标曲线
Private Sub draw()
  Dim x, y, oldx, oldy As Integer
  Dim r, i As Double
  g = Graphics.FromImage(BM)
  g.Clear(PictureBox1.BackColor)
  myPen = New Pen(Color.Black, 3)              '定义画笔
  For i = 0 To 6.3  Step 0.1
    r = 4 * Cos(2 * i)
    x = r * Cos(i) * 50
    y = r * Sin(i) * 50
    If i = 0 Then
      oldx = 280 + x
      oldy = 230 - y
    Else
      g.DrawLine(myPen, oldx, oldy, 280 + x, 230 - y)
      oldx = 280 + x
```

```
      oldy = 230 - y
    End If
  Next i
End Sub
```

本例题程序的完整代码详见光盘。程序运行后,极坐标曲线的输出窗体如图 5-11 所示。

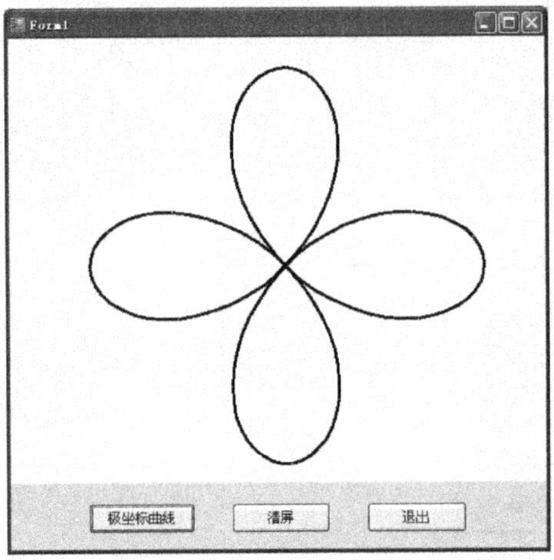

图 5-11　极坐标曲线的绘制示例

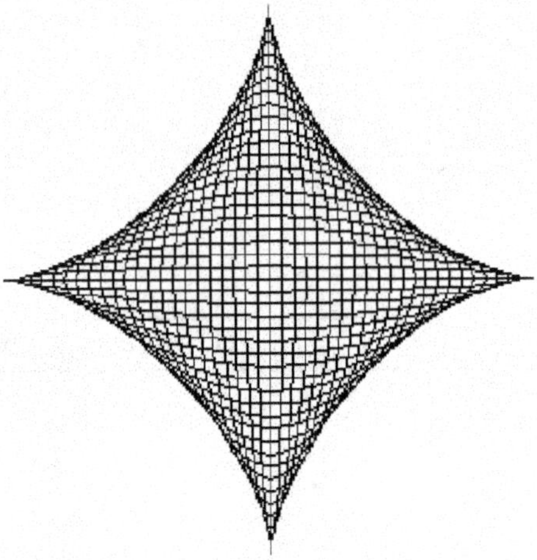

图 5-12　星形图案

5.1.4　曲线类图形

在第 2 章中,已先后介绍了直线类图形和圆类图形。虽然圆类图形也是属于曲线类图形,但本节介绍的曲线类图形主要是指非圆类曲线构成的图形。下面给出由一般曲线构造的简单有趣的图形。

例 5-5　绘制变化椭圆组成的星形图案(图 5-12)。

解　编写绘制星形图案的画椭圆函数 ellipse(),在主程序循环调用画椭圆函数 ellipse(),每次调用时椭圆的长轴依次递增,短轴依次递减。绘制星形图案的主程序的流程框图如图 5-13 所示。

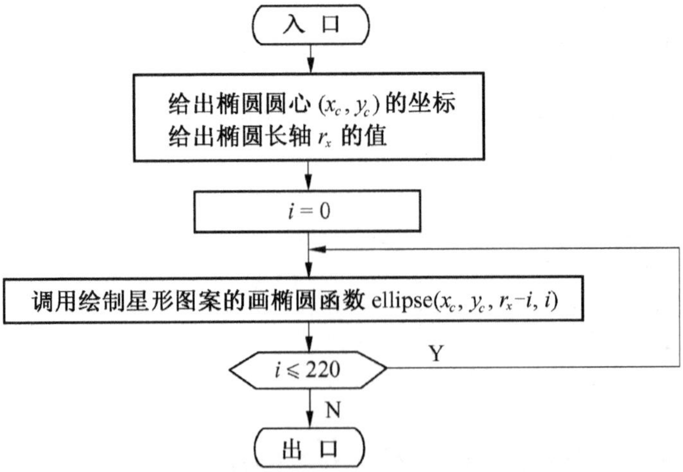

图 5-13　星形图案的主程序的流程框图

绘制星形图案主程序的主要功能部分如下：

```
Private Sub Button1_Click(ByVal sender As System.Object, ByVal e As System.EventArgs) Handles Button1.Click
    Dim xc, yc, rx, dt, i As Integer
    xc = 280 : yc = 240 : rx = 220
    For i = 0 To 220 Step 10
      '调用绘制星形图案的画椭圆函数
      Call ellipse(xc, yc, rx - i, i)
    Next i
    g = Graphics.FromImage(BM)
    g.Dispose()
    PictureBox1.Invalidate()
End Sub
```

编写画椭圆函数的流程框图如图 5-14 所示。

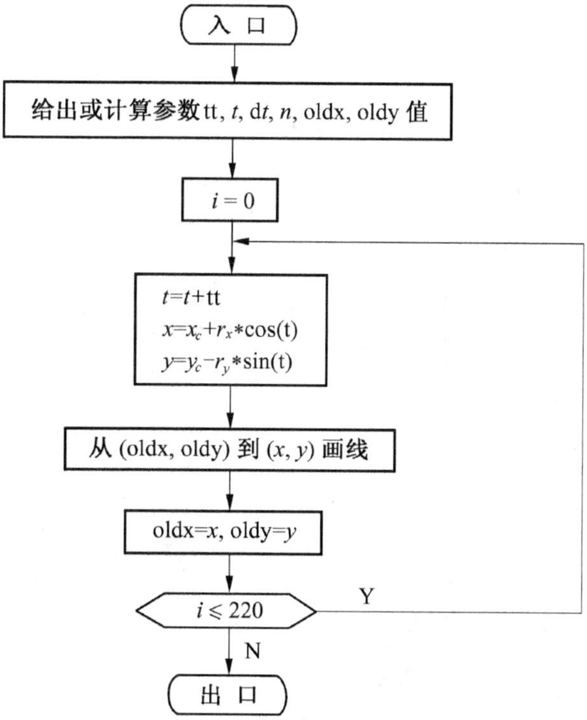

图 5-14　绘制星形图案中的画椭圆函数的流程框图

绘制星形图案的画椭圆函数的代码如下：

```
'绘制星形图案的画椭圆函数
Public Sub ellipse(ByVal xc, ByVal yc, ByVal rx, ByVal ry)
    Dim x, y, n, i, oldx, oldy As Integer
    Dim tt, t, dt As Double
    dt = 10
    tt = dt * PI / 180
```

```
    t = 0.0#
    n = 360 / dt
    oldx = xc + rx
    oldy = yc
    g = Graphics.FromImage(BM)
    myPen = New Pen(Color.Black, 2)             '定义画笔
    For i = 1 To n
      t = t + tt
      x = xc + rx * Cos(t)
      y = yc - ry * Sin(t)
      g.DrawLine(myPen, oldx, oldy, x, y)
      oldx = x
      oldy = y
    Next i
    g.DrawLine(myPen, oldx, oldy, xc + rx, yc)
  End Sub
```

星形图案的输出窗体如图 5 - 15 所示。

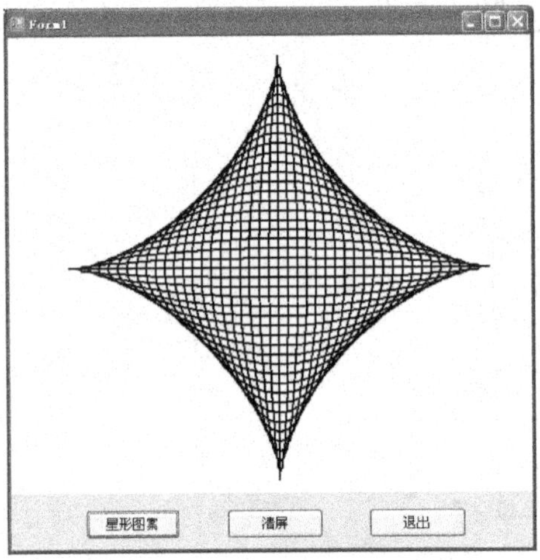

图 5 - 15　星形图案绘制示例

图 5 - 16　沙丘图案

例 5 - 6　绘制沙丘图案(图 5 - 16)。

解　绘制沙丘图案的程序采用二重循环,内循环利用 DrawLine 方法画一条水平的不规则曲线,外循环从上至下依次画出很多条这样的曲线。

绘制沙丘图案的程序流程框图如图 5 - 17 所示。

绘制沙丘图案的主要程序代码如下:

```
Private Sub draw()
  Dim x, y, pp, oldx, oldy As Integer
  Dim a, b, c As Double
  g = Graphics.FromImage(BM)
  g.Clear(PictureBox1.BackColor)
```

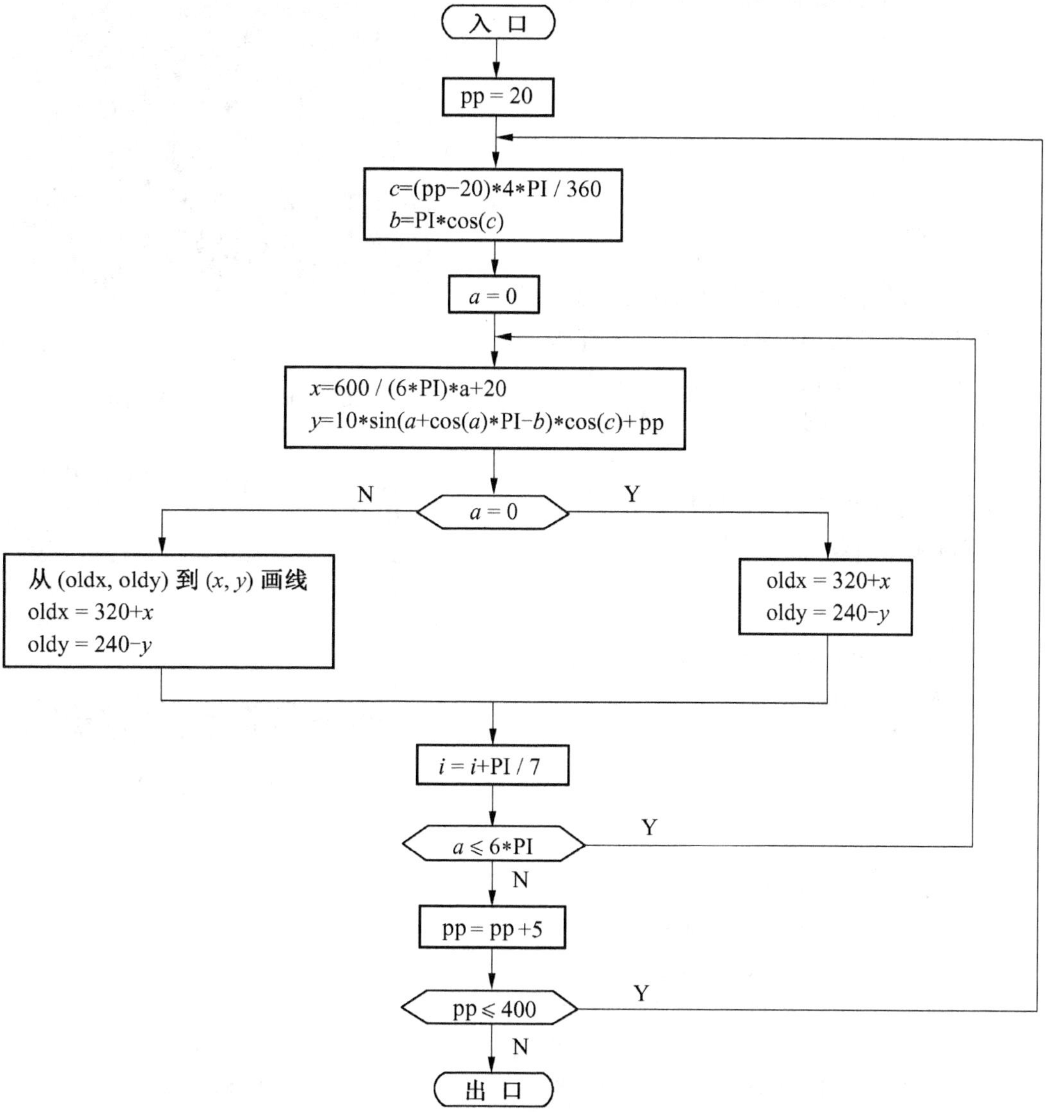

图 5－17　绘制沙丘图案的程序框图

```
myPen = New Pen(Color.Black, 2)            '定义画笔
For pp = 20 To 400 Step 5
  c = (pp - 20) * 4 * PI / 360
  b = PI * Cos(c)
  For a = 0 To 6 * PI Step PI / 7
    x = 600 / (6 * PI) * a + 20
    y = 10 * Sin(a + Cos(a) * PI - b) * Cos(c) + pp
    If a = 0 Then
      oldx = x
      oldy = y
    Else
```

```
            g.DrawLine(myPen, oldx, oldy, x, y)
            oldx = x
            oldy = y
          End If
        Next a
      Next pp
    End Sub
```

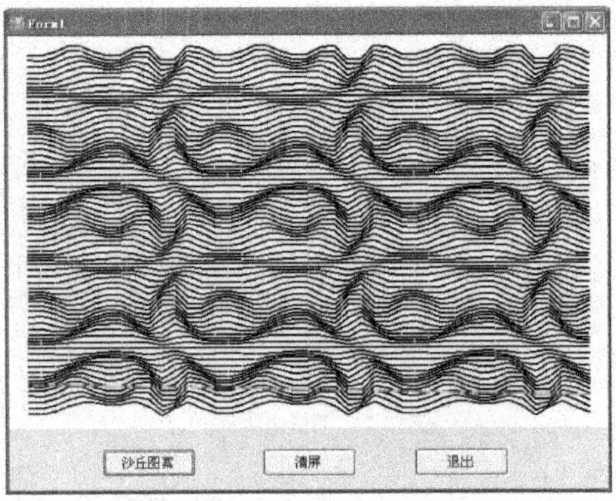

图 5-18 沙丘图案绘制示例

本例题程序的完整代码详见光盘。运行程序后,沙丘图案的输出窗体如图 5-18 所示。

例 5-7 绘制花边图案(图 5-19)。

图 5-19 花边图案

解 绘制花边图案的程序流程框图如图 5-20 所示。

绘制花边图案的主要程序代码如下:

```
'绘制花边图案
Private Sub draw()
  Dim px, py, x, y, r, nn, i, n, oldx, oldy As Integer
  Dim x1(121), x2(121), y1(121), y2(121) As Double
  Dim a As Double
  r = 35
  n = -1
  nn = 35
  i = 1
  g = Graphics.FromImage(BM)
  g.Clear(PictureBox1.BackColor)
  myPen = New Pen(Color.Black, 1)             '定义画笔
  For a = 0 To 2 * PI Step PI / 60
    x1(i) = CInt(1.1  * (r / 5 * Sin(8 * a) + r * Sin(2 * a)) * Cos(a))
    y1(i) = CInt(0.85 * (r / 5 * Sin(8 * a) + r * Sin(2 * a)) * Sin(a))
    x2(i) = CInt((r / 5 * Sin(6 * a) + r * Sin(2 * a)) * Cos(a))
    y2(i) = CInt((r / 5 * Sin(6 * a) + r * Sin(2 * a)) * Sin(a))
    i = i + 1
  Next a
  For px = 120 To 540 Step 60
    For py = 50 To 350 Step 60
      n = n + 1
      If px = 120 Or px = 540 Or py = 50 Or py = 350 Then
        For i = 1 To 121
          x = (x2(i) - x1(i)) / nn * n + x1(i)
          y = (y2(i) - y1(i)) / nn * n + y1(i)
          x = (x + px) / 2
          y = (y + py) / 2
```

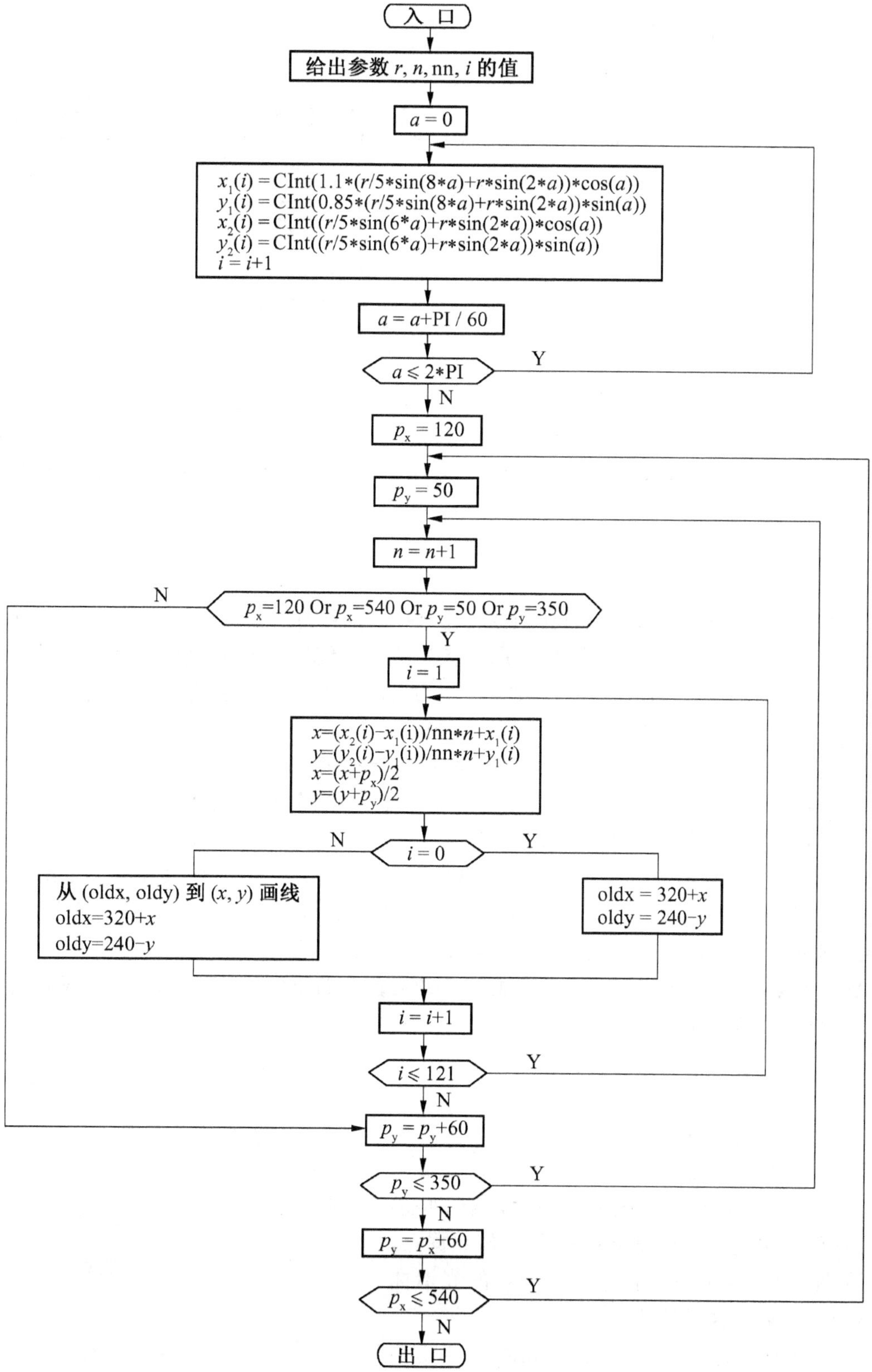

图 5－20　绘制花边图案的程序框图

```
            If i = 1 Then
                oldx = x
                oldy = y
            Else
                g.DrawLine(myPen, oldx, oldy, x, y)
                oldx = x
                oldy = y
            End If
        Next i
    End If
  Next py
Next px
End Sub
```

本例题程序的完整代码详见光盘。运行程序后，花边图案的输出窗体如图 5－21 所示。

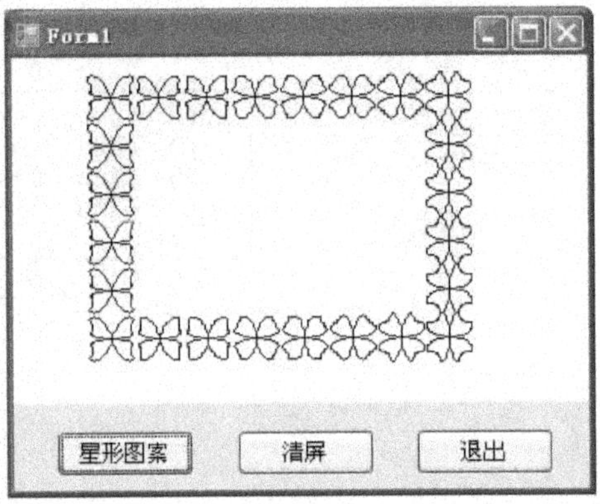

图 5－21　花边图案的绘制示例

5.2　三次样条曲线

上面讨论的曲线基本上都是规则曲线，还有一类曲线是不规则曲线。在工程上，常常会碰到将采集到的一系列型值点（数据），用一条光滑的曲线连接起来，绘出曲线图形的问题。这类曲线包括不规则平面曲线和空间曲线，称为自由曲线。用光滑曲线连接或逼近一系列的离散点，从而绘出曲线图形的方法，称为曲线的拟合。

实现曲线拟合的方法大致可分为两大类：一类是插值法；另一类是逼近法。

（1）插值法　给定一组精确的离散数据点，构造一个函数，使其严格地依次通过全部数据点，满足光顺的要求。常用的插值方法有多项式插值、抛物样条曲线和三次样条曲线等。

（2）逼近法　给定一组具有误差的离散数据点，构造一个函数，使其在整体上最接近这些数据点，而不必点点通过它们，使构造的函数与所有数据点的误差在某种意义上为最小。常用的逼近方法有最小二乘法、Bézier 曲线和 B 样条曲线等。

鉴于篇幅所限，这里仅以三次样条曲线介绍插值法的原理，以三次 Bézier 曲线介绍逼近的原理（详见本章 5.3 节）。

5.2.1　三次样条曲线的数学表达式

设给出一组离散的数据点（图 5－22），为了用一条曲线光滑地通过所有地数据点，设计人员常常使用一根富有弹性的木质或塑料的样条（spline）通过“压铁”，强迫样条严格地一一通过各数据点。样条弯曲变性，形成一条通过各数据点的光滑曲线，这条曲线就是样条曲线。

图 5－22　样条曲线

三次样条曲线是一条点点通过数据点，各分段为三次曲线段，且有直至二阶导矢连续的样条曲线。三次样条曲线主要适用于船舶、飞机、汽车等外形设计的数学放样工作。

5.2.1.1　分段三次样条曲线的表达式

三次样条曲线是一条三次曲线，由一个三次多项式来描述。设参变量为 t，则两个数据点间的分段三次样条曲线表达式为

$$\boldsymbol{S}(t) = At^3 + Bt^2 + Ct + D \qquad t \in [0, t_m] \tag{5-1}$$

其中，$\boldsymbol{S}(t_i) = [x(t_i), y(t_i), z(t_i)]$ 可以看作是样条曲线上某一点的位置向量，t_i 是该点相应的参变量，三个分量 $x(t_i)$、$y(t_i)$、$z(t_i)$ 可以看作是点的坐标值。

对于每段三次样条曲线来说，其通过两个相邻的数据点，设为 P_1 和 P_2；且其切矢为已知，设为 P'_1 和 P'_2；同时设 P_1 对应的参变量为 $t_1 = 0$，P_2 对应的参变量为 t_2，从而有

$$P_1 = D$$

$$P_2 = At_2^3 + Bt_2^2 + Ct_2 + D$$

$$P'_1 = C$$

$$P'_2 = 3At_2^2 + 2Bt_2 + C$$

以 $P_1 = D$，$P'_1 = C$ 代入，可以求得

$$A = \frac{2(P_1 - P_2)}{t_2{}^3} + \frac{P'_1}{t_2^2} + \frac{P'_2}{t_2^2}$$

$$B = \frac{3(P_2 - P_1)}{t_2^2} - \frac{2P'_1}{t_2} - \frac{P'_2}{t_2}$$

将 A、B、C、D 代入式(5-1)可以得分段三次样条曲线的表达式为

$$\boldsymbol{S}(t) = P_1 + P'_1 t + \left[\frac{3(P_2 - P_1)}{t_2^2} - \frac{2P'_1}{t_2} - \frac{P'_2}{t_2}\right] t^2 + \left[\frac{2(P_1 - P_2)}{t_2{}^3} + \frac{P'_1}{t_2^2} + \frac{P'_2}{t_2^2}\right] t^3$$

$$t \in [0, t_2] \tag{5-2}$$

同理，可得任一段由 P_i 和 P_{i+1} 确定得三次样条曲线的表达式为

$$\boldsymbol{S}_i(t) = P_i + P'_i t + \left[\frac{3(P_{i+1} - P_i)}{t_{i+1}^2} - \frac{2P'_i}{t_{i+1}} - \frac{P_{i+1}{}'}{t_{i+1}}\right] t^2 + \left[\frac{2(P_i - P_{i+1})}{t_{i+1}^3} + \frac{P'_i}{t_{i+1}^2} + \frac{P_{i+1}{}'}{t_{i+1}^2}\right] t^3$$

$$t \in [0, t_{i+1}], \quad i \in [1, 2, \cdots, n-1] \tag{5-3}$$

5.2.1.2　三次样条曲线的连续表达式

要得到通过所有数据点的整条曲线，可将各个分段的曲线首尾连接起来。要使连接起来的曲线光滑，则曲线的连接要在数据点处达到直至二阶导矢的连续，即增加一个约束条件。设任意给出三个相邻的数据点 P_1、P_2、P_3(图5-23)及切矢 P'_1 和 P'_3。

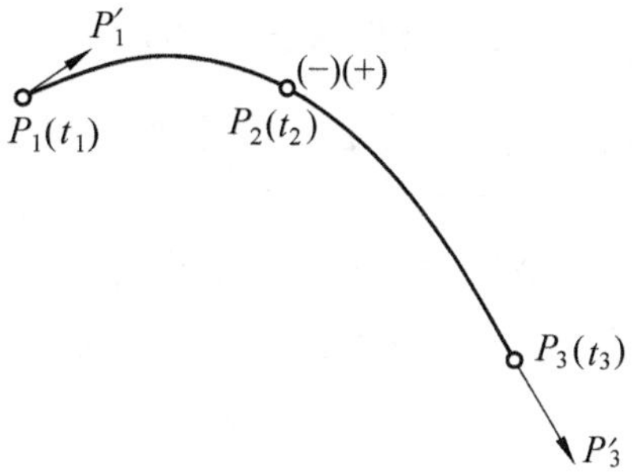

图5-23　三次样条曲线段的连接

要使曲线在数据点处达到二阶连续，则有

$$P''_{2-} = P''_{2+}$$

由式(5-1)有

$$\boldsymbol{S}''(t) = 6At + 2B$$

在曲线 P_1P_2 段中，P_2 为终点，有

$$P''_{2-} = 6A_- t_2 + 2B_-$$

在曲线 P_2P_3 段中，P_2 为始点，有

$$P''_{2+} = 2B_+$$

故

$$6A_-\ t_2 + 2B = 2B_+$$

即

$$6\left[\frac{2(P_1 - P_2)}{t_2^3} + \frac{P'_1}{t_2^2} + \frac{P'_2}{t_2^2}\right]t^2 + 2\left[\frac{3(P_2 - P_1)}{t_2^2} - \frac{2P'_1}{t_2} - \frac{P'_2}{t_2}\right] = 2\left[\frac{3(P_3 - P_2)}{t_3^2} - \frac{2P'_2}{t_3} - \frac{P'_3}{t_3}\right] \tag{5-4}$$

式(5－4)用 t_2t_3 同乘两边后整理，可以写成以下矩阵形式

$$[\ t_2 \quad 2(t_3 + t_2) \quad t_2\ ]\begin{bmatrix} P'_1 \\ P'_2 \\ P'_3 \end{bmatrix} = 3\left[\frac{t_2}{t_3}(P_3 - P_2) + \frac{t_3}{t_2}(P_2 - P_1)\right] \tag{5-5}$$

求解上式即可得到曲线连续数据点 P_2 处的未知切矢 P'_2，从而满足曲线在数据点处达二阶导矢连续的约束条件。

同理，可得任一段由 P_i、P_{i+1}和 P_{i+2}确定的三次样条曲线的矩阵表达式为

$$[\ t_{i+2} \quad 2(t_{i+2} + t_{i+1}) \quad t_{i+1}\ ]\begin{bmatrix} P'_i \\ P'_{i+1} \\ P'_{i+2} \end{bmatrix} = 3\left[\frac{t_{i+1}}{t_{i+2}}(P_{i+2} - P_{i+1}) + \frac{t_{i+2}}{t_{i+1}}(P_{i+1} - P_i)\right]$$

$$t \in [1,2,\cdots,n-2] \tag{5-6}$$

对于由 n 个数据点确定的整条三次样条曲线，可以写出 $n-2$ 个形如式(5－6)的方程式。

假设曲线的始点和终点的切矢 P'_1 和 P'_n 为已知，则式(5－6)为 $n-2$ 个独立的方程式，有 $n-2$ 个未知数 $P'_2, P'_3, \cdots, P'_n$，从而有唯一解。由于每个三次样条曲线的条件都满足了，从而可以根据式(5－3)绘出每个曲线段。这 $n-1$ 段曲线依次连接生成整条三次样条曲线。

5.2.2 三次样条曲线程序设计

例5－8 设三次样条曲线通过点(50,200)，(170,220)，(250,200)，(310,150)，(380,200)，(500,150)。各点的切矢为(100，－100)，(80,200)，(100,150)，(300，－200)，(200，－100)，(100,100)。试绘出三次样条曲线。

解 用分量来表达式(5－1)为

$$x(t) = A_1t^3 + B_1t^2 + C_1t + D_1 \qquad t \in [0,1]$$

其中

$$A_1 = 2P_{1x} - 2P_{2x} + P'_{1x} + P'_{2x}$$

$$B_1 = -3P_{1x} + 3P_{2x} - 2P'_{1x} - P'_{2x}$$

$$C_1 = P'_{1x}$$

$$D_1 = P_{1x}$$

$$y(t) = A_2t^3 + B_2t^2 + C_2t + D_2 \qquad t \in [0,1]$$

其中

$$A_2 = 2P_{1y} - 2P_{2y} + P'_{1y} + P'_{2y}$$
$$B_2 = -3P_{1y} + 3P_{2y} - 2P'_{1y} - P'_{2y}$$
$$C_2 = P'_{1y}$$
$$D_2 = P_{2y}$$

设用数组 $p_x[6]$、$p_y[6]$存放各数据点的 x、y 坐标；数组 $d_x[6]$、$d_y[6]$存放各数据点切矢的 x、y 分量；N 为每条曲线的等分数，则绘制三次样条曲线的主要程序代码如下：

```
'绘制三次样条曲线
Private Sub draw()
  Dim px(6), py(6), dx(6), dy(6) As Double
  Dim a1, b1, c1, d1, a2, b2, c2, d2 As Double
  Dim x, y, i, oldx, oldy As Integer
  Dim j, t, dt, n As Double
  px(0) = 50 : px(1) = 170 : px(2) = 250 : px(3) = 310 : px(4) = 380 : px(5) = 500
  py(0) = 200 : py(1) = 220 : py(2) = 200 : py(3) = 150 : py(4) = 200 : py(5) = 150
  dx(0) = 100 : dx(1) = 80 : dx(2) = 100 : dx(3) = 300 : dx(4) = 200 : dx(5) = 100
  dy(0) = -100 : dy(1) = 200 : dy(2) = 150 : dy(3) = -200 : dy(4) = -100 : dy(5) = 100
  n = 10
  dt = 1 / n
  g = Graphics.FromImage(BM)
  g.Clear(PictureBox1.BackColor)
  myPen = New Pen(Color.Black, 2)          '定义画笔
  For i = 0 To 4
    d1 = px(i)
    c1 = dx(i)
    b1 = -3 * px(i) + 3 * px(i + 1) - 2 * dx(i) - dx(i + 1)
    a1 = 2 * px(i) - 2 * px(i + 1) + dx(i) + dx(i + 1)
    d2 = py(i)
    c2 = dy(i)
    b2 = -3 * py(i) + 3 * py(i + 1) - 2 * dy(i) - dy(i + 1)
    a2 = 2 * py(i) - 2 * py(i + 1) + dy(i) + dy(i + 1)
    For j = 0 To n Step 0.1
      t = j * dt
      x = a1 * t * t * t + b1 * t * t + c1 * t + d1
      y = a2 * t * t * t + b2 * t * t + c2 * t + d2
      If j = 0 Then
        oldx = x
        oldy = y
```

```
        Else
          g.DrawLine(myPen, oldx, oldy, x, y)
          oldx = x
          oldy = y
        End If
      Next j
    Next i
  End Sub
```

本例题程序的完整代码详见光盘。运行程序后,三次样条曲线的输出窗体如图 5-24 所示。

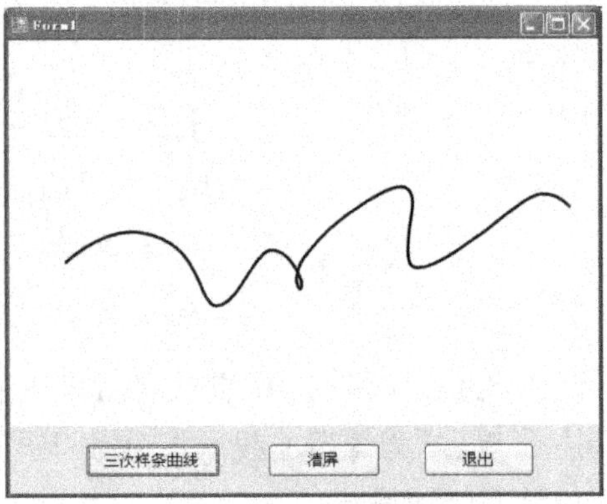

图 5-24　三次样条曲线绘制示例

5.3 Bézier 曲线

三次样条曲线的特点是:最终生成的曲线通过所有给出的型值点。同时,曲线是靠端点切矢的方向和大小来控制其形状的。作为外形设计的工具,样条曲线缺少灵活性和直观性,使用也不够方便。对于船舶和汽车等的外形设计,初始给出的型值点往往并不精确,所有要求生成的曲线每点都通过型值点并没有必要。

法国的 Bézier(贝塞尔)1962 年提出了一种新的参数曲线表示法,称为 Bézier 曲线。Bézier 曲线是基于逼近的概念,用 N 根折线($N+1$ 个顶点)定义一条 N 阶曲线,其优点是直观和设计简单。Bézier 曲线的形状是由 N 根折线构成的多边形各顶点的位置确定的,故这 N 根折线构成的多边形称特征多边形。

5.3.1 Bézier 曲线数学表达式

Bézier 曲线是用 N 根折线定义的 N 阶曲线。通常用 $n+1$ 个顶点定义一个 n 阶多项式来表示

$$\boldsymbol{S}(t) = \sum_{i=1}^{n} \boldsymbol{P}_i B_{i,n}(t) \qquad t \in [0,1] \tag{5-7}$$

其中,$\boldsymbol{P}_i(i=0,1,\cdots,n)$是给定各顶点($n+1$ 个)的位置矢量;$B_{i,n}(t)=\dfrac{n!}{i!\ (n-i)!}t^i(1-t)^{n-i}(i=0,1,\cdots,n)$称为 Bernstain(伯恩斯坦)基函数。

如果规定 0^0 和 $0!$ 均为 1,则

当 $t=0$ 时　　$S(0)=P_0$

当 $t=1$ 时　　$S(1)=P_n$

可见,曲线通过 N 根折线的起点和终点。可以推出,Bézier 曲线也仅通过这两个型值点。

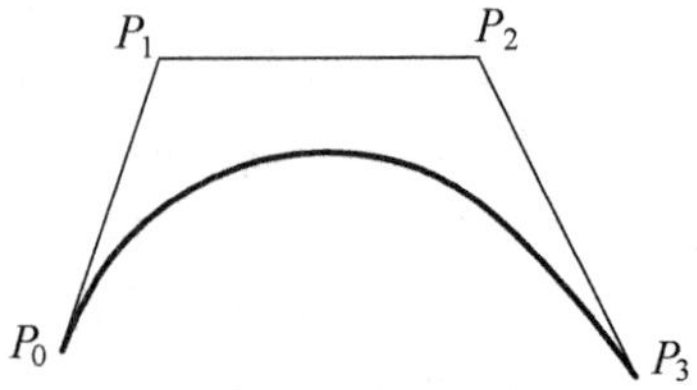

图 5-25　三次 Bézier 曲线

当 $N=3$ 时,顶点 P_0、P_1、P_2、P_3 定义一条三次 Bézier 曲线。这是工程上应用较多的曲线(图 5-25)。

在点 P_0 处　$B_{0,3}(t)=1-3t+3t^2-t^3=(1-t)^3$

在点 P_1 处　$B_{1,3}(t)=3t-6t^2+3t^3=3t(1-t)^2$

在点 P_2 处　$B_{2,3}(t)=3t^2-3t^3=3t^2(1-t)$

在点 P_3 处　$B_{3,3}(t)=t^3$

此时,三次 Bézier 曲线的表达式为

$$S(t)=(1-t)^3P_0+3t(1-t)^2P_1+3t^2(1-t)P_2+t^3P_3 \qquad t\in[0,1] \qquad (5-8)$$

或写成矩阵表达式为

$$S(t)=\begin{bmatrix} t^3 & t^2 & t & 1\end{bmatrix}\begin{bmatrix} -1 & 3 & -3 & 1\\ 3 & -6 & 3 & 0\\ -3 & 3 & 0 & 0\\ 1 & 0 & 0 & 0\end{bmatrix}\begin{bmatrix} P_0\\ P_1\\ P_2\\ P_3\end{bmatrix} \qquad t\in[0,1] \qquad (5-9)$$

5.3.2 三次 Bézier 曲线的程序设计

例 5-9　设三次 Bézier 曲线各数据点为(50,100),(80,230),(120,230),(140,160),(180,50),(230,50),(270,120),(330,230),(380,230),(470,150)。试绘出三次 Bézier 曲线。

解　式(5-8)的分量表示为

$$x(t)=(1-t)^3P_{x0}+3t(1-t)^2P_{x1}+3t^2(1-t)P_{x2}+t^3P_{x3}$$
$$=A_1t^3+B_1t^2+C_1t+D_1$$

其中

$$A_1=-P_{x0}+3P_{x1}-3P_{x2}+P_{x3}$$
$$B_1=3P_{x0}-6P_{x1}+3P_{x2}$$
$$C_1=-3P_{x0}+3P_{x1}$$
$$D_1=P_{x0}$$

$$y(t)=(1-t)^3P_{y0}+3t(1-t)^2P_{y1}+3t^2(1-t)P_{y2}+t^3P_{y3}$$
$$=A_2t^3+B_2t^2+C_2t+D_2$$

其中

$$A_2=-P_{y0}+3P_{y1}-3P_{y2}+P_{y3}$$
$$B_2=3P_{y0}-6P_{y1}+3P_{y2}$$
$$C_2=-3P_{y0}+3P_{y1}$$
$$D_2=P_{y0}$$

设用数组 $p_x[10]$、$p_y[10]$存放三条三次 Bézier 曲线各数据点的 x、y 坐标,N 为每条曲线的等分数,则绘制三次 Bézier 曲线的主要程序代码如下:

```
'绘制三次 Bézier 曲线
Private Sub draw()
  Dim px(10), py(10) As Integer
  Dim a1, b1, c1, d1, a2, b2, c2, d2 As Double
  Dim x, y, i, oldx, oldy As Integer
  Dim j, t, dt, n As Double
```

```
px(0) = 50 : px(1) = 80 : px(2) = 120 : px(3) = 140 : px(4) = 180 : px(5) = 230
px(6) = 270 : px(7) = 330 : px(8) = 380 : px(9) = 430
py(0) = 100 : py(1) = 230 : py(2) = 230 : py(3) = 160 : py(4) = 50 : py(5) = 50
py(6) = 120 : py(7) = 230 : py(8) = 230 : py(9) = 150
n = 10
dt = 1 / n
g = Graphics.FromImage(BM)
g.Clear(PictureBox1.BackColor)
myPen = New Pen(Color.Black, 1)               '定义画笔
For i = 0 To 8
  g.DrawLine(myPen, px(i), py(i), px(i + 1), py(i + 1))
Next i
myPen = New Pen(Color.Black, 3)               '定义画笔
For i = 0 To 6 Step 3
  d1 = px(i)
  c1 = -3 * px(i) + 3 * px(i + 1)
  b1 = 3 * px(i) - 6 * px(i + 1) + 3 * px(i + 2)
  a1 = -px(i) + 3 * px(i + 1) - 3 * px(i + 2) + px(i + 3)
  d2 = py(i)
  c2 = -3 * py(i) + 3 * py(i + 1)
  b2 = 3 * py(i) - 6 * py(i + 1) + 3 * py(i + 2)
  a2 = -py(i) + 3 * py(i + 1) - 3 * py(i + 2) + py(i + 3)
  For j = 0 To n Step 0.1
    t = j * dt
    x = a1 * t * t * t + b1 * t * t + c1 * t + d1
    y = a2 * t * t * t + b2 * t * t + c2 * t + d2
    If j = 0 Then
      oldx = x
      oldy = y
    Else
      g.DrawLine(myPen, oldx, oldy, x, y)
      oldx = x
      oldy = y
    End If
  Next j
Next i
End Sub
```

本例题程序完整代码详见光盘。运行程序后，三次 Bézier 曲线的输出窗体如图 5-26 所示。

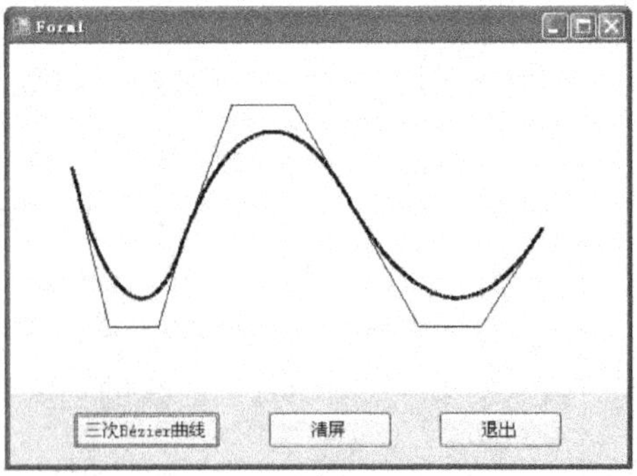

图 5-26　三次 Bézier 曲线绘图示例

5.4　B 样条曲线

Bézier 曲线的特点是：最终生成的曲线只通过起点和终点，因此曲线形成简单、直观。然而，Bézier 曲线当次数较高时不稳定，不能进行局部修改，缺乏灵活性。

Riesenfield 等人在 Bézier 方法的基础上作了拓展，提出了 B 样条曲线。它不仅保持了 Bézier 曲线的优点，而且在局部性、逼近精度等方面均比 Bézier 曲线有了很大的提高。

5.4.1　B 样条曲线的数学表达式

B 样条曲线是由若干样条曲线光滑连接而成的。通常用 $m+n+1$ 个顶点 $P_i(i=0,1,2,\cdots,m+n)$ 定义的 $m+1$ 段 n 次参数曲线表示。

$$P_{i,n}(t)=\sum_{k=0}^{n}P_{i+k}F_{k,n}(t)\qquad t\in[0,1]\tag{5-10}$$

其中，$F_{k,n}(t)$ 为 n 次 B 样条基函数，其形式为

$$F_{k,n}(t)=\frac{1}{n!}\sum_{j=0}^{n-k}(-1)^jC_{n+1}^j(t+n-k-j)^n\qquad t\in[0,1];\ k=0,1,2,\cdots,n\tag{5-11}$$

连接全部曲线段所形成的整条曲线称为 n 次 *B* 样条曲线，依次用线段连接 $P_{i+k}(k=0,1,2,\cdots,n)$ 所组成的多边形折线称为 *B* 样条曲线在第 i 段的 *B* 特征多边形。

由于 n 次 *B* 样条曲线可达到 $n-1$ 阶连续，而在实际应用中，二阶连续的曲线已能满足工程的需要，所以三次 *B* 样条曲线应用比较广泛。

当 $n=3,k=0,1,2,3$ 时，三次 *B* 样条曲线的基函数式(5－11)可写成如下形式：

$$\begin{cases}F_{0,3}(t)=\dfrac{1}{6}(-t^3+3t^2-3t+1)\\[2ex]F_{1,3}(t)=\dfrac{1}{6}(3t^3-6t^2+4)\\[2ex]F_{2,3}(t)=\dfrac{1}{6}(-3t^3+3t^2+3t+1)\\[2ex]F_{3,3}(t)=\dfrac{1}{6}t^3\end{cases}\tag{5-12}$$

则三次 *B* 样条曲线的表达式可以写成：

$$\boldsymbol{P}(t)=F_{0,3}(t)P_0+F_{1,3}(t)P_1+F_{2,3}(t)P_2+F_{3,3}(t)P_3\qquad t\in[0,1]\tag{5-13}$$

或写成矩阵形式

$$\boldsymbol{P}(t)=\frac{1}{6}\begin{bmatrix}t^3 & t^2 & t & 1\end{bmatrix}\cdot\begin{bmatrix}-1 & 3 & -3 & 1\\3 & -6 & 3 & 0\\-3 & 0 & 3 & 0\\1 & 4 & 1 & 0\end{bmatrix}\begin{bmatrix}P_0\\P_1\\P_2\\P_3\end{bmatrix}\qquad t\in[0,1]\tag{5-14}$$

5.4.2　三次 B 样条曲线的程序设计

设 *B* 特征多边形顶点的位置矢量为 $\boldsymbol{P}_0(x_0,y_0)$，$\boldsymbol{P}_1(x_1,y_1)$，$\boldsymbol{P}_2(x_2,y_2)$，$\boldsymbol{P}_3(x_3,y_3)$，式

(5-14)的分量表示为

$$x(t)=\frac{1}{6}[t^3\quad t^2\quad t\quad 1]\begin{bmatrix}-1&3&-3&1\\3&-6&3&0\\-3&0&3&0\\1&4&1&0\end{bmatrix}\begin{bmatrix}x_0\\x_1\\x_2\\x_3\end{bmatrix}$$

$$y(t)=\frac{1}{6}[t^3\quad t^2\quad t\quad 1]\begin{bmatrix}-1&3&-3&1\\3&-6&3&0\\-3&0&3&0\\1&4&1&0\end{bmatrix}\begin{bmatrix}y_0\\y_1\\y_2\\y_3\end{bmatrix}\quad t\in[0,1]\quad(5-15)$$

例 5-10 设一条三次 B 样条曲线中 B 特征多边形的顶点为 $P_0(50,100)$，$P_1(90,60)$，$P_2(150,50)$，$P_3(120,150)$，$P_4(220,240)$，$P_5(300,100)$，$P_6(380,100)$，$P_7(320,200)$，$P_8(450,250)$，$P_9(500,130)$，试编程绘画三次 B 样条曲线。

解 设用数组 $P_x(10)$，$P_y(10)$存放各顶点的 x，y 坐标，则程序代码为

```
'绘制三次 B 样条曲线
Private Sub draw()
  Dim px(10), py(10) As Integer
  Dim f0, f1, f2, f3 As Double
  Dim x, y, oldx, oldy, n As Integer
  Dim j, t, i, dt As Double
  px(0) = 50 : px(1) = 90 : px(2) = 150 : px(3) = 120 : px(4) = 220 : px(5) = 300
  px(6) = 380 : px(7) = 320 : px(8) = 450 : px(9) = 500
  py(0) = 100 : py(1) = 60 : py(2) = 50 : py(3) = 150 : py(4) = 240 : py(5) = 100
  py(6) = 100 : py(7) = 200 : py(8) = 250 : py(9) = 130
  g = Graphics.FromImage(BM)
  g.Clear(PictureBox1.BackColor)
  myPen = New Pen(Color.Black, 1)          '定义画笔
  For i = 0 To 8
    g.DrawLine(myPen, px(i), py(i), px(i + 1), py(i + 1))
  Next i
  myPen = New Pen(Color.Black, 3)          '定义画笔
  n = 10
  dt = 1 / n
  For j = 0 To 6 Step 1
    For i = 0 To n Step 0.1
      t = i * dt
      f0 = 1 / 6 * (-t^3 + 3 * t^2 - 3 * t + 1)
      f1 = 1 / 6 * (3 * t^3 - 6 * t^2 + 4)
      f2 = 1 / 6 * (-3 * t^3 + 3 * t^2 + 3 * t + 1)
      f3 = 1 / 6 * t^3
      x = f0 * px(j) + f1 * px(j + 1) + f2 * px(j + 2) + f3 * px(j + 3)
      y = f0 * py(j) + f1 * py(j + 1) + f2 * py(j + 2) + f3 * py(j + 3)
```

```
            If i = 0 Then
              oldx = x
              oldy = y
            Else
              g.DrawLine(myPen, oldx, oldy, x, y)
              oldx = x
              oldy = y
            End If
          Next i
        Next j
      End Sub
```

本例题程序完整代码见光盘。运行程序后，三次 B 样条曲线的输出窗体如图 5－27 所示。

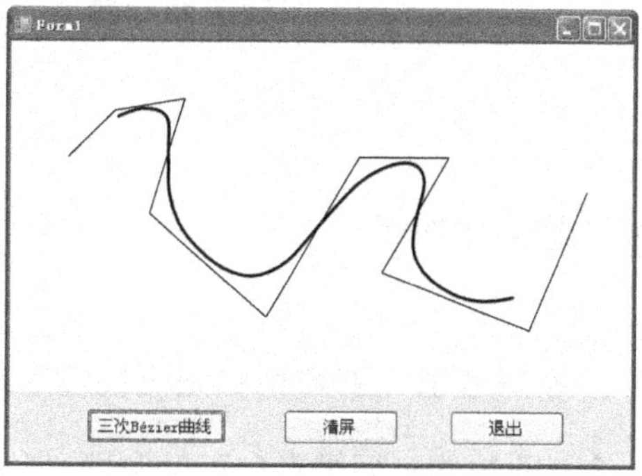

图 5－27　三次 B 样条曲线绘制示例

习　题　5

5－1　试修改曲线显示方程的程序，以绘画曲线 $y=\cos(3x)$ 的图像。

5－2　试修改曲线显示方程的程序，以绘画曲线 $y=\sin x+\cos x$ 的图像。

5－3　试修改曲线极坐标方程的程序，以绘画曲线 $\rho=4\cos(3T)$ 及 $\rho=4\cos(4T)$ 的图像。

5－4　试在例 5－2 的程序中，选取两组不同的 a、b、c、d 值，以观察曲线的图像。

5－5　试修改曲线极坐标方程的程序，以绘画 $\rho=a\theta(a>0)$ 的图像。

5－6　试修改曲线极坐标方程的程序，以绘画 $\rho=a(1-\cos\theta)(a>0)$ 的图像。

5－7　试修改曲线参数方程的程序，以绘画 $x=\sin(2t),y=\sin(3t)$ $(t\in[0,2\pi])$ 的图像。

5－8　试修改曲线参数方程的程序，以绘画 $x=a(\cos t+t\sin t),y=a(\sin t-t\cos t)$ $(a>0)$ 的图像。

5－9　试修改曲线参数方程的程序，以绘画 $x=a\sin 3t\cos t,y=a\cos 3t\sin t(a>0,t\in[0,2\pi])$ 的图像。

5－10　试修改曲线参数方程的程序，以绘画 $x=a\cos t,y=a\sin t(a>0,t\in[0,2\pi])$ 的图像。

5－11　用三次样条曲线设计一动物图案。

5－12　用三次 Bézier 曲线设计一动物图案。

第 6 章　曲面程序设计

6.1　常见曲面

6.1.1　轴线垂直于投影面的正圆柱程序设计

绘制圆柱的三面投影和正轴测图，所要解决的问题就是圆柱轮廓素线和上下底圆周的绘制。

正圆柱的三面投影和正轴测投影的轮廓素线，就是平行于投射方向 S 的平面 P 与圆柱相切的切线（图 6－1a）。分析图 6－1b，当圆柱轴线垂直于 H 投影面时，切平面 P 的 H 投影与圆柱的积聚投影（圆周）相切，且平行于投射方向 S 的水平投影 s。即切平面 P 的水平投影与 x 轴的夹角 E_1。两切点 $r(R_x, R_y)$ 和 $l(L_x, L_y)$ 是切线的积聚投影，同时也是底圆可见部分和不可见部分的分界点。

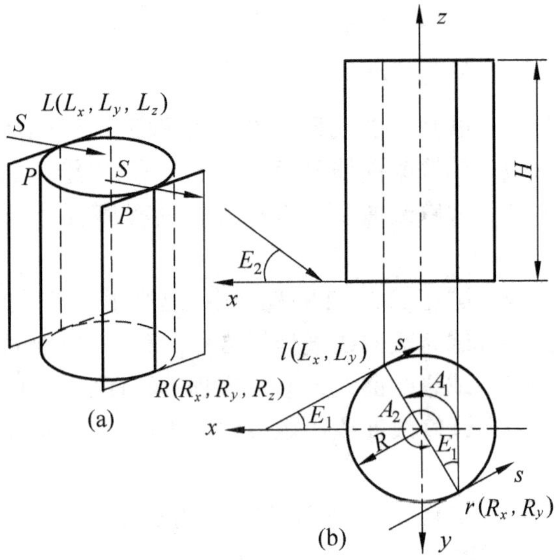

图 6－1　轴线垂直于 H 面的正圆柱

从图 6－1b 可知：

$$
\begin{aligned}
R_x &= -R\sin E_1 \\
R_y &= R\cos E_1 \\
L_x &= -R_x \\
L_y &= -R_y \\
A_1 &= 90^\circ + E_1 \\
A_2 &= 180^\circ + A_1
\end{aligned}
\qquad (6-1)
$$

同理，轴线垂直于 V 面时（图 6－2a），有

$$
\begin{aligned}
R_x &= -R\sin E_2 \\
R_z &= R\cos E_2 \\
L_x &= -R_x \\
L_z &= -R_z \\
A_1 &= 90^\circ - E_2 \\
A_2 &= 180^\circ + A_1
\end{aligned}
\qquad (6-2)
$$

轴线垂直于 W 面时（图 6－2b），有

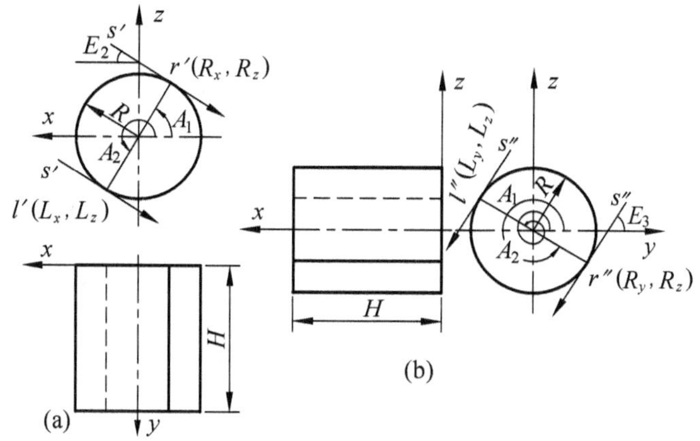

图 6-2　轴线垂直于 V 面和 W 面的正圆柱

$$
\begin{aligned}
R_y &= R\sin E_3 \\
R_z &= -R\cos E_3 \\
L_y &= -R_y \\
L_z &= -R_z \\
A_1 &= 270° + E_3 \\
A_2 &= 180° + A_1
\end{aligned}
\tag{6-3}
$$

式中

$$
E_3 = \arctan\left(\frac{\tan E_2}{\tan E_1}\right) \tag{6-4}
$$

式(6-4)只适用于绘画正轴测图。在绘画三面投影图时，由于 E_1 或 E_2 等于 90°或 0°，代入后，计算机不能计算，则按下列情况给定 E_3：

绘画正面投影时：$E_1 = 90°, E_2 = 0°, E_3 = 0°$；

绘画水平投影时：$E_1 = 0°, E_2 = 90°, E_3 = 90°$；

绘画侧面投影时：$E_1 = 0°, E_2 = 0°, E_3 = 0°$；

绘画正等轴测投影时：$E_1 = 45°, E_2 = 45°$。

利用式(6-1)、式(6-2)和式(6-3)求轮廓素线上点的坐标值，再进行正轴测投影变换和屏幕坐标变换，即

$$
\begin{cases}
x_p = x_a - x\cos\gamma + y\sin\gamma \\
y_p = y_a + x\sin\gamma\sin\theta + y\cos\gamma\sin\theta - z\cos\theta
\end{cases}
\tag{6-5}
$$

由式(6-5)可求得圆柱轮廓素线在上、下底圆上点的绘图坐标值，从而绘出圆柱的正轴测图和三面投影图。式中的 γ 和 θ 角可按式(4-8)和式(4-9)求得。

已知圆柱轴线垂直于 H 面，底圆半径为 R，圆柱高为 H 以及 E_1、E_2 角，其正轴测图和三面投影的绘图程序的主要功能部分如下：

```
'画圆柱曲面
Private Sub draw()
  R = 100
```

```
E1 = 45
E2 = 45
XA = 260
YA = 280
N1 = 3
N2 = 3
H = 200
g = Graphics.FromImage(BM)
g.Clear(PictureBox1.BackColor)
myPen = New Pen(Color.Black, 2)              '定义画笔
E1 = E1 / 57.3  : E2 = E2 / 57.3
If (E2 > 1.57) And (E2 < 1.571) Then
  GA = 0
Else
  GA = P - E1
End If
If (E1 = 0) And (E2 > 1.57) And (E2 < 1.571) Then
  TH = P
Else
  TH = Atan(Tan(E2) * Cos(E1))
End If
If (E1 = 0) And (E2 > 1.57) And (E2 < 1.571) Then
  E3 = P
ElseIf (E2 = 0) And (E1 > 1.57) And (E1 < 1.571) Then
  E3 = 0
ElseIf (E1 = 0) And (E2 = 0) Then
  E3 = 0
End If

gSinGA = Sin(GA) : gCosGA = Cos(GA)
gSinTH = Sin(TH) : gCosTH = Cos(TH)
SinE1 = Sin(E1) : CosE1 = Cos(E1)
SinE2 = Sin(E2) : CosE2 = Cos(E2)
SinE3 = Sin(E3) : CosE3 = Cos(E3)

X = -R * SinE1 : Y = R * CosE1 : Z = 0
Call transXY(X, Y, Z)
oldx = XP : oldy = YP
Z = H
Call transXY(X, Y, Z)
g.DrawLine(myPen, oldx, oldy, XP, YP)

X = -X : Y = -Y : Z = 0
```

```
    Call transXY(X, Y, Z)
    oldx = CInt(XP) : oldy = CInt(YP)
    Z = H
    Call transXY(X, Y, Z)
    g.DrawLine(myPen, oldx, oldy, CInt(XP), CInt(YP))

    If E2 > 2 * P Then
      Z1 = H : Z2 = 0
    Else
      Z1 = 0 : Z2 = H
    End If

    A1 = P + E1 : A2 = A1 + 2 * P : Z = Z1
    Call drawcircle(A1, A2, R, Z)
    A1 = 0 : A2 = 4 * P : Z = Z2
    Call drawcircle(A1, A2, R, Z)

    A1 = P + E1 + 2 * P / N1 : A2 = A1 + 2 * P * (1 - 2 / N1)
    For A = A1 To A2 Step 2 * P / N1
      X = -R * Cos(A) : Y = -R * Sin(A) : Z = 0
      Call transXY(X, Y, Z)
      oldx = XP : oldy = YP
      Z = H
      Call transXY(X, Y, Z)
      g.DrawLine(myPen, oldx, oldy, XP, YP)
    Next A

    A1 = P + E1 : A2 = A1 + 2 * P
    For Z = H / N2 To H * (1 - 1 / N2) Step H / N2
      Call drawcircle(A1, A2, R, Z)
    Next Z
End Sub

Public Sub transXY(ByVal xIn, ByVal yIn, ByVal zIn)
XP = XA - xIn * gCosGA + yIn * gSinGA
   YP = YA + xIn * gSinGA * gSinTH + yIn * gSinTH * gCosGA - zIn * gCosTH
End Sub

Public Sub drawcircle(ByVal A1, ByVal A2, ByVal R, ByVal Z)
   Dim f As Double
   For f = A1 To A2 + 0.1  Step 0.21
     X = -R * Cos(f)
     Y = -R * Sin(f)
```

```
        Call transXY(X, Y, Z)
        If f = A1 Then
            oldx = XP
            oldy = YP
        Else
            g.DrawLine(myPen, oldx, oldy, XP, YP)
            oldx = XP
            oldy = YP
        End If
    Next f
End Sub
```

本节程序完整代码详见光盘。圆柱曲面的输出窗体如图 6-3 所示。

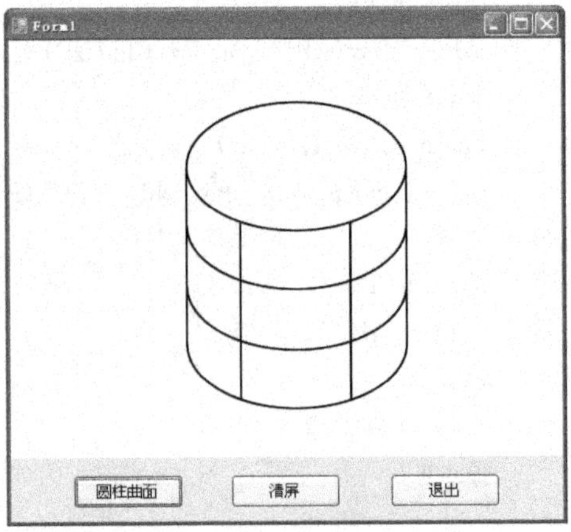

图 6-3　正圆柱绘制示例

6.1.2　轴线垂直于投影面的正圆锥和正圆台程序设计

绘画正圆锥、圆台的正轴测投影和三面投影图，与圆柱一样，只要求出其轮廓线上两端点的坐标值和底圆上任意点的坐标，再经过投影变换和坐标变换（参照式(6-5)），就可以绘画出正圆锥和圆台的投影。

6.1.2.1　轴线垂直于 H 面

由图 6-4a 可知，正圆锥和正圆台投影的轮廓素线，就是平行于投射方向 S 的平面 P 与圆锥面相切的切线 TR 和 TL，且切线 TR 和 TL 是锥面可见与不可见的分界线。

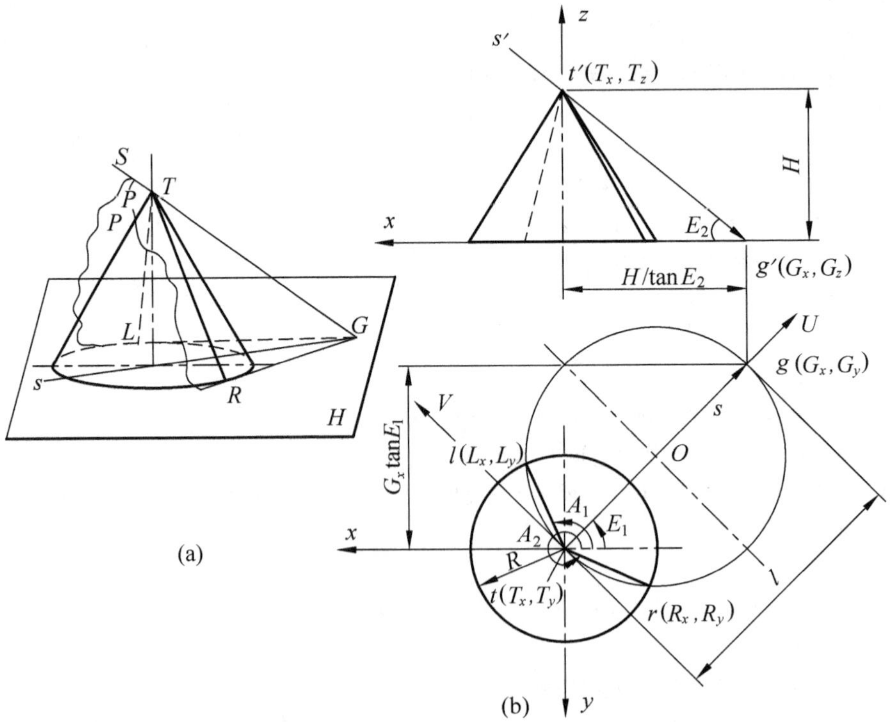

图 6-4　轴线垂直于 H 面的正圆锥

切线 TR 和 TL 的求得：从图 6－3a 可知，过锥顶 T 作平行于投射方向 S 的 TG，与锥底所在平面 H 的交点为 G，再过点 G 作锥底圆的切线，得两切点 R 和 L，连 TR 和 TL 为所求。

切线 TR 和 TL 在投影图上的作法，在图 6－4b 中表示。由此可推出以下的计算公式：

(1)点 G 的坐标

$$\begin{cases} G_x = -H/\tan E_2 \\ G_y = -G_x \tan E_1 \\ G_z = 0 \end{cases} \tag{6-6}$$

式中，H 是圆锥的高。

(2)切点 R 和 L 的坐标

底圆右切点 R 的坐标

$$\begin{cases} R_x = -u\cos E_1 - v\sin E_1 \\ R_y = -u\sin E_1 + v\cos E_1 \\ R_z = 0 \end{cases} \tag{6-7}$$

底圆左切点 L 的坐标

$$\begin{cases} L_x = -u\cos E_1 + v\sin E_1 \\ L_y = -u\sin E_1 - v\cos E_1 \\ L_z = 0 \end{cases} \tag{6-8}$$

式(6－7)、式(6－8)中有

$$u^2 + v^2 = R^2 \qquad \text{（锥底圆在 } UV \text{ 坐标系方程）}$$

$$\left(u - \frac{L}{2}\right)^2 + v^2 = \left(\frac{L}{2}\right)^2 \qquad \text{（圆 } O \text{ 在 } UV \text{ 坐标系方程）}$$

式中，$L = \sqrt{G_x^2 + G_y^2}$ 为锥底圆心至点 G 的距离；$u = R^2/L$；$v = \pm\sqrt{R^2 - u^2}$；R 为底圆半径。

(3)切线 TL 的水平投影与 x 轴的倾角 A_1

若 $L_x < 0$　　$A_1 = 90° - \arctan(|L_x/L_y|)$　　(6－9a)

若 $L_x \geqslant 0$　　$A_1 = 90° + \arctan(|L_x/L_y|)$　　(6－9b)

(4)切线 TR 的水平投影与 x 轴的倾角 A_2

若 $R_y < 0$　　$A_2 = 360° + \arctan(|R_y/R_x|)$　　(6－10a)

若 $R_y \geqslant 0$　　$A_2 = 360° - \arctan(|R_y/R_x|)$　　(6－10b)

(5)圆台(图 6－5)

$$\begin{cases} G_x = -H_T/\tan E_2 \\ G_y = -G_x \tan E_1 \\ G_z = 0 \end{cases} \tag{6-11}$$

式中，$H_T = R_B H/(R_B - R_T)$；其中 H 为锥台高；R_B、R_T 分别为圆台上、下底半径。

上底圆右切点坐标：

$$\begin{cases} R_u = R_x C \\ R_v = R_y C \\ R_w = 0 \end{cases} \tag{6-12}$$

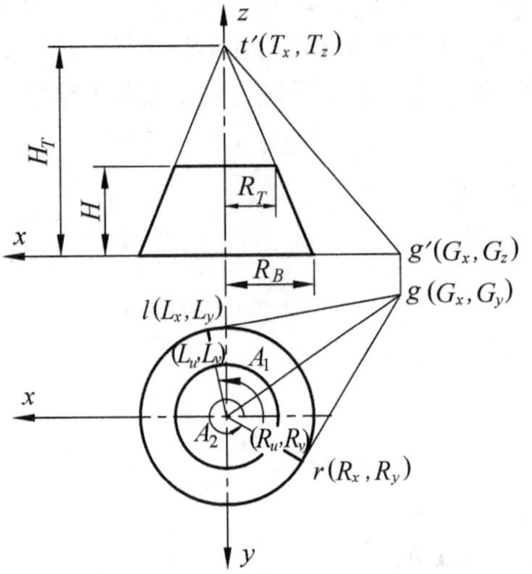

图 6-5　轴线垂直于 H 面的正圆台

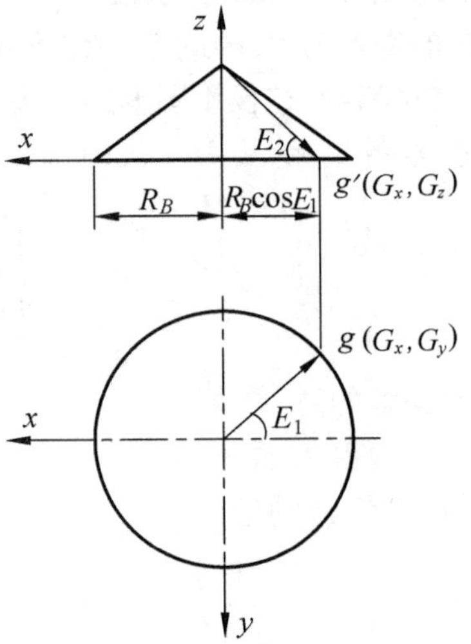

图 6-6　正圆锥中点 G 的分析

上底圆左切点坐标：

$$\begin{cases} L_u = L_x C \\ L_v = L_y C \\ L_w = 0 \end{cases} \tag{6-13}$$

式中，$C = R_T/R_B$。

利用以上各计算式，能求出切线、切点、底圆始角 A_1、终角 A_2，再进行正轴测投影变换和坐标变换，获得其绘图坐标，从而能绘画正圆锥和圆台投影图。

编写正圆锥和正圆台绘图程序时，还要考虑当点 G 落在锥底圆周上或锥底圆范围之内(图 6-6)，则可看见整个底圆，此时没有轮廓素线，即

$$|G_x| \leqslant R_B \cos E_1$$

此时，不必计算轮廓素线的端点和倾角，直接绘画整个底圆。画圆台时，同时画出整个上底圆。

圆锥(圆台)轴线垂直 H 面的绘图程序主要功能部分如下：

```
'画圆锥曲面
Private Sub draw()
  E1 = 45
  E2 = 45
  XA = 250
  YA = 250
  H = 200
  RB = 120
  RT = 50
  N1 = 6
  N2 = 6
  g = Graphics.FromImage(BM)
  g.Clear(PictureBox1.BackColor)
```

```
myPen = New Pen(Color.Black, 2)           '定义画笔

E1 = E1 / 57.3  : E2 = E2 / 57.3
If (E2 > 1.57) And (E2 < 1.571) Then
  GA = 0
Else
  GA = P - E1
End If

If (E1 = 0) And (E2 > 1.57) And (E2 < 1.571) Then
  TH = P
Else
  TH = Atan(Tan(E2) * Cos(E1))
End If
If (E1 = 0) And (E2 > 1.57) And (E2 < 1.571) Then
  E3 = P
ElseIf (E2 = 0) And (E1 > 1.57) And (E1 < 1.571) Then
  E3 = 0
ElseIf (E1 = 0) And (E2 = 0) Then
  E3 = 0
End If

gSinGA = Sin(GA) : gCosGA = Cos(GA)
gSinTH = Sin(TH) : gCosTH = Cos(TH)
SinE1 = Sin(E1) : CosE1 = Cos(E1) : TanE1 = Tan(E1)
SinE2 = Sin(E2) : CosE2 = Cos(E2) : TanE2 = Tan(E2)
SinE3 = Sin(E3) : CosE3 = Cos(E3) : TanE3 = Tan(E3)

HT = RB * (H / (RB - RT))
C = RT / RB
If (TanE2 < 0.01) Then
  GX = 9999
Else
  GX = - HT / Tan(E2)
End If
If (Abs(GX) < = RB * CosE1) Then
  A1 = 0 : A2 = 4 * P
  Z = 0
  R = RB
  Call drawcircle(A1, A2, R, Z)
End If

If HT > H Then
```

```
    Z = H
    R = RT
    A1 = 0 : A2 = 4 * P
    Call drawcircle(A1, A2, R, Z)
End If

GY = -GX * TanE1
L = (GX ^ 2 + GY ^ 2) ^ (1 / 2)
U = RB * RB / L
V = (RB ^ 2 - U ^ 2) ^ (1 / 2)
RX = -U * CosE1 - V * SinE1
RY = -U * SinE1 + V * CosE1
LX = -U * CosE1 + V * SinE1
LY = -U * SinE1 - V * CosE1
RU = RX * C : RV = RY * C
LU = LX * C : LV = LY * C

X = RX : Y = RY : Z = 0
Call transXY(X, Y, Z)
oldx = XP : oldy = YP
X = RU : Y = RV : Z = H
Call transXY(X, Y, Z)
g.DrawLine(myPen, oldx, oldy, XP, YP)

X = LX : Y = LY : Z = 0
Call transXY(X, Y, Z)
oldx = XP : oldy = YP
X = LU : Y = LV : Z = H
Call transXY(X, Y, Z)
g.DrawLine(myPen, oldx, oldy, XP, YP)

If LX < 0 Then
    A1 = P - Atan(Abs(LX / LY))
Else
    A1 = P + Atan(Abs(LX / LY))
End If

If RY < 0 Then
    A2 = 4 * P + Atan(Abs(RY / RX))
Else
    A2 = 4 * P - Atan(Abs(RY / RX))
End If
```

```
    Z = 0 : R = RB
    Call drawcircle(A1, A2, R, Z)

    DA = (A2 - A1) / N1 : DH = H / N2 : DR = (RB - RT) / N2
    A3 = A1 + DA
    A4 = A2 - DA
    For A = A3 To A4 Step DA
      X = -RB * Cos(A) : Y = -RB * Sin(A) : Z = 0
      Call transXY(X, Y, Z)
      oldx = XP : oldy = YP
      X = X * C : Y = Y * C : Z = H
      Call transXY(X, Y, Z)
      g.DrawLine(myPen, oldx, oldy, XP, YP)
    Next A
    For J = 1 To N2 - 1
      Z = Z - DH
      R = RT + J * DR
      Call drawcircle(A1, A2, R, Z)
    Next J
End Sub

Public Sub drawcircle(ByVal A1, ByVal A2, ByVal R, ByVal Z)
    Dim f As Double
    For f = A1 To A2 + 0.1   Step 0.21
      X = -R * Cos(f)
      Y = -R * Sin(f)
      Call transXY(X, Y, Z)
      If f = A1 Then
        oldx = XP
        oldy = YP
      Else
        g.DrawLine(myPen, oldx, oldy, XP, YP)
        oldx = XP : oldy = YP
      End If
    Next f
End Sub

Public Sub transXY(ByVal xIn, ByVal yIn, ByVal zIn)
XP = XA - xIn * gCosGA + yIn * gSinGA
  YP = YA + xIn * gSinGA * gSinTH + yIn * gSinTH * gCosGA - zIn * gCosTH
End Sub
```

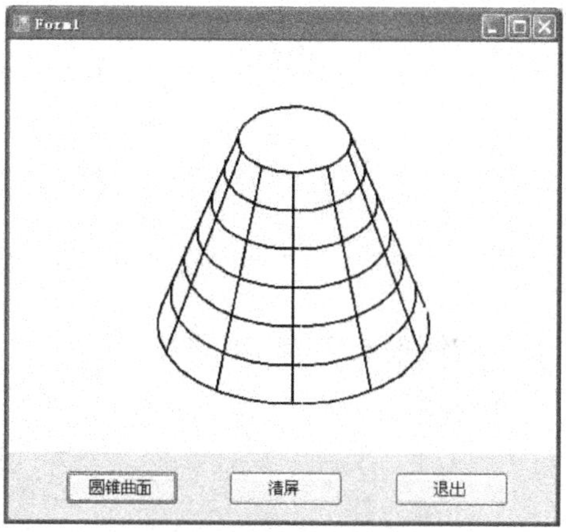

图 6-7　正圆台的绘制示例

本例题程序的完整代码详见光盘。圆锥曲面的输出窗体如图 6-7 所示。

6.1.2.2 轴线垂直于 V 面和 W 面

(1) 轴线垂直于 V 面(图 6-8)

计算式为

$H_T = R_BH/(R_B - R_T)$

$G_x = -H_T/\tan E_1$

$G_y = 0$

$G_z = -G_x\tan E_2$

$R_x = -u\cos E_2 - v\sin E_2$

$R_y = 0$

$R_z = -u\sin E_2 + v\cos E_2$

$u = R_B^2/l$

$v = \pm\sqrt{R_B^2 - u^2}$

$l = \sqrt{G_x^2 + G_z^2}$

$L_x = -u\cos E_2 + v\sin E_2$

$L_y = 0$

$L_z = -u\sin E_2 - v\cos E_2$

$R_u = R_xC$

$R_v = 0$

$L_w = L_zC$

$C = R_T/R_B$

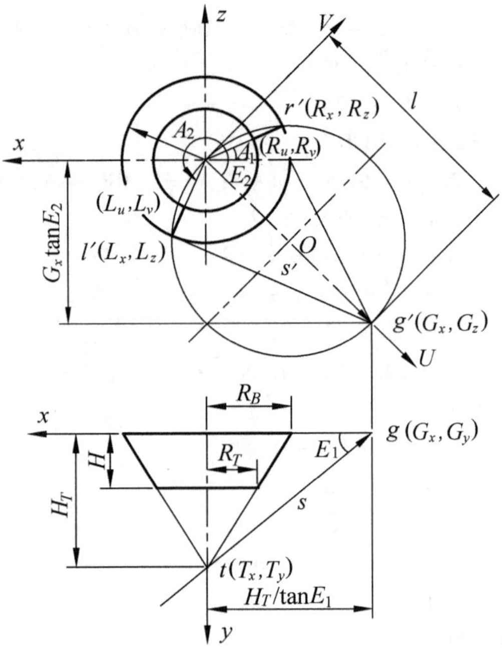

图 6-8 轴线垂直于 V 面的正圆台

$$R_z < 0, A_1 = 360° - \arctan\left(\left|\frac{R_z}{R_x}\right|\right)$$

$$R_z \geqslant 0, A_1 = \arctan\left(\left|\frac{R_z}{R_x}\right|\right)$$

$$L_x < 0, A_2 = 270° + \arctan\left(\left|\frac{L_x}{L_z}\right|\right)$$

$$L_x \geqslant 0, A_2 = 270° - \arctan\left(\left|\frac{L_x}{L_z}\right|\right)$$

(2) 轴线垂直于 W 面(图 6-9)

计算式为

$$H_T = R_BH/(R_B - R_T)$$

$$G_x = 0$$

$$G_y = G_z/\tan E_3$$

$$G_z = -H_T\tan E_2$$

$$R_x = 0$$

$$R_y = -u\cos E_3 + v\sin E_3$$

$$R_z = -u\sin E_3 - v\cos E_3$$

$$L_x = 0$$

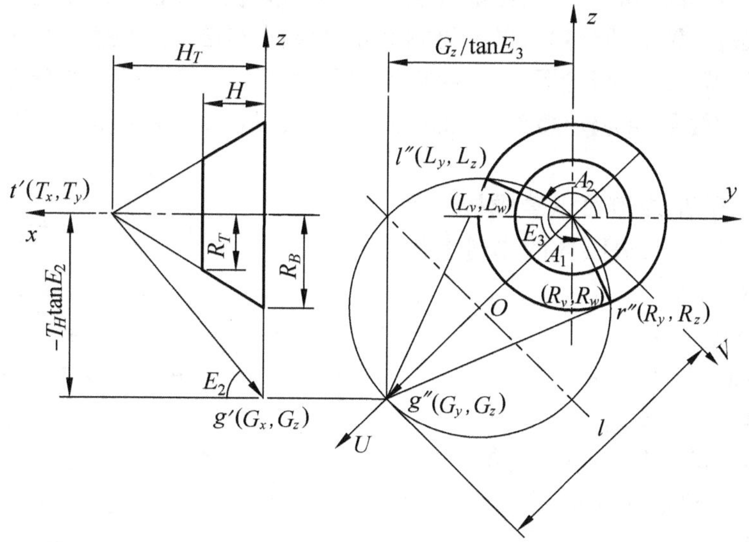

图6-9　轴线垂直于W面的正圆台

$$L_y = -u\cos E_3 - v\sin E_3$$
$$L_z = -u\sin E_3 + v\cos E_3$$
$$u = R_B^2/l$$
$$v = \pm\sqrt{R_B^2 - u^2}$$
$$l = \sqrt{G_y^2 + G_z^2}$$
$$R_u = 0$$
$$R_v = R_yC$$
$$R_w = R_zC$$
$$L_u = 0$$
$$L_v = L_yC$$
$$L_w = L_zC$$
$$C = R_T/R_B$$
$$R_y < 0, A_1 = 270° + \arctan\left(\left|\frac{R_y}{R_z}\right|\right)$$
$$R_y \geqslant 0, A_1 = 270° - \arctan\left(\left|\frac{R_y}{R_z}\right|\right)$$
$$L_z < 0, A_2 = 540° + \arctan\left(\left|\frac{L_z}{L_y}\right|\right)$$
$$L_z \geqslant 0, A_2 = 540° - \arctan\left(\left|\frac{L_z}{L_y}\right|\right)$$

6.1.3　圆球的程序设计

圆球的正投影的轮廓线都是圆,若只画其投影轮廓线,它的绘图程序是很简单的。但若在球面上画出赤道、纬圆和子午圆，则能增强立体感。因为圆球面上的赤道、纬圆和子午圆都是圆，通过对圆柱、圆锥(圆台)底圆的绘制可知，只要求得圆周上任意点的坐标，经过投影变换和坐标变换，就可以求得绘图坐标，再求得圆周投影可见和不可见的分界点，找到可见部分的始角(A_1)和终角(A_2)便能绘出圆的投影，并能自动消去隐藏线。

6.1.3.1 赤道

从图 6-10a 看到，赤道可以看成是外切圆柱与圆球相切的切线，故圆球的赤道上任意点的坐标(图 6-10b)是：

$$\begin{cases} x = -R\cos A \\ y = -R\sin A \end{cases} \tag{6-14}$$

而求赤道可见部分的始角(A_1)和终角(A_2)，与前面叙述过的求圆柱轴线垂直于 H 面的底圆方法相同，即

$$A_1 = 90° + E_1$$

$$A_2 = 270° + E_2 = 180° + A_1$$

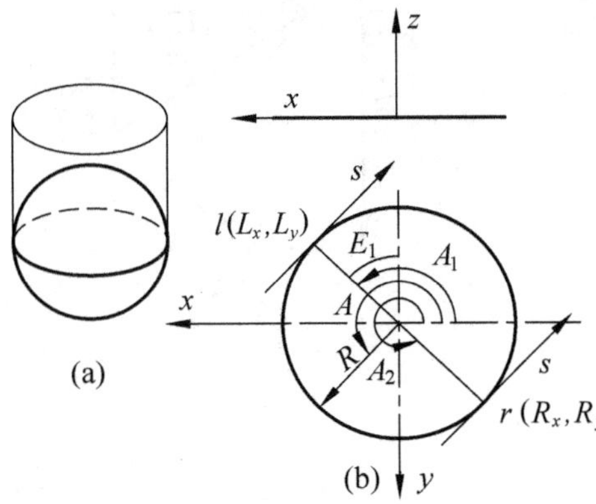

图 6-10 圆球上的赤道

6.1.3.2 纬圆

从图 6-11a 看到，圆球的纬圆可看作是外切圆锥与圆球的切线。故纬圆的计算和可见

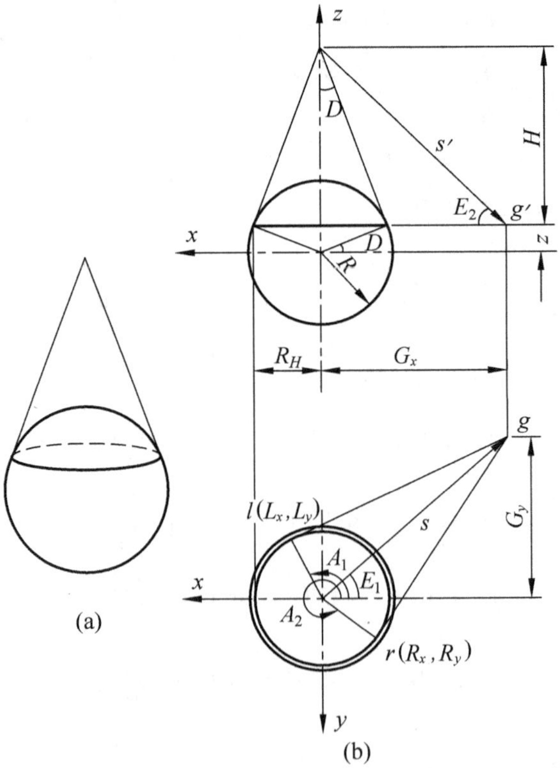

图 6-11 圆球上的纬圆

性判断与轴线垂直于 H 面的圆锥底圆一样(图 6-11b)。纬圆上任意点的坐标

$$\begin{cases} x = -R_H\cos A \\ y = -R_H\sin A \\ z = R\sin D \end{cases} \tag{6-15}$$

式中,$R_H = R\cos D$ 为纬圆半径;$H = R_H/\tan D$ 为外切圆锥高;R 为球半径。

为了使相邻两纬圆之间沿子午圆的距离相等,R_H、H、z 都是以角度 D 作为参数计算的。R_x、R_y、L_x、、L_y 和 A_1、A_2 计算,采用锥轴线垂直于 H 面的计算方法。

从图 6-12 可知,上述的计算,只适用于赤道以上的纬圆;赤道以下的纬圆,除 A_1、A_2 外,其他各值的绝对值是相等的。

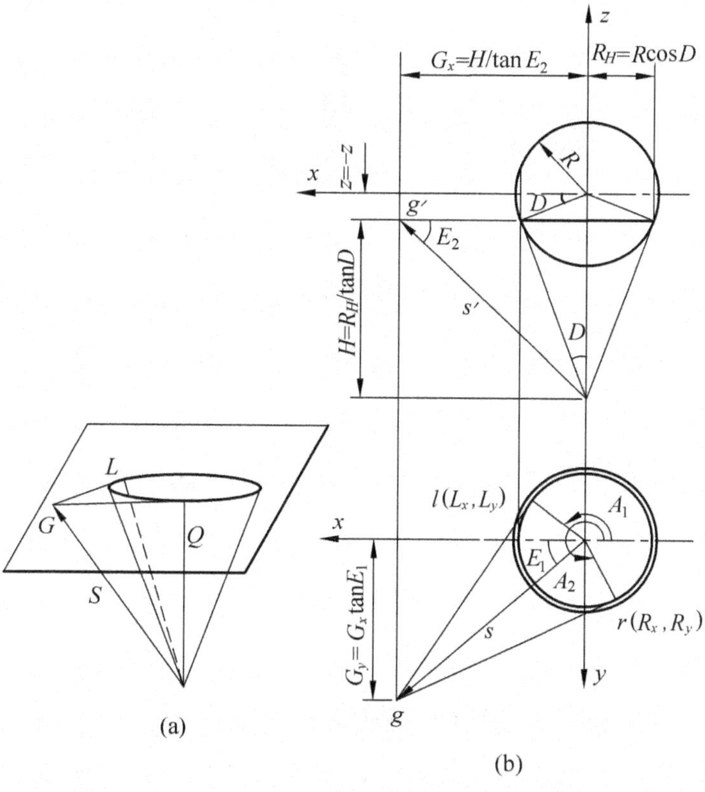

图 6-12　圆球上的纬圆

6.1.3.3　子午圆

圆球各子午圆所在平面,只有一个平行于 V 面,即圆球的正面投影就是该子午圆的投影,其他都与 V 面有一夹角 B。子午圆上任意点的坐标:

$$\begin{cases} x = -R\cos A \\ y = 0 \\ z = R\sin A \end{cases} \tag{6-16}$$

求子午圆可见部分的始角(A_1)和终角(A_2),可应用换面法求得(图 6-13 所示),可知

$$
\begin{aligned}
A_1 &= 90° - F \\
A_2 &= 180° + A_1 = 270° - F
\end{aligned} \tag{6-17}
$$

式中

$$F = \arctan\left(\frac{\tan E_2 \cos E_1}{\cos|E_1 - B|}\right)$$

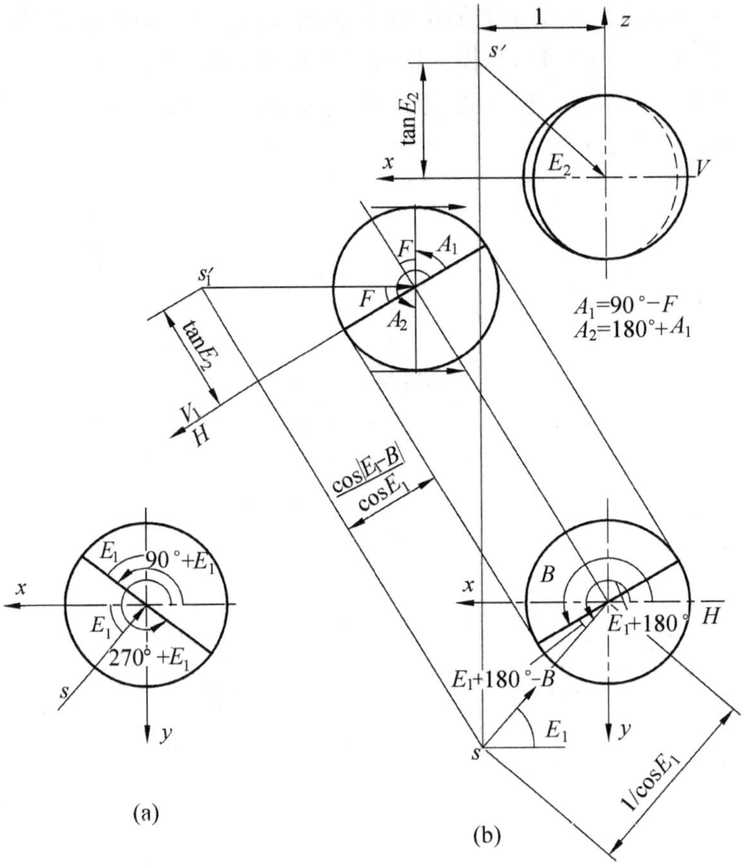

图 6-13　圆球上的子午圆

用式(6-16)计算得的,是该子午圆平行于 V_1 面时的坐标值,实际是与 V 面有一夹角 B,故要进行旋转变换(绕 z 轴旋转),以求得子午圆上的实际坐标值,即:

$$
\begin{cases}
x^* = x\cos B - y\sin B \\
y^* = x\sin B + y\cos B \\
z^* = R\sin A
\end{cases}
$$

再进行正轴测变换和屏幕坐标变换,可求得子午圆上任意点的绘图坐标,即

$$
\begin{cases}
x_p = x_a - x\cos\gamma + y\sin\gamma \\
y_p = y_a + x\sin\gamma\sin\theta + y\cos\gamma\sin\theta - z\cos\theta
\end{cases} \tag{6-18}
$$

圆球的绘图程序主要功能部分如下:

```
'绘制圆球曲面
Private Sub draw()
```

```
g = Graphics.FromImage(BM)
g.Clear(PictureBox1.BackColor)
myPen = New Pen(Color.Black, 2)                '定义画笔
R = 100
E1 = 45
E2 = 45
XA = 200
YA = 150
N = 8
E1 = E1 / 57.3   : E2 = E2 / 57.3
If (E2 > 1.57) And (E2 < 1.571) Then
  GA = 0
Else
  GA = P - E1
End If
If (E1 = 0) And (E2 > 1.57) And (E2 < 1.571) Then
  TH = P
Else
  TH = Atan(Tan(E2) * Cos(E1))
End If
gSinGA = Sin(GA) : gCosGA = Cos(GA)
gSinTH = Sin(TH) : gCosTH = Cos(TH)
CosE1 = Cos(E1) : SinE1 = Sin(E1) : TanE1 = Tan(E1)
CosE2 = Cos(E2) : SinE2 = Sin(E2) : TanE2 = Tan(E2)
For A = 0 To 4 * P + 0.02 Step 0.21
  XP = XA + R * Cos(A)
  YP = YA - R * Sin(A)
  If A = 0 Then
    oldx = XP
    oldy = YP
  Else
    g.DrawLine(myPen, oldx, oldy, XP, YP)
    oldx = XP
    oldy = YP
  End If
Next A
A1 = P + E1 : A2 = 3 * P + E1
Z = 0 : RH = R
Call drawCircle(A1, A2, RH, Z)
For D = 2 * P / N To P + 0.1  Step 2 * P / N
  RH = R * Cos(D) : Z = R * Sin(D) : H = RH / Tan(D)
  GX = - H / TanE2 : GY = GX * TanE1
  If Abs(GX) < = RH * CosE1 Then
```

```
      A1 = 0 : A2 = 4 * P
      Call drawCircle(A1, A2, RH, Z)
    End If
    L = (GX ^ 2 + GY ^ 2) ^ (1 / 2)
    U = RH * RH / L
    V = (Abs(RH ^ 2 - U ^ 2)) ^ (1 / 2)
    RX = -U * CosE1 - V * SinE1
    RY = -U * SinE1 + V * CosE1
    LX = -U * CosE1 + V * SinE1
    LY = -U * SinE1 - V * CosE1
    If LX < 0 Then
      A1 = P - Atan(Abs(LX / LY))
    Else
      A1 = P + Atan(Abs(LX / LY))
    End If
    If RY < 0 Then
      A2 = 4 * P + Atan(Abs(RY / RX))
    Else
      A2 = 4 * P - Atan(Abs(RY / RX))
    End If
    Call drawCircle(A1, A2, RH, Z)
    Z = -Z : A3 = A1 + 2 * P
    If A2 <= 2 * P Then
      A1 = A2 + 2 * P
    Else
      A1 = A2 - 2 * P
      A2 = A3
      Call drawCircle(A1, A2, RH, Z)
    End If
  Next D
  E3 = 2 * P + E1
  DB = 2 * P / N
  For B = P + E1 + 0.05 To 3 * P + E1 - 0.05 Step DB
    If B <= E3 Then
      F = Atan(TanE2 * CosE1 / Cos(Abs(E3 - B)))
    Else
      F = Atan(TanE2 * CosE1 / Cos(Abs(B - E3)))
    End If
    A1 = P - F : A2 = A1 + 2 * P
    For A = A1 To A2 + 0.1   Step 0.21
      KX = -R * Cos(A)
      Z = R * Sin(A)
      X = -KX * Cos(B)
```

```
            Y = -KX * Sin(B)
            Call transXY(X, Y, Z)
            If A = A1 Then
              oldx = XP
              oldy = YP
            Else
              g.DrawLine(myPen, oldx, oldy, XP, YP)
              oldx = XP
              oldy = YP
            End If
          Next A
        Next B
      End Sub

      Public Sub drawCircle(ByVal A1, ByVal A2, ByVal R, ByVal Z)
        For F = A1 To A2 + 0.1   Step 0.21
          X = -R * Cos(F)
          Y = -R * Sin(F)
          Call transXY(X, Y, Z)
          If F = A1 Then
            oldx = XP
            oldy = YP
          Else
            g.DrawLine(myPen, oldx, oldy, XP, YP)
            oldx = XP
            oldy = YP
          End If
        Next F
      End Sub
```

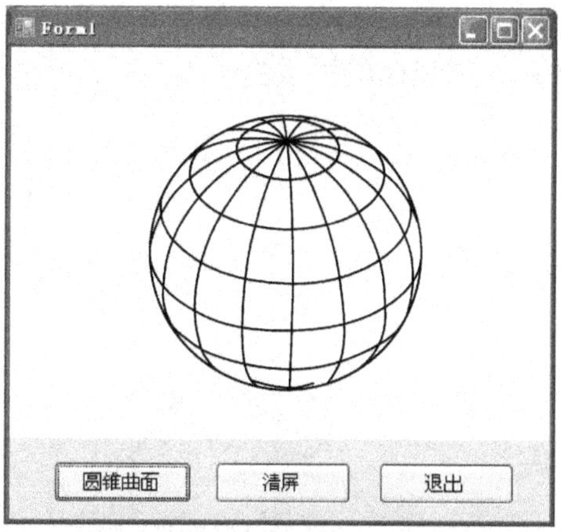

图 6-14　圆球的绘制示例

```
      Public Sub transXY(ByVal xIn, ByVal yIn, ByVal zIn)
      XP = XA - xIn * gCosGA + yIn * gSinGA
        YP = YA + xIn * gSinGA * gSinTH + yIn * gSinTH * gCosGA - zIn * gCosTH
      End Sub
```

圆球曲面的输出窗体如图 6-14 所示。

6.1.4　轴线倾斜于投影面的正圆柱的程序设计

由前面的介绍可知,绘制正圆柱的正投影图和正轴测图,就是解决圆柱轮廓素线和上、下底圆的绘制。当正圆柱轴线倾斜于投影面时,将圆柱连同投射方向 S 一起(图 6-12),先绕 z 轴反向旋转 β 角,使圆柱轴线平行于 V 面,然后再绕 y 轴反向旋转 δ 角,使圆柱轴线与 z 轴重合,即圆柱轴线垂直于 H 面。这时,圆柱的水平投影是有积聚性的圆周,投射方向 S 的水平投影 s_2 与 x 轴的夹角为 ϕ。由图 6-12 可知,利用轴线垂直投影面的作法,能求得圆柱轮廓素线上点的坐标值和上、下底圆周可见部分的始角 A_1 和终角 A_2。再将轮廓素线上点的坐标值进行反旋转变换，即绕 y 轴正向旋转 δ 角，再绕 z 轴正向旋转 β 角，其变换矩阵为

$$T=\underset{(\text{绕 } y \text{ 轴正向旋转 } \delta \text{ 角})}{\begin{bmatrix} \cos\delta & 0 & -\sin\delta & 0 \\ 0 & 1 & 0 & 0 \\ \sin\delta & 0 & \cos\delta & 0 \\ 0 & 0 & 0 & 1 \end{bmatrix}}\underset{(\text{绕 } z \text{ 轴正向旋转 } \beta \text{ 角})}{\begin{bmatrix} \cos\beta & \sin\beta & 0 & 0 \\ -\sin\beta & \cos\beta & 0 & 0 \\ 0 & 0 & 1 & 0 \\ 0 & 0 & 0 & 1 \end{bmatrix}}$$

$$=\begin{bmatrix} \cos\delta\cos\beta & \cos\delta\sin\beta & -\sin\delta & 0 \\ -\sin\beta & \cos\beta & 0 & 0 \\ \sin\delta\cos\beta & \sin\delta\sin\beta & \cos\delta & 0 \\ 0 & 0 & 0 & 1 \end{bmatrix}$$

当轮廓素线上任意点的坐标为(x_1, y_1, z_1)，则变换后的坐标为

$$\begin{cases} x = x_1\cos\delta\cos\beta - y_1\sin\beta + z_1\sin\delta\cos\beta \\ y = x_1\cos\delta\sin\beta + y_1\cos\beta + z_1\sin\delta\sin\beta \\ z = -x_1\sin\delta + z_1\cos\delta \end{cases} \tag{6-19}$$

图 6-15a 是未旋转前圆柱轴线与投射方向的投影，图中表示了角 β、E_1 和 E_2 以及投影方向 S 的 x、y、z 坐标的关系为

$$\begin{cases} S_x = 1 \\ S_y = \tan E_1 \\ S_z = \tan E_2 \end{cases} \tag{6-20}$$

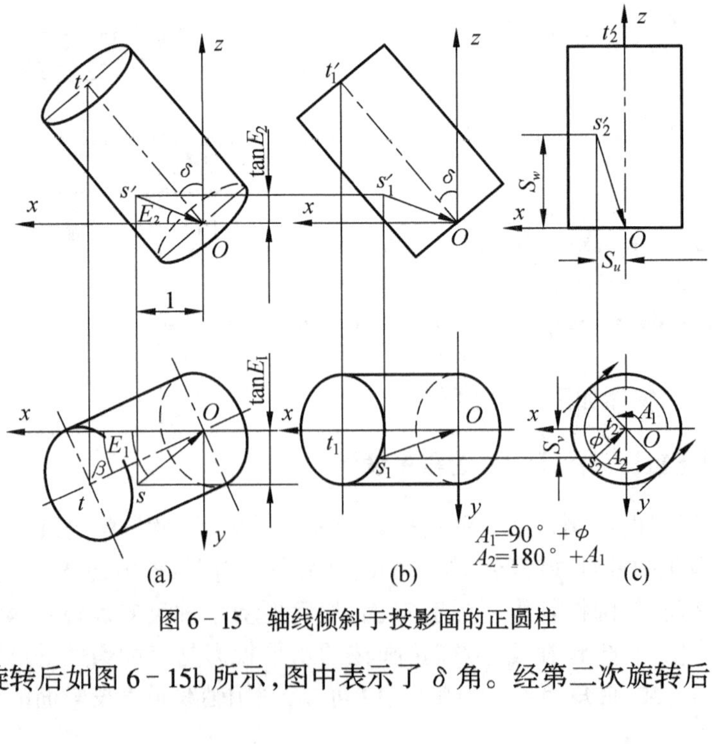

图 6-15　轴线倾斜于投影面的正圆柱

经第一次旋转后如图 6-15b 所示，图中表示了 δ 角。经第二次旋转后，如图 6-15c 所

示，图中表示了角 ϕ 和 A_1、A_2 的关系如下：

$$\begin{cases} \phi = \arctan\left(\left|\dfrac{S_v}{S_u}\right|\right) \\ A_1 = 90^\circ + \phi \\ A_2 = 180^\circ + A_1 \end{cases} \tag{6-21}$$

将点 S 绕 z 轴反向旋转 β 角，再绕 y 轴反向旋转 δ 角的变换矩阵为

$$\boldsymbol{T}_S = \begin{bmatrix} \cos\beta & -\sin\beta & 0 & 0 \\ \sin\beta & \cos\beta & 0 & 0 \\ 0 & 0 & 1 & 0 \\ 0 & 0 & 0 & 1 \end{bmatrix} \begin{bmatrix} \cos\delta & 0 & \sin\delta & 0 \\ 0 & 1 & 0 & 0 \\ -\sin\delta & 0 & \cos\delta & 0 \\ 0 & 0 & 0 & 1 \end{bmatrix}$$

$$= \begin{bmatrix} \cos\beta\cos\delta & -\sin\delta & \cos\beta\sin\delta & 0 \\ \sin\beta\cos\delta & \cos\beta & \sin\beta\sin\delta & 0 \\ -\sin\delta & 0 & \cos\delta & 0 \\ 0 & 0 & 0 & 1 \end{bmatrix}$$

投射方向 S 点经旋转变换后的坐标为

$$\begin{cases} S_u = \cos\beta\cos\delta + \tan E_1\sin\beta\cos\delta - \tan E_2\sin\delta \\ S_v = -\sin\beta + \tan E_1\cos\beta \\ S_w = \cos\beta\sin\delta + \tan E_1\sin\beta\sin\delta + \tan E_2\cos\delta \end{cases} \tag{6-22}$$

当正圆柱的轴线 TO 倾斜于投影面时，设点 T 的坐标为（T_x、T_y、T_z），点 O 的坐标为（0，0，0）（图 6-16）。圆柱轴线的水平投影与 x 轴的夹角 β 以及与 z 轴的夹角 δ 从图 6-16 可知：

$$\begin{cases} \beta = \arctan\left(\left|\dfrac{T_y}{T_x}\right|\right) \\ \delta = \arctan\left[\dfrac{\sqrt{T_x^2 + T_y^2}}{T_z}\right] \end{cases} \tag{6-23}$$

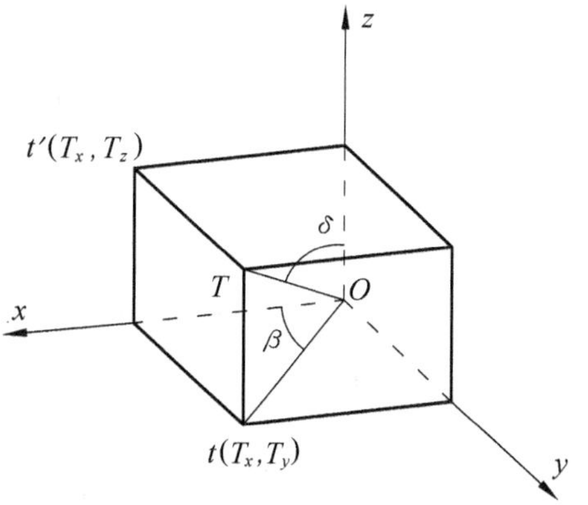

图 6-16　正圆柱轴线与投影面的关系

当圆柱轴线与投影面倾斜时，轴线与投影面所处的位置有各种不同情况，式(6-20)是轴线处在图 6-15 的情况推导出来的。轴线所处的情况不同，其旋转方向是不同的。图 6-17 表示圆柱轴线处于不同情况时的水平投影。由图 6-17 看出，第一次绕 z 轴旋转时，若 T_x

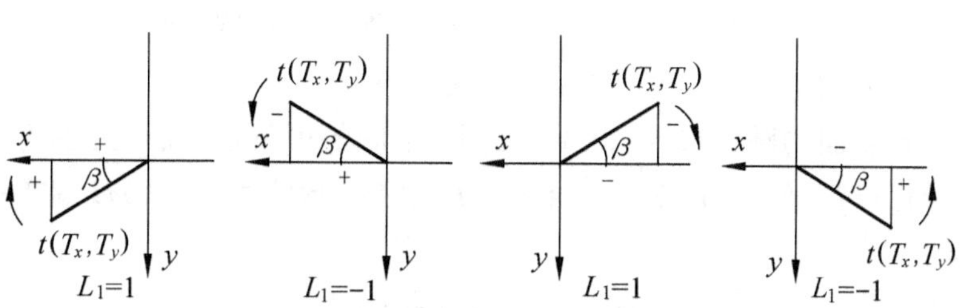

图 6-17　圆柱轴线与投影面的各种位置

与 T_y 同号，则应反向旋转 β 角，旋转矩阵中的 $\sin\beta$ 为正值，故乘以系数 $L_1=1$；若异号，则应正向旋转 β 角，旋转矩阵中 $\sin\beta$ 为负值，故乘以系数 $L_1=-1$。

图 6-18 中表示处于各种不同情况下轴线经第一次旋转后的正面投影。由图中可看出，第二次旋转时，若 T_x 与 T_y 同号，则应反向旋转 δ 角，旋转矩阵中的 $\sin\delta$ 为正，故乘以系数 $L_2=1$；若异号，应正向旋转 δ 角，矩阵中的 $\sin\delta$ 为负，故乘以系数 $L_2=-1$。

所以，式(6-19)、式(6-22)应改写为

$$\begin{cases} x = x_1\cos\delta\cos\beta - L_1 y_1\sin\beta + L_2 z_1\sin\delta\cos\beta \\ y = L_1 x_1\cos\delta\sin\beta + y_1\cos\beta + L_1 L_2 z_1\sin\delta\sin\beta \\ z = -L_2 x_1\sin\delta + z_1\cos\delta \end{cases} \tag{6-24}$$

$$\begin{cases} S_u = \cos\beta\cos\delta + L_1\tan E_1\sin\beta\cos\delta - L_2\tan E_2\sin\delta \\ S_v = -L_1\sin\beta + \tan E_1\cos\beta \\ S_w = L_2\cos\beta\sin\delta + L_1 L_2\tan E_1\sin\beta\sin\delta + \tan E_2\cos\delta \end{cases} \tag{6-25}$$

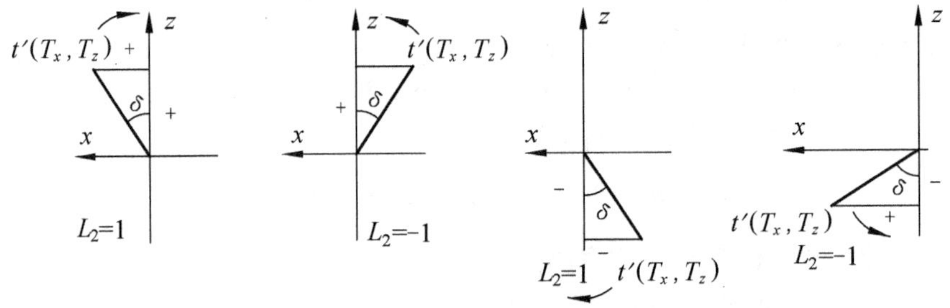

图 6-18　一次旋转后圆柱轴线与投影面的各种位置

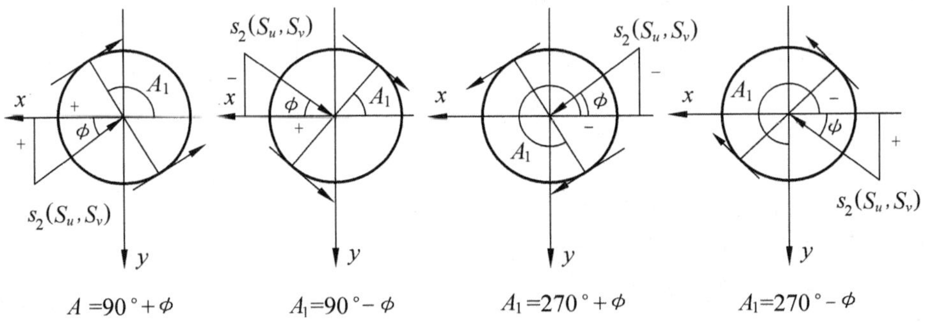

图 6-19　两次旋转后 A_1 值的各种情况

式(6-21)中的 A_1 值是投影方向 SO 位于第一象限时的值。为适应其他象限，应根据两次旋转后的投射方向的水平投影(图 6-19)来判断。

轴线倾斜于投影面的圆柱投影，还要判断上、下底的可见性，其可见性可根据经过两次旋转后的正面投影来判断(图 6-20)。当 S_w 为正值时，圆柱底($z=0$)被遮挡；当 S_w 为负值时，圆柱顶($z=H$)被遮挡。

轴线倾斜于投影面的正圆柱的绘图程序主要功能部分如下：

'画倾斜圆柱

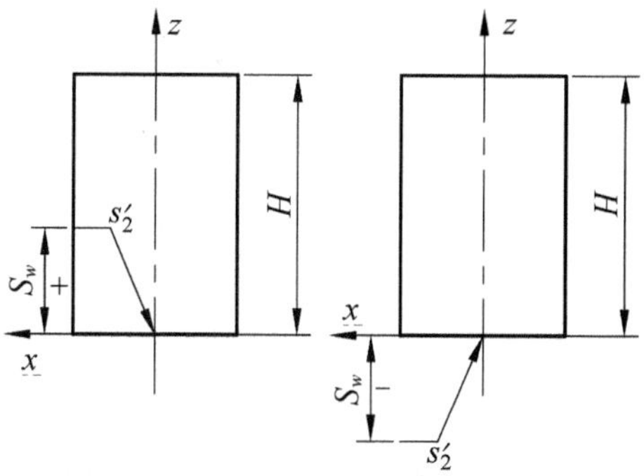

图 6－20　圆柱上下底可见性的判断

```
Private Sub draw()
  g = Graphics.FromImage(BM)
  g.Clear(PictureBox1.BackColor)
  myPen = New Pen(Color.Black, 2)            '定义画笔
  R = 80
  E1 = 45
  E2 = 45
  XA = 250
  YA = 130
  TX = 100
  TY = 20
  TZ = 10
  H = 200
  E1 = E1 / 57.3   : E2 = E2 / 57.3
  If (E1 = 0) And (E2 > 1.57) And (E2 < 1.571) Then
    GA = 0
  Else
    GA = P - E1
  End If
  If (E2 > 1.57) And (E2 < 1.571) Then
    TH = P
  Else
    TH = Atan(Tan(E2) * Cos(E1))
  End If

  gSinGA = Sin(GA) : gCosGA = Cos(GA)
  gSinTH = Sin(TH) : gCosTH = Cos(TH)
  TanE1 = Tan(E1) : TanE2 = Tan(E2)
  If TX = 0 Then
    BE = P
  Else
```

```
  BE = Atan(Abs(TY / TX))
End If
If TZ = 0 Then
  DE = P
Else
  DE = Atan(Sqrt(TX * TX + TY * TY) / TZ)
  If TZ < 0 Then DE = DE + 2 * P
End If

gSinBE = Sin(BE) : gCosBE = Cos(BE)
gSinDE = Sin(DE) : gCosDE = Cos(DE)
L1 = 1 : L2 = 1
If TX * TY < 0 Then L1 = -1
If TX * TZ < 0 Then L2 = -1

SU = gCosBE * gCosDE + L1 * TanE1 * gSinBE * gCosDE - L2 * TanE2 * gSinDE
SV = -L1 * gSinBE + gCosBE * TanE1
SW = L2 * gCosBE * gSinDE + L1 * L2 * TanE1 * gSinBE * gSinDE + TanE2 * gCosDE

If (SU < 0.0001) And (SU > -0.0001) Then
  PH = P
Else
  PH = Atan(Abs(SV / SU))
End If

If (SU >= 0) And (SV >= 0) Then
  A1 = P + PH
ElseIf (SU >= 0) And (SV < 0) Then
  A1 = P - PH
ElseIf (SU < 0) And (SV < 0) Then
  A1 = 3 * P + PH
Else
  A1 = 3 * P - PH
End If
A2 = 2 * P + A1
SinA1 = Sin(A1) : CosA1 = Cos(A1)
SinA2 = Sin(A2) : CosA2 = Cos(A2)

If SW >= 0 Then
  ZV = H : ZH = 0
Else
  ZV = 0 : ZH = H
End If
```

```
X1 = -R * CosA1 : Y1 = -R * SinA1 : Z1 = 0
Call transZF(X1, Y1, Z1, L1, L2)
X = transZF_Xout
Y = transZF_Yout
Z = transZF_Zout
Call transXY(X, Y, Z)
XP = transXY_Xout
YP = transXY_Yout
oldx = XP
oldy = YP
Z1 = H
Call transZF(X1, Y1, Z1, L1, L2)
X = transZF_Xout
Y = transZF_Yout
Z = transZF_Zout
Call transXY(X, Y, Z)
XP = transXY_Xout
YP = transXY_Yout
g.DrawLine(myPen, oldx, oldy, XP, YP)

X1 = -X1 : Y1 = -Y1 : Z1 = 0
Call transZF(X1, Y1, Z1, L1, L2)
X = transZF_Xout
Y = transZF_Yout
Z = transZF_Zout
Call transXY(X, Y, Z)
XP = transXY_Xout
YP = transXY_Yout
oldx = XP
oldy = YP
Z1 = H
Call transZF(X1, Y1, Z1, L1, L2)
X = transZF_Xout
Y = transZF_Yout
Z = transZF_Zout
Call transXY(X, Y, Z)
XP = transXY_Xout
YP = transXY_Yout
g.DrawLine(myPen, oldx, oldy, XP, YP)

Z1 = ZV
```

```
For A = 0 To (4 * P + 0.02) Step 0.21
  X1 = -R * Cos(A) : Y1 = -R * Sin(A)
  Call transZF(X1, Y1, Z1, L1, L2)
  X = transZF_Xout
  Y = transZF_Yout
  Z = transZF_Zout
  Call transXY(X, Y, Z)
  XP = transXY_Xout
  YP = transXY_Yout
  If A = 0 Then
    oldx = XP
    oldy = YP
  Else
    g.DrawLine(myPen, oldx, oldy, XP, YP)
    oldx = XP
    oldy = YP
  End If
Next A

Z1 = ZH
For A = A1 To (A2 + 0.01) Step 0.21
  X1 = -R * Cos(A) : Y1 = -R * Sin(A)
  Call transZF(X1, Y1, Z1, L1, L2)
  X = transZF_Xout
  Y = transZF_Yout
  Z = transZF_Zout
  Call transXY(X, Y, Z)
  XP = transXY_Xout
  YP = transXY_Yout
  If A = A1 Then
    oldx = XP
    oldy = YP
  Else
    g.DrawLine(myPen, oldx, oldy, XP, YP)
    oldx = XP
    oldy = YP
  End If
Next A
End Sub
```

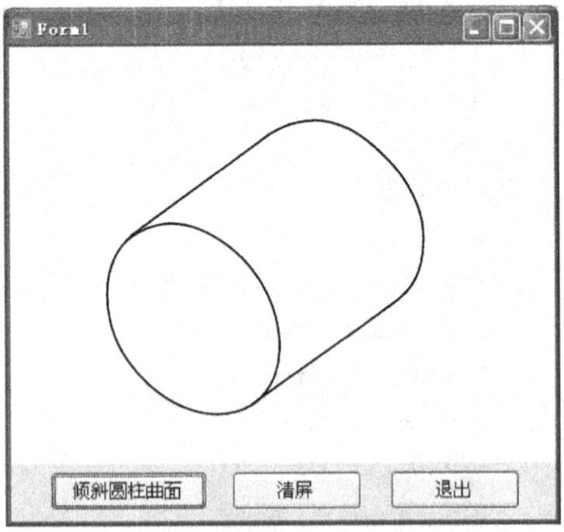

图 6-21　倾斜正圆柱的绘制示例

```
Public Sub transZF(ByVal xIn, ByVal yIn, ByVal zIn, ByVal L1, ByVal L2)
  transZF_Xout = xIn * gCosDE * gCosBE - L1 * yIn * gSinBE + L2 * zIn * gSinDE * gCosBE
  transZF_Yout = L1 * xIn * gCosDE * gSinBE + yIn * gCosBE + L1 * L2 * zIn * gSinDE *
```

```
gSinBE
  transZF _ Zout = - L2 * xIn * gSinDE + zIn * gCosDE
End Sub

Public Sub transXY(ByVal xIn, ByVal yIn, ByVal zIn)
  transXY _ Xout = XA - xIn * gCosGA + yIn * gSinGA
  transXY _ Yout = YA + xIn * gSinGA * gSinTH + yIn * gSinTH * gCosGA - zIn * gCosTH
End Sub
```

倾斜圆柱曲面的输出窗体如图 6-21 所示。

6.1.5　圆柱螺旋面的程序设计

圆柱螺旋面是以圆柱螺旋线和其轴线为导线的一种锥状面。

轴线垂直于 H 面的圆柱螺旋线(图 6-22)的参数方程为

$$\begin{cases} x = -R\cos A \\ y = -R\sin A \\ z = S(A - A_1)/360^\circ \end{cases} \qquad (6-26)$$

式中　A_1——圆柱螺旋线的起始角(由 x 轴负端按反时针方向算起);

A——圆柱螺旋线上的一点的转角;

R——圆柱半径;

S——导程。

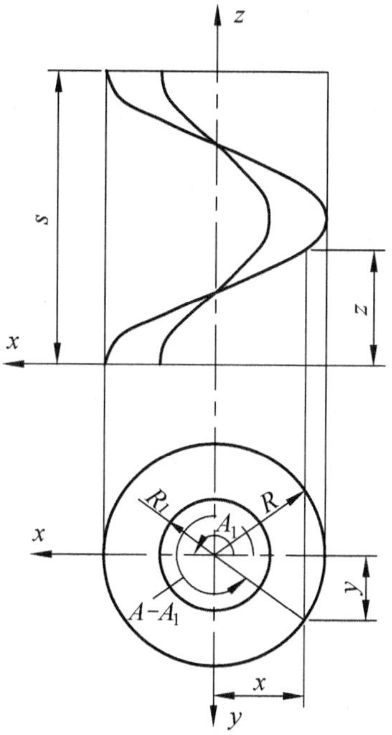

图 6-22　圆柱螺旋面

圆柱螺旋面分平螺旋面和斜螺旋面。对于轴线垂直于 H 面的平螺旋面,其素线是同时与轴线、螺旋线相交的水平线,即两交点的 z 坐标相等。斜螺旋面的素线是同时与轴线、螺旋线相交,且与同轴锥面相应素线平行的倾斜线,即两交点的 z 坐标差为一常量 B。

有时所绘制的螺旋面内侧是一半径较小的圆柱螺旋线而不是轴线,故设半径为 R_1。当 $R_1=0$ 时,内侧导线是圆柱轴线;当 $R_1\neq0$ 时,则为螺旋线。

圆柱螺旋面的绘图程序主要功能部分如下:

```
'画圆柱螺旋面
Private Sub draw()
  g = Graphics.FromImage(BM)
  g.Clear(PictureBox1.BackColor)
  myPen = New Pen(Color.Black, 2)          '定义画笔
  Dim F, p4, R, R1, S, A1, N, B, M, D, E1, E2, XA, YA As Double
  Dim GA, TH, SG, CG, ST, CT, X, Y, Z As Double
  Dim A, SA, CA, DZ, DA As Double
```

```
Dim oldx, oldy, XP, YP As Integer
p4 = 4 * P
R = 100
R1 = 50
S = 180
A1 = 0
N = 2
B = 0
M = 40
D = -1
E1 = 45
E2 = 45
XA = 270
YA = 400
E1 = E1 / 57.3  : E2 = E2 / 57.3
A1 = A1 / 57.3
If M = 0 Then M = 0.0001
If (E1 = 0 And E2 > 1.57 And E2 < 1.571) Then
  GA = 0
Else
  GA = P - E1
End If
If (E2 > 1.57 And E2 < 1.571) Then
  TH = P
Else
  TH = Atan(Tan(E2) * Cos(E1))
End If
SG = Sin(GA) : CG = Cos(GA) : ST = Sin(TH) : CT = Cos(TH)
For A = A1 To (p4 * N + A1 + 0.01) Step 0.21
  X = -R * Cos(A) : Y = -D * R * Sin(A) : Z = S * (A - A1) / p4
  XP = XA - X * CG + Y * SG
  YP = YA + X * SG * ST + Y * CG * ST - Z * CT
  If A = A1 Then
    oldx = XP
    oldy = YP
  Else
    g.DrawLine(myPen, oldx, oldy, XP, YP)
    oldx = XP
    oldy = YP
  End If
Next A
For A = A1 To p4 * N + A1 + 0.1  Step 0.21
  X = -R1 * Cos(A) : Y = -D * R1 * Sin(A) : Z = B + S * (A - A1) / p4
```

```
        XP = XA - X * CG + Y * SG
        YP = YA + X * SG * ST + Y * CG * ST - Z * CT
        If A = A1 Then
          oldx = XP
          oldy = YP
        Else
          g.DrawLine(myPen, oldx, oldy, XP, YP)
          oldx = XP
          oldy = YP
        End If
      Next A
      DZ = S / M : DA = p4 / M
      For F = 0 To M * N   1
        Z = B + F * DZ : A = A1 + F * DA
        SA = Sin(A) : CA = Cos(A)
        X = -R1 * CA : Y = -D * R1 * SA
        XP = XA - X * CG + Y * SG
        YP = YA + X * SG * ST + Y * CG * ST - Z * CT
        oldx = XP
        oldy = YP
        Z = Z - B : X = -R * CA : Y = -D * R * SA
        XP = XA - X * CG + Y * SG
        YP = YA + X * SG * ST + Y * CG * ST - Z * CT
        g.DrawLine(myPen, oldx, oldy, XP, YP)
      Next F
    End Sub
```

圆柱螺旋面的输出窗体如图 6-23 所示。

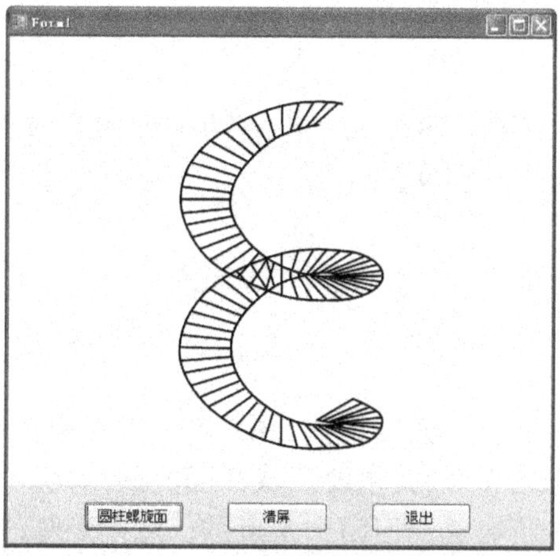

图 6-23　圆柱螺旋面的绘制示例

上述程序,由以下几个部分组成:

(1)输入数据和计算各有关函数值,其中:

R_1——内圆柱半径;

R——圆柱半径;

S——导程;

A_1——螺旋线起始角;

N——导程数;

B——素线两端点沿轴线方向的坐标差;

M——每个导程内要求画出的素线数;

D——螺旋面的旋向,$D=1$ 为左旋,$D=-1$ 为右旋。

(2)绘出外圆柱螺旋线;

(3)绘出内圆柱螺旋线,当 $R_1=0$,则画圆柱轴线;

(4)绘画素线。

6.2 Coons 曲面

上节讨论的曲面基本上都是规则曲面，还有一类曲面是自由曲面，如汽车、飞机的几何造型，家电产品的外壳设计等。曲面的表示可以看作是曲线表示方法的延伸与扩展。曲线可以用单参数矢量函数式来表示，而曲面则可以用双参数矢量函数式表示，即

$$\boldsymbol{r}(u,v) = [\, x(u,v), \quad y(u,v), \quad z(u,v)\,]$$

下面几节中分别介绍 3 种常用的自由曲面。

6.2.1 Coons 曲面的数学表达式

1965 年 Coons(孔斯)提出了构造曲面的数学方法，即将几个复杂的曲面看作是由若干个“曲面片”光滑拼接而成的，每一个片都用一个数学方程来描述。设计曲面从单个曲面片开始，在曲面片之间相邻的边界上使得位矢、切矢和扭矢连接，从而保证整个曲面的光滑连续性。

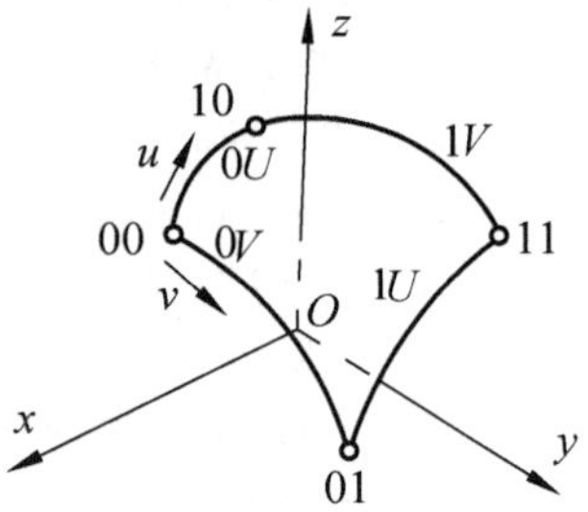

图 6-24 Coons 曲面

Coons 曲面是用其 4 个角点处的位矢、切矢和扭矢的信息来控制的。Coons 曲面实际上是双三次曲面(图 6-24)。

采用 Coons 创造的简缩记号，Coons 曲面可以记作：

$$uv = [\, x(u,v),\ y(u,v),\ z(u,v)\,]$$

曲面的 4 个角点的位矢为：

$$00 = r(0,0), \quad 01 = r(0,1), \quad 10 = r(1,0), \quad 11 = r(1,1)$$

曲面的 4 个角点沿 U 方向的切矢为

$$00_u = \left.\frac{\partial r(u,v)}{\partial u}\right|_{\substack{u=0\\v=0}} \quad 01_u = \left.\frac{\partial r(u,v)}{\partial u}\right|_{\substack{u=0\\v=1}} \quad 10_u = \left.\frac{\partial r(u,v)}{\partial u}\right|_{\substack{u=1\\v=0}} \quad 11_u = \left.\frac{\partial r(u,v)}{\partial u}\right|_{\substack{u=1\\v=1}}$$

曲面的 4 个角点沿 V 方向的切矢为

$$00_v = \left.\frac{\partial r(u,v)}{\partial v}\right|_{\substack{u=0\\v=0}} \quad 01_v = \left.\frac{\partial r(u,v)}{\partial v}\right|_{\substack{u=0\\v=1}} \quad 10_v = \left.\frac{\partial r(u,v)}{\partial v}\right|_{\substack{u=1\\v=0}} \quad 11_v = \left.\frac{\partial r(u,v)}{\partial v}\right|_{\substack{u=1\\v=1}}$$

曲面的 4 个角点的扭矢为

$$00_{uv} = \left.\frac{\partial^2 r(u,v)}{\partial u \partial v}\right|_{\substack{u=0\\v=0}} \quad 01_{uv} = \left.\frac{\partial^2 r(u,v)}{\partial u \partial v}\right|_{\substack{u=0\\v=1}} \quad 10_{uv} = \left.\frac{\partial^2 r(u,v)}{\partial u \partial v}\right|_{\substack{u=1\\v=0}} \quad 11_{uv} = \left.\frac{\partial^2 r(u,v)}{\partial u \partial v}\right|_{\substack{u=1\\v=1}}$$

在上面的四组信息中，前三组完全决定了四条边界曲线的位置和形状；第四组信息与边界形状无关，其主要反映曲面的凹凸性。

将有关曲面四个角点的信息用矩阵表示为

$$\boldsymbol{P} = \begin{bmatrix} 00 & 01 & 00_v & 01_v \\ 10 & 11 & 10_v & 11_v \\ 00_u & 01_u & 00_{uv} & 01_{uv} \\ 10_u & 11_u & 10_{uv} & 11_{uv} \end{bmatrix}$$

则双三次 Coons 曲面方程为

$$uv = [\,u^3 \quad u^2 \quad u \quad 1\,]\boldsymbol{MPM}^{\mathrm{T}}[\,v^3 \quad v^2 \quad v \quad 1\,]^{\mathrm{T}} \qquad (0 \leqslant u, v \leqslant 1) \qquad (6-27)$$

其中，

$$\boldsymbol{M} = \begin{bmatrix} 2 & -2 & 1 & 1 \\ -3 & 3 & -2 & -1 \\ 0 & 0 & 1 & 0 \\ 0 & 0 & 0 & 0 \end{bmatrix}$$

$\boldsymbol{M}^{\mathrm{T}}$ 为矩阵 $\boldsymbol{M}$ 的转置矩阵。

将式(6-27)写成 x、y、z 三个方向分量的形式，则双三次 Coons 曲面可以表示为

$$\begin{aligned} x(u,v) &= [\,u^3 \quad u^2 \quad u \quad 1\,]\boldsymbol{MP}_x\boldsymbol{M}^{\mathrm{T}}[\,v^3 \quad v^2 \quad v \quad 1\,]^{\mathrm{T}} \\ y(u,v) &= [\,u^3 \quad u^2 \quad u \quad 1\,]\boldsymbol{MP}_y\boldsymbol{M}^{\mathrm{T}}[\,v^3 \quad v^2 \quad v \quad 1\,]^{\mathrm{T}} \qquad (0 \leqslant u, v \leqslant 1) \qquad (6-28) \\ z(u,v) &= [\,u^3 \quad u^2 \quad u \quad 1\,]\boldsymbol{MP}_z\boldsymbol{M}^{\mathrm{T}}[\,v^3 \quad v^2 \quad v \quad 1\,]^{\mathrm{T}} \end{aligned}$$

6.2.2　Coons 曲面的程序设计

双三次 Coons 曲面的程序主要功能部分如下：

```
'画 Coons 曲面
Private Sub draw()
    g = Graphics.FromImage(BM)
    g.Clear(PictureBox1.BackColor)
    myPen = New Pen(Color.Black, 1)                '定义画笔

    Dim i, k, n, l, j, x0, y0 As Integer
    Dim p(4, 4, 3) As Integer
    Dim u0, u1, u2, u3, v0, v1, v2, v3 As Double
    Dim q10, q11, q12, q13, du, dv As Double
    Dim q(11, 11, 3), q20(3), q21(3), q22(3), q23(3) As Double
    Dim q30(3), q31(3), q32(3), q33(3) As Double
    Dim x, y As Double
    Dim XP, YP, oldx, oldy As Integer

    x0 = 390 : y0 = 395
    p(0, 0, 0) = 0 : p(0, 0, 1) = 0.5  : p(0, 0, 2) = 0
    p(0, 1, 0) = 0 : p(0, 1, 1) = 1.5  : p(0, 1, 2) = 0
    p(0, 2, 0) = 0 : p(0, 2, 1) = 1 : p(0, 2, 2) = 1
    p(0, 3, 0) = 0 : p(0, 3, 1) = 1 : p(0, 3, 2) = -1
    p(1, 0, 0) = 2 : p(1, 0, 1) = 0 : p(1, 0, 2) = 0
    p(1, 1, 0) = 2 : p(1, 1, 1) = 2 : p(1, 1, 2) = 0
    p(1, 2, 0) = 0 : p(1, 2, 1) = 2 : p(1, 2, 2) = 3.5
    p(1, 3, 0) = 0 : p(1, 3, 1) = 2 : p(1, 3, 2) = -3.5
    p(2, 0, 0) = 3 : p(2, 0, 1) = 0 : p(2, 0, 2) = -3.5
```

```
p(2, 1, 0) = 3 : p(2, 1, 1) = 0 : p(2, 1, 2) = 0
p(2, 2, 0) = 4 : p(2, 2, 1) = 4 : p(2, 2, 2) = 0
p(2, 3, 0) = 3 : p(2, 3, 1) = 2 : p(2, 3, 2) = -3
p(3, 0, 0) = 2.6  : p(3, 0, 1) = -1.5  : p(3, 0, 2) = 4
p(3, 1, 0) = 2.6  : p(3, 1, 1) = -1.5  : p(3, 1, 2) = 0
p(3, 2, 0) = -4 : p(3, 2, 1) = 3 : p(3, 2, 2) = 0
p(3, 3, 0) = 3 : p(3, 3, 1) = 4 : p(3, 3, 2) = 3

For i = 0 To 3
  For k = 0 To 3
    x = (-0.7071 * p(i, k, 0) + 0.7071 * p(i, k, 1) + 200) * 2 - x0
    y = (0.4082 * p(i, k, 0) + 0.4082 * p(i,k,1) - 0.8165 * p(i,k,2) + 200) * 2 - y0
    XP = x * 30
    YP = y * 30
    If k = 0 Then
      oldx = XP
      oldy = YP
    Else
      g.DrawLine(myPen, oldx, oldy, XP, YP)
      oldx = XP
      oldy = YP
    End If
  Next k
Next i
For i = 0 To 3
  For k = 0 To 3
    x = (-0.7071 * p(k,i,0) + 0.7071 * p(k,i,1) + 200) * 2 - x0
    y = (0.4082 * p(k,i,0) + 0.4082 * p(k,i,1) - 0.8165 * p(k,i,2) + 200) * 2 - y0
    XP = x * 30
    YP = y * 30
    If k = 0 Then
      oldx = XP
      oldy = YP
    Else
      g.DrawLine(myPen, oldx, oldy, XP, YP)
      oldx = XP
      oldy = YP
    End If
  Next k
Next i
n = 10
```

```
du = 1 / 10
dv = du
For i = 0 To n
  u0 = (i * du) ^ 3
  u1 = (i * du) ^ 2
  u2 = i * du
  u3 = 1
  q10 = u0 * 2 + u1 * ( - 3) + u3 * 1
  q11 = u0 * ( - 2) + u1 * 3
  q12 = u0 * 1 + u1 * ( - 2) + u2 * 1
  q13 = u0 * 1 + u1 * ( - 1)
  For k = 0 To 2
    q20(k) = q10 * p(0,0,k) + q11 * p(1,0,k) + q12 * p(2,0,k) + q13 * p(3,0, k)
    q21(k) = q10 * p(0,1,k) + q11 * p(1,1,k) + q12 * p(2,1,k) + q13 * p(3,1, k)
    q22(k) = q10 * p(0,2,k) + q11 * p(1,2,k) + q12 * p(2,2,k) + q13 * p(3,2,k)
    q23(k) = q10 * p(0,3,k) + q11 * p(1,3,k) + q12 * p(2,3,k) + q13 * p(3,3,k)
    q30(k) = q20(k) * 2 + q21(k) * ( - 2) + q22(k) * 1 + q23(k) * 1
    q31(k) = q20(k) * ( - 3) + q21(k) * 3 + q22(k) * ( - 2) + q23(k) * ( - 1)
    q32(k) = q22(k) * 1
    q33(k) = q20(k) * 1
  Next k
  For l = 0 To n
    v0 = (l * dv) ^ 3
    v1 = (l * dv) ^ 2
    v2 = l * dv
    v3 = 1
    For k = 0 To 2
      q(i, l, k) = q30(k) * v0 + q31(k) * v1 + q32(k) * v2 + q33(k) * v3
    Next k
  Next l
Next i

myPen = New Pen(Color.Black, 2)                 '定义画笔

For i = 0 To n
  For l = 0 To n
    x = ( - 0.7071 * q(i, l, 0) + 0.7971 * q(i, l, 1) + 200) * 2 - x0
    y = (0.4082 * q(i,l,0) + 0.4082 * q(i,l,1) - 0.8165 * q(i,l,2) + 200) * 2 - y0
    XP = x * 30
    YP = y * 30
    If l = 0 Then
      oldx = XP
      oldy = YP
```

```
            Else
              g.DrawLine(myPen, oldx, oldy, XP, YP)
              oldx = XP
              oldy = YP
            End If
          Next l
        Next i
        For i = 0 To n
          For l = 0 To n
            x = ( -0.7071 * q(l, i, 0) + 0.7971 * q(l, i, 1) + 200) * 2 - x0
            y = (0.4082 * q(l,i,0) + 0.4082 * q(l,i,1) - 0.8165 * q(l,i,2) + 200) * 2 - y0
            XP = x * 30
            YP = y * 30
            If l = 0 Then
              oldx = XP
              oldy = YP
            Else
              g.DrawLine(myPen, oldx, oldy, XP, YP)
              oldx = XP
              oldy = YP
            End If
          Next l
        Next i
      End Sub
```

双三次 Coons 曲面的输出窗体如图 6-25 所示。

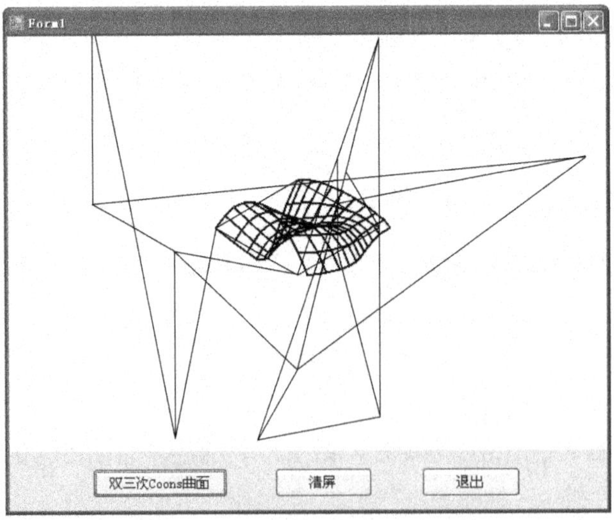

图 6-25　双三次 Coons 曲面的绘制示例

6.3　Bézier 曲面

6.3.1　Bézier 曲面的数学表达式

Bézier 曲面是 Bézier 曲线在空间的拓展。Bézier 曲线是由特征多边形控制的，Bézier 曲面是由特征网格顶点控制的，两者在表达方式上很相似。Bézier 曲面上任一点的方程为

$$r(u,v) = \sum_{i=0}^{n}\sum_{j=0}^{m} P_{ij}B_{in}(u)B_{jm}(v) \quad (0 \leqslant u,v \leqslant 1) \qquad (6-29)$$

其中，P_{ij}是特征网格顶点，共有$(m+1)(n+1)$个点组成的空间点阵，称为特征网格矩阵。$B_{in}(u)$、$B_{jm}(v)$是 Bernstain 基函数，其定义了 Bézier 曲线上 U、V 两个方向上的 Bézier 曲线。

当 $m=n=3$ 时，得到双三次 Bézier 曲面，它是由 4×4 个空间网格点来控制的(图 6-26)。

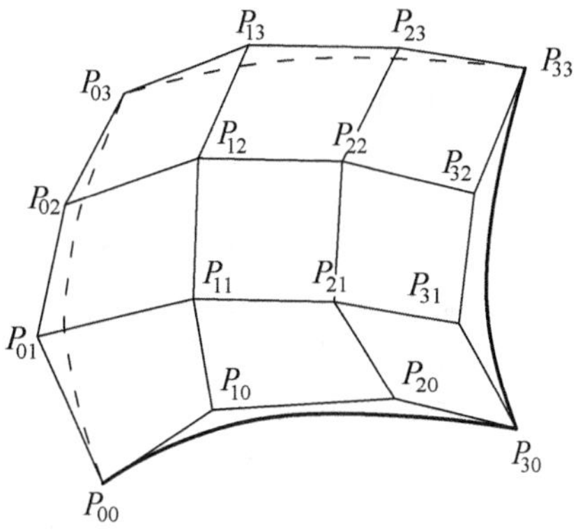

图 6-26　双三次 Bézier 曲面

与 Bézier 曲线类似，这 16 个控制点决定了 Bézier 曲面的形状。此时双三次 Bézier 曲面的表达式为

$$r(u,v) = [u^3 \quad u^2 \quad u \quad 1]BPB^{T}[v^3 \quad v^2 \quad v \quad 1]^{T} \quad (0 \leqslant u,v \leqslant 1) \qquad (6-30)$$

其中，

$$B = \begin{bmatrix} -1 & 3 & -3 & 1 \\ 3 & -6 & 3 & 0 \\ -3 & 3 & 0 & 0 \\ 1 & 0 & 0 & 0 \end{bmatrix}, \quad P = \begin{bmatrix} P_{00} & P_{01} & P_{02} & P_{03} \\ P_{10} & P_{11} & P_{12} & P_{13} \\ P_{20} & P_{21} & P_{22} & P_{23} \\ P_{30} & P_{31} & P_{32} & P_{33} \end{bmatrix}$$

B^{T} 为矩阵 B 的转置矩阵。

将式(6-30)写成 x、y、z 三个方向分量的形式，则双三次 Bézier 曲面可以表示为

$$\begin{aligned} x(u,v) &= [u^3 \quad u^2 \quad u \quad 1]BP_xB^{T}[v^3 \quad v^2 \quad v \quad 1]^{T} \\ y(u,v) &= [u^3 \quad u^2 \quad u \quad 1]BP_yB^{T}[v^3 \quad v^2 \quad v \quad 1]^{T} \quad (0 \leqslant u,v \leqslant 1) \qquad (6-31) \\ z(u,v) &= [u^3 \quad u^2 \quad u \quad 1]BP_zB^{T}[v^3 \quad v^2 \quad v \quad 1]^{T} \end{aligned}$$

6.3.2　Bézier 曲面的程序设计

双三次 Bézier 曲面的程序主要功能部分如下：

```
'画双三次 Bezier 曲面
Private Sub draw()
    g = Graphics.FromImage(BM)
    g.Clear(PictureBox1.BackColor)
    myPen = New Pen(Color.Black, 1)             '定义画笔

    Dim i, k, n, l, j, x0, y0 As Integer
```

```
Dim p(4, 4, 3) As Integer
Dim u0, u1, u2, u3, v0, v1, v2, v3 As Double
Dim q10, q11, q12, q13, du, dv As Double
Dim q(11, 11, 3), q20(3), q21(3), q22(3), q23(3) As Double
Dim q30(3), q31(3), q32(3), q33(3) As Double
Dim x, y, oldx, oldy As Integer
x0 = 300 : y0 = 300
p(0, 0, 0) = 12 : p(0, 0, 1) = 145 : p(0, 0, 2) = 50
p(0, 1, 0) = 24 : p(0, 1, 1) = 120 : p(0, 1, 2) = 50
p(0, 2, 0) = 45 : p(0, 2, 1) = 117 : p(0, 2, 2) = 50
p(0, 3, 0) = 65 : p(0, 3, 1) = 140 : p(0, 3, 2) = 50
p(1, 0, 0) = 24 : p(1, 0, 1) = 65 : p(1, 0, 2) = 34
p(1, 1, 0) = 56 : p(1, 1, 1) = 45 : p(1, 1, 2) = 34
p(1, 2, 0) = 87 : p(1, 2, 1) = 56 : p(1, 2, 2) = 34
p(1, 3, 0) = 99 : p(1, 3, 1) = 75 : p(1, 3, 2) = 34
p(2, 0, 0) = 43 : p(2, 0, 1) = 120 : p(2, 0, 2) = 20
p(2, 1, 0) = 65 : p(2, 1, 1) = 98 : p(2, 1, 2) = 20
p(2, 2, 0) = 87 : p(2, 2, 1) = 100 : p(2, 2, 2) = 20
p(2, 3, 0) = 111 : p(2, 3, 1) = 115 : p(2, 3, 2) = 20
p(3, 0, 0) = 15 : p(3, 0, 1) = 165 : p(3, 0, 2) = 0
p(3, 1, 0) = 34 : p(3, 1, 1) = 120 : p(3, 1, 2) = 0
p(3, 2, 0) = 55 : p(3, 2, 1) = 135 : p(3, 2, 2) = 0
p(3, 3, 0) = 75 : p(3, 3, 1) = 170 : p(3, 3, 2) = 0

For i = 0 To 3
  For k = 0 To 3
  x = (-0.7071 * p(i, k, 0) + 0.7071 * p(i, k, 1) + 200) * 2 - 300
  y = (0.4082 * p(i, k, 0) + 0.4082 * p(i, k, 1) - 0.8165 * p(i, k, 2) + 200) * 2 - 300
    If k = 0 Then
      oldx = x
      oldy = y
    Else
      g.DrawLine(myPen, oldx, oldy, x, y)
      oldx = x
      oldy = y
    End If
  Next k
Next i
For i = 0 To 3
  For k = 0 To 3
  x = (-0.7071 * p(k, i, 0) + 0.7071 * p(k, i, 1) + 200) * 2 - 300
  y = (0.4082 * p(k, i, 0) + 0.4082 * p(k, i, 1) - 0.8165 * p(k, i, 2) + 200) * 2 - 300
    If k = 0 Then
      oldx = x
      oldy = y
```

```
        Else
          g.DrawLine(myPen, oldx, oldy, x, y)
          oldx = x
          oldy = y
        End If
      Next k
    Next i

    myPen = New Pen(Color.Black, 2)              '定义画笔
    n = 10
    du = 1 / 10
    dv = du
    For i = 0 To n
      u0 = (i * du) ^ 3
      u1 = (i * du) ^ 2
      u2 = i * du
      u3 = 1
      q10 = u0 * (-1) + u1 * 3 + u2 * (-3) + u3 * 1
      q11 = u0 * 3 + u1 * (-6) + u2 * 3
      q12 = u0 * (-3) + u1 * 3
      q13 = u0 * 1
      For k = 0 To 2
        q20(k) = q10 * p(0, 0, k) + q11 * p(1, 0, k) + q12 * p(2, 0, k) + q13 * p(3, 0, k)
        q21(k) = q10 * p(0, 1, k) + q11 * p(1, 1, k) + q12 * p(2, 1, k) + q13 * p(3, 1, k)
        q22(k) = q10 * p(0, 2, k) + q11 * p(1, 2, k) + q12 * p(2, 2, k) + q13 * p(3, 2, k)
        q23(k) = q10 * p(0, 3, k) + q11 * p(1, 3, k) + q12 * p(2, 3, k) + q13 * p(3, 3, k)

        q30(k) = q20(k) * (-1) + q21(k) * 3 + q22(k) * (-3) + q23(k) * 1
        q31(k) = q20(k) * 3 + q21(k) * (-6) + q22(k) * 3
        q32(k) = q20(k) * (-3) + q21(k) * 3
        q33(k) = q20(k) * 1
      Next k
      For l = 0 To n
        v0 = (l * dv) ^ 3
        v1 = (l * dv) ^ 2
        v2 = l * dv
        v3 = 1
        For k = 0 To 2
          q(i, l, k) = q30(k) * v0 + q31(k) * v1 + q32(k) * v2 + q33(k) * v3
        Next k
      Next l
    Next i
    For i = 0 To n
      For l = 0 To n
        x = (-0.7071 * q(i, l, 0) + 0.7971 * q(i, l, 1) + 200) * 2 - 300
```

```
        y = (0.4082 * q(i, l, 0) + 0.4082 * q(i, l, 1) - 0.8165 * q(i, l, 2) + 200) * 2 - 300
        If l = 0 Then
          oldx = x
          oldy = y
        Else
          g.DrawLine(myPen, oldx, oldy, x, y)
          oldx = x
          oldy = y
        End If
      Next l
    Next i
    For i = 0 To n
      For l = 0 To n
        x = ( - 0.7071 * q(l, i, 0) + 0.7971 * q(l, i, 1) + 200) * 2 - 300
        y = (0.4082 * q(l, i, 0) + 0.4082 * q(l, i, 1) - 0.8165 * q(l, i, 2) + 200) * 2 - 300
        If l = 0 Then
          oldx = x
          oldy = y
        Else
          g.DrawLine(myPen, oldx, oldy, x, y)
          oldx = x
          oldy = y
        End If
      Next l
    Next i
  End Sub
```

双三次 Bézier 曲面的输出窗体如图 6-27 所示。

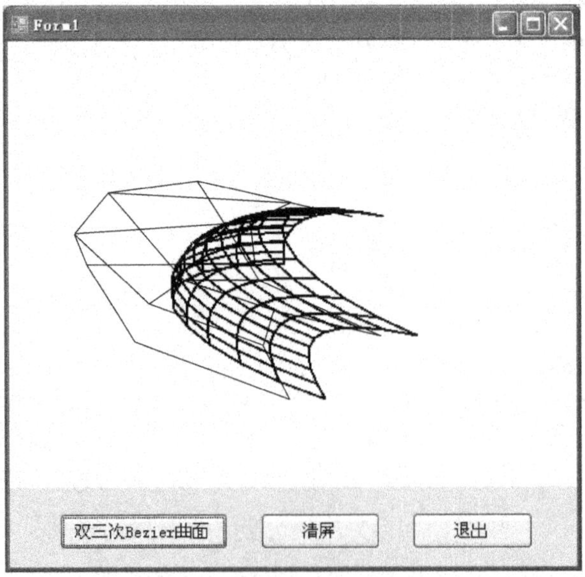

图 6-27　双三次 Bézier 曲面的绘制示例

6.4　B 样条曲面

6.4.1　B 样条曲面的数学表达式

如同 Bézier 曲面可以由 Bézier 曲线推广而来一样，B 样条曲面也可以由 B 样条曲线推广而来。B 样条曲面中任一点的方程为

$$\boldsymbol{r}(u,v) = \sum_{i=0}^{n}\sum_{j=0}^{m}\boldsymbol{P}_{ij}\boldsymbol{B}_{in}(u)\boldsymbol{B}_{jm}(v) \quad (0 \leqslant u,v \leqslant 1) \qquad (6-32)$$

其中，$\boldsymbol{P}_{ij}$是$(m+1)(n+1)$个点组成的空间点阵，也称特征网格矩阵；$\boldsymbol{B}_{in}(u)$、$\boldsymbol{B}_{jm}(v)$是 B 样条基函数。当 $m=n=3$ 时，得到双三次 B 样条曲面（图 6-28），其表达式为

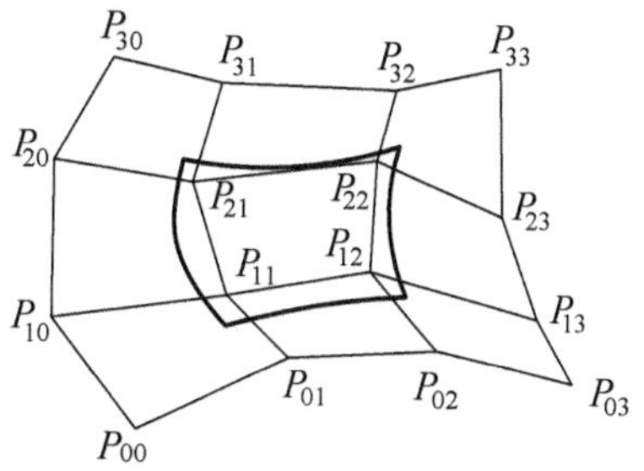

图 6-28 双三次 B 样条曲面

$$\boldsymbol{r}(u,v) = [\,u^3 \quad u^2 \quad u \quad 1\,]\,\boldsymbol{NPN}^{\mathrm{T}}[\,v^3 \quad v^2 \quad v \quad 1\,]^{\mathrm{T}} \quad (0 \leqslant u,v \leqslant 1) \qquad (6-33)$$

其中，

$$\boldsymbol{N} = \frac{1}{6}\begin{bmatrix} -1 & 3 & -3 & 1 \\ 3 & -6 & 3 & 0 \\ -3 & 0 & 3 & 0 \\ 1 & 4 & 1 & 0 \end{bmatrix}, \quad \boldsymbol{P} = \begin{bmatrix} P_{00} & P_{01} & P_{02} & P_{03} \\ P_{10} & P_{11} & P_{12} & P_{13} \\ P_{20} & P_{21} & P_{22} & P_{23} \\ P_{30} & P_{31} & P_{32} & P_{33} \end{bmatrix}$$

$\boldsymbol{N}^{\mathrm{T}}$ 为矩阵 $\boldsymbol{N}$ 的转置矩阵。

将式(6-33)写成 x、y、z 三个方向分量的形式，则双三次 B 样条曲面可以表示为

$$\begin{aligned} x(u,v) &= [\,u^3 \quad u^2 \quad u \quad 1\,]\,\boldsymbol{NP}_x\boldsymbol{N}^{\mathrm{T}}[\,v^3 \quad v^2 \quad v \quad 1\,]^{\mathrm{T}} \\ y(u,v) &= [\,u^3 \quad u^2 \quad u \quad 1\,]\,\boldsymbol{NP}_y\boldsymbol{N}^{\mathrm{T}}[\,v^3 \quad v^2 \quad v \quad 1\,]^{\mathrm{T}} \quad (0 \leqslant u,v \leqslant 1) \qquad (6-34) \\ z(u,v) &= [\,u^3 \quad u^2 \quad u \quad 1\,]\,\boldsymbol{NP}_z\boldsymbol{N}^{\mathrm{T}}[\,v^3 \quad v^2 \quad v \quad 1\,]^{\mathrm{T}} \end{aligned}$$

6.4.2　B 样条曲面的程序设计

双三次 B 样条曲面的程序主要功能部分如下：

```
'画双三次 B 样条曲面
Private Sub draw()
    g = Graphics.FromImage(BM)
    g.Clear(PictureBox1.BackColor)
    myPen = New Pen(Color.Black, 1)                '定义画笔

    Dim p(4, 4, 3) As Integer
    Dim i, j, k, n, l As Integer
    Dim x0, y0 As Integer
    x0 = 300 : y0 = 300
    Dim u0, u1, u2, u3, v0, v1, v2, v3 As Double
```

```
Dim q10, q11, q12, q13, du, dv As Double
Dim q(11, 11, 3), q20(3), q21(3), q22(3), q23(3) As Double
Dim q30(3), q31(3), q32(3), q33(3) As Double
Dim x, y, oldx, oldy As Integer

p(0, 0, 0) = 12 : p(0, 0, 1) = 145 : p(0, 0, 2) = 50
p(0, 1, 0) = 24 : p(0, 1, 1) = 120 : p(0, 1, 2) = 50
p(0, 2, 0) = 45 : p(0, 2, 1) = 117 : p(0, 2, 2) = 50
p(0, 3, 0) = 65 : p(0, 3, 1) = 140 : p(0, 3, 2) = 50
p(1, 0, 0) = 24 : p(1, 0, 1) = 65 : p(1, 0, 2) = 34
p(1, 1, 0) = 56 : p(1, 1, 1) = 45 : p(1, 1, 2) = 34
p(1, 2, 0) = 87 : p(1, 2, 1) = 56 : p(1, 2, 2) = 34
p(1, 3, 0) = 99 : p(1, 3, 1) = 75 : p(1, 3, 2) = 34
p(2, 0, 0) = 43 : p(2, 0, 1) = 120 : p(2, 0, 2) = 20
p(2, 1, 0) = 65 : p(2, 1, 1) = 98 : p(2, 1, 2) = 20
p(2, 2, 0) = 87 : p(2, 2, 1) = 100 : p(2, 2, 2) = 20
p(2, 3, 0) = 111 : p(2, 3, 1) = 115 : p(2, 3, 2) = 20
p(3, 0, 0) = 15 : p(3, 0, 1) = 165 : p(3, 0, 2) = 0
p(3, 1, 0) = 34 : p(3, 1, 1) = 120 : p(3, 1, 2) = 0
p(3, 2, 0) = 55 : p(3, 2, 1) = 135 : p(3, 2, 2) = 0
p(3, 3, 0) = 75 : p(3, 3, 1) = 170 : p(3, 3, 2) = 0

For i = 0 To 3
  For k = 0 To 3
    x = ( -0.7071 * p(i, k, 0) + 0.7071 * p(i, k, 1) + 200) * 2 - x0
    y = (0.4082 * p(i, k, 0) + 0.4082 * p(i, k, 1) - 0.8165 * p(i, k, 2) + 200) * 2 - y0
    If k = 0 Then
      oldx = x
      oldy = y
    Else
      g.DrawLine(myPen, oldx, oldy, x, y)
      oldx = x
      oldy = y
    End If
  Next k
Next i
For i = 0 To 3
  For k = 0 To 3
    x = ( -0.7071 * p(k, i, 0) + 0.7071 * p(k, i, 1) + 200) * 2 - x0
    y = (0.4082 * p(k, i, 0) + 0.4082 * p(k, i, 1) - 0.8165 * p(k, i, 2) + 200) * 2 - y0
    If k = 0 Then
      oldx = x
      oldy = y
    Else
      g.DrawLine(myPen, oldx, oldy, x, y)
```

```
            oldx = x
            oldy = y
        End If
    Next k
Next i
n = 10
du = 1 / 10
dv = du
For i = 0 To n
    u0 = (i * du) ^ 3
    u1 = (i * du) ^ 2
    u2 = i * du
    u3 = 1
    q10 = (u0 * (-1) + u1 * 3 + u2 * (-3) + u3 * 1) / 6
    q11 = (u0 * 3 + u1 * (-6) + u2 * 4) / 6
    q12 = (u0 * (-3) + u1 * 3 + u2 * 3 + u3 * 1) / 6
    q13 = (u0 * 1) / 6
    For k = 0 To 2
        q20(k) = q10 * p(0, 0, k) + q11 * p(1, 0, k) + q12 * p(2, 0, k) + q13 * p(3, 0, k)
        q21(k) = q10 * p(0, 1, k) + q11 * p(1, 1, k) + q12 * p(2, 1, k) + q13 * p(3, 1, k)
        q22(k) = q10 * p(0, 2, k) + q11 * p(1, 2, k) + q12 * p(2, 2, k) + q13 * p(3, 2, k)
        q23(k) = q10 * p(0, 3, k) + q11 * p(1, 3, k) + q12 * p(2, 3, k) + q13 * p(3, 3, k)

        q30(k) = (q20(k) * (-1) + q21(k) * 3 + q22(k) * (-3) + q23(k) * 1) / 6
        q31(k) = (q20(k) * 3 + q21(k) * (-6) + q22(k) * 3) / 6
        q32(k) = (q20(k) * (-3) + q21(k) * 3) / 6
        q33(k) = (q20(k) * 1 + q21(k) * 4 + q22(k) * 1) / 6
    Next k
    For l = 0 To n
        v0 = (l * dv) ^ 3
        v1 = (l * dv) ^ 2
        v2 = l * dv
        v3 = 1
        For k = 0 To 2
            q(i, l, k) = q30(k) * v0 + q31(k) * v1 + q32(k) * v2 + q33(k) * v3
        Next k
    Next l
Next i
For i = 0 To n
    For l = 0 To n
        x = (-0.7071 * q(i, l, 0) + 0.7971 * q(i, l, 1) + 200) * 2 - x0
        y = (0.4082 * q(i,l,0) + 0.4082 * q(i,l,1) - 0.8165 * q(i,l,2) + 200) * 2 - y0
        If l = 0 Then
            oldx = x
            oldy = y
```

```
            Else
               g.DrawLine(myPen, oldx, oldy, x, y)
               oldx = x
               oldy = y
            End If
         Next l
      Next i
      For i = 0 To n
         For l = 0 To n
            x = (-0.7071 * q(l, i, 0) + 0.7971 * q(l, i, 1) + 200) * 2 - x0
            y = (0.4082 * q(l, i, 0) + 0.4082 * q(l, i, 1) - 0.8165 * q(l, i, 2) + 200) * 2 - y0
            If l = 0 Then
               oldx = x
               oldy = y
            Else
               g.DrawLine(myPen, oldx, oldy, x, y)
               oldx = x
               oldy = y
            End If
         Next l
      Next i
   End Sub
```

双三次 B 样条曲面的输出窗体如图 6-29 所示。

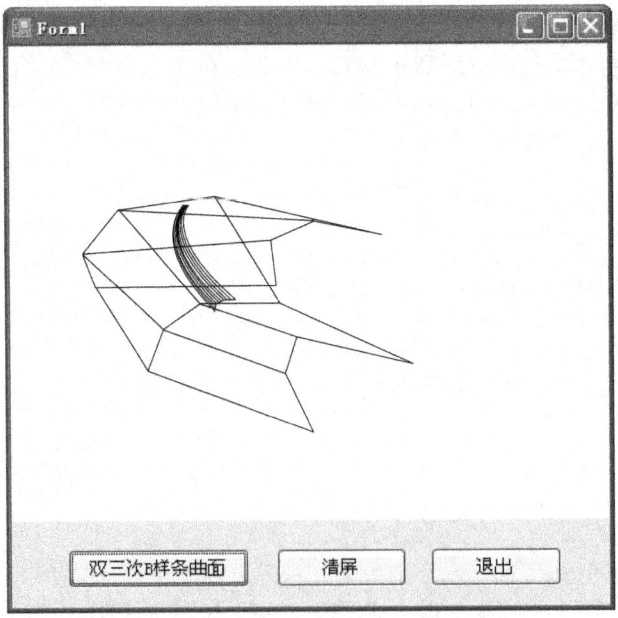

图 6-29　双三次 B 样条曲面的绘制示例

习　题　6

6-1　试修改6.1.1节的程序,使能根据用户输入绘画正圆柱的正面投影、水平投影、侧面投影和正等轴测投影。

6-2　试修改6.1.2节的程序,绘画高度为150,下底圆直径为150,上底圆直径为30,且轴线垂直于 H 面的正圆锥(台)。

6-3　试修改6.2.2节的程序,将双三次Coons曲面的四个角点的位矢、切矢及扭矢信息设计一参数输入窗体,并绘出Coons曲面。

6-4　试修改6.3.2节的程序,将双三次Bézier曲面的特征网格信息设计一参数输入窗体,并绘出Bézier曲面。

6-5　试修改6.4.2节的程序,将双三次B样条曲面的特征网格信息设计一参数输入窗体,并绘出B样条曲面。

第7章　VB.NET图像处理

在工程实践中，需要对图像的亮度、分辨率、锐化和灰度化等进行处理，这种对图像经过变换处理生成新图像的过程称为图像处理。图像处理的目的：一是为了产生更适合人观察和识别的图像；二是使图像能产生由计算机识别和理解的图像。本章将介绍 Visual Basic 2005 提供的图像处理功能，通过实际的图像处理应用程序设计，掌握图像处理的基本方法和技术。

7.1　位图图像文件及操作

本节主要介绍位图图像文件格式、格式转换、打开、保存、图像移动、拷贝和粘贴、尺寸变换等基本操作方法及程序设计。

7.1.1　图像文件的格式及格式转换

通常使用的图像文件有以下格式：BMP，JPG，GIF，PCX，ICO，DIB，EPS，JPEG，PSD，JEPG 等等。

图像处理时，可以用 PHOTOSHOP 等工具将 GIF、JPEG、PSD 等转换为 BMP 文件。将 GIF 文件格式的图像文件转化为 BMP 格式图像文件的方法步骤如下：

(1)先启动 PHOTOSHOP，读入 GIF 文件；

(2)再以 BMP 格式存储文件，便可实现格式转化。

7.1.2　位图图像文件的加载和保存

7.1.2.1　图像文件的加载

图像处理时，需要将原图像输出到 PictureBox 等对象中，加载图像的方法有两种：一种是在窗体设计时，使用对象的 Image 属性；另一种是用 Load 方法。

下面介绍为 PictureBox 控件添加图像的方法。

例 7-1　在图 7-1 所示窗体的 PictureBox(图片框)中加载某图像。

解　方法 1：使用对象的 Image 属性。

(1)选择对象 PictureBox(图片框)的属性 Image(图 7-2)。

(2)单击图 7-2 中 Image 属性右侧的“…”，则弹出如图 7-3 所示的“选择资源”对话框。

(3)单击“导入”按钮，选择所需图像文件，此时窗体如图 7-4 所示，即所需图像在 PictureBox(图片框)中被显示。

方法 2：使用对话框输入图像。

(1)使用“OpenFileDialog”(打开对话框)可使用程序具有更好的交互性，用户可自主选择需要加载的图像文件。从“工具箱”中找到“OpenFileDialog”控件(图 7-5)，双击鼠标可将其添加到窗体中，并显示在设计窗口的底部。

图 7-1　在 PictureBox 中加载图像

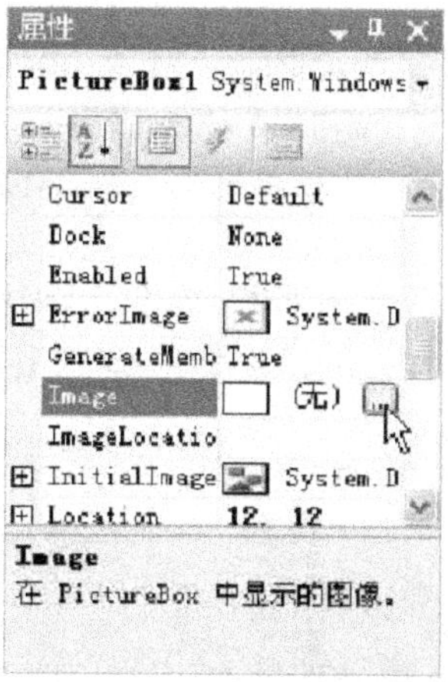

图 7-2　修改 Image 属性

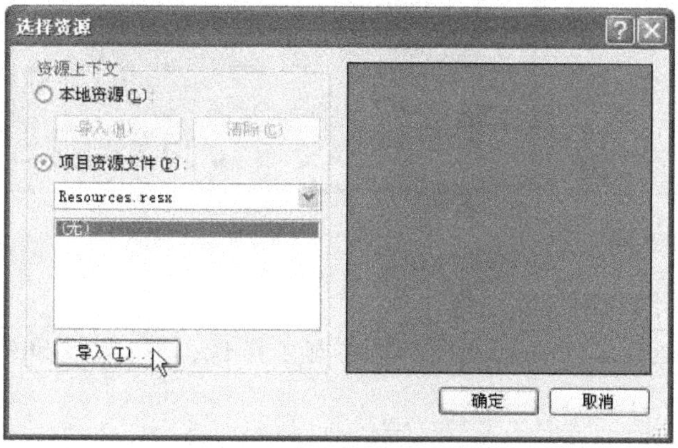

图 7-3　“选择资源”对话框

图 7-4　图像被导入到 PictureBox 中显示

图 7-5　选择 OpenFileDialog 控件

图 7-6　单击“输入图像”命令

(2)在窗体上添加一个"输入图像"按钮,打开图像的程序代码设计如下:

```
Private Sub Button1_Click(ByVal sender As System.Object, ByVal e As System.EventArgs) Handles Button1.Click
    Dim myImage As Image
    OpenFileDialog1.ShowDialog()
    myImage = New Bitmap(OpenFileDialog1.FileName)
    PictureBox1.Image = myImage
End Sub
```

运行程序时,单击"输入图像"命令按钮(图7-6),则弹出如图7-7所示的对话框,选择需要打开的图形文件名,单击"打开",执行结果如图7-8所示

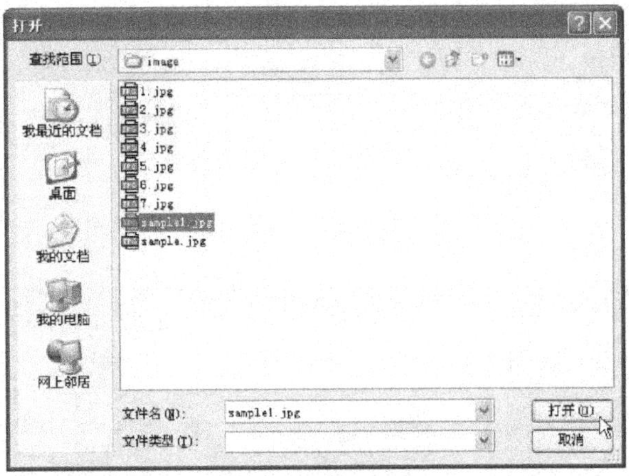

图7-7 在"打开"对话框中选择图像文件

图7-8 程序运行结果

方法3:使用 PictureBox.Load 方法为图片框加载图像。

程序运行阶段,可以使用 PictureBox.Load(String)在图片框中显示图像,其中参数 String 为图像在本地磁盘中的地址,代码示例如下:

```
PictureBox1.Load("E:\image\sample1.jpg")
```

7.1.2.2 位图图像文件的保存

进行图像处理时,需要将图像保存,可使用 Image.Save 方法将图像保存到指定的文件中:

```
PictureBox1.Image.Save("E:\image\sample2.jpg")
```

保存图片框中的图像的代码为 PictureBox1.Image.Save(String),其中 String 为指定文件的路径,如:

PictureBox1.Image.Save("E:\image\sample2.jpg")。

首先在窗体上添加一个"保存"按钮,将"SaveFileDialog"控件添加到窗体中(图7-5),保存图像的程序代码设计如下:

```
Private Sub Button2_Click(ByVal sender As System.Object, ByVal e As System.EventArgs) Handles Button2.Click
    SaveFileDialog1.ShowDialog()
    PictureBox1.Image.Save(SaveFileDialog1.FileName)
```

```
End Sub
```

程序窗体界面设计如图 7-9 所示。

单击"保存"命令按钮,弹出如图 7-10 所示的对话框,键入图像文件名(如:风景.bmp)单击"保存"命令按钮,则图像用"风景.bmp"保存 。

图 7-9 保存图像程序界面

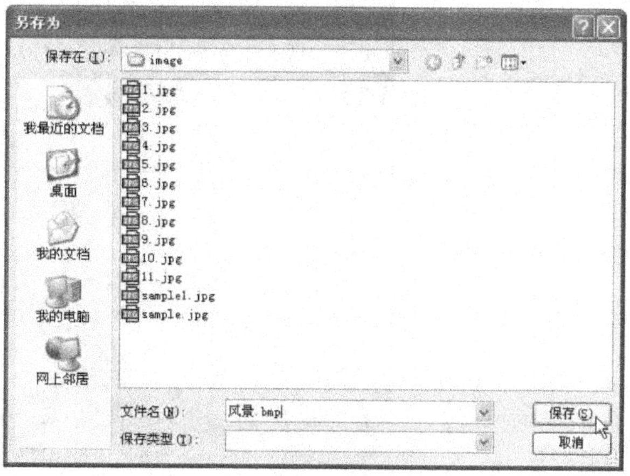

图 7-10 保存图像的对话框

7.1.3 图像的复制和粘贴

图像的拷贝和粘贴有以下几种方法。

1. 使用 Clipboard(剪切板)对象和 SetImage、GetImage 方法实现图像的复制和粘贴

建立如图 7-11a 所示的窗体界面,通过图片框 1 的 Image 属性为其添加图像,使用 Clipboard(剪切板)对象和 SetImage、GetImage 方法将图片框 1 的图像复制、粘贴到图片框 2 中。

程序运行后,单击"复制图像"按钮把图片框 1 的图像拷贝到剪切板,再按"粘贴图像"按钮,则图片框 1 的图像粘贴到图片框 2(图 7-11b)。

程序代码设计如下:

```
'图像复制
Private Sub Button1_Click(ByVal sender As System.Object, ByVal e As System.EventArgs) Handles Button1.Click
    Clipboard.Clear()                          '清除剪切板中的数据
    Clipboard.SetImage(PictureBox1.Image)      '将图像添加到剪切板中
End Sub

'图像粘贴
Private Sub Button2_Click(ByVal sender As System.Object, ByVal e As System.EventArgs) Handles Button2.Click
    PictureBox2.Image = Clipboard.GetImage()   '检索剪切板中的图像,并粘贴到图片框中
End Sub
```

2. 使用 PictureClip 控件剪切和粘贴图像

用 PictureClip 控件可以指定图像的剪切区域,并将取出的图像显示在图片框中。图像

(a) 窗体界面

(b) 程序运行结果

图 7-11　用 ClipBoard 对象复制和粘贴图像

剪切区域的指定有两种方法:一种是用绝对位置指定图像剪切区域;另一种是预先将图像分割成若干单元区域,然后取出指定图像剪切的一个区域。

缺省情况的工具箱中并无 PictureClip 控件,导入 PictureClip 控件的步骤为

第一步:在工具箱中单击右键,在弹出的快捷菜单上选择“选择项”;

第二步:在“选择工具箱项”对话框中勾选“COM 组件”选项卡中的“Microsoft Picture Clip Control, Version 6.0”,如图 7-12 所示;

第三步:单击“确定”按钮后,AxPictureClip 控件就装载到工具箱中了,然后对其双击就可将 AxPictureClip 控件添加到窗体上,如图 7-13 所示。

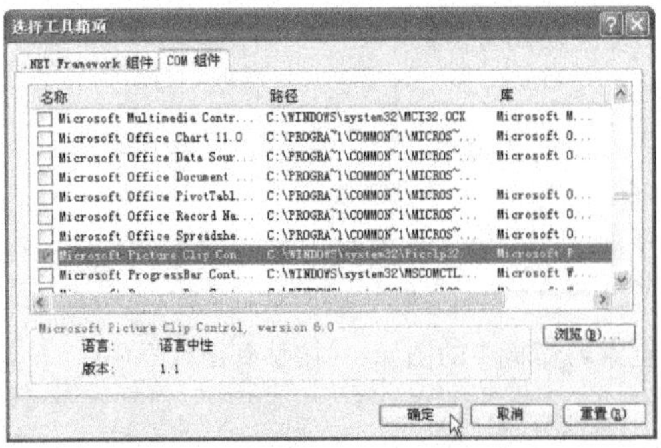

图 7-12　“选择工具箱项”对话框

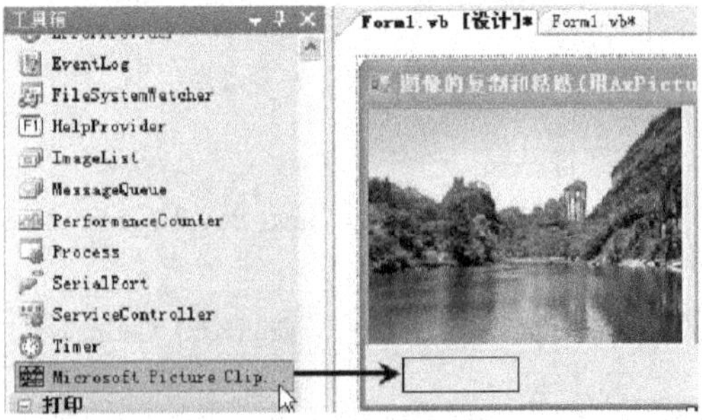

图 7-13　添加 AxPictureClip 控件

(1)用绝对位置指定图像剪切区域,剪切和粘贴图像使用 PictureClip 控件的 ClipX、ClipY、ClipWidth、ClipHeight 属性指定图像被剪切的区域,程序代码设计为

```
'图像剪切
Private Sub Button1 _ Click(ByVal sender As System.Object, ByVal e As System.EventArgs) Handles Button1.Click
    AxPictureClip1.Picture = PictureBox1.Image        '设置 AxPictureClip1 控件中的图像
    xPictureClip1.ClipX = 50                          '图像剪切的起始位置的 x 坐标
    AxPictureClip1.ClipY = 50                         '图像剪切的起始位置的 y 坐标
    AxPictureClip1.ClipWidth = 100                    '图像剪切区域的宽度
    AxPictureClip1.ClipHeight = 80                    '图像剪切区域的高度
End Sub

'图像粘贴
Private Sub Button2 _ Click(ByVal sender As System.Object, ByVal e As System.EventArgs) Handles Button2.Click
    PictureBox2.Image = AxPictureClip1.Clip           '被剪切的图像粘贴到图片框中
End Sub
```

通过 AxPictureClip 控件在图像上指定宽 100、高 80 的区域,并粘贴到图片框 2 中,程序运行结果如图 7-14 所示。

图 7-14　程序运行结果

(2)预先分割图像,剪切和粘贴图像

使用 PictureClip 控件的 Cols、Rows、GraphicCell 属性按纵横方向将图像等分为若干个单元,每个单元依次从左到右、从上到下顺序编号,最左上角单元的号码为 0。如将图像分为 4 行、3 列的 12 个单元的程序代码设计如下:

```
'图像裁剪
Private Sub Button1 _ Click(ByVal sender As System.Object, ByVal e As System.EventArgs) Handles Button1.Click
    AxPictureClip1.Picture = PictureBox1.Image        '设置 AxPictureClip1 控件中的图像
    AxPictureClip1.Rows = 4                           '分割图像的行数
    AxPictureClip1.Cols = 3                           '分割图像的列数
End Sub
```

```
'图像粘贴
Private Sub Button2_Click(ByVal sender As System.Object, ByVal e As System.EventArgs) Handles Button2.Click
    PictureBox2.Image = AxPictureClip1.get_GraphicCell(4)    '显示第4单元图像
End Sub
```

程序运行结果如图 7-15 所示。

图 7-15　程序运行结果

3. 利用鼠标实现图像的剪切、拷贝和粘贴

用鼠标的 MouseDown、MouseUp 和 MouseMove 事件，拖动鼠标在图像中的任意部分产生一个选定的虚线框，将选定框中的图像块送剪切板(ClipBoard)，实现类似 Windows 画笔的剪切、拷贝和粘贴图像功能，其步骤如下：

第一步：用鼠标的 MouseDown 和 MouseUp 事件在图像中拖动时，绘制一个虚线矩形框；

第二步：利用 AxPictureClip 控件对象将矩形区域中的图像剪切；

第三步：将剪切图像粘贴到图片框 2 中，并显示出来。

例 7-2　设计图 7-16 的窗体，利用鼠标实现图像的剪切、拷贝和粘贴。

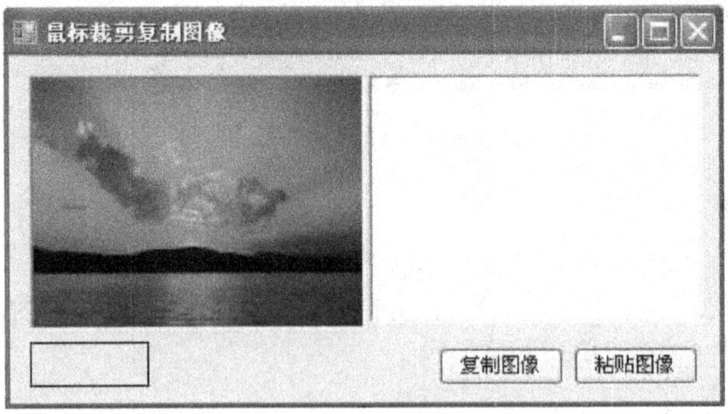

图 7-16　鼠标裁剪图像程序界面

设计一个如图 7-16 所示的窗体界面，其中在 Form1 中添加两个用于图像复制和粘贴的命令按钮，一个图像剪贴控件(AxPictureClip)、两个图片框(PictureBox)，并在图片框 1 中加载一幅图像。

程序代码设计如下：

```
Imports System.Math                    '为通用数学函数提供常数和静态方法。
```

```
Public Class Form1
  Dim ptStart, ptEnd As Point                '定义裁剪矩形的左上角点和右下角点
  '使用 AxPictureClip1 控件对象进行剪切复制
  Private Sub Button1 _ Click(ByVal sender As System.Object, ByVal e As System.EventArgs) Handles Button1.Click
    '整图复制
    AxPictureClip1.Picture = PictureBox1.Image
    AxPictureClip1.ClipX = ptStart.X
    AxPictureClip1.ClipY = ptStart.Y
    AxPictureClip1.ClipWidth = Abs(ptEnd.X - ptStart.X)
    AxPictureClip1.ClipHeight = Abs(ptEnd.Y - ptStart.Y)
    AxPictureClip1.Picture = AxPictureClip1.Clip
  End Sub

  '粘贴图像,并在图片框中显示
  Private Sub Button2 _ Click(ByVal sender As System.Object, ByVal e As System.EventArgs) Handles Button2.Click '粘贴
    PictureBox2.Image = AxPictureClip1.Picture
  End Sub

  '按下鼠标,确定裁剪框的左上角点
  Private Sub PictureBox1 _ MouseDown(ByVal sender As Object, ByVal e As System.Windows.Forms.MouseEventArgs) Handles PictureBox1.MouseDown
    ptStart.X = e.X : ptStart.Y = e.Y
  End Sub

  '释放鼠标,确定裁剪框的右下角点,并绘制虚线矩形
  Private Sub PictureBox1 _ MouseUp(ByVal sender As Object, ByVal e As System.Windows.Forms.MouseEventArgs) Handles PictureBox1.MouseUp
    Dim g As Graphics
    Dim myPen As New Pen(Color.Black)
    ptEnd.X = e.X : ptEnd.Y = e.Y
    g = PictureBox1.CreateGraphics()
    myPen.DashStyle = Drawing2D.DashStyle.Dash
    g.DrawRectangle(myPen, ptStart.X, ptStart.Y, Abs(ptEnd.X - ptStart.X), Abs(ptEnd.Y - ptStart.Y))
  End Sub
End Class
```

程序运行结果如图 7 - 17 所示。

4. 利用 DrawImage 方法实现图像复制

在 Visual Basic 6.0 中可以使用 PaintPicture 方法在窗体或图片框中显示图像,而在 Visual Basic 2005 中可以使用 DrawImage 方法实现同样的目的,并达到复制图像的效果。

使用格式为

```
Graphics.drawImage(Image,Point)
```

图 7－17　鼠标裁剪图像程序运行结果

在指定的位置绘制指定的图像。

设计如图 7－18 所示的窗体界面,其程序代码设计如下:

```
Private Sub Button1_Click(ByVal sender As System.Object, ByVal e As System.EventArgs) Handles Button1.Click
    Dim g As Graphics
    g = PictureBox2.CreateGraphics()
    g.DrawImage(PictureBox1.Image, 0, 0)
End Sub
```

程序运行结果如图 7－19 所示。

图 7－18　DrawImage 方法复制图像程序界面

图 7－19　DrawImage 方法复制图像程序运行结果

7.1.4 图像的尺寸变换

利用 DrawImage 方法还可以实现图像尺寸缩放，使用格式为

Graphics.DrawImage(Image, Rectangle)

在指定位置并且按指定大小绘制指定的 Image。其程序代码设计如下：

```
Private Sub Button1 _ Click(ByVal sender As System.Object, ByVal e As System.EventArgs) Handles Button1.Click
    Dim g As Graphics
    Dim myPic As Bitmap
    Dim rect As Rectangle
    myPic = PictureBox1.Image
    '创建矩形对象，其宽度和高度都为源图像的一半
    rect = New Rectangle(0, 0, myPic.Width / 2, myPic.Height / 2)
    g = PictureBox2.CreateGraphics()
    g.DrawImage(PictureBox1.Image, rect)
End Sub
```

图 7 - 20 是利用 DrawImage 方法缩放图像的窗体界面，图 7 - 21 是程序运行结果，缩放后的图像宽度和高度方向的尺寸都为源图像的一半。

图 7 - 20　PaintPicture 方法缩放图像程序界面

图 7 - 21　PaintPicture 方法缩放图像程序运行结果

7.2 位图图像的处理技术

本节主要介绍位图图像颜色的获取和分辨率变换、彩色图像转换为单色图像的方法及彩色图像的灰度、柔化、锐化、浮雕、霓虹、马赛克、图像旋转变换的处理方法及其程序设计。

7.2.1 彩色图像的颜色和分辨率

7.2.1.1 彩色图像的颜色

图像的颜色是由三种基本颜色，即红(R)、绿(G)、蓝(B)组合而成的，称为三基色。每种基色的取范围为 0 ■ 255，因此由三基色可组成 1677 万(256×256×256)种颜色，每种颜色都有对应的 RGB 值。常用颜色的三基色值如表 7-1 所示。

表 7-1 常用颜色的三基色值

颜色	R 值	G 值	B 值
白色	255	255	255
红色	255	0	0
黄色	255	255	0
绿色	0	255	0
蓝色	0	0	255
紫色	255	0	255
黑色	0	0	0
浅青	255	0	255

7.2.1.2 彩色图像颜色的获取

在 Visual Basic 2005 中可以使用 Bitmap 类的 GetPixel 方法获取图像中指定像素点的颜色，其格式为

```
pixelColor = Bitmap.GetPixel(x,y)
```

其中，x、y 为被获取颜色的像素点位置坐标，返回的颜色值为一个长整形的整数保存在 PixelColor 中，例如：

```
Dim myBitmap As New Bitmap("E:\image\sample1.jpg")  '从一个位图文件生成一个 Bitmap 对象
Dim pixelColor As Color
pixelColor = myBitmap.GetPixel(50, 50)               '获取图像中(50,50)处像素点的颜色
```

7.2.1.3 彩色图像颜色的分解

在图像处理中，经常需要对图像颜色进行分解，即获得颜色值的三基色分量值。在 Visual Basic 2005 中可以直接通过 Color 类的 R、G、B 属性值来获得。例如，获取某点颜色的三基色分量值的代码为

```
Dim red, green, blue As Integer
pixelColor = myBitmap.GetPixel(50, 50)
red = pixelColor.R                                   '获取此 Color 结构的红色分量值
```

```
green =  pixelColor.G                                 '获取此 Color 结构的绿色分量值
blue =  pixelColor.B                                  '获取此 Color 结构的蓝色分量值
```

7.2.1.4　彩色图像颜色的设定

若已知颜色值或该颜色值的三基色分量值，可使用 SetPixel 方法对某像素点进行颜色的重设定，用法如下：

```
pixelColor = color.FromArgb(red,green,blue)
myBitmap.SetPixel(x,y,PixelColor)
```

其中，color.FromArgb 可实现基于三基色分量值创建 Color 结构。

7.2.1.5　查询图像中所有像素点的颜色值

对一幅位图图像，可通过两个嵌套的 For 循环来查询所有像素点的颜色值，程序如下：

```
For y  =  0 To image.Height - 1
  For x  =  0 To image.Width - 1
    pixelColor  =  image.GetPixel(x, y)              '获取像素点的颜色
  Next
Next
```

7.2.1.6　图像的分辨率

图像与原物的逼近程度是由图像的分辨率来决定的。同一大小的图像，像素数越多，图像越清晰，即分辨率高；反之，分辨率低。现采用变换的方法，用不同的分辨率显示图像，从而观察图像的分辨率对图像清晰程度的影响。

图 7-22a 所示为 2×2 个像素的图像块，将所有像素的颜色都以 $P(x,y)$ 像素的颜色重新分配（图 7-22b），以达到降低分辨率的目的。

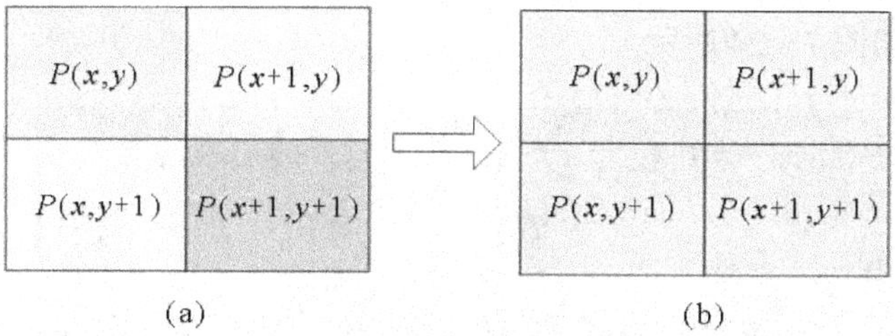

图 7-22　图像分辨率降低 1/2 的算法示意图

图 7-23 的窗体，要实现将图片框 1 中的图像分辨率降低 1/4，并在图片框 2 中显示，其程序代码设计如下：

```
Private Sub Button1 _ Click(ByVal sender As System.Object, ByVal e As System.EventArgs) Handles Button1.Click
    Dim x, y As Integer
    Dim pixelColor As Color
    Dim k1, k2 As Integer
    Dim myImage As Bitmap
    Dim blockSize As Integer
    blockSize  =  4                                  '降低图像分辨率的倍数
    myImage  =  PictureBox1.Image
    For y  =  0 To myImage.Height  -  blockSize Step blockSize
```

图 7-23　降低图像分辨率程序界面

```
      For x = 0 To myImage.Width - blockSize Step blockSize
        pixelColor = myImage.GetPixel(x, y)            '获取源图像的颜色
        For k1 = 0 To blockSize - 1
          For k2 = 0 To blockSize - 1
            myImage.SetPixel(x + k1, y + k2, pixelColor)
          Next
        Next
      Next
    Next
    PictureBox2.Image = myImage
    PictureBox2.Refresh()
  End Sub
```

程序运行结果如图 7-24 所示。

图 7-24　降低图像分辨率程序运行结果

7.2.1.7　彩色图像变换为单色图像

彩色图像变换为单色图像的原理是将源图像的每一个像素的颜色用三个颜色分量中的一个分量来代替。例如,生成 R 分量单色图像的代码为

```
PixelColor = myBitmap.GetPixel(x, y)
red = pixelColor.R
pixelColor = color.FromArgb(red, red, red)
myBitmap.SetPixel(x,y,PixelColor)
```

同理,可生成 G 分量单色图像和 B 分量单色图像。

为了更清楚地了解生成单色图像的方法及效果,现设计图 7－25 所示的窗体,左边图像为源图像,右边生成单色图像。

图 7－25　生成单色图像程序界面

其程序代码设计如下:

```
Private Sub Button1_Click(ByVal sender As System.Object, ByVal e As System.EventArgs) Handles Button1.Click
    Dim x, y As Integer
    Dim pixelColor As Color
    Dim red As Integer
    Dim myImage As Bitmap
    myImage = PictureBox1.Image
    For y = 0 To myImage.Height - 1
      For x = 0 To myImage.Width - 1
        pixelColor = myImage.GetPixel(x, y)                '获取源图像的颜色
        red = pixelColor.R
        pixelColor = Color.FromArgb(red, red, red)         '生成单色图像
        myImage.SetPixel(x, y, pixelColor)
      Next
    Next
    PictureBox2.Image = myImage
    PictureBox2.Refresh()
End Sub
```

程序运行结果如图 7－26 所示。用同样的方法可以获得 G 分量单色图像和 B 分量单色图像。

7.2.2　彩色图像的处理

在工程实践中,经常要对图像进行分析,这就要求对图像的各像素的颜色分量 R、G、B 按某种算法进行变换,由此使变换后的图像能产生不同的显示效果。

7.2.2.1　设计获得像素点颜色三基色分量的子函数

为了方便代码的编写和阅读,可设计一个查询图像所有像素点颜色的子函数 getPixelColor,将所有像素点颜色值存储到一个 Color 类型的二维数组 pixelColor 中,具体代码如下:

图 7-26　生成单色图像程序运行结果

```
Dim pixelColor(1000, 1000) As Color
Private Sub getPixelColor(ByVal oldImage As Bitmap)          '查询像素点颜色值的子函数
  Dim x, y As Integer
  For y = 0 To oldImage.Height - 1
    For x = 0 To oldImage.Width - 1
      pixelColor(x, y) = oldImage.GetPixel(x, y)             '获取像素点的颜色值
    Next
  Next
End Sub
```

7.2.2.2　彩色图像的灰度处理

彩色图像的灰度处理,是将源图像的每一个像素值(即 R、G、B 分量的值)的平均值作为灰度处理后的像素值,即

$r_2 = g_2 = b_2 = (r_1 + g_1 + b_1)/3$

newColor = Color. FromArgb(r_2, g_2, b_2)

newImage. SetPixel(x, y, newColor)

其中,r_1、g_1、b_1 为源图像像素的颜色分量,r_2、g_2、b_2 为变换后图像像素的颜色分量。

图像灰度处理的程序代码设计如下:

```
Dim pixelColor(1000, 1000) As Color
'图像灰度处理
Private Sub Button1_Click(ByVal sender As System.Object, ByVal e As System.EventArgs) Handles Button1.Click
    Dim x, y As Integer
    Dim oldImage, newImage As Bitmap
    Dim r1, g1, b1 As Integer
    Dim r2, g2, b2 As Integer
    Dim newColor As Color

    oldImage = PictureBox1.Image
    newImage = PictureBox1.Image
    Call getPixelColor(oldImage)                          '调用查询像素点颜色的子函数
    For y = 0 To oldImage.Height - 1
```

```
    For x = 0 To oldImage.Width - 1
      r1 = pixelColor(x, y).R
      g1 = pixelColor(x, y).G
      b1 = pixelColor(x, y).B
      r2 = (r1 + g1 + b1) / 3                     '灰度处理计算
      b2 = r2 : g2 = r2
      newColor = Color.FromArgb(r2, g2, b2)
      newImage.SetPixel(x, y, newColor)
    Next
  Next
  PictureBox2.Image = newImage
  PictureBox2.Refresh()
End Sub
```

图 7－27 左边是源图像，右边是灰度处理后的图像。

图 7－27　灰度图像处理程序运行结果

7.2.2.3　彩色图像的柔化处理

彩色图像的柔化处理，是将源图像的每一个像素值用与其相邻的 $n \times n$ 个像素的平均值代替。

例如，对于 3×3 的像素点阵，变换后的所有像素点颜色值等于原像素颜色值的平均值，如图 7－28 所示。

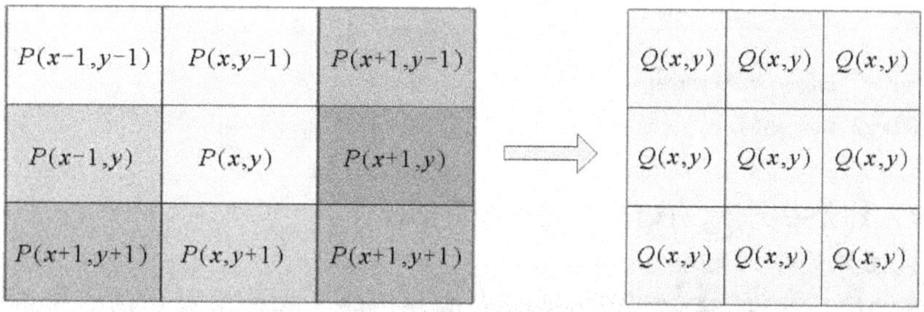

图 7－28　图像柔化处理示意图

其中，$Q(x,y)=[P(x-1,y-1)+P(x,y-1)+P(x+1,y-1)+P(x-1,y)+P(x,y)+P(x+1,y-1)+P(x-1,y+1)+P(x,y+1)+P(x+1,y+1)]/9$

图像柔化处理的程序代码设计如下：

```
Dim pixelColor(1000, 1000) As Color
'图像柔化处理
Private Sub Button1 _ Click(ByVal sender As System.Object, ByVal e As System.EventArgs) Handles Button1.Click
    Dim x, y As Integer
    Dim k1, k2 As Integer
    Dim oldImage, newImage As Bitmap
    Dim r, g, b As Long
    Dim newColor As Color
    oldImage = PictureBox1.Image
    newImage = PictureBox1.Image
    Call getPixelColor(oldImage)                    '调用查询像素点颜色的子函数
    For y = 1 To newImage.Height - 2
      For x = 1 To newImage.Width   2
        For k1 = -1 To 1 Step 1
          For k2 = -1 To 1 Step 1
            r = r + pixelColor(x + k1, y + k2).R
            g = g + pixelColor(x + k1, y + k2).G
            b = b + pixelColor(x + k1, y + k2).B
          Next
        Next
        r = r / 9
        g = g / 9
        b = b / 9
        If r > 255 Then r = 255
        If g > 255 Then g = 255
        If b > 255 Then b = 255
        newColor = Color.FromArgb(r, g, b)
        newImage.SetPixel(x, y, newColor)
      Next
    Next
    PictureBox2.Image = newImage
    PictureBox2.Refresh()
  End Sub
```

图 7-29 左边是源图像，右边是柔化处理后的图像。

7.2.2.4 彩色图像的锐化处理

彩色图像的锐化处理，是将源图像的像素值与边缘上相邻的像素值之差的绝对值的百分比求和，作为处理后的图像的像素值。

图像锐化处理的程序代码设计如下：

```
Dim pixelColor(1000, 1000) As Color
'图像锐化处理
```

图 7-29　图像柔化处理程序运行结果

```
Private Sub Button1 _ Click(ByVal sender As System.Object, ByVal e As System.EventArgs) Handles Button1.Click
    Dim x, y As Integer
    Dim oldImage, newImage As Bitmap
    Dim r, g, b As Long
    Dim newColor As Color
    oldImage = PictureBox1.Image
    newImage = PictureBox1.Image
    Call getPixelColor(oldImage)                        '调用查询像素点颜色的子函数
    For y = 1 To newImage.Height - 1
      For x = 1 To newImage.Width - 1
        r1 = pixelColor(x - 1, y - 1).R
        g1 = pixelColor(x - 1, y - 1).G
        b1 = pixelColor(x - 1, y - 1).B
        r2 = pixelColor(x, y).R
        g2 = pixelColor(x, y).G
        b2 = pixelColor(x, y).B
        '锐化处理图像像素 R 值等于源图像像素值与边缘相邻像素值之差的绝对值的百分比
        r = r2 + Math.Abs(r2 - r1) / 3
        '锐化处理图像像素 G 值等于源图像像素值与边缘相邻像素值之差的绝对值的百分比
        g = g2 + Math.Abs(g2 - g1) / 3
        '锐化处理图像像素 B 值等于源图像像素值与边缘相邻像素值之差的绝对值的百分比
        b = b2 + Math.Abs(b2 - b1) / 3
        If r < 0 Then r = 0
        If r > 255 Then r = 255
        If g < 0 Then g = 0
        If g > 255 Then g = 255
        If b < 0 Then b = 0
        If b > 255 Then b = 255
        newColor = Color.FromArgb(r, g, b)
        newImage.SetPixel(x, y, newColor)
      Next
```

```
    Next
    PictureBox2.Image = newImage
    PictureBox2.Refresh()
End Sub
```

图 7-30 左边是源图像,右边是锐化处理后的图像。

图 7-30 图像锐化处理程序运行结果

7.2.2.5 图像的浮雕处理

图像的浮雕处理是将源图像的像素值与前一个相邻的像素值的差值的绝对值和一个常数(如 128)求和作为处理后的像素值,即

$$r = \text{Abs}(r_1 - r_2 + 128)$$

$$g = \text{Abs}(g_1 - g_2 + 128)$$

$$b = \text{Abs}(b_1 - b_2 + 128)$$

浮雕处理的程序代码设计如下:

```
Dim pixelColor(1000, 1000) As Color
'图像浮雕处理
Private Sub Button1_Click(ByVal sender As System.Object, ByVal e As System.EventArgs) Handles Button1.Click
    Dim x, y As Integer
    Dim oldImage, newImage As Bitmap
    Dim r, g, b As Long
    Dim r1, g1, b1 As Integer
    Dim r2, g2, b2 As Integer
    Dim newColor As Color
    oldImage = PictureBox1.Image
    newImage = PictureBox1.Image
    Call getPixelColor(oldImage)                    '调用查询像素点颜色的子函数
    For y = 1 To newImage.Height - 1
        For x = 1 To newImage.Width - 1
            r1 = pixelColor(x, y).R
            g1 = pixelColor(x, y).G
            b1 = pixelColor(x, y).B
            r2 = pixelColor(x + 1, y + 1).R
```

```
            g2 = pixelColor(x + 1, y + 1).G
            b2 = pixelColor(x + 1, y + 1).B
            '计算浮雕处理图像像素 r 值
            '改值等于源图像像素值与前一个相邻像素值之差和一个常数求和后的绝对值
            r = Math.Abs(r1 - r2 + 128)
            '计算浮雕处理图像像素 g 值
            g = Math.Abs(g1 - g2 + 128)
            '计算浮雕处理图像像素 b 值
            b = Math.Abs(b1 - b2 + 128)
            If r < 0 Then r = 0
            If r > 255 Then r = 255
            If g < 0 Then g = 0
            If g > 255 Then g = 255
            If b < 0 Then b = 0
            If b > 255 Then b = 255
            newColor = Color.FromArgb(r, g, b)
            newImage.SetPixel(x, y, newColor)
        Next
    Next
    PictureBox2.Image = newImage
    PictureBox2.Refresh()
End Sub
```

图 7-31 左边是源图像,右边是浮雕处理后的图像。

图 7-31　图像浮雕处理程序运行结果

7.2.2.6　图像的霓虹处理

图像的霓虹处理是将源图像的像素值与相同行及相同列相邻像素的梯度(即差的平方和的平方根)值作为霓虹处理后的像素值,即

$$r = \mathrm{Sqrt}((r_1 - r_2)\,\hat{}\,2 + (r_2 - r_3)\,\hat{}\,2)$$
$$g = \mathrm{Sqrt}((g_1 - g_2)\,\hat{}\,2 + (g_2 - g_3)\,\hat{}\,2)$$
$$b = \mathrm{Sqrt}((b_1 - b_2)\,\hat{}\,2 + (b_2 - b_3)\,\hat{}\,2)$$

图像霓虹处理的程序代码设计如下:

```
Dim pixelColor(1000, 1000) As Color
```

```
'图像霓虹处理
Private Sub Button1 _ Click(ByVal sender As System.Object, ByVal e As System.EventArgs) Handles Button1.Click
    Dim x, y As Integer
    Dim oldImage, newImage As Bitmap
    Dim r, g, b As Long
    Dim r1, g1, b1 As Integer
    Dim r2, g2, b2 As Integer
    Dim r3, g3, b3 As Integer
    Dim newColor As Color
    oldImage = PictureBox1.Image
    newImage = PictureBox1.Image
    Call getPixelColor(oldImage)                    '调用查询像素点颜色的子函数
    For y = 1 To newImage.Height - 1
      For x = 1 To newImage.Width - 1
        r1 = pixelColor(x - 1, y - 1).R
        g1 = pixelColor(x - 1, y - 1).G
        b1 = pixelColor(x - 1, y - 1).B
        r2 = pixelColor(x, y).R
        g2 = pixelColor(x, y).G
        b2 = pixelColor(x, y).B
        r3 = pixelColor(x + 1, y + 1).R
        g3 = pixelColor(x + 1, y + 1).G
        b3 = pixelColor(x + 1, y + 1).B
        '计算霓虹处理图像像素 r 值
        '改值等于源图像像素 r 值与同行及同列像素值的差的平方之和的平方根
        r = Math.Sqrt((r1 - r2) ^ 2 + (r2 - r3) ^ 2)
        '计算霓虹处理图像像素 g 值
        g = Math.Sqrt((g1 - g2) ^ 2 + (g2 - g3) ^ 2)
        '计算霓虹处理图像像素 b 值
        b = Math.Sqrt((b1 - b2) ^ 2 + (b2 - b3) ^ 2)
        If r < 0 Then r = 0
        If r > 255 Then r = 255
        If g < 0 Then g = 0
        If g > 255 Then g = 255
        If b < 0 Then b = 0
        If b > 255 Then b = 255
        newColor = Color.FromArgb(r, g, b)
        newImage.SetPixel(x, y, newColor)
      Next
    Next
    PictureBox2.Image = newImage
    PictureBox2.Refresh()
```

```
End Sub
```

图 7－32 左边是源图像，右边是霓虹处理后的图像。

图 7－32　图像霓虹处理程序运行结果

7.2.2.7　图像的马赛克效果处理

图像要进行马赛克效果处理，即图像每一个小矩阵内（如 3×3）的所有像素值都取此矩阵内源图像相同矩阵内各像素值的平均值。

图像马赛克效果处理的程序代码设计如下：

```
Dim pixelColor(1000, 1000) As Color
'图像马赛克处理
Private Sub Button1 _ Click(ByVal sender As System.Object, ByVal e As System.EventArgs) Handles Button1.Click
    Dim x, y As Integer
    Dim k1, k2 As Integer
    Dim oldImage, newImage As Bitmap
    Dim r, g, b As Integer
    Dim newColor As Color
    oldImage = PictureBox1.Image
    newImage = PictureBox1.Image
    Call getPixelColor(oldImage)                    '调用查询像素点颜色的子函数
    For y = 1 To newImage.Height - 4 Step 3
      For x = 1 To newImage.Width - 4 Step 3
        For k1 = 0 To 2
          For k2 = 0 To 2
            r = r + pixelColor(x + k1, y + k2).R
            g = g + pixelColor(x + k1, y + k2).G
            b = b + pixelColor(x + k1, y + k2).B
          Next
        Next
        r = r / (3 * 3)                             'r 值等于源图像×点阵内的平均值
        g = g / (3 * 3)                             'g 值等于源图像×点阵内的平均值
        b = b / (3 * 3)                             'b 值等于源图像×点阵内的平均值
        If r < 0 Then r = 0
```

```
            If r > 255 Then r = 255
            If g < 0 Then g = 0
            If g > 255 Then g = 255
            If b < 0 Then b = 0
            If b > 255 Then b = 255
            For k1 = 0 To 2
                For k2 = 0 To 2
                    newColor = Color.FromArgb(r, g, b)
                    newImage.SetPixel(x + k1, y + k2, newColor)
                Next
            Next
        Next
    Next
    PictureBox2.Image = newImage
    PictureBox2.Refresh()
End Sub
```

图 7-33 左边是源图像,右边是马赛克效果处理后的图像。

图 7-33　图像马赛克处理程序运行结果

7.2.3　图像的对称变换

通过改变像素点的坐标值,可以实现图像的水平和垂直翻转。

(1)图像水平翻转的代码如下,其程序运行结果如图 7-34 所示。

```
Dim pixelColor(1000, 1000) As Color
'图像水平翻转
Private Sub Button1_Click(ByVal sender As System.Object, ByVal e As System.EventArgs) Handles Button1.Click
    Dim x, y As Integer
    Dim xc, yc As Integer
    Dim oldImage As Bitmap
    Dim gg As Graphics
    gg = PictureBox2.CreateGraphics()
    Dim newImage As New Bitmap(PictureBox2.Width, PictureBox2.Height, gg)
```

```
    Dim r, g, b As Integer
    Dim newColor As Color
    oldImage = PictureBox1.Image
    xc = PictureBox1.Width / 2
    yc = PictureBox1.Height / 2
    Call getPixelColor(oldImage)                    '调用查询像素点颜色的子函数
    For y = 0 To oldImage.Height
      For x = 0 To oldImage.Width
        r = pixelColor(x, y).R
        g = pixelColor(x, y).G
        b = pixelColor(x, y).B
        newColor = Color.FromArgb(r, g, b)
        newImage.SetPixel(oldImage.Width - x, y, newColor)          '图像水平翻转
      Next
    Next
    PictureBox2.Image = newImage
    PictureBox2.Refresh()
End Sub
```

图 7-34　图像水平翻转程序运行结果

(2)图像垂直翻转的代码如下,其程序运行结果如图 7-35 所示。

```
Dim pixelColor(1000, 1000) As Color
'图像垂直翻转
Private Sub Button1_Click(ByVal sender As System.Object, ByVal e As System.EventArgs) Handles Button1.Click
    Dim x, y As Integer
    Dim xc, yc As Integer
    Dim oldImage As Bitmap
    Dim gg As Graphics
    gg = PictureBox2.CreateGraphics()
    Dim newImage As New Bitmap(PictureBox2.Width, PictureBox2.Height, gg)
    Dim r, g, b As Integer
    Dim newColor As Color
    oldImage = PictureBox1.Image
```

```
    xc = PictureBox1.Width / 2
    yc = PictureBox1.Height / 2
    Call getPixelColor(oldImage)                    '调用查询像素点颜色的子函数
    For y = 0 To oldImage.Height
      For x = 0 To oldImage.Width
        r = pixelColor(x, y).R
        g = pixelColor(x, y).G
        b = pixelColor(x, y).B
        newColor = Color.FromArgb(r, g, b)
        newImage.SetPixel(x, oldImage.Height - y, newColor)          '图像垂直翻转
      Next
    Next
    PictureBox2.Image = newImage
    PictureBox2.Refresh()
End Sub
```

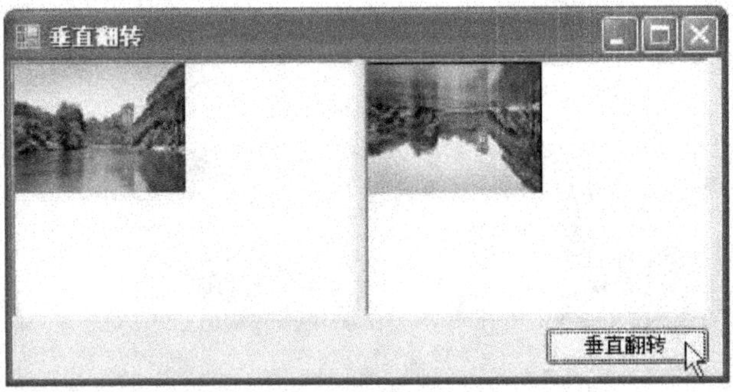

图 7-35　图像垂直翻转程序运行结果

7.2.4　图像的旋转变换

图像的旋转变换和几何图形的旋转变换一样,如图像绕原点顺时针旋转 90°,则只要将原来 x 方向的像素点换成 $-y$ 方向的像素点,而 y 方向的像素点换成 x 方向的像素点就行了。

(1)图像绕原点逆时针旋转 90°的程序代码如下,其程序运行结果如图 7-36 所示。

```
'图像旋转 90°
Private Sub Button1_Click(ByVal sender As System.Object, ByVal e As System.EventArgs) Handles Button1.Click
    Dim x, y As Integer
    Dim xc, yc As Integer
    Dim oldImage As Bitmap
    Dim gg As Graphics
    gg = PictureBox2.CreateGraphics()
    Dim newImage As New Bitmap(PictureBox2.Width, PictureBox2.Height, gg)
    Dim ptColor As Color
```

```
    oldImage = PictureBox1.Image
    xc = PictureBox1.Width / 2
    yc = PictureBox1.Height / 2
    Call getPixelColor(oldImage)                    '调用查询像素点颜色的子函数
    For y = 0 To oldImage.Height - 1
      For x = 0 To oldImage.Width - 1
        ptColor = oldImage.GetPixel(x, y)
        newImage.SetPixel(y, oldImage.Width - x, ptColor)
      Next
    Next
    PictureBox2.Image = newImage
    PictureBox2.Refresh()
End Sub
```

图 7-36　图像绕原点逆时针旋转 90°程序运行结果

(2)图像旋转 180°的程序代码如下,其程序运行结果如图 7-37 所示。

```
'图像旋转 180°
Private Sub Button1_Click(ByVal sender As System.Object, ByVal e As System.EventArgs) Handles Button1.Click
    Dim x, y As Integer
    Dim xc, yc As Integer
    Dim oldImage As Bitmap
    Dim gg As Graphics
    gg = PictureBox2.CreateGraphics()
    Dim newImage As New Bitmap(PictureBox2.Width, PictureBox2.Height, gg)
    Dim ptColor As Color
    oldImage = PictureBox1.Image
    xc = PictureBox1.Width / 2
    yc = PictureBox1.Height / 2
    For y = 0 To oldImage.Height - 1
      For x = 0 To oldImage.Width - 1
        ptColor = oldImage.GetPixel(x, y)
        newImage.SetPixel(oldImage.Width - x, oldImage.Height - y, ptColor)
      Next
```

```
    Next
    PictureBox2.Image = newImage
    PictureBox2.Refresh()
End Sub
```

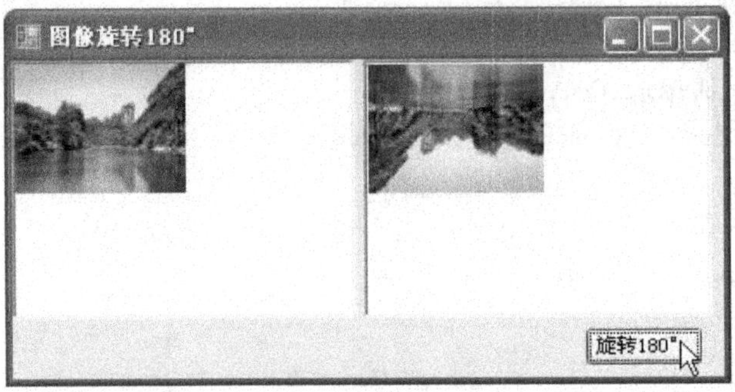

图 7-37　图像旋转 180°程序运行结果

(3)图像旋转任意角度(例如 60°)的程序代码如下,其程序运行结果如图 7-38 所示。

```
Const pi = 3.1415926
Dim pixelColor(1000, 1000) As Color
'旋转图像
Private Sub Button1_Click(ByVal sender As System.Object, ByVal e As System.EventArgs) Handles Button1.Click
    Dim x, y As Integer
    Dim xc, yc As Integer
    Dim x1, y1 As Double
    Dim oldImage As Bitmap
    Dim gg As Graphics
    Dim th As Double
    th = pi / 3                          '旋转图像 60°
    gg = PictureBox2.CreateGraphics()
    Dim newImage As New Bitmap(PictureBox2.Width, PictureBox2.Height, gg)
    Dim ptColor As Color
    oldImage = PictureBox1.Image
    xc = PictureBox1.Width / 2
    yc = PictureBox1.Height / 2
    For y = 0 To oldImage.Height - 1
      For x = 0 To oldImage.Width - 1
        ptColor = oldImage.GetPixel(x, y)
        x1 = Int(x * Math.Cos(th) + y * Math.Sin(th))
        y1 = oldImage.Height + Int(-x * Math.Sin(th) + y * Math.Cos(th))
        If x1 > 0 And x1 < PictureBox2.Width And y1 > 0 And y1 < PictureBox2.Height Then
          newImage.SetPixel(x1, y1, ptColor)
        End If
      Next
```

```
    Next
    PictureBox2.Image = newImage
    PictureBox2.Refresh()
End Sub
```

图 7 - 38 左边是源图像，右边是旋转任意角度（例如 60°）后的图像。

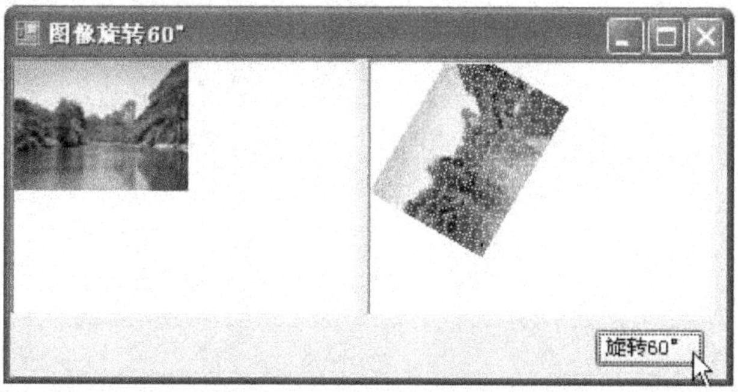

图 7 - 38　图像旋转任意角度（例如 60°）程序运行结果

7.3　位图图像的合成

多图像处理是将两张或多张图像连接在一起。在多图像处理中，最常用的有图像减法、图像平均和图像合成。图像减法是互减两张图像中相应像素的颜色值。在像素值相同的地方，互减为零，在不同像素值的地方，互减结果为非零。两张图像互减处理后，新图像将重点显示其差值。互减结果图像值有正有负，依据处理需要，可以将负数设置为零或取负数的绝对值，使处理后的图像变亮或变暗，这样可以使两张图像之间的差异更明显。图像合成是将一张图像的某部分与另一张图像的某部分合成新的图像。下面通过实际例子来介绍图像合成的基本方法及程序设计。

检测像素法合成图像，是用图像处理软件（如 PHOTOSHOP）作成白色为底色的前景图像，并检测背景图像和前景图像的每一像素的颜色值。当前景图像为白色时，合成图像中显示背景图像同一位置的像素颜色值，否则显示前景图像的像素颜色值。

例如，设计如图 7 - 39 所示的窗体，其程序代码设计如下：

```
'合成图像
Private Sub Button1_Click(ByVal sender As System.Object, ByVal e As System.EventArgs) Handles Button1.Click
    Dim x, y As Integer
    Dim FgColor, BgColor As Color
    Dim FgImage, BgImage As Bitmap
    Dim g As Graphics
    g = PictureBox3.CreateGraphics()
    Dim CompImage As New Bitmap(PictureBox3.Width, PictureBox3.Height, g)
    FgImage = PictureBox1.Image                '获得前景图像
    BgImage = PictureBox2.Image                '获得背景图像
```

图 7-39　合成图像程序界面

```
For y = 0 To FgImage.Height - 1
  For x = 0 To FgImage.Width - 1
    FgColor = FgImage.GetPixel(x, y)          '获取前景图像的颜色
    BgColor = BgImage.GetPixel(x, y)          '获得背景图像的颜色
    '当前景图像为白色时,合成图像显示背景图像的颜色
    If FgColor.R = 255 And FgColor.G = 255 And FgColor.B = 255 Then
      CompImage.SetPixel(x, y, BgColor)
    Else
      CompImage.SetPixel(x, y, FgColor)
    End If
  Next
Next
PictureBox3.Image = CompImage
PictureBox3.Refresh()
End Sub
```

合成图像程序运行结果如图 7-40 所示。

习　题　7

7-1　根据本章所学习图像处理的理论和方法,自行设计并实现一个具备简单的图像处理功能的小程序。程序应实现的功能包括三部分:文件的基本功能,图像处理功能,图像变换功能。程序的功能结构可参考图 7-41。

图 7－40　合成图像程序运行结果

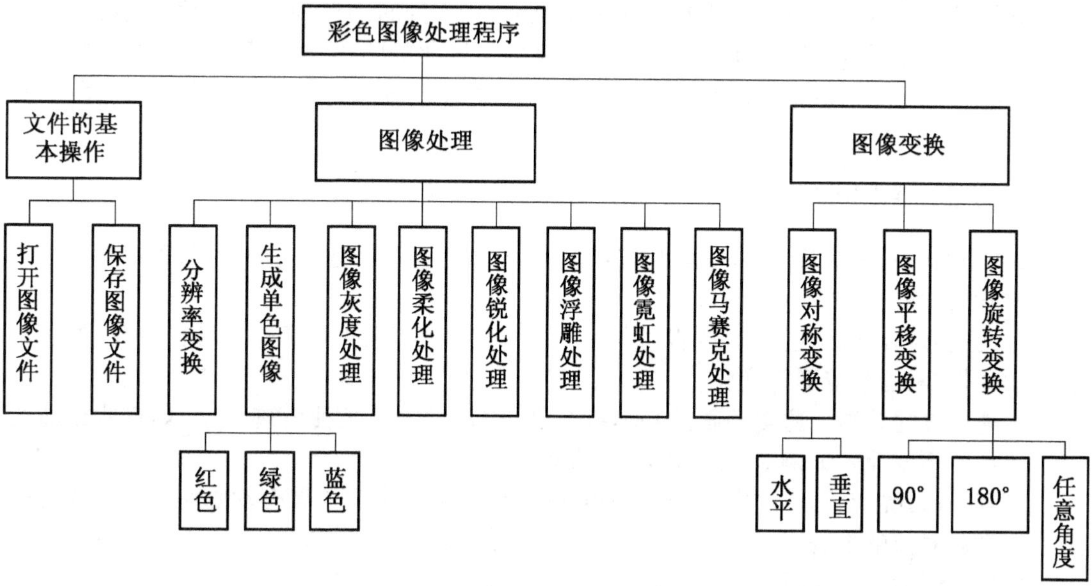

图 7－41　程序功能结构图

第8章　VB.NET动画技术

8.1　动画技术基础

8.1.1　动画的基本原理

动画技术是指使画面或局部画面按照某种特定的规律在屏幕上运动,从而获得具有动感的图形效果的技术。这种现象是由视觉残留造成的,动画利用的正是人眼这一视觉残留特性。实验证明,如果动画的画面刷新率为每秒24帧左右,即每秒放映24幅画面,则人眼看到的是连续的画面效果。

动画的基本原理就是每隔一段很短的时间更替一次所要显示的画面内容,在屏幕上显示连贯的画面序列,从而获得预期的动画效果。计算机动画是在传统动画的基础上,采用计算机图形图像技术而迅速发展起来的一门高新技术。计算机动画技术在进行场景模拟、教学演示等方面有着广阔的应用前景。

动画的制作原理很简单,首先根据预期动画效果,按照时间序列将整个动画过程分解为若干场景,并根据场景内容绘制几幅相近但又有细微变化的图片,然后每隔一段很短的时间就依次在屏幕上显示其中一幅,并擦除原有的图片,利用人眼视觉暂留,获得连贯的动画效果。

8.1.2　动画的基本运动形式

根据动画中动画对象的基本运动规律,按照显示内容和运动轨迹的特点,可以将动画的基本运动形式归纳为3种:

(1)无位移的动画。这类动画的基本特征是,动画对象不移动,但形态不断变化,如过渡变换、图片切换、缩放变形等变化。

(2)纯位移的动画。这类动画的基本特征是,动画对象沿某种轨迹移动,如直线或曲线轨迹,但形态不变化。如例8-2中的小球动画。

(3)复合形式的动画。这类动画的基本特征是,在动画中除了具有动画对象相对屏幕的运动外,动画对象的形态也发生变化,如例8-1中的爆炸效果动画。

明确动画元素的基本运动规律,对于编程实现动画是十分必要的。

8.2　VB.NET动画技术的实现方法

在VB.NET中实现动画的原理是通过在程序接口上连续显示一系列的动画对象来获得预期的动画效果。使用VB.NET开发动画程序,不要求编程人员详细了解图形图像在硬件底层如何再现和清除,这些工作完全可以由VB.NET所具备的功能来自动完成,这样就使得利用VB.NET来实现动画具有更大的方便性,并且编程也很简捷,编程者可用更多的精力花在应用层的开发上。

利用 VB.NET 的 Graphics 对象和接口设计工具箱中提供的图像框 PictureBox 、定时器控件 Timer 等一些制作动画必需的控件，就可以容易地实现动画。将 Graphics 对象绘制的图形元素或者外部的图像元素作为动画对象，通过定时器 Timer 或延时函数来进行帧顺序控制，将动画对象按照一定的时间间隔显示在窗体或图像框等控件上，即可产生动画效果。可见，在开发动画程序时，动画对象的生成和动画帧的控制是两个重要环节。

8.2.1　动画对象

动画对象是动画中显示的元素，动画对象是图形元素也可以是图像元素，这两类元素的生成和控制是不同的。

8.2.1.1　图形

图形元素是指通过创建 Graphics 对象，然后使用 GDI + 的画笔、画刷等工具，结合颜色、线性、字体等属性，实时绘制出来的几何图形，如直线、椭圆、矩形、文字、填充区域等。在动画帧的连续显示时，需要不断地擦除原来的图形，重新绘制新的图形，才能产生动画的效果。相关的函数参见第 2.3.1 节。

8.2.1.2　图像

图像元素是指通过 Image 对象或者 PictureBox 控件，调用在程序外的栅格位图文件或者程序中的图像资源，建立的动画对象。在动画帧的连续显示时，可以通过 Graphics 对象对图像元素实现移动、缩放、扭曲、旋转的操作来产生动画的效果。相关的函数参见第 2.3.4 节。

8.2.2　动画帧的控制方式

动画帧指的是单幅动画，动画帧的控制方式是指如何控制每幅图像的显示，按照间隔显示动画对象的触发机制，可以分为定时器控制和函数控制。

8.2.2.1　定时器(Timer)控制

VB.NET 中的定时器(Timer)是用来产生一定的时间间隔，在每个时间间隔中都可根据应用程序的要求有相同或不同的事件、过程发生。VB.NET 中提供一种定时器(Timer)控件和三种定时器类来实现定时功能，Timer 控件可以从工具箱中选择，三种定时器类分别是 System.Windows.Forms.Timer、System.Timers.Timer 和 System.Threading.Timer。

Timer 控件依赖于系统的时钟中断，平均 18.2 次/s，因此定时器所能够控制的最短时间间隔约为 55ms 或其整数倍。System.Windows.Forms.Timer 应用于 WinForm 中，通过 Windows 消息机制实现，使用方法类似于 Timer 控件，计时精度与 Timer 控件相同。

System.Timers.Timer 和 System.Threading.Timer 非常类似，它们是通过 NET Thread Pool 实现的，具有计时精确、间隔准确均匀的特点，计时精度为 1ms。这两种 Timer 是多线程定时器，如果一个 Timer 处理没有完成，到达间隔时间下一个 Timer 处理照样会发生，这就会产生重入问题，导致编程复杂。Server Timers 和 Thread Timers 的不同在于 Server Timers 是基于事件的，Thread Timers 是基于回调函数。

因此，对于时间间隔精度要求不高且间隔大于 55ms 的动画，建议使用 Timer 控件或 System.Windows.Forms.Timer 类；对于时间间隔精度要求高，且单帧的计算和绘制时间小于时间间隔的动画，可以考虑用 System.Timers.Timer 和 System.Threading.Timer 类。下面将以 Timer 控件和 System.Timers.Timer 类为例来介绍定时器的使用。

1. Timer 控件

图 8-1　Timer 控件属性设置

使用 VB.NET 的 Timer 控件控制动画帧时，主要用到 Timer 控件的两个属性(Interval、Enable)和一个事件(Tick)。属性设置接口如图 8-1 所示。

Interval 属性：用于定义时间间隔(单位：ms)，属性值为整数类型，缺省值为 0，即不产生定时器事件。当属性值设定小于 55 时，系统自动按 55 处；当属性值设定大于 55 时，按最近的整数倍处理。

Enable 属性：用于定义控件的可用性，属性值设置为 True 时，控件可用；属性值设置为 False(缺省值)时，控件不可用。

Tick 事件：这是定时器控件唯一支持的事件，当到达指定的间隔时间，Timer 控件就会产生该事件，用户可以在该事件中添加动画处理程序代码，以实现动画效果。

以下代码为采用 Timer 控件的例子。

```
Public Class MainForm
  Private Sub t_Tick(ByVal sender As System.Object, ByVal e As System.EventArgs) Handles Timer1.Tick
    '在此处编写动画代码
  End Sub
End Class
```

2. System.Timers.Timer 类

使用 VB.NET 的 System.Timers.Timer 类控制动画帧时，主要用到 Timer 类的三个属性(AutoReset、Interval、Enable)，以及 AddHandler 函数。

AutoReset 属性：用于定义 Timer 是应在每次指定的间隔结束时引发 Elapsed 事件，还是仅在指定的间隔第一次结束后引发 Elapsed 事件。如果 Timer 应在每次间隔结束时引发 Elapsed 事件，则为 True(缺省值)；如果它仅在间隔第一次结束后引发一次 Elapsed 事件，则为 False。

Interval 属性：用于定义时间间隔(单位：ms)，属性值为整数类型，缺省值为 100，间隔小于或等于零时会产生异常，计时精度为 1ms。

Enable 属性：用于定义 Timer 实例的可用性，属性值设置为 True 时可用；属性值设置为 False(缺省值)时不可用。

AddHandler 函数：建立特定的事件和此事件被触发将自动调用的过程的地址相关联。当 Timer 实例的间隔时间到达时，Elapsed 事件被触发，将自动执行动画处理程序代码，以实现动画效果。

以下代码为采用系统定时器调用绘图函数的例子。

```
Public Class MainForm
  Dim t As New System.Timers.Timer            '实例化 Timer 类
  Private Sub Form1_Load(ByVal sender As System.Object, ByVal e As System.EventArgs)
Handles MyBase.Load
    AddHandler t.Elapsed, AddressOf Draw      '创建委托，到达间隔时间将执行 Draw 函数
```

```
        t.AutoReset = True                '设置是执行一次(False)还是一直执行(True)
        t.Interval = 15                   '设置间隔时间为 15ms
        t.Enabled = True                  '是否执行 System.Timers.Timer.Elapsed 事件
    End Sub
    'Timer 调用的函数
    Private Sub Draw(ByVal source As Object, ByVal e As System.Timers.ElapsedEventArgs)
        '在此处编写动画代码
    End Sub
End Class
```

8.2.2.2 函数控制

采用函数来控制动画帧的显示间隔时，可分为线程堵塞和线程不堵塞两种模式，分别使用函数 Threading.Thread.Sleep 和 Application.DoEvents 来实现。

1. Threading.Thread.Sleep

Threading.Thread.Sleep 是可直接设置延时间隔的函数，为堵塞模式的延时。程序运行到此处时，不管当前队列有没有消息等待系统处理，都强制将当前线程阻止指定毫秒数，使程序不实时响应用户接口的操作。函数原型为

```
Public Shared Sub Sleep(ByVal millisecondsTimeout As Integer)
```

参数 millisecondsTimeout 为线程被阻止的毫秒数，该值为零表示挂起此线程以使其他等待线程能够执行。

2. Application.DoEvents

Application.DoEvents 需要和其他函数结合才能实现精确延时的功能，为非堵塞模式的延时。Application.DoEvents 函数的功能是将消息队列优先权交还给操作系统，如果没有消息就返回本线程继续执行下一句，能实时响应用户接口的操作。

以下代码为采用 Application.DoEvents 编写的延时函数 Delay，可以作为子函数被调用。

```
Public Shared Sub Delay(ByVal Interval As Integer)
    Dim time As DateTime = DateTime.Now
    Dim Span As Int64 = Interval * 10000        '因为时间是以 100ns 为单位
    While (DateTime.Now.Ticks - time.Ticks < Span)
        Application.DoEvents()
    End While
End Sub
```

8.2.3 简单示例

8.2.3.1 爆炸效果

“爆炸效果”是游戏和影视中常见的动画场景，在 VB.NET 中编程实现这种动画效果很方便。其基本原理是预先采集一个完整爆炸过程中的多张图片，然后按照顺序和设定的时间间隔连续播放这些图片，由于人眼的视觉残留特性，显示出来的就是逼真的爆炸效果。为了动态显示图片，在设计时预先装载图片作为程序的资源，在程序中可以通过资源编号来调用这些图片。

例 8-1　爆炸效果演示。

解　本例中装载了 9 幅爆炸过程中的图片，分别是 1.bmp、2.bmp、3.bmp、4.bmp、5.bmp、6.bmp、7.bmp、8.bmp、9.bmp。本例属于无位移的动画类型，动画对象为图像元素，动画帧的

控制采用 Timer 控件来实现。程序运行后，通过鼠标左键单击来设置爆炸中心的位置，然后显示爆炸效果。运行结果如图 8-2 所示。

窗体上各个控件主要属性设置如表 8-1 所示。

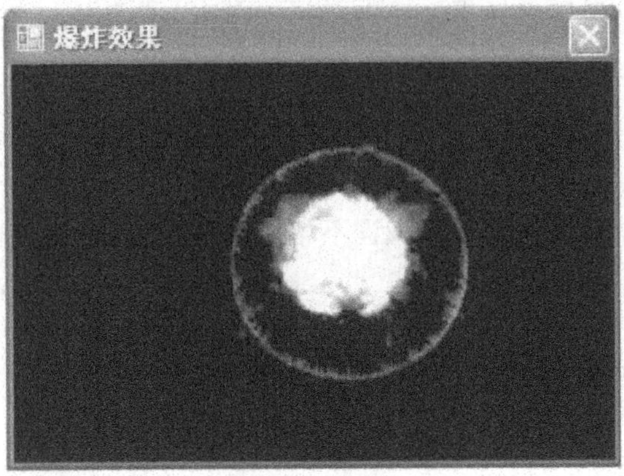

图 8-2　爆炸效果

表 8-1　例 8-1 窗体上各个控件主要属性设置

对象	属性	属性值
窗体	Name	frmMain
	Text	爆炸效果
	Size	320,240
	FormBorderStyle	FixedSingle
	MaximizeBox	False
	StartPosition	CenterScreen
图片框	Name	picAnimation
	BackColor	Black
	SizeMode	AutoSize
定时器	Name	tmrAnimation
	Enabled	True
	Interval	200

本例爆炸程序代码如下：

```
Public Class frmMain
   Protected imageBlow(9) As Image                   '图片数组
   Private m_nImageIndex As Integer                  '图片的序号
   Private Sub tmrAnimation_Tick(ByVal sender As System.Object, ByVal e As System.EventArgs) Handles
tmrAnimation.Tick                                    'Timer 控件自动运行函数
      If m_nImageIndex > 8 Then                      '图片遍历完毕，停止动画
         m_nImageIndex = -1
      End If
      If m_nImageIndex <> -1 Then
         picAnimation.Image = imageBlow(m_nImageIndex)        '装载下一帧图片并显示
         m_nImageIndex = m_nImageIndex + 1                    '指向下一帧图片的序号
      End If
   End Sub
   Private Sub frmMain_Load(ByVal sender As System.Object, ByVal e As System.EventArgs) Handles My-
Base.Load
      imageBlow(0) = My.Resources._2                 '装载资源中的图片到图像数组
      imageBlow(1) = My.Resources._3
      imageBlow(2) = My.Resources._4
      imageBlow(3) = My.Resources._5
      imageBlow(4) = My.Resources._6
      imageBlow(5) = My.Resources._7
      imageBlow(6) = My.Resources._8
      imageBlow(7) = My.Resources._9
```

```
        imageBlow(8) = My.Resources._1
        m_nImageIndex = -1
    End Sub
    Private Sub frmMain_MouseClick(ByVal sender As Object, ByVal e As System.Windows.Forms.MouseEventArgs)
        Handles Me.MouseClick
        m_nImageIndex = 0            '设置重新开始标志
        picAnimation.Left = e.X - picAnimation.Width / 2     '设置图片控件的左侧坐标值
        picAnimation.Top = e.Y - picAnimation.Height / 2     '设置图片控件的顶部坐标值
    End Sub
    Private Sub picAnimation_Click(ByVal sender As System.Object, ByVal e As System.EventArgs) Handles picAnimation.Click
        m_nImageIndex = 0            '设置重新开始标志
    End Sub
End Class
```

8.2.3.2　跳动的小球

以下例子中的蓝色小球以设定的速度进行移动，当碰到指定区域的边界后，小球将被弹回继续移动。假设小球和边界之间的碰撞是完全弹性碰撞，即小球碰撞到边界后只改变速度的方向，并不改变速度的大小，这样小球将在上、下、左、右边界内一直跳动。

例 8-2　跳动的小球。

解　本例属于纯位移的动画类型，动画对象为图形元素，动画帧的控制采用函数控制来实现，这里调用 Delay 函数实现延时。程序运行后，点击启动按钮，小球将跳动，点击暂停按钮将停止跳动。在退出程序前必须暂停动画，以保证 While 循环的正常退出。运行界面如图 8-3 所示。

窗体上各个控件主要属性设置如表 8-2 所示。

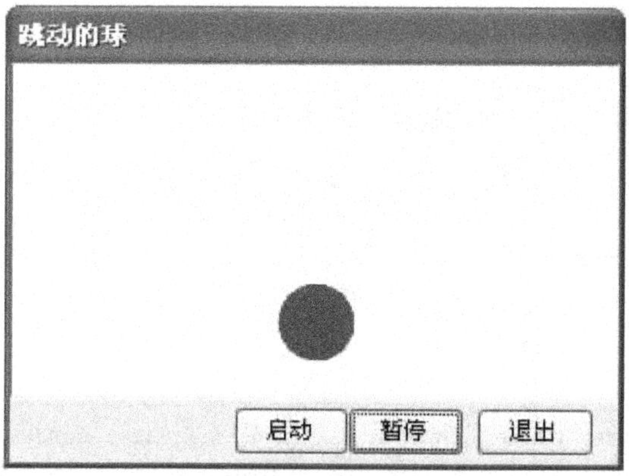

图 8-3　跳动的小球

表 8-2　例 8-2 窗体上各个控件主要属性设置

对象	属性	属性值
窗体	Name Text Size FormBorderStyle ControlBox StartPosition	frmMain 爆炸效果 320,240 FixedSingle False CenterScreen
图片框	Name BackColor Size	picZone White 315,175
命令按钮	Name Text	btnStart 启动
命令按钮	Name Text	btnPause 暂停
命令按钮	Name Text	btnExit 退出

本例跳动的小球程序代码如下：

```
Public Class frmMain
  Const DIAMETER = 40                              '球直径
  Private m_nBallPosX As Integer = 40              '球外切矩形的左上顶点的 x 坐标
  Private m_nBallPosY As Integer = 0               '球外切矩形的左上顶点的 y 坐标
  Private m_nStepX As Integer = 4                  '每次移动时 x 方向的步距
  Private m_nStepY As Integer = 4                  '每次移动时 y 方向的步距
  Private m_bStop As Boolean = True                '暂停标志
  Private Sub Animation()                          '动画函数
    While True
      If m_bStop = True Then                       '判断暂停标志是否为真
        Exit While
      End If
      Delay(50)                                    '延时 50ms
      m_nBallPosX += m_nStepX                      'x 和 y 方向位置变化
      m_nBallPosY += m_nStepY
      If m_nBallPosX + DIAMETER >= picZone.Width Or m_nBallPosX <= 0 Then
        m_nStepX = -m_nStepX                       '在球触及左侧获右侧边界时反转球的方向
      End If
      If m_nBallPosY + DIAMETER >= picZone.Height Or m_nBallPosY <= 0 Then
        m_nStepY = -m_nStepY                       '在球触及上侧获下侧边界时反转球的方向
      End If
      Dim grfx As Graphics = picZone.CreateGraphics()   '创建绘图框的 GDI+实例
      grfx.Clear(Color.White)                      '刷新绘图区域的背景色为白色
      grfx.FillEllipse(Brushes.Blue, New Rectangle(m_nBallPosX, m_nBallPosY, DIAMETER, DIAME-
    TER))                                          '绘制蓝色小球
      grfx.Dispose()
    End While
  End Sub
  Public Shared Sub Delay(ByVal Interval As Integer)    '延时函数,单位为 ms
    Dim time As DateTime = DateTime.Now
    Dim Span As Int64 = Interval * 10000               '因为时间是以 ns 为单位
    While (DateTime.Now.Ticks - time.Ticks < Span)
      Application.DoEvents()
    End While
  End Sub
  Private Sub btnStart_Click(ByVal sender As System.Object, ByVal e As System.EventArgs) Handles
btnStart.Click
    m_bStop = False
    btnPause.Focus()                     '设置暂停按钮获得焦点,有利于对暂停的快速回应
    Animation()                          '开始运行动画,为无限循环
  End Sub
  Private Sub btnPause_Click(ByVal sender As System.Object, ByVal e As System.EventArgs) Handles bt-
```

```
nPause.Click
        m_bStop = True                        '设置暂停标志为真
    End Sub
    Private Sub btnExit_Click(ByVal sender As System.Object, ByVal e As System.EventArgs) Handles btnEx-
it.Click
        If m_bStop = False Then
            MsgBox("请先暂停动画!", MsgBoxStyle.Exclamation)
        Else
            Me.Close()                        '退出程序
        End If
    End Sub
End Class
```

8.3　VB.NET 动画综合实例

8.3.1　蝴蝶群飞行

8.3.1.1　程序功能

程序实现多只蝴蝶在设定区域内的飞行,可以调节飞行速度和蝴蝶数量,蝴蝶相遇或碰撞到边界后能自动调整飞行方向。运行结果如图 8-4 所示。

单击【飞行】按钮,蝴蝶开始飞行;单击【暂停】按钮,蝴蝶停止飞行。改变【飞行速度】滚动条的位置,可以调节飞行的速度;改变【蝴蝶数量】滚动条的位置,可以调节蝴蝶数量为 0 至 10。

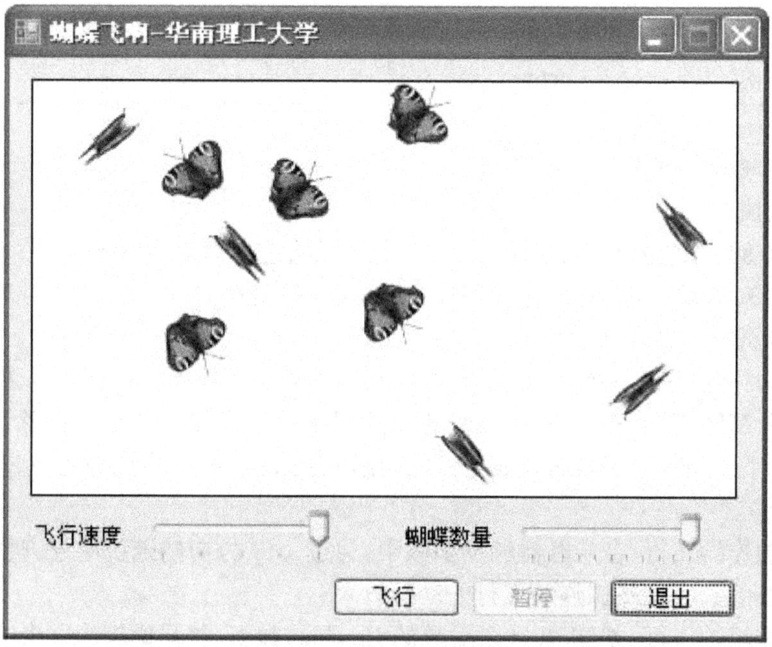

图 8-4　蝴蝶群飞行

8.3.1.2 接口设计

蝴蝶群飞行程序的接口设计如表 8-3 所示。

表 8-3 蝴蝶群飞行窗体上各个控件主要属性设置

对象	属性	属性值	对象	属性	属性值
窗体	Name Text Size FormBorderStyle MaximizeBox	Butterfly 蝴蝶飞行 420,350 FixedSingle False	图片框	Name SizeMode Visible	PictureOpen StretchImage False
图片框	Name SizeMode Visible	PictureClose StretchImage False	图片框	Name SizeMode Visible	PictureNo StretchImage False
图片框	Name BorderStyle	PictureBack FixedSingle	定时器	Name Enabled Interval	Timer1 False 50
标签	Name Text	Label1 蝴蝶数量	标签	Name Text	Label2 飞行速度
水平滚动条	Name Max Min Value	TrackBarV 5 1 1	水平滚动条	Name Max Min Value	TrackBarN 10 0 5
命令按钮	Name Text	BtnFly 飞行	命令按钮	Name Text	BtnPause 暂停
命令按钮	Name Text	BtnExit 退出			

8.3.1.3 程序设计

1. 动画构成

程序中的动画对象为蝴蝶，采用 Graphics 对象动态装载蝴蝶图片来实现；动画背景采用 PictureBox 控件来实现；动画帧的控制采用 Timer 控件来实现。

2. 要点分析

(1)蝴蝶的扑翅：采用 3 个 PictureBox 控件预装载表示蝴蝶的三种状态的图片，分别是蝴蝶的翅膀张开、翅膀闭合、隐藏，其中隐藏的图片用于控制蝴蝶的消隐和擦除。每只蝴蝶为一个 Graphics 对象，定时调用 DrawImage 函数绘制 PictureBox 控件中图像对象，实现蝴蝶的扑翅效果。

(2)蝴蝶的连续飞行：在定时器触发函数中，通过 x、y 方向的随机增量，改变 Graphics 对象的左上角坐标值，实现蝴蝶连续飞行的动画效果。

(3)多只蝴蝶的飞行：创建 NUM 个对象的 Graphics 数组，每只蝴蝶为一个 Graphics 对象，当动画场景中的蝴蝶数量 m_nNum 不超过 NUM 时，只调用 m_nNum 个 Graphics 物件来绘制蝴蝶。

(4)碰撞处理:设蝴蝶原来在 x 和 y 方向的速度分别为 dx 和 dy。当蝴蝶碰到飞行区域的左、右边界后,dx 的值将取反,保持原来速度大小反向飞行;当蝴蝶碰到飞行区域的上、下边界后,dy 的值将取反,保持原来速度大小反向飞行。当两只蝴蝶相撞时,根据是在 x 还是 y 方向先碰撞,再分别将相应的 dx 或 dy 的值取反,保持原来速度大小反向飞行。

3. 动画流程图

蝴蝶群飞行动画流程图如图 8-5 所示。

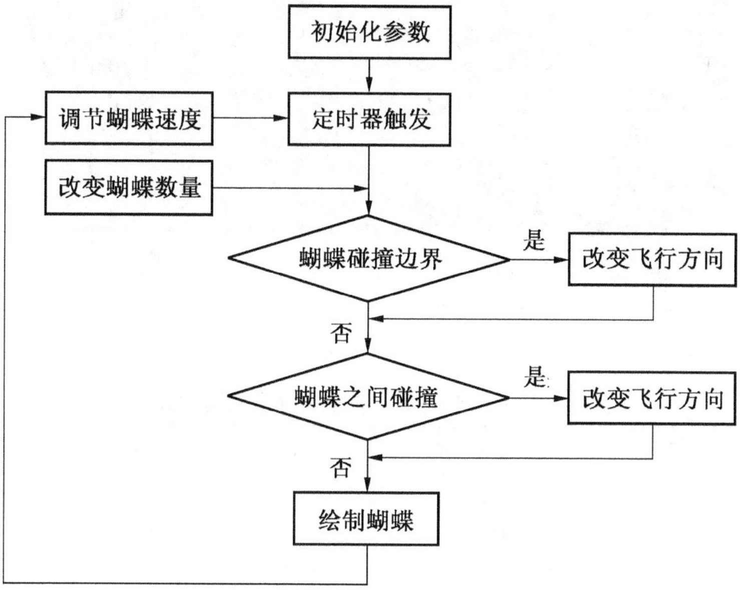

图 8-5　蝴蝶群飞行动画流程图

8.3.2　太阳系

8.3.2.1　程序功能

程序模拟了太阳系中 9 大行星(水星、金星、地球、火星、木星、土星、天王星、海王星和冥王星)绕各自轨道运动的效果,同时模拟了闪烁的星空背景、小行星带,其中行星的轨道位置、公转半径、行星的直径等均参考了实际比例进行绘制。运行结果如图 8-6 所示。

单击【运行】按钮,各个行星将从初始位置开始绕各自轨迹旋转,同时按钮显示为【停止】;单击【全景】按钮,将 9 大行星的轨迹完全显示在图片框中;单击【放大】按钮,将以太阳所在位置为中心放大行星轨迹图;单击【缩小】按钮,将以太阳所在位置为中心缩小行星轨迹图;单击【侧视】按钮,行星轨迹平面将转动成斜面,产生从侧面观察的效果;单击【俯视】按钮,行星轨迹平面转动成垂直面,产生从顶部观察的效果;单击【退出】按钮,将退出模拟程序,但必须先单击【停止】按钮停止动画。

8.3.2.2　接口设计

太阳系程序的接口设计如表 8-4 所示。

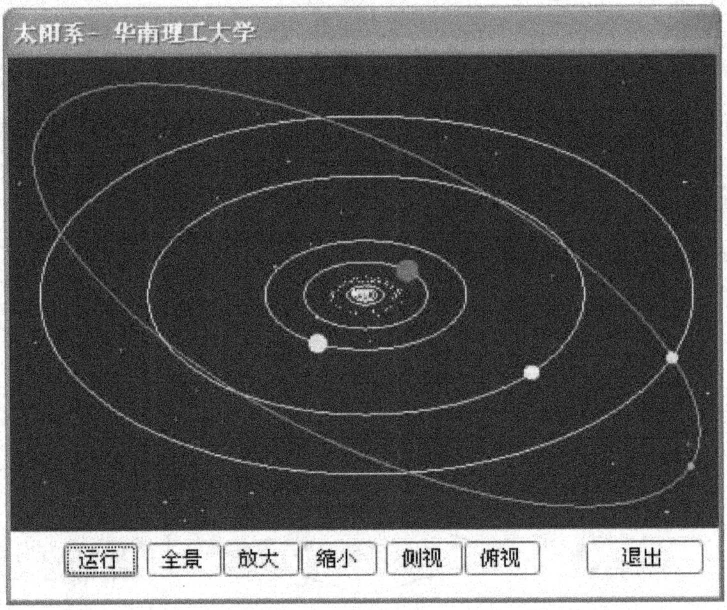

图 8-6　太阳系

表 8-4　太阳系窗体上各个控件主要属性设置

对象	属性	属性值	对象	属性	属性值
窗体	Name Text Size FormBorderStyle MaximizeBox	frmMain 太阳系 420,350 FixedSingle False	图片框	Name BorderStyle	PictureSolar FixedSingle
命令按钮	Name Text	BtnControl 运行	命令按钮	Name Text	BtnZoomAll 全景
命令按钮	Name Text	BtnZoomIn 放大	命令按钮	Name Text	BtnZoomOut 缩小
命令按钮	Name Text	BtnViewSide 侧视	命令按钮	Name Text	BtnViewTop 俯视
命令按钮	Name Text	BtnExit 退出			

8.3.2.3　程序设计

1. 动画构成

程序中的动画对象为星球、轨道和小行星带，采用 Graphics 对象绘制实现，星球为填充的圆，轨道为椭圆，小行星带为随机绘制的白色圆点集合；动画背景为群星闪烁的星空，采用在 PictureBox 控件中随机绘制多个白色圆点来实现；动画帧的控制采用 While 无限循环和 DoEvents 函数来实现。

2. 要点分析

(1)参数定义：根据太阳系中各行星的实际直径、轨道半径和公转角速度等参数，设计了能很好显示太阳系运动仿真的模拟参数，如表 8-5 所示。

表 8-5　行星模拟参数表

	水星	金星	地球	火星	木星	土星	天王星	海王星	冥王星
直　径	10	30	30	20	90	80	60	50	30
轨道半径	0.31	0.72	1.02	1.63	5.61	9.14	19.95	29.95	30.5
角速度	1/0.3	1/0.7	1	1/2	1/11	1/29	1/84	1/164	1/248

(2)冥王星轨道：2006 年 8 月 24 日，由于发现冥王星的轨道与海王星的轨道相交，不符合新的行星定义，因此冥王星被列入“矮行星”。其他行星轨道基本在同一平面内(称为黄道面)，冥王星的轨道脱离了黄道面，倾斜度为 17°，在表达冥王星的轨道时，采用绘制倾斜椭圆来实现。

(3)视角变化：通过改变表示轨道椭圆的短轴长度，而长轴长度保持不变，用不同椭圆度的图形来表示视角变化的观察效果。

(4)小行星带：介于火星和木星轨道之间，先确定轨道半径范围，然后在这个范围内随机绘制多个白色圆点来模拟。

3. 动画流程图

太阳系动画流程图如图 8-7 所示。

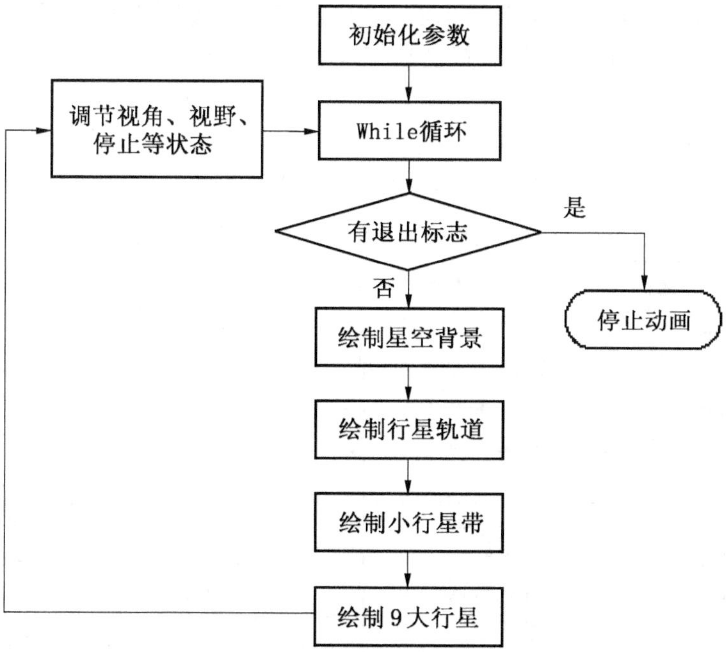

图 8-7　太阳系动画流程图

8.3.3　时钟

8.3.3.1　程序功能

本程序实现当前时间的显示，有指针式和数字式两种显示方式。两种显示方式都可设置为纯色和渐变色的颜色填充模式。运行结果如图 8－8 所示。

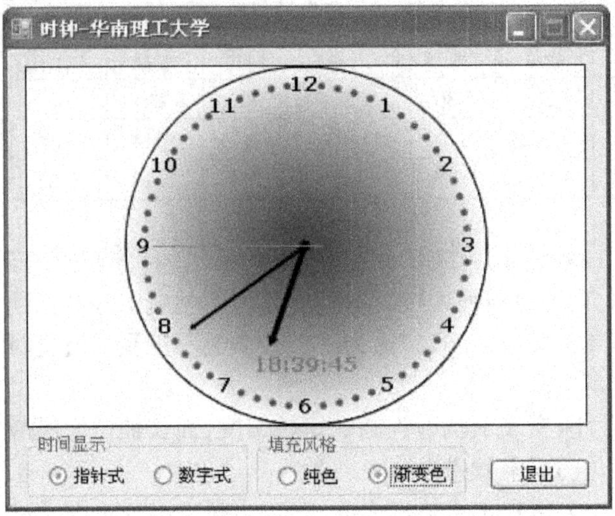

图 8－8　时钟

设置时间显示方式：选中【指针式】单选框，则通过时针、分针、秒针和表盘来显示时间；选中【数字式】单选框，则显示当前的日期和时间，格式为“时：分：秒　年－月－日”。设置填充风格：选中【纯色】单选框，将用淡蓝色来填充指针式表盘或数字式时间字体；选中【渐变色】单选框，将用中心的蓝色向周边的淡黄色渐变来填充指针式表盘，或者用绿色和黄色渐变来填充数字式时间字体。

8.3.3.2　接口设计

时钟程序的接口设计如表 8－6 所示。

表 8－6　时钟窗体上各个控件主要属性设置

对象	属性	属性值	对象	属性	属性值
窗体	Name Text Size FormBorderStyle MaximizeBox	frmClock 时钟 420,350 FixedSingle False	图片框	Name BorderStyle	PictureClock FixedSingle
群组框	Name Text	GroupBox1 时间显示	群组框	Name Text	GroupBox2 填充风格
单选按钮	Name Text	RadioBtnAnalog 指针式	单选按钮	Name Text	RadioBtnDigital 数字式
单选按钮	Name Text	RadioBtnSolid 纯色	单选按钮	Name Text	RadioBtnGradient 渐变色
命令按钮	Name Text	BtnExit 退出			

8.3.3.3 程序设计

1. 动画构成

程序中的动画对象为钟表指针和时间数字，采用 Graphics 对象绘制实现，钟表指针为直线图形，时间数字为字符串图形；动画背景为表盘，采用在 PictureBox 控件中绘制时间刻度实现；动画帧的控制采用 Timer 控件来实现。

2. 要点分析

(1)钟表指针：为时针、分针、秒针设置不同的画笔，时针画笔的始端为圆锚头帽、末端为箭头状锚头帽；分针画笔的始端为圆锚头帽、末端为箭头状锚头帽；秒针画笔的始端为圆线帽、末端为圆线帽。指针的末端位置根据当前时间值转化为圆周度数值来确定。

(2)渐变色表盘：定义一个路径渐变画刷，先设置表盘中心坐标为刷子中心点坐标，再设置中心点的颜色和环绕的颜色，用这个画刷填充表盘椭圆，即显示渐变色表盘效果。

(3)渐变色数字：定义一个线性渐变画刷，设置画刷的线性渐变的起点坐标、终点坐标、起点颜色和终点颜色，用这个画刷输出时间字符串，即显示渐变色时间数字。

3. 动画流程图

时钟动画流程图如图 8-9 所示。

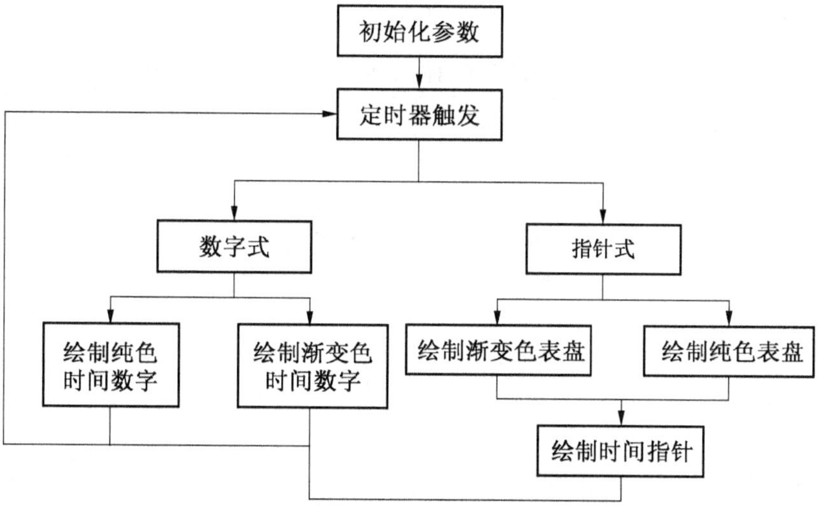

图 8-9 时钟动画流程图

8.3.4 四连杆机构

8.3.4.1 程序功能

本程序对四连杆机构进行运动仿真。四连杆机构中的左侧机架为主动件，右侧机架为从动件。可调节机架、连杆、机架杆的长度，并自动分析连杆机构类型(双曲柄、双摇杆、曲柄摇杆)，按相应的运动规律仿真运动过程，并显示 2 个机架连接点的运动轨迹；可改变延伸端的长度和角度，显示延伸端所经历的最近 30 个轨迹点。运行结果如图 8-10 所示。

单击【开始】按钮，将按照所填写的参数进行运动仿真，同时按钮显示为【停止】；在改变了文本框中的各个参数后，必须先单击【停止】后再单击【开始】才能按照新参数来实现运动仿真。

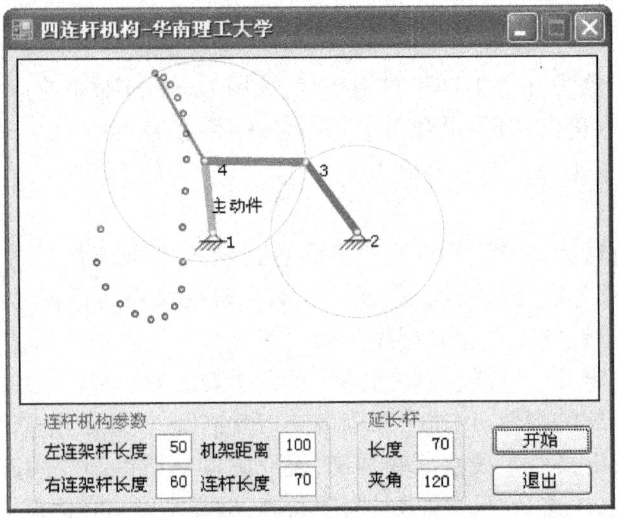

图 8-10　四连杆机构

8.3.4.2　接口设计

四连杆机构程序的接口设计如表 8-7 所示。

表 8-7　四连杆机构窗体上各个控件主要属性设置

对象	属性	属性值	对象	属性	属性值
窗体	Name Text Size FormBorderStyle MaximizeBox	frmMain 四连杆机构 420,350 FixedSingle False	图片框	Name BorderStyle	Picture FixedSingle
群组框	Name Text	GroupBox1 连杆机构参数	群组框	Name Text	GroupBox2 延长杆
标签	Name Text	Label1 左连架杆长度	标签	Name Text	Label2 右连架杆长度
文本编辑框	Name	txtL1	文本编辑框	Name	txtL2
标签	Name Text	Label3 连杆长度	标签	Name Text	Label4 机架距离
文本编辑框	Name	txtL3	文本编辑框	Name	txtL4
标签	Name Text	LabelL 长度	标签	Name Text	LabelA 夹角
文本编辑框	Name	txtExL	文本编辑框	Name	txtExA
命令按钮	Name Text	BtnControl 开始	命令按钮	Name Text	BtnExit 退出

8.3.4.3　程序设计

1. 动画构成

程序中的动画对象为四连杆机构、延长杆和运动轨迹，采用 Graphics 对象绘制来实现；动画背景采用 PictureBox 控件来实现；动画帧的控制采用 Timer 控件来实现。

2. 要点分析

(1)四连杆机构类型：设 l_{max}为最长杆长度，l_{min}为最短杆长度，l' 和 l'' 为另外两杆的长度，①当 $l_{max}+l_{min}\leqslant l'+l''$ 时，如果最短杆为连架杆，则为曲柄摇杆机构；如果最短杆为机架，则为双曲柄机构；如果最短杆为连杆，则为双摇杆机构；②当 $l_{max}+l_{min}>l'+l''$ 时，机构为双摇杆机构；③当 $l_{max}\leqslant l'+l''+l_{min}$ 时，此四杆不能构成四连杆机构。

(2)从动件连接点 3 的位置：当主动件转动时，连杆通过连接点 4 与主动件一起运动，同时要受到从动件上连接点 3 的约束。连接点 3 的位置可由两个轨迹圆的交点来确定，一个轨迹圆是以连接点 4 为圆心，连杆长度为半径；另一个轨迹圆是以连接点 2 为圆心，右机架长度为半径。当两个轨迹圆有两个交点时，为保持运动的连续性，应取同侧的交点；当只有一个交点时，根据主动件继续旋转后两圆是否有交点进一步判断，如后续没有交点，则连接点 3 达到极限位置，即死点，主动件必须反向旋转；如果后续有交点，则主动件继续同向旋转，也可根据连杆机构类型来判断主动件旋转方向。

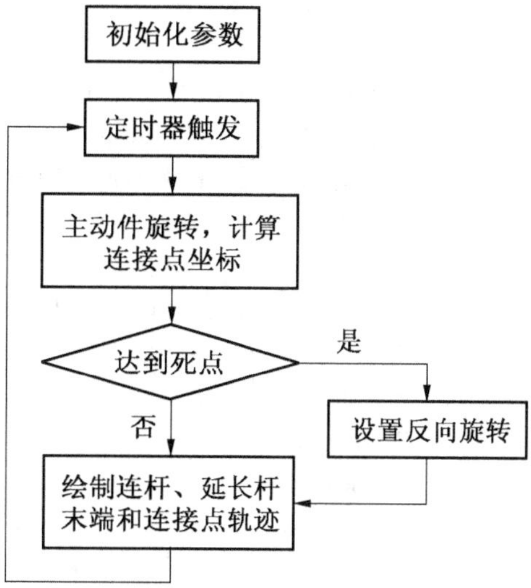

图 8-11　四连杆机构动画流程图

3. 动画流程图

四连杆机构动画流程图如图 8-11 所示。

8.4　综合实例源代码

本章第 8.3.1 节蝴蝶群飞行动画源代码。

```
Public Class Butterfly
    Const NUM = 10

    Public m_nNum As Integer
    Public m_gButterfly(NUM) As Graphics                   '蝴蝶图形对象
    Public m_pLocation(NUM, 2) As Point                    '绘图区域-平行四边形顶点
    Public m_sDx(NUM), m_sDy(NUM) As Integer               '绘图区域-平行四边形顶点

    Private Sub Timer1_Tick(ByVal sender As System.Object, ByVal e As System.EventArgs) Handles
Timer1.Tick
        Static bImg As Boolean
        Dim i, j As Integer
```

```
Dim dx, dy As Integer
Dim p(2) As Point                          '图像的位置的形状
Dim w As Integer = PictureOpen.Width
Dim h As Integer = PictureOpen.Height

p(0) = New Point(0, 0)
p(1) = New Point(0, 0)
p(2) = New Point(0, 0)

'清除原来的图像
For i = 0 To NUM
  p(0).X = m_pLocation(i, 0).X
  p(0).Y = m_pLocation(i, 0).Y
  p(1).X = m_pLocation(i, 0).X + w
  p(1).Y = m_pLocation(i, 0).Y
  p(2).X = m_pLocation(i, 0).X
  p(2).Y = m_pLocation(i, 0).Y + w
  m_gButterfly(i).DrawImage(PictureNo.Image, p)       '将原来的图像区域用背景色填充
Next

For i = 0 To m_nNum - 1
  For j = 0 To i - 1                 '判断图像是否重叠和碰撞
    If Math.Abs(m_pLocation(i, 0).X - m_pLocation(j, 0).X) < PictureOpen.Width And _
      Math.Abs(m_pLocation(i, 0).Y - m_pLocation(j, 0).Y) < PictureOpen.Height Then
      If m_pLocation(i, 0).X < m_pLocation(j, 0).X Then '
        m_sDx(i) = -1
        m_sDx(j) = 1
      Else
        m_sDx(i) = 1
        m_sDx(j) = -1
      End If
      If m_pLocation(i, 0).Y < m_pLocation(j, 0).Y Then
        m_sDy(i) = -1
        m_sDy(j) = 1
      Else
        m_sDy(i) = 1
        m_sDy(j) = -1
      End If
    End If
  Next

  '当图像移动到边界时,改变移动方向
  If m_pLocation(i, 0).X <= 0 Then
```

```
    m_sDx(i) = 1
  ElseIf m_pLocation(i, 0).X >= (PictureBack.Width - PictureOpen.Width) Then
    m_sDx(i) = -1
  End If

  If m_pLocation(i, 0).Y <= 0 Then
    m_sDy(i) = 1
  ElseIf m_pLocation(i, 0).Y >= (PictureBack.Height - PictureOpen.Height) Then
    m_sDy(i) = -1
  End If

  dx = m_sDx(i) * Rnd() * 10
  dy = m_sDy(i) * Rnd() * 10
  m_pLocation(i, 0).X = m_pLocation(i, 0).X + dx            '坐标随机变化
  m_pLocation(i, 0).Y = m_pLocation(i, 0).Y + dy

  '位置
  p(0).X = m_pLocation(i, 0).X
  p(0).Y = m_pLocation(i, 0).Y
  p(1).X = m_pLocation(i, 0).X
  p(1).Y = m_pLocation(i, 0).Y
  p(2).X = m_pLocation(i, 0).X
  p(2).Y = m_pLocation(i, 0).Y

  '根据 dx 和 dy 的值来旋转图像,使得图像与飞行方向一致
  If (dx < 0 And dy < 0) Then                      '朝左上角飞,不旋转
    p(0).X = m_pLocation(i, 0).X
    p(0).Y = m_pLocation(i, 0).Y
    p(1).X = m_pLocation(i, 0).X + w
    p(1).Y = m_pLocation(i, 0).Y
    p(2).X = m_pLocation(i, 0).X
    p(2).Y = m_pLocation(i, 0).Y + h
  ElseIf (dx < 0 And dy > 0) Then                  '朝左下角飞,向左旋转度
    p(0).X = m_pLocation(i, 0).X
    p(0).Y = m_pLocation(i, 0).Y + w
    p(1).X = m_pLocation(i, 0).X
    p(1).Y = m_pLocation(i, 0).Y
    p(2).X = m_pLocation(i, 0).X + h
    p(2).Y = m_pLocation(i, 0).Y + w
  ElseIf (dx > 0 And dy < 0) Then                  '朝右上角飞,向右旋转度
    p(0).X = m_pLocation(i, 0).X + h
    p(0).Y = m_pLocation(i, 0).Y
    p(1).X = m_pLocation(i, 0).X + h
```

```
        p(1).Y = m_pLocation(i, 0).Y + w
        p(2).X = m_pLocation(i, 0).X
        p(2).Y = m_pLocation(i, 0).Y
      ElseIf (dx > 0 And dy > 0) Then                    '朝右下角飞,旋转度
        p(0).X = m_pLocation(i, 0).X + w
        p(0).Y = m_pLocation(i, 0).Y + h
        p(1).X = m_pLocation(i, 0).X
        p(1).Y = m_pLocation(i, 0).Y + h
        p(2).X = m_pLocation(i, 0).X + w
        p(2).Y = m_pLocation(i, 0).Y
      End If

      If bImg = True Then
        If i Mod 2 = 0 Then
          m_gButterfly(i).DrawImage(PictureOpen.Image, p)
        Else
          m_gButterfly(i).DrawImage(PictureClose.Image, p)
        End If
      Else
        If i Mod 2 = 1 Then
          m_gButterfly(i).DrawImage(PictureOpen.Image, p)
        Else
          m_gButterfly(i).DrawImage(PictureClose.Image, p)
        End If
      End If
    Next

    bImg = Not bImg
  End Sub

  Private Sub BtnFly_Click(ByVal sender As System.Object, ByVal e As System.EventArgs) Handles BtnFly.Click
    Timer1.Enabled = True                 '启动定时器
    BtnFly.Enabled = False                '设置按钮的有效状态
    BtnPause.Enabled = True
  End Sub

  Private Sub BtnPause_Click(ByVal sender As System.Object, ByVal e As System.EventArgs) Handles BtnPause.Click
    Timer1.Enabled = False                '停止定时器
    BtnFly.Enabled = True                 '设置按钮的有效状态
    BtnPause.Enabled = False
  End Sub
```

```
Private Sub TrackBarV_Scroll(ByVal sender As System.Object, ByVal e As System.EventArgs) Handles TrackBarV.Scroll
    Timer1.Interval = TrackBarV.Value * 50  '改变定时器的间隔,调整飞行速度
End Sub
Private Sub TrackBarN_Scroll(ByVal sender As System.Object, ByVal e As System.EventArgs) Handles TrackBarN.Scroll
    m_nNum = TrackBarN.Value
End Sub
Private Sub Butterfly_FormClosed(ByVal sender As Object, ByVal e As System.Windows.Forms.FormClosedEventArgs) Handles Me.FormClosed
    Dim i As Integer

    For i = 0 To NUM
        m_gButterfly(i).Dispose()          '释放图形对象的资源
    Next

End Sub

Private Sub Butterfly_Load(ByVal sender As System.Object, ByVal e As System.EventArgs) Handles MyBase.Load
    Dim i As Integer

    Dim w As Integer = PictureOpen.Width
    Dim h As Integer = PictureOpen.Height

    m_nNum = 5
    For i = 0 To NUM
        m_gButterfly(i) = PictureBack.CreateGraphics
        m_sDx(i) = 1
        m_sDy(i) = 1
        m_pLocation(i, 0) = New Point(Rnd() * PictureBack.Width, Rnd() * PictureBack.Height)'平行四边形的左上角
        m_pLocation(i, 1) = New Point(h, 0)     '平行四边形的右上角
        m_pLocation(i, 2) = New Point(0, w)     '平行四边形的左下角
    Next
End Sub

Private Sub BtnExit_Click(ByVal sender As System.Object, ByVal e As System.EventArgs) Handles BtnExit.Click
    Me.Close()
End Sub
```

```
End Class
```

本章第 8.3.2 节太阳系动画源代码。

```
Option Explicit On

Public Class frmMain
  'Private Declare Sub Sleep Lib "kernel32" (ByVal dwMilliseconds As Long)
  Structure SPHERE                    '定义天体的三要素
    Dim strName As String
    Dim dX As Double                  'x 坐标
    Dim dY As Double                  'y 坐标
    Dim dDay As Double                '当时时间
  End Structure

  '行星的轨道半径
  Const MERCURY = 0.31, VENUS = 0.72, EARTH = 1.02            '水星,金星, 地球,
  Const MARS = 1.63, JUPITER = 5.61, SATURN = 9.14            '火星, 木星,土星
  Const URANUS = 19.95, NEPTUNE = 29.95, PLUTO = 30.5         '天王星, 海王星, 冥王星'
  '行星的直径
  Const MERCURY_D = 10, VENUS_D = 30, EARTH_D = 30  '水星,金星, 地球
  Const MARS_D = 20, JUPITER_D = 90, SATURN_D = 80  '火星, 木星,土星
  Const URANUS_D = 60, NEPTUNE_D = 50, PLUTO_D = 30  '天王星, 海王星, 冥王星
  '行星的公转角速度
  Const MERCURY_V = 1 / 0.3, VENUS_V = 1 / 0.7, EARTH_V = 1  '水星,金星, 地球
  Const MARS_V = 1 / 2, JUPITER_V = 1 / 11, SATURN_V = 1 / 29  '火星, 木星,土星
  Const URANUS_V = 1 / 84, NEPTUNE_V = 1 / 164, PLUTO_V = 1 / 248  '天王星, 海王星,
冥王星
  Const PI = 3.1415926536
  Const DRAWSCALE = 4.4  '绘图的比例

  Private m_grPicture As Graphics
  Private m_penOrbit As Pen
  Private m_brPlanet As Brush

  Dim m_bRun As Boolean = False
  Dim m_struSun, m_struMoon, m_struVenus, m_struMercury As SPHERE  '保存行星的位置
  Dim m_struEarth, m_struMars, m_struJupiter, m_struSaturn As SPHERE
  Dim m_struUranus, m_struNeptune, m_struPluto As SPHERE
  Dim m_fZoomRate As Single 'm_dZoomRate 为缩放比率,
  Dim m_fViewAspect, m_fPlutoAspect As Single  'm_dViewAspect 为观察者与轨道面相角,m_dPlu-
toAspect 为观察者与冥王星轨道面相角
  Dim ScaleW, ScaleH, m_fScaleSize As Single  'm_dScaleSize 为绘制的比例尺
  Dim imgBack As Image  '用于保存背景图形的临时对象
```

```
Private Sub frmMain_Load(ByVal sender As System.Object, ByVal e As System.EventArgs) Handles My-
Base.Load
    m_grPicture = PictureSolar.CreateGraphics
    m_penOrbit = New Pen(Color.White)
    m_brPlanet = New SolidBrush(Color.White)
    Init()
End Sub

Private Sub frmMain_Disposed(ByVal sender As Object, ByVal e As System.EventArgs) Handles Me.Dis-
posed
    m_grPicture.Dispose()
    m_penOrbit.Dispose()
    m_brPlanet.Dispose()
End Sub

Private Sub BtnExit_Click(ByVal sender As System.Object, ByVal e As System.EventArgs) Handles Bt-
nExit.Click
    Me.Close()
End Sub

Private Sub BtnControl_Click(ByVal sender As System.Object, ByVal e As System.EventArgs) Handles Bt-
nControl.Click
    If BtnControl.Text = "运行" Then
        m_bRun = True
        BtnExit.Enabled = False
        BtnControl.Text = "停止"
        Init()
        Draw()
    Else
        m_bRun = False
        BtnExit.Enabled = True
        BtnControl.Text = "运行"
    End If
End Sub

'全景
Private Sub BtnZoomAll_Click(ByVal sender As System.Object, ByVal e As System.EventArgs) Handles
BtnZoomAll.Click
    m_fZoomRate = 1
End Sub

Private Sub BtnZoomIn_Click(ByVal sender As System.Object, ByVal e As System.EventArgs) Handles
```

```
BtnZoomIn.Click
    If m_fZoomRate > 10 Then Exit Sub
    m_fZoomRate = m_fZoomRate * 1.2
End Sub

Private Sub BtnZoomOut_Click(ByVal sender As System.Object, ByVal e As System.EventArgs) Handles
BtnZoomOut.Click
    If m_fZoomRate < 0.02 Then Exit Sub
    m_fZoomRate = m_fZoomRate / 1.2
End Sub

Private Sub BtnViewSide_Click(ByVal sender As System.Object, ByVal e As System.EventArgs) Handles
BtnViewSide.Click
    If m_fViewAspect > 0.01 Then m_fViewAspect = m_fViewAspect - 0.045
End Sub

Private Sub BtnViewTop_Click(ByVal sender As System.Object, ByVal e As System.EventArgs) Handles
BtnViewTop.Click
    If m_fViewAspect < 0.99 Then m_fViewAspect = m_fViewAspect + 0.045
End Sub

'初始化参数值
Private Sub Init()
    m_fZoomRate = 1
    m_fViewAspect = 1
End Sub
Private Sub Draw()
    While True
        Application.DoEvents() '启动辅助线程,监控用户界面的其他操作
        System.Threading.Thread.Sleep(100) '等待 ms
        If m_bRun = False Then
            Exit While
        Else
            PictureSolar.Refresh()
            DrawStar()                          '绘制星空背景
            DrawAllOrbit()                      '绘制行星轨道
            DrawPlanetBelt(m_fViewAspect)       '小行星带
            DrawAllPlanet()                     '绘制大行星
        End If
    End While
End Sub
Private Sub DrawAllOrbit()  '画出行星的轨道
    DrawOrbit(MERCURY, Color.LimeGreen, m_fViewAspect)      '水星
```

```
    DrawOrbit(VENUS, Color.LimeGreen, m_fViewAspect)          '金星
    DrawOrbit(EARTH, Color.LimeGreen, m_fViewAspect)          '地球
    DrawOrbit(MARS, Color.LimeGreen, m_fViewAspect)           '火星
    DrawOrbit(JUPITER, Color.LimeGreen, m_fViewAspect)        '木星
    DrawOrbit(SATURN, Color.LimeGreen, m_fViewAspect)         '土星
    DrawOrbit(URANUS, Color.LimeGreen, m_fViewAspect)         '天王星
    DrawOrbit(NEPTUNE, Color.LimeGreen, m_fViewAspect)        '海王星,
    DrawOrbitPluto(PLUTO, Color.Green, m_fViewAspect)         '冥王星的轨道
End Sub

Private Sub DrawAllPlanet()
    Static t As Integer = 0              't 为仿真时间
    t = t + 1
    If t > 1000000 Then t = 0

    Drawplanet(0, Brushes.Red, m_fViewAspect, 20, 0) '绘制太阳
    Drawplanet(MERCURY, Brushes.White, m_fViewAspect, MERCURY_D, t * MERCURY_V)
    Drawplanet(VENUS, Brushes.Orange, m_fViewAspect, VENUS_D, t * VENUS_V)
    Drawplanet(EARTH, Brushes.Yellow, m_fViewAspect, EARTH_D, t * EARTH_V)
    Drawplanet(MARS, Brushes.Green, m_fViewAspect, MARS_D, t * MARS_V)
    Drawplanet(JUPITER, Brushes.Blue, m_fViewAspect, JUPITER_D, t * JUPITER_V)
    Drawplanet(SATURN, Brushes.YellowGreen, m_fViewAspect, SATURN_D, t * SATURN_V)
    Drawplanet(URANUS, Brushes.Pink, m_fViewAspect, URANUS_D, t * URANUS_V)
    Drawplanet(NEPTUNE,Brushes.Plum,m_fViewAspect,NEPTUNE_D,t*NEPTUNE_V)
    DrawplanetPLUTO(PLUTO, Brushes.Red, m_fViewAspect, PLUTO_D, t * PLUTO_V)
End Sub

'绘制星空
Private Sub DrawStar()
    Dim x, y As Single
    Dim i As Integer

    For i = 0 To 50
        x = Rnd() * PictureSolar.Width
        y = Rnd() * PictureSolar.Height
        m_grPicture.FillEllipse(Brushes.Wheat, x, y, 2 * Rnd(), 1)
    Next i
End Sub
'绘制火星和木星轨道之间的小行星带
Private Sub DrawPlanetBelt(ByVal fAspect As Single)
    Dim x, y, r As Single
    Dim i As Integer
    Dim fAngle As Single
```

```
    For i = 0 To 100
      r = ((0.9  * JUPITER - 1.5  * MARS) / 3 * Rnd() + 1.5  * MARS) '行星带的半径
  范围
      r = r * DRAWSCALE * m_fZoomRate
      fAngle = 2 * PI * Rnd()          '随机角度
      x = PictureSolar.Width / 2 + r * Math.Cos(fAngle)
      y = PictureSolar.Height / 2 + fAspect * r * Math.Sin(fAngle)
      m_grPicture.FillEllipse(Brushes.White, x, y, 1, 1)
    Next i
End Sub

'绘制轨道
Private Sub DrawOrbit(ByVal fORadius As Single, ByVal nColor As Color, ByVal fAspect As Single)
    Dim x, y As Single          '椭圆外切矩形的左上角坐标
    Dim w, h As Single          '椭圆外切矩形的宽和高
    Dim r As Single             '在绘图框中的半径

    r = fORadius * DRAWSCALE * m_fZoomRate
    w = r * 2
    h = fAspect * w
    x = (PictureSolar.Width - w) / 2
    y = (PictureSolar.Height - h) / 2
    m_penOrbit.Color = nColor
    m_penOrbit.Width = 1
    m_penOrbit.DashStyle = Drawing2D.DashStyle.Solid
    m_grPicture.DrawEllipse(m_penOrbit, x, y, w, h)
End Sub

'绘制冥王星轨道
Private Sub DrawOrbitPluto(ByVal fORadius As Single, ByVal nColor As Color, ByVal fAspect As Single)
    Dim r As Single     '在绘图框中的半径
    Const POINT_NUM = 100
    Dim pointOrbit(POINT_NUM) As PointF
    Dim i As Integer
    Dim fAngle As Single = 0, dt As Single = 0

    m_fPlutoAspect = m_fViewAspect + 17 * PI / 180

    r = fORadius * DRAWSCALE * m_fZoomRate
    m_penOrbit.Color = nColor
    dt = (2 * PI) / POINT_NUM
    For i = 0 To POINT_NUM        '绘制椭圆上的点
```

```
        fAngle = fAngle + dt
        pointOrbit(i).X = PictureSolar.Width / 2 + r * Math.Cos(fAngle)
        pointOrbit(i).Y = PictureSolar.Height / 2 + (fAspect * 0.8+ 0.2) * r * Math.Cos(fAngle +
    m_fPlutoAspect)
    Next i
  m_grPicture.DrawLines(m_penOrbit, pointOrbit)
  End Sub

  '绘制行星
  Private Sub Drawplanet(ByVal fORadius As Single, ByVal br As Brush, ByVal fAspect As Single, _
ByVal fPDiameter As Single, ByVal fAngle As Single)         '轨道半径,颜色,视平面夹角,球直径,角度
    Dim x, y As Single              '椭圆外切矩形的左上角坐标
    Dim w, h As Single              '椭圆外切矩形的宽和高
    Dim r As Single                 '在绘图框中的半径
    Dim fCenterX, fCenterY As Single           '球心的位置

    r = fORadius * DRAWSCALE * m_fZoomRate
    fCenterX = PictureSolar.Width / 2 + r * Math.Cos(fAngle)
    fCenterY = PictureSolar.Height / 2 + fAspect * r * Math.Sin(fAngle)

    w = fPDiameter / 10 * m_fZoomRate
    h = w
    x = fCenterX - w / 2
    y = fCenterY - w / 2
    m_grPicture.FillEllipse(br, x, y, w, h)
  End Sub

  '绘制冥王星
  Private Sub DrawplanetPLUTO(ByVal fORadius As Single, ByVal br As Brush, ByVal fAspect As Single, _
ByVal fPDiameter As Single, ByVal fAngle As Single)         '轨道半径,颜色,视平面夹角,球直径,角度
    Dim x, y As Single              '椭圆外切矩形的左上角坐标
    Dim w, h As Single              '椭圆外切矩形的宽和高
    Dim r As Single                 '在绘图框中的半径
    Dim fCenterX, fCenterY As Single           '球心的位置

    r = fORadius * DRAWSCALE * m_fZoomRate
    w = fPDiameter / 10 * m_fZoomRate
    h = w
    fCenterX = PictureSolar.Width / 2 + r * Math.Cos(PI * 2 - fAngle)
    fCenterY = PictureSolar.Height / 2 + (fAspect * 0.8 + 0.2) * r * Math.Cos(PI * 2 - fAngle
  + m_fPlutoAspect)

    x = fCenterX - w / 2
```

```
        y = fCenterY - w / 2
        m_grPicture.FillEllipse(br, x, y, w, h)
    End Sub
    'Private Sub PictureSolar_MouseMove(ByVal sender As Object, ByVal e As System.Windows.Forms.
MouseEventArgs) Handles PictureSolar.MouseMove
    '   If e.Button = MouseButtons.Left Then
    '       '根据鼠标移动位置确定目标区域
    '       Dim dx, dy, dw, dh As Integer
    '       dx = e.X : dy = e.Y : dw = 5 : dh = 5
    '       '创建矩形目标区域
    '       Dim destRect As New Rectangle(dx, dy, dw, dh)
    '       '确定矩形度量单位
    '       Dim units As GraphicsUnit = GraphicsUnit.Pixel
    '       '实现擦除功能
    '       PictureSolar.CreateGraphics.DrawImage(imgBack, destRect, dx, dy, dw, dh, units)
    '       PictureSolar.Refresh()
    '   End If
    'End Sub
End Class
```

本章第 8.4.3 节时钟动画源代码。

```
Imports System.Drawing.Drawing2D
Public Class frmClock
    Implements IDisposable

    Private m_timeCurrent As DateTime = DateTime.Now
    Private m_grMain As Graphics
    Private m_iRadius As Integer
    Private m_pCenter As Point
    Private m_bDigital As Boolean = False
    Private m_bFillSolid As Boolean = True
    Private InvalidRegion As Region

    ' Pens and brushes used by the clock.
    Private MinuteHandPen As Pen = New Pen(Color.Black)
    Private HourHandPen As Pen = New Pen(Color.Black)
    Private SecondsPen As Pen = New Pen(Color.Red, 2)
    Private BorderPen As Pen = New Pen(Color.Black)
    Private TicksPen As Pen = New Pen(Color.Black)

    Private Const TickLocation As Double = 0.9

    Public Sub New()
```

```
        ' 此调用是 Windows 窗体设计器所必需的,在此后调用任何初始化。
        InitializeComponent()

        '初始化指针画笔
        HourHandPen.StartCap = LineCap.RoundAnchor          '时针画笔的起点为圆锚头帽
        HourHandPen.EndCap = LineCap.ArrowAnchor            '时针画笔的终点为箭头状锚头帽
        MinuteHandPen.StartCap = LineCap.RoundAnchor        '分针画笔的起点为圆锚头帽
        MinuteHandPen.EndCap = LineCap.ArrowAnchor          '分针画笔的终点为箭头状锚头帽
        SecondsPen.StartCap = LineCap.Round                 '秒针画笔的起点为圆线帽
        SecondsPen.EndCap = LineCap.Round                   '秒针画笔的终点为圆线帽

        m_grMain = PictureClock.CreateGraphics

    End Sub

    Private Sub frmClock_Disposed(ByVal sender As Object, ByVal e As System.EventArgs) Handles Me.Dis-
posed
        MinuteHandPen.Dispose()
        HourHandPen.Dispose()
        SecondsPen.Dispose()
        BorderPen.Dispose()
        TicksPen.Dispose()

        'FillBrush.Dispose()
        'CountDownBrush.Dispose()
        'AlarmBrush.Dispose()
        'ClockFillBrush.Dispose()
        'DigitalTimeBrush.Dispose()

        m_grMain.Dispose()
    End Sub

    '启动窗体
    Private Sub frmClock_Load(ByVal sender As System.Object, ByVal e As System.EventArgs) Handles My-
Base.Load
        CalcCircleSize()
        Draw()
    End Sub

    '刷新显示的定时器事件
    Private Sub ClockTimer_Tick(ByVal sender As System.Object, ByVal e As System.EventArgs) Handles
ClockTimer.Tick
        Static dtmPrevious As DateTime          '记录上次的时间
```

```
        m_timeCurrent = DateTime.Now                          '当前的时间
        If m_timeCurrent.Second <> dtmPrevious.Second Then    '判断时间的秒是否变化
            dtmPrevious = m_timeCurrent
            PictureClock.Refresh()              '刷新窗体显示,强制触发 paint 事件
            CalcCircleSize()
            Draw()
        End If
    End Sub

    '刷新显示
    Private Sub PictureClock_Paint(ByVal sender As Object, ByVal e As System.Windows.Forms.PaintEventArgs) Handles PictureClock.Paint
        'CalcCircleSize()
        'Draw()
    End Sub

    Private Sub CalcCircleSize()
        Dim pOrigin As Point

        '计算窗体中的最大圆半径,减是去除边框宽度
        m_iRadius = CType(Math.Min( _PictureClock.ClientSize.Width, PictureClock.ClientSize.Height) / 2 - 1, Integer)

        '圆的原点坐标
        pOrigin = New Point( _CInt(PictureClock.ClientSize.Width / 2) - m_iRadius, _
            CInt((PictureClock.ClientSize.Height) / 2) - m_iRadius)

        m_pCenter = New Point(pOrigin.X + m_iRadius, pOrigin.Y + m_iRadius)
        InvalidRegion = New Region(PictureClock.ClientRectangle)
    End Sub

    '绘制时钟
    Private Sub Draw()
        m_grMain.SmoothingMode = SmoothingMode.AntiAlias          '去除锯齿现象,使图形光滑

        If m_bDigital = True Then
            DrawDigitalTime(PictureClock.ClientRectangle, m_pCenter)
        Else
            DrawClockFace(m_iRadius, m_pCenter)
            DrawClockHand(m_iRadius, m_pCenter)
        End If
    End Sub
```

```
'绘制数字时间
Private Sub DrawDigitalTime(ByVal rectClient As Rectangle, ByVal Center As Point)
   Dim TimePt1, TimePt2 As Point
   Dim DatePt1, DatePt2 As Point
   Dim FontOK As Boolean = False
   Dim TimeSize As SizeF
   Dim DateSize As SizeF
   Dim TextFont As Font
   Dim DigitalTimeBrush As Brush = Brushes.Green

   '根据矩形区域设置字体
   Dim FontSize As Integer = CInt(Math.Max(rectClient.Width, rectClient.Height) / 10)

   '获得日期和时间
   m_timeCurrent = DateTime.Now
   Dim strDate As String = m_timeCurrent.ToShortDateString
   Dim strTime As String = m_timeCurrent.ToLongTimeString

   ' 循环分析合适的字体大小,当小于个点时不用字体
   TextFont = New Font("Verdana", FontSize, FontStyle.Bold)
   While FontSize > 4 And Not FontOK
      TextFont = New Font("Verdana", FontSize, FontStyle.Bold)
      TimeSize = m_grMain.MeasureString(strTime, TextFont)
      DateSize = m_grMain.MeasureString(strDate, TextFont)
      FontOK = ((TimeSize.Height + DateSize.Height <= PictureClock.ClientSize.Height) And _
      (Math.Max(TimeSize.Width, DateSize.Width) < PictureClock.ClientSize.Width))

      If Not FontOK Then
         FontSize -= 1
      Else
         FontOK = True
      End If
   End While

   If FontOK Then
      TimePt1 = New Point(Center.X - (TimeSize.Width / 2), Center.Y - TimeSize.Height)
      DatePt1 = New Point(Center.X - (DateSize.Width / 2), Center.Y)
      If m_bFillSolid = False Then
         TimePt2 = New Point(TimePt1.X  + 10, TimePt1.Y  + 5)
         DatePt2 = New Point(DatePt1.X  + 20, DatePt1.Y  + 5)

         GradientString(TimePt1, TimePt2, TextFont, strTime)
         GradientString(DatePt1, DatePt2, TextFont, strDate)
```

```
            Else
                m_grMain.DrawString(strTime, TextFont, DigitalTimeBrush, TimePt1.X, TimePt1.Y)
                m_grMain.DrawString(strDate, TextFont, DigitalTimeBrush, DatePt1.X, DatePt1.Y)
            End If
        End If

    End Sub

    '绘制时钟面板
    Private Sub DrawClockFace(ByVal Radius As Integer, ByVal Center As Point)
        Dim TextFont As Font
        Dim Degrees As Double
        Dim ptf As PointF
        Dim pt As Point
        Dim i As Integer
        Dim FillBrush As Brush = Brushes.Blue
        Dim ClockFillBrush As Brush = Brushes.LightBlue
        Dim DigitalTimeBrush As Brush = Brushes.Green
        Dim format As New StringFormat()
        format.Alignment = StringAlignment.Center
        Const FontCutOff As Integer = 40
        Const TickCutOff As Integer = 75

        BorderPen.Width = CType(Radius / 50, Single)


        TicksPen.Color = Color.Blue
        If m_bFillSolid = False Then
            DrawCircle(Center, Radius, BorderPen, Nothing)
            GradientFill(m_iRadius, m_pCenter)
        Else
            DrawCircle(Center, Radius, BorderPen, ClockFillBrush)
        End If
        ' 绘制秒点标记
        If Radius > TickCutOff Then
            ' 360 度的圆周上有个点,每度个点
            For i = 0 To 360 Step 6
                ' 每度的位置将标注数字,不需要绘制点
                If i Mod 30 < > 0 Then
                    ' 计算点标记的中心位置
                    pt = GetPoint(i, Radius * TickLocation, Center)

                    '绘制滴答位置标记
                    DrawCircle(pt, CType(Radius / 60, Integer), TicksPen, FillBrush)
```

```
            End If
        Next
    End If

    ' Draw the clock numbers and digital time.
    ' Calculate the new font size.
    ' The scaling factors (12 and 20) are arbitrary.
    TextFont = New Font("Verdana", CType(Radius / 12, Single), FontStyle.Bold)

    FillBrush = New SolidBrush(Color.Black)
    For i = 0 To 11
        Degrees = ((i * 30) + 90) Mod 360
        pt = GetPoint(Degrees, Radius * TickLocation, Center)
        If Radius > FontCutOff Then
            Dim strHour As String = Convert.ToString(12 - i)
            Dim size As SizeF = m_grMain.MeasureString(strHour, TextFont)
            ptf = New PointF(pt.X - (size.Width / 2), pt.Y - (size.Height / 2))
            m_grMain.DrawString(strHour, TextFont, FillBrush, ptf.X, ptf.Y)
        Else
            ' 绘图区太小时,用点代替小时数字
            DrawCircle(pt, 1, TicksPen, Nothing)
        End If
    Next
    '在表盘的中下方绘制数字时间
    If Radius > FontCutOff Then
        m_grMain.DrawString(m_timeCurrent.ToLongTimeString(), _TextFont, DigitalTimeBrush, _Cen-
    ter.X, CType(Center.Y + (Radius * 0.6), Single), format)
    End If
End Sub

'绘制时钟面板
Private Sub DrawClockHand(ByVal nRadius As Integer, ByVal pCenter As Point)
    Dim dDegrees As Double
    Const dMinuteHandLength As Double = 0.8
    Const dHourHandLength As Double = dMinuteHandLength * 3 / 4
    Const dSecondHandLength As Double = 0.85
    Dim ptEnd As Point          '指针末端点
    Dim ptTail As Point         '秒针尾部点

    '设置画笔的宽度
    MinuteHandPen.Width = CType(nRadius / 50, Single)
    HourHandPen.Width = CType(nRadius / 30, Single)
    SecondsPen.Width = CType(nRadius / 100, Single)
```

```
' This function, along with GetMinuteDegrees and
' GetSecondDegrees, counts on the fact that 0 degrees
' is really at 3 o'clock on a clock face, and 90 degrees
' is at 12 o'clock. Therefore, all the calculations
' subtract from 90 degrees. For example, this procedure
' takes the hour and minutes together, and calculates the
' degrees associated with that time. Say it's 5:30.This
' procedure calculates
' CurrentTime.Hour + (CurrentTime.Minute / 60)
' to figure the fractional hour (5.5). Each hour
' represents 1/3 of a 90 degree segment, so the code divides the
' hours by 3:
' (CurrentTime.Hour + (CurrentTime.Minute / 60)) / 3
' This returns 1.83333 in our example.)
' The code then multiplies by 90 to scale back up to a 90 degree
' segment of the circle (returning 165 degrees):
' ((CurrentTime.Hour + (CurrentTime.Minute / 60)) / 3) * 90
' Since the clock actually starts at 90 degrees (12 o'clock),
' the code subtracts the value from 90, giving -75 (or 285
' degrees, since the full circle is 360, and 360 - 75 = 285).
' Therefore, if it's 5:30, the hour hand should appear at
' 285 degrees on the clock face.
' Second hand, including "tail"
'小时指针
dDegrees = 90 - (m_timeCurrent.Hour + (m_timeCurrent.Minute / 60)) * 30.0F
ptEnd = GetPoint(dDegrees, nRadius * dHourHandLength, pCenter)
m_grMain.DrawLine(HourHandPen, pCenter, ptEnd)

'分钟指针
dDegrees = 90 - m_timeCurrent.Minute * 6
ptEnd = GetPoint(dDegrees, nRadius * dMinuteHandLength, pCenter)
m_grMain.DrawLine(MinuteHandPen, pCenter, ptEnd)

'秒钟指针
dDegrees = 90 - m_timeCurrent.Second * 6
ptEnd = GetPoint(dDegrees, nRadius * dSecondHandLength, pCenter)
'秒针尾部点坐标,为随意选取.
ptTail = GetPoint(dDegrees + 180, nRadius * dSecondHandLength / 8, pCenter)
m_grMain.DrawLine(SecondsPen, ptEnd, ptTail)
End Sub

'渐变色填充
```

```
Private Sub GradientFill(ByVal nRadius As Integer, ByVal pCenter As Point)
    Dim path As New GraphicsPath()
    Dim rectBound As Rectangle

    rectBound = New Rectangle(pCenter.X - nRadius, pCenter.Y - nRadius, nRadius * 2, nRadius * 2)

    path.AddEllipse(rectBound)                          '绘制椭圆

    Dim pgb As New PathGradientBrush(path)              '定义一个路径梯度画刷

    pgb.CenterPoint = Point.op_Implicit(pCenter)        '从整型点坐标转化为浮点型点坐标
    pgb.CenterColor = Color.Blue                        '设置中心的颜色为蓝色

    Dim Colors() As Color = {Color.LightYellow}         '设置环绕的颜色为浅黄色
    pgb.SurroundColors = Colors
    m_grMain.FillEllipse(pgb, rectBound)                '填充椭圆
End Sub

'绘制渐变色字体
Private Sub GradientString(ByVal point1 As Point, ByVal point2 As Point, _ ByVal fFont As Font, ByVal strText As String)

    Dim gb As New System.Drawing.Drawing2D.LinearGradientBrush(point1, point2, Color.Green, Color.Yellow)
    gb.WrapMode = Drawing.Drawing2D.WrapMode.TileFlipX
    m_grMain.DrawString(strText, fFont, gb, point1.X, point1.Y)
End Sub

'计算圆周上点的坐标值
Private Function GetPoint(ByVal Degrees As Double, ByVal Radius As Double, _ ByVal Center As Point) As Point
    Const DegreesToRadians As Double = Math.PI / 180.0
    Dim Radians As Double = Degrees * DegreesToRadians      '弧度
    Dim pt As New Point()

    pt.X = CType(Center.X + Math.Round(Radius * Math.Cos(Radians)), Integer)
    pt.Y = CType(Center.Y - Math.Round(Radius * Math.Sin(Radians)), Integer)

    Return pt
End Function

'绘制填充的圆或空心的圆
Private Sub DrawCircle(ByVal ptCenter As Point, ByVal nRadius As Integer, _ ByVal pen As Pen, ByVal
```

```
brush As Brush)
    Dim nDiameter As Integer = nRadius * 2      '圆的直径
    Dim rct As New Rectangle(ptCenter.X - nRadius, ptCenter.Y - nRadius, nDiameter, nDiameter)
    '定义圆所在的外切矩形

    m_grMain.DrawEllipse(pen, rct)      '绘制圆

    If Not brush Is Nothing Then        '如果有画刷,则填充区域
      m_grMain.FillEllipse(brush, rct)
    End If
  End Sub

  '设置显示方式为数字式
  Private Sub RadioBtnDigital_CheckedChanged(ByVal sender As System.Object, ByVal e As System.EventArgs) Handles RadioBtnDigital.CheckedChanged
    m_bDigital = True
  End Sub

  '设置显示方式为指针式
  Private Sub RadioBtnAnalog_CheckedChanged(ByVal sender As System.Object, ByVal e As System.EventArgs) Handles RadioBtnAnalog.CheckedChanged
    m_bDigital = False
  End Sub

  '设置填充风格为纯色
  Private Sub RadioBtnSolid_CheckedChanged(ByVal sender As System.Object, ByVal e As System.EventArgs) Handles RadioBtnSolid.CheckedChanged
    m_bFillSolid = True
  End Sub

  '设置填充风格为渐变色
  Private Sub RadioBtnGradient_CheckedChanged(ByVal sender As System.Object, ByVal e As System.EventArgs) Handles RadioBtnGradient.CheckedChanged
    m_bFillSolid = False
  End Sub

  Private Sub BtnExit_Click(ByVal sender As System.Object, ByVal e As System.EventArgs) Handles BtnExit.Click
    Me.Close()
  End Sub
End Class
```

本章第 8.3.4 节四连杆机构动画源代码。

```
Option Explicit On

Public Class frmMain
    Const PI = 3.1415926
    Const N = 30        '转动的步数
    Private m_grPicture As Graphics
    Private m_penRod As Pen          '绘制杆的画笔
    Private m_brNode As Brush        '绘制连接点的画刷
    Dim m_nL1, m_nL2, m_nL3, m_nL4 As Integer  '四杆的长度,依次为左机架杆,右机架杆,连
杆,机架
    Dim m_fX1, m_fY1, m_fX2, m_fY2, m_fX3, m_fY3, m_fX4, m_fY4 As Single '四个点的坐
标,逆时针四点坐标
    Dim m_fExL, m_fExAngle As Single        '延长杆的长度和角度
    Dim m_fAngle As Single '                主动件的转角
    Dim m_dt As Single = 2 * PI / N         '每次转动的弧度数
    Dim m_bReverse As Boolean               '正反转的标志
    Dim m_fExOrbit(N) As Point              '延伸端点的轨迹坐标

    Private Sub frmMain_Load(ByVal sender As System.Object, ByVal e As System.EventArgs) Handles My-
Base.Load
        m_grPicture = Picture.CreateGraphics
        m_grPicture.SmoothingMode = Drawing2D.SmoothingMode.AntiAlias
        m_penRod = New Pen(Color.Black)
        m_brNode = New SolidBrush(Color.Yellow)
    End Sub

    Private Sub frmMain_Disposed(ByVal sender As Object, ByVal e As System.EventArgs) Handles Me.Dis-
posed
        m_grPicture.Dispose()
        m_penRod.Dispose()
    End Sub

    Private Sub BtnControl_Click(ByVal sender As System.Object, ByVal e As System.EventArgs) Handles Bt-
nControl.Click
        If BtnControl.Text = "开始" Then
            Init()
            Timer1.Enabled = True
            BtnControl.Text = "停止"
        Else
            Timer1.Enabled = False
            BtnControl.Text = "开始"
        End If
    End Sub
```

```
    Private Sub Timer1_Tick(ByVal sender As System.Object, ByVal e As System.EventArgs) Handles Timer1.Tick
        m_fAngle = m_fAngle + m_dt
        m_bReverse = Cala(m_fAngle)
        Draw()
        If m_bReverse = False Then
            m_dt = (-1) * m_dt                          '反向转动
            System.Threading.Thread.Sleep(500)
        End If
    End Sub

    Private Sub BtnExit_Click(ByVal sender As System.Object, ByVal e As System.EventArgs) Handles BtnExit.Click
        Me.Close()
    End Sub

    '参数初始化
    Private Sub Init()
        m_nL1 = Val(txtL1.Text)
        m_nL2 = Val(txtL2.Text)
        m_nL3 = Val(txtL3.Text)
        m_nL4 = Val(txtL4.Text)
        m_fX1 = Picture.Width / 3
        m_fY1 = Picture.Height / 2
        m_fX2 = m_fX1 + m_nL4
        m_fY2 = m_fY1
        m_fAngle = 0

        m_fExL = Val(txtExL.Text)
        m_fExAngle = -1 * Val(txtExA.Text) * PI / 180          '转化为弧度
        ReDim m_fExOrbit(N)
    End Sub

    Private Function Cala(ByVal fAngle As Single) As Boolean
        Dim sCos, sSin As Single
        Dim u, v, l, t As Single

        Cala = True
        sCos = Math.Cos(fAngle)
        sSin = Math.Sin(fAngle)
        m_fX4 = m_fX1 + m_nL1 * sCos
        m_fY4 = m_fY1 - m_nL1 * sSin
```

```
    l = Math.Sqrt((m_fX4 - m_fX2) ^ 2 + (m_fY4 - m_fY2) ^ 2)          '第点和第点的距离
    u = (m_nL3 ^ 2 - m_nL2 ^ 2 + l ^ 2) / (2 * l)
    If l > (m_nL3 + m_nL2) Or l < Math.Abs(m_nL3 - m_nL2) Then '无解,已经达到死点,往
回运动,一类是可继续的,一类不能继续
        Cala = False
        v = 0         '死点位置
    Else
        v = Math.Sqrt(m_nL3 ^ 2 - u ^ 2)
    End If
    If fAngle < PI Then
        v = -v
    End If
    t = 3.14 - angle(m_fX4, m_fY4, m_fX2, m_fY2)
    m_fX3 = m_fX4 + u * Math.Cos(t) - v * Math.Sin(t)
    m_fY3 = m_fY4 + u * Math.Sin(t) + v * Math.Cos(t)
End Function

'绘制连杆
Private Sub Draw()
    Const R = 2
    Const D = 2 * R

    Dim TextFont = New Font("Verdana", 8)
    m_grPicture.Clear(Color.White)

    DrawHolder(m_fX1, m_fY1) '左支架
    DrawHolder(m_fX2, m_fY2) '右支架

    m_penRod.Width = 6
    m_penRod.StartCap = Drawing2D.LineCap.Round          '线端点处的形状为圆帽
    m_penRod.EndCap = Drawing2D.LineCap.Round

    m_penRod.Color = Color.Green
    m_grPicture.DrawLine(m_penRod, m_fX2, m_fY2, m_fX3, m_fY3)      '右机架杆
    m_penRod.Color = Color.LimeGreen
    m_grPicture.DrawLine(m_penRod, m_fX4, m_fY4, m_fX1, m_fY1)      '左机架杆-主动件
    m_grPicture.DrawString("主动件", TextFont, Brushes.Black, (m_fX1 + m_fX4) / 2, (m_fY1 +
m_fY4) / 2)
    m_penRod.Color = Color.Red
    m_grPicture.DrawLine(m_penRod, m_fX3, m_fY3, m_fX4, m_fY4)      '连杆
    m_grPicture.FillEllipse(m_brNode, m_fX1 - R, m_fY1 - R, D, D)      '绘制 4 个连接点
    m_grPicture.DrawString("1", TextFont, Brushes.Black, m_fX1 + 2 * D, m_fY1)
```

```
    m_grPicture.FillEllipse(m_brNode, m_fX2 - R, m_fY2 - R, D, D)
    m_grPicture.DrawString("2", TextFont, Brushes.Black, m_fX2 + 2 * D, m_fY2)
    m_grPicture.FillEllipse(m_brNode, m_fX3 - R, m_fY3 - R, D, D)
    m_grPicture.DrawString("3", TextFont, Brushes.Black, m_fX3 + 2 * D, m_fY3)
    m_grPicture.FillEllipse(m_brNode, m_fX4 - R, m_fY4 - R, D, D)
    m_grPicture.DrawString("4", TextFont, Brushes.Black, m_fX4 + 2 * D, m_fY4)

    DrawExternRod()          '连杆延长部分

    m_grPicture.DrawEllipse(Pens.LightBlue, m_fX2 - m_nL2, m_fY2 - m_nL2, 2 * m_nL2, 2
 * m_nL2)        '绘制连架杆定义的圆周
    m_grPicture.DrawEllipse(Pens.LightBlue, m_fX4 - m_nL3, m_fY4 - m_nL3, 2 * m_nL3, 2
 * m_nL3)        '绘制连杆定义的圆周
End Sub

Private Sub DrawHolder(ByVal x0 As Integer, ByVal y0 As Integer)          '绘制固定架
    Const L = 6
    Dim x, x1, y1, x2, y2 As Integer          '三角固定架的下方两个点

    m_penRod.Width = 1
    m_penRod.Color = Color.Black
    x1 = x0 - L : y1 = y0 + L
    x2 = x0 + L : y2 = y0 + L
    m_grPicture.DrawLine(m_penRod, x0, y0, x1, y1)
    m_grPicture.DrawLine(m_penRod, x0, y0, x2, y2)
    m_grPicture.DrawLine(m_penRod, x1 - 3, y1, x2 + 3, y2)
    For x = x1 To x2 Step 4                                   '绘制地面斜线
        m_grPicture.DrawLine(m_penRod, x, y1, x - L, y1 + L)
    Next
End Sub

'绘制延长杆
Private Sub DrawExternRod()
    Dim fRotateAngle As Single           '连杆与 x 轴的夹角
    Dim x, y As Single
    Static i As Integer = 0
    Dim p(0) As Point
    m_penRod.Width = 2
    fRotateAngle = (-angle(m_fX3, m_fY3, m_fX4, m_fY4)) * 180 / PI
    m_grPicture.TranslateTransform(m_fX4, m_fY4)                '平移
    m_grPicture.RotateTransform(fRotateAngle)                   '旋转
    x = m_fExL * Math.Cos(m_fExAngle)                           '延伸端点坐标
    y = m_fExL * Math.Sin(m_fExAngle)
```

```
        p(0).X = x
        p(0).Y = y
        m_grPicture.TransformPoints(Drawing2D.CoordinateSpace.Page, Drawing2D.CoordinateSpace.World, p)        '将当前用户坐标转化为系统坐标
        m_fExOrbit(i) = p(0)
        m_grPicture.DrawLine(m_penRod, 0, 0, x, y)
        m_grPicture.RotateTransform(-1 * fRotateAngle)                  '反旋转
        m_grPicture.TranslateTransform(-1 * m_fX4, -1 * m_fY4)    '反平移
        If i < N Then
            i = i + 1
        Else            '保存了完整的轨迹
            i = 0
        End If
        'm_grPicture.DrawLines(Pens.Blue, m_fExOrbit)
        DrawTrack()
    End Sub

    '绘制延伸端的轨迹
    Private Sub DrawTrack()
    Dim i As Integer

        For i = 0 To N
            If m_fExOrbit(i).X <> 0 And m_fExOrbit(i).Y <> 0 Then
                m_grPicture.DrawEllipse(Pens.Blue, m_fExOrbit(i).X - 2, m_fExOrbit(i).Y - 2, 4, 4)
            End If
        Next
    End Sub

    '计算两点连线与水平线的夹角
    Public Function angle(ByVal x As Single, ByVal y As Single, ByVal xc As Single, ByVal yc As Single) As Single
        If x = xc Then
            angle = PI / 2
        Else
            angle = Math.Atan(Math.Abs(y - yc) / Math.Abs(x - xc))
        End If
        If y <= yc Then
            If x <= xc Then
                angle = PI - angle
            End If
        Else
            If x >= xc Then
                angle = 2 * PI - angle
```

```
          Else
            angle = PI + angle
          End If
        End If
      End Function          '函数结束
    End Class
```

习 题 8

8-1 编程实现动态曲线显示。要求按设定周期随机生成两组数据表示温度和湿度，每组各 8 个数据，用于模拟输入信号；用 4 种图表类型（折线图、柱状图、散点图、雷达图）绘制两组数据。参考界面如 8-12 图所示。

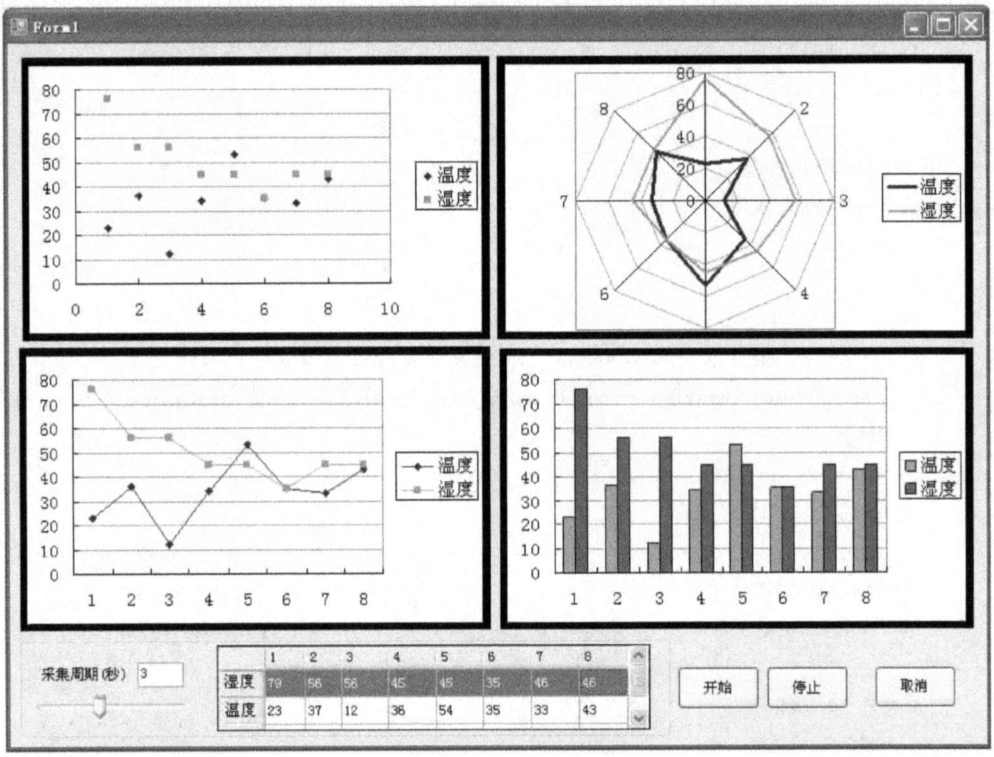

图 8-12

8-2 试编程实现两个圆球在矩形区域中的碰撞运动。圆球与矩形区域边界及两圆球之间的碰撞定义为完全弹性碰撞；两圆球的质量一定，圆球的速度可动态调整，同时动态生成两个圆球的外切圆弧。参考界面如图 8-13 所示。

8-3 试编程实现多个物体的碰撞和弹簧压缩的动画仿真。弹簧挡块、大滑块、小滑块、墙面的为完全弹性碰撞；弹簧挡块被碰撞后，弹簧将产生压缩变形；可以设置滑块质量、初始速度、弹簧刚度、滑动摩擦系数；并用曲线显示大滑块和小滑块的动态速度。参考界面如图 8-14 所示。

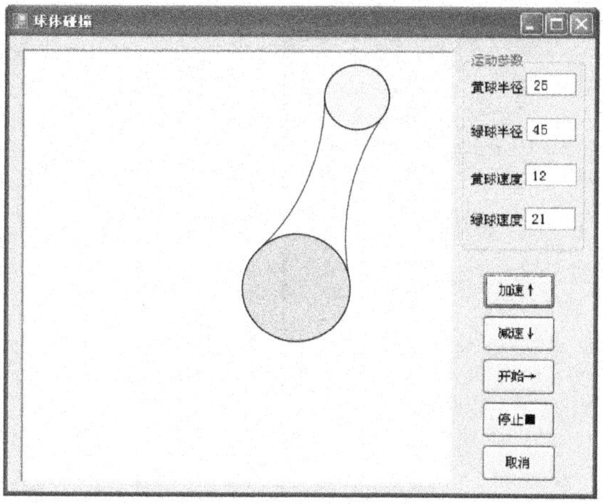

图 8－13

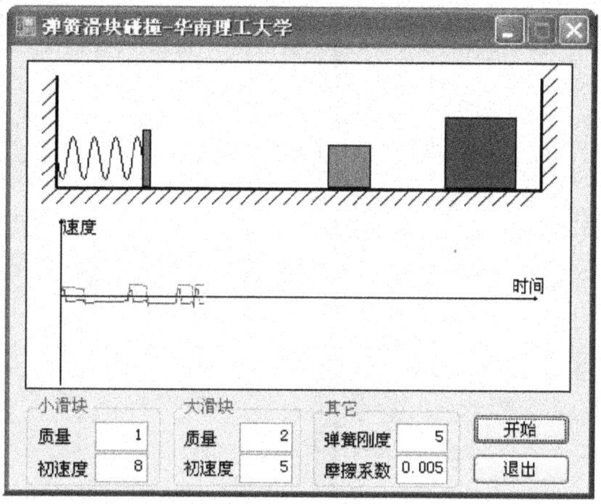

图 8－14

8－4　试编程实现简支梁的变形和受力模拟。当调整载荷类型、加载力的大小和位置时，在梁的不同断面处所受的内力将发生变化，用图形动态显示梁的形变、弯矩和剪力的分布。参考界面如图 8－15 所示。

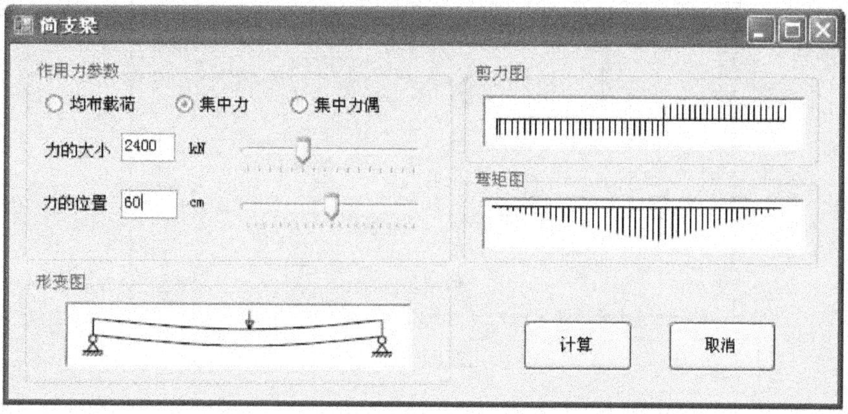

图 8－15

8－5　试编程实现齿轮的传动模拟。要求能够调整齿轮的角速度；可定义 3 种运动模式，分别为大齿轮固定、小齿轮固定和连杆固定；传动比为 4∶1。参考界面如图 8－16 所示。

8－6　试编程实现凸轮和滑竿的运动模拟。要求凸轮的几何尺寸可调，包括大圆直径、小圆直径和圆中心距；凸轮的旋转角速度可调；当参数调整后，动态显示凸轮的一个运动周期内滑竿的速度曲线。参考界面如图 8－17 所示。

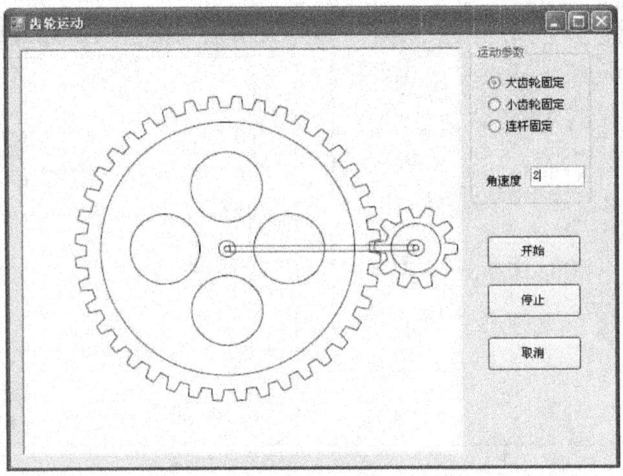
齿轮运动
运动参数
大齿轮固定
小齿轮固定
连杆固定
角速度
2
开始
停止
取消

图 8-16

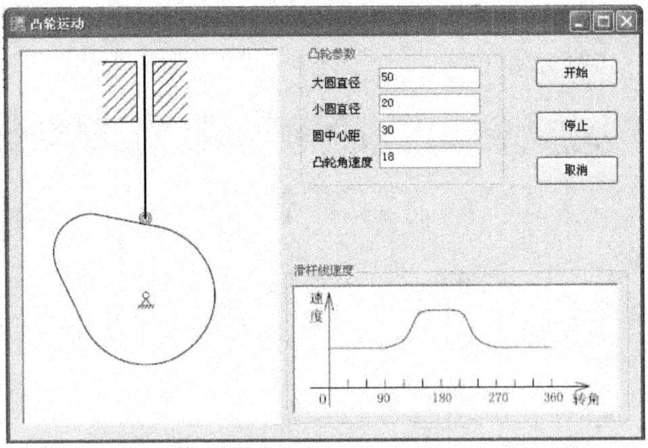
凸轮运动
凸轮参数
大圆直径
50
小圆直径
20
圆中心距
30
凸轮角速度
18
开始
停止
取消
滑杆线速度
速度
0
90
180
270
360
转角

图 8-17

第9章　用VB.NET开发交互式CAD系统

9.1　交互式CAD系统的总体设计

本节介绍用VB.NET开发交互式CAD系统的基本方法，其中包括类的设计、交互技术、图形编辑和图形变换等内容。在VB2005.NET下最终完成的小型交互式CAD系统如图9-1所示。

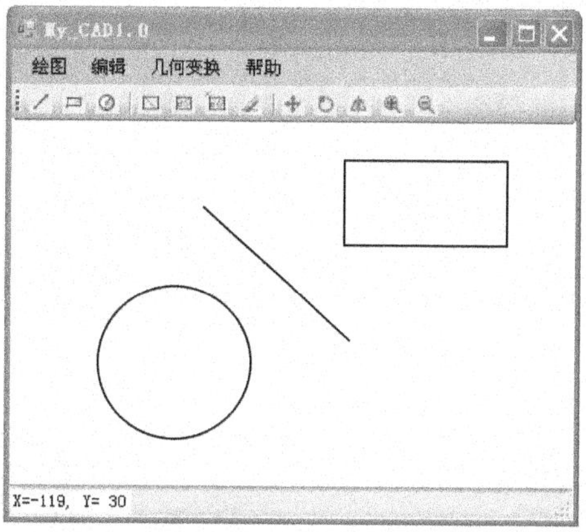

图9-1　用VB.NET开发的交互式CAD系统

9.1.1　系统的总体设计

在小型交互式CAD系统中，利用了面向对象的编程技术。对象是存在于现实世界中的事物或关系，在计算机中一个对象就是一个软件构造块，它包含了数据结构，并提供相关的行为或操作。类是描述对象类型的一种抽象，它描述了属于该类型的所有对象的性质，它将具有相同数据结构和行为的对象聚集成一个类。简单来说，类描述了对象的属性、方法和事件，对象是类的实例。类创建后，可以创建任意多属于该类的对象。

在交互式CAD系统中，需要创建基本图元类、交互图元类、图元存储集合类、图元选择集合类等。

用户需要创建图形时，首先调用交互图元类进行动态图形的显示，如橡皮线效果的直线、动态调整大小的矩形；当按下鼠标左键确定图形的时候，按照基本图元类的形式进行图形的创建，同时将图形存储到图元存储集合类中。当选择图形时，将图形从图元存储集合类中取出，放入到图元选择集合类中，用户的编辑操作将只对图元选择集合类中的图形有效，完成编辑操作后，需要更新图形存储集合类和图形在界面上的显示。

用户的操作全部通过鼠标点击完成，绘图功能主要通过调用API函数来实现。

9.1.2　初始界面的实现

9.1.2.1　窗体的建立

首先运行VB.NET，创建一个新项目，命名为My_CAD，将窗体的背景色改为白色，尺寸大小改为800×600，窗体名称为MainForm1，标签文字为My_CAD1.0。

9.1.2.2　菜单的创建

点击工具箱中的MenuStrip控件，将其拖拽到窗体上，窗体上部自动出现菜单条，菜单控件的图标MenuStrip1显示在窗体的下方，如图9-2所示。

在菜单条的输入框中单击鼠标，可以输入菜单名称，同时也可以展开下一级菜单项，各菜单项的属性可以在右侧的控件属性面板中进行调整。本CAD系统包括绘图、编辑、几何

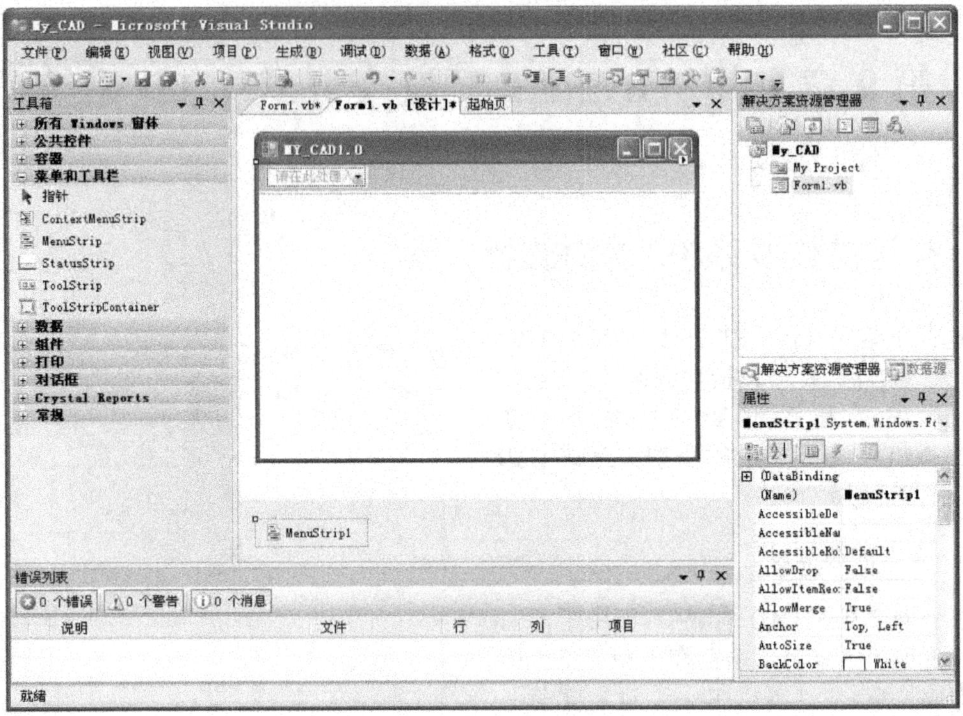

图 9-2 建立菜单条

变换、帮助 4 个菜单项，每个菜单项下的菜单子项根据表 9-1 进行设计。表中的图标通过各菜单子项的 image 属性设定，英文名称即为 Name 属性。完成后的窗体界面如图 9-3 所示。

表 9-1 菜单子项的设计

菜单项名称	菜单子项名称	图标	英文名称	功能描述
绘图	直线		mnuLine	绘制直线
	矩形		mnuRectangle	绘制矩形
	圆		mnuCircle	绘制圆
编辑	选择		mnuSelect	选择图形
	全部选择		mnuSelectAll	选择全部图形
	放弃选择		mnuDeselect	放弃选择的图形
	删除		mnuDelete	删除选中的图形
几何变换	移动		mnuMove	移动图形
	旋转		mnuRotate	旋转图形
	镜像		mnuMirror	镜像图形
	放大		mnuZoomIn	放大图形
	缩小		mnuZoomOut	缩小图形
帮助	关于		mnuAbout	显示软件版本信息

现在窗体上虽然已经有了菜单和菜单子项，但还不能实现任何功能，因为这些功能将由具体的程序来完成。

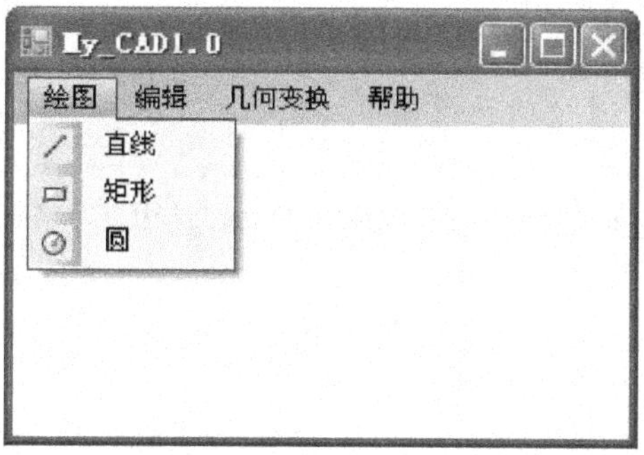

图 9－3　添加了菜单的窗体

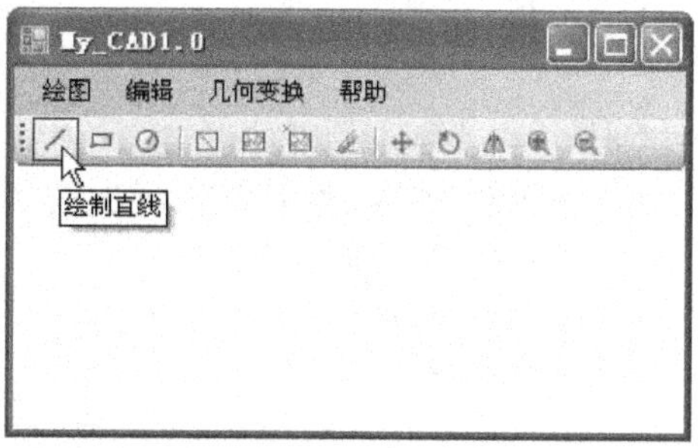

图 9－4　添加了工具条的窗体

9.1.2.3　工具条的创建

工具条的创建方法与菜单类似，从工具箱中拖拽出一个 ToolStrip 控件，放置在 MainForm1 窗体上，按照表 9－1 菜单项的顺序放置各种按钮，并修改其属性。添加了工具条的窗体如图 9－4 所示。

9.1.3　API 函数的调用

Windows API 是一套用来控制 Windows 各个部件的外观和行为的预先定义的 Windows 函数，这种技术在 VB6.0 下得到了广泛应用。但在.NET 中，大部分 API 函数的功能都由.NET 框架来完成，而且 API 函数本身也有一些缺陷，所以在.NET 中并不提倡使用 API。不过在某些特定的情况下，使用 API 函数要方便很多，例如使用 SetROP2 函数可以设置绘图模式，方便实现动态绘制图形时的橡皮线效果。

在小型交互式 CAD 系统中，使用的 API 函数见表 9－2。

表 9－2　系统调用的 API 函数

函数名称	功能描述
SetROP2	设置绘图模式
CreatePen	创建画笔
GetStockObject	获取指定的画笔、画刷或调色板
SelectObject	将对象选入设备上下文
DeleteObject	将对象从设备上下文中删除
MoveToEx	将画笔移动到当前点
LineTo	从当前点画线到给定点
Rectangle	绘制矩形
Ellipse	绘制圆和椭圆

另外,还需要创建一个 LPPOINT 结构,MoveToEx 函数需要用到该类型的参数,但在实际使用时,并未给该参数赋值。

建立一个 Win32API.vb 的文件,创建以下程序代码:

```
Imports System.Runtime.InteropServices      '导入互操作名字空间

Public Class Win32API
   <StructLayout(LayoutKind.Sequential)> Public Structure LPPOINT    '创建 LPPOINT 结构
      Public x As Long
      Public y As Long
   End Structure
   <DllImport("gdi32.dll")> Public Shared Function SetROP2(ByVal hdc As IntPtr, ByVal nDrawMode As
Integer) As Boolean          '声明 SetROP2 函数
   End Function

   <DllImport("gdi32.dll")> Public Shared Function CreatePen(ByVal nPenStyle As Integer, ByVal nWidth
As Integer, ByVal crColor As Integer) As Long          '声明 CreatePen 函数
   End Function

   <DllImport("gdi32.dll")> Public Shared Function GetStockObject(ByVal nIndex As Integer) As Long
     '声明 GetStockObject 函数
   End Function

   <DllImport("gdi32.dll")> Public Shared Function SelectObject(ByVal hdc As IntPtr, ByVal hObject As
Long) As Long          '声明 SelectObject 函数
   End Function

   <DllImport("gdi32.dll")> Public Shared Function DeleteObject(ByVal hObject As Long) As Long
   '声明 DeleteObject 函数
   End Function

   <DllImport("gdi32.dll")> Public Shared Function MoveToEx (ByVal hdc As IntPtr, ByVal x As Integer,
ByVal y As Integer, ByVal lpPoint As LPPOINT) As Boolean          '声明 MoveToEx 函数
   End Function

   <DllImport("gdi32.dll")> Public Shared Function LineTo (ByVal hdc As IntPtr, ByVal x As Integer,
ByVal y As Integer) As Boolean          '声明 LineTo 函数
   End Function

   <DllImport("gdi32.dll")> Public Shared Function Rectangle (ByVal hdc As IntPtr, ByVal X1 As Integer,
ByVal Y1 As Integer, ByVal X2 As Integer, ByVal Y2 As Integer) As Boolean          '声明 Rectangle 函数
   End Function
```

```
    <DllImport("gdi32.dll")> Public Shared Function Ellipse (ByVal hdc As IntPtr, ByVal X1 As Integer,
ByVal Y1 As Integer, ByVal X2 As Integer, ByVal Y2 As Integer) As Boolean        '声明 Ellipse 函数
    End Function

End Class
```

9.2　创建基本图元类

基本图元类包括两种类型，一种是图元基类，另一种是从图元基类派生的各种图元基本类。

9.2.1　图元基类的创建

图元基类，用于定义图元的公共属性，如颜色、线型、线宽等，同时也定义一些各种图元公共的方法，如图元初始化、绘制图元、绘图参数设置等。

图元基类名称为 CGElement，其具有的属性和方法见表 9-3。

表 9-3　图元基类 CGElement 的属性和方法

类别	名称	功能描述
属性	geDrawMode	枚举定义了正常、选择、拖拽和删除 4 种绘图模式
	geStyle	枚举定义了图元的线型
	m_Color	定义绘图颜色
	m_Style	定义绘图线型
	m_Width	定义绘图线宽
方法	New( )	构造函数
	Init( )	初始化函数
	Draw( )	绘制图元函数，需要在各图形类中重写
	DrawSettings( )	绘图参数设置函数，根据不同绘图模式，设置对应的线型和颜色等参数

建立 CGElement.vb 文件，以下代码可以实现图元基类 CGElement 的创建：

```
Public MustInherit Class CGElement
  Public Enum geDrawMode                    '绘图模式
    Normal = 1
    Selec = 2
    Drag = 3
    Delete = 4
  End Enum

  Public Enum geStyle                       '图元的线型
    Solid = 1
```

```
    Dash = 2
    Dot = 3
    DashDot = 4
    DashDotDot = 5
End Enum

Private m_Color, m_Style, m_Width As Integer
Public Property Color() As Integer                '颜色属性的设置
    Get
        Return m_Color
    End Get
    Set(ByVal Value As Integer)
        m_Color = Value
    End Set
End Property

Public Property Style() As Integer                '线型属性的设置
    Get
        Return m_Style
    End Get
    Set(ByVal Value As Integer)
        m_Style = Value
    End Set
End Property

Public Property Width() As Integer                '线宽属性的设置
    Get
        Return m_Width
    End Get
    Set(ByVal Value As Integer)
        m_Width = Value
    End Set
End Property

Public Sub New()                                  '构造函数
    Init()
End Sub

Protected Sub Init()                              '初始化图元
    m_Style = 0
    m_Width = 1
    m_Color = RGB(0, 0, 0)
End Sub
```

```
'绘制图元方法
Public MustOverride Sub Draw(ByVal g As Graphics, ByVal aGrawMode As geDrawMode)

'根据不同的绘图模式设置不同的绘图参数
Public Function DrawSettings(ByVal hdc As IntPtr, ByVal aDrawMode As geDrawMode) As Integer()
  Dim penPara(2) As Integer
  Select Case aDrawMode
    Case geDrawMode.Normal      '在正常绘图模式下,用宽度为 1 的黑色实线绘图
      Win32API.SetROP2(hdc, 13)
      m_Style = 0
      m_Width = 1
      m_Color = RGB(0, 0, 0)
    Case geDrawMode.Selec       '在选择模式下,用宽度为 1 的红色虚线绘图
      Win32API.SetROP2(hdc, 13)
      m_Style = 1
      m_Width = 1
      m_Color = RGB(255, 0, 0)
    Case geDrawMode.Drag        '在拖拽模式下,用宽度为 1 的蓝色实线绘图
      Win32API.SetROP2(hdc, 10)
      m_Style = 0
      m_Width = 1
      m_Color = RGB(0, 0, 255)
    Case geDrawMode.Delete      '在删除模式下,用宽度为 1 的白色实线绘图
      Win32API.SetROP2(hdc, 13)
      m_Style = 0
      m_Width = 1
      m_Color = RGB(255, 255, 255)
  End Select

  penPara(0) = m_Style          '设置绘图画笔的线型
  penPara(1) = m_Width          '设置绘图画笔的线宽
  penPara(2) = m_Color          '设置绘图画笔的颜色
  Return penPara                '将绘图画笔参数作为返回值返回
End Function

End Class
```

在绘图参数设置函数 DrawSettings( )中用到了 SetROP2 函数,该函数有两个参数,第一个为指向绘图环境的句柄,第二个为绘图模式参数值。在正常绘图、选择和擦除模式时,该值设置为 13,表示无论所绘位置是否有其他图元,一律用画笔的颜色完全覆盖背景色进行绘图;在拖拽模式下,该值设置为 10,表示用反转方式绘图,这时采用所绘像素点的原有颜色值和当前画笔的颜色值进行异或运算后的颜色作为绘图颜色,这种方式可以实现动态橡

皮线拖拽的效果,并且对原来已经绘制好的图形不产生影响。

另外,在擦除模式下用白色即背景色绘图,可以实现图元被擦除的效果。

9.2.2 各种图元基本类的创建

图元基类 CGElement 是一个抽象类,在其基础上可派生出 CLine、CRectangle、CCircle 三种图元基本类。

9.2.2.1 CLine 类

CLine 类是描述直线类图形的图元基本类。CLine 类继承了 CGElement 类的 Color、Style 和 Width 等属性及 DrawSettings 方法,但还需要添加自己的起点和终点属性,并重写基类的 Draw 方法。CLine 类保存在文件 CLine.vb 中,创建 CLine 类的代码如下:

```
Public Class CLine
  Inherits CGElement                          '继承于基类 CGElement

  Private m_Begin, m_End As PointF
  Public Property LBegin() As PointF          '设置直线的起点属性
    Get
      Return m_Begin
    End Get
    Set(ByVal Value As PointF)
      m_Begin = Value
    End Set
  End Property

  Public Property LEnd() As PointF            '设置直线的终点属性
    Get
      Return m_End
    End Get
    Set(ByVal Value As PointF)
      m_End = Value
    End Set
  End Property

  Public Sub New()                            '无参构造函数
    Init()
  End Sub

  Public Sub New(ByVal pBegin As PointF, ByVal pEnd As PointF)'用已知的两点构造直线
    Init()
    m_Begin = pBegin
    m_End = pEnd
  End Sub
```

```
    Private Shadows Sub Init()                       '初始化直线
        MyBase.Init()
        With m_Begin
            .X = 0
            .Y = 0
        End With
        m_End = m_Begin
    End Sub

    '绘直线段函数
    Public Overrides Sub Draw(ByVal g As Graphics, ByVal aDrawMode As geDrawMode)
        Dim eb As PointF = m_Begin
        Dim ee As PointF = m_End
        Dim hdc As IntPtr
        hdc = g.GetHdc()                             '获取绘图环境的句柄
        Dim penPara As Integer() = DrawSettings(hdc, aDrawMode)  '设置画笔参数
        Dim aPen As Long = Win32API.CreatePen(penPara(0), penPara(1), penPara(2))
        Dim oldP As Long = Win32API.SelectObject(hdc, aPen)     '把画笔选入绘图环境
        Win32API.MoveToEx(hdc, eb.X, eb.Y, Nothing)             '把画笔移动到直线的起点处
        Win32API.LineTo(hdc, ee.X, ee.Y)                        '绘直线到终点
        Win32API.SelectObject(hdc, oldP)                        '把原来的画笔选入绘图环境
        Win32API.DeleteObject(aPen)                             '删除新创建的画笔
        g.ReleaseHdc(hdc)                                       '释放绘图环境句柄
    End Sub
End Class
```

在绘图方法 Draw 中,需要用到 Graphics 对象参数 g 和绘图模式参数 aDrawMode,分别用于指定绘图表面和绘图模式。函数首先将直线的起点和终点坐标记录下来,再通过 GetHdc 方法获得与 g 对应的绘图环境句柄,然后通过基类 CGElement 中的 DrawSettings 方法获得当前绘图模式下的画笔参数,并用该参数创建一支画笔,再然后用 SelectObject 方法装载该画笔,用 MoveToEx 方法和 LineTo 方法在起点和终点之间绘制一条直线。直线的颜色、线宽、线型均由画笔参数决定。

9.2.2.2　CRectangle 类

CRectangle 类是描述矩形类图形的图元基本类。与 CLine 类相似,CRectangle 类继承了 CGElement 类的 Color、Style 和 Width 等属性及 DrawSettings 方法,但还需要添加绘制矩形时的起点和终点属性,即所绘制矩形的两个对角点,还要重写基类的 Draw 方法。CRectangle 类保存在文件 CRectangle.vb 中,创建 CRectangle 类的代码如下:

```
Imports System.Math                                   '导入 System.Math 名字空间
    Public Class CRectangle
    Inherits CGElement                                '继承于基类 CGElement
    Private m_basePos, m_desPos As PointF             '定义矩形的起点和终点变量

    '设置矩形起点属性 basePos()和终点属性 desPos()的代码,与直线类似,参见配套光盘
```

```
……

Public ReadOnly Property LT() As PointF                  '设置矩形的左上角点属性
  Get
    Return (New PointF(Min(m_basePos.X, m_desPos.X), Min(m_basePos.Y, m_desPos.Y)))
  End Get
End Property

Public ReadOnly Property RB() As PointF                  '设置矩形的右下角点属性
  Get
    Return (New PointF(Max(m_basePos.X, m_desPos.X), Max(m_basePos.Y, m_desPos.Y)))
  End Get
End Property

Public Sub New()                                         '无参构造函数
  Init()
End Sub

Public Sub New(ByVal pBase As PointF, ByVal pDes As PointF)  '用已知两点构造矩形
  Init()
  m_basePos = pBase
  m_desPos = pDes
End Sub

Private Shadows Sub Init()                               '初始化矩形
  MyBase.Init()
  With m_basePos
    .X = 0
    .Y = 0
  End With
  m_desPos = m_basePos
End Sub

'绘制矩形函数
Public Overrides Sub Draw(ByVal g As Graphics, ByVal aDrawMode As geDrawMode)
  Dim eb As PointF = m_basePos
  Dim ed As PointF = m_desPos
  Dim minX As Single, minY As Single, maxX As Single, maxY As Single
  minX = Min(eb.X, ed.X)                                 '获取矩形左上角点的 x 坐标
  minY = Min(eb.Y, ed.Y)                                 '获取矩形左上角点的 y 坐标
  maxX = Max(eb.X, ed.X)                                 '获取矩形右下角点的 x 坐标
  maxY = Max(eb.Y, ed.Y)                                 '获取矩形右下角点的 y 坐标
  Dim hdc As IntPtr
```

```
        hdc = g.GetHdc()                                                '获取绘图环境的句柄
        Dim penPara As Integer() = DrawSettings(hdc, aDrawMode)         '设置画笔参数
        Dim aPen As Long = Win32API.CreatePen(penPara(0), penPara(1), penPara(2))   '创建画笔
        Dim oldP As Long = Win32API.SelectObject(hdc, aPen)             '把画笔选入绘图环境
        Win32API.SelectObject(hdc, Win32API.GetStockObject(5))          '把空刷子选入绘图环境
        Win32API.Rectangle(hdc, minX, minY, maxX, maxY)                 '绘制矩形
        Win32API.SelectObject(hdc, oldP)                    '把原来的画笔选入绘图环境
        Win32API.DeleteObject(aPen)                         '删除新创建的画笔
        g.ReleaseHdc(hdc)                                   '释放绘图环境句柄
    End Sub
End Class
```

在绘图方法 Draw 中，首先获取绘制矩形的第一点 m_basePos 和第二点 m_desPos，这两点往往由鼠标的点击和当前位置提供。由于用鼠标交互绘制矩形的顺序可能是从左上角到右下角，也可能是从右下角到左上角，因此需要对两点在当前坐标系下重新进行矩形起点和终点的分配。由于当前坐标系为系统默认坐标系，即原点在窗体绘图区左上角，向右为 x 轴正方向，向下为 y 轴正方向，所以可以用两个点中横坐标的最小值和纵坐标的最小值构造矩形的起点，即左上角点，用横坐标的最大值和纵坐标的最大值构造矩形的终点，即右下角点。

由于用到了最大值和最小值函数，所以需要导入 System.Math 名字空间。另外，在绘制矩形时需要调用 API 函数 GetStockObject(5)来设置一个空的画刷，以使绘制的矩形是一个空心的封闭图形。

9.2.2.3　CCircle 类

CCircle 类是描述圆类图形的图元基本类。CCircle 类除了继承了基类 CGElement 的属性和方法外，还要提供确定圆所需要的圆心点和圆周上一点这两个属性值，由这两点还可以计算出半径属性，Draw 方法也需要重写。CCircle 类保存在文件 CCircle.vb 中。

定义圆心和圆周上一点变量的代码如下：

```
Private m_Center As PointF, m_PCircle As PointF
```

这两点属性的设置方法 Center( )和 PCircle( )与直线起点和终点属性的设置方法类似，可参考配套光盘中的程序。

半径属性的设置代码如下：

```
Public ReadOnly Property Radius() As Single
    Get
        Dim r As Single
        r = DistPtoP(m_Center, m_PCircle)   '计算圆心到圆周上一点的距离作为半径值
        Return r
    End Get
End Property
```

这里用到了两点间距离计算函数 DistPtoP( )，该函数并不是一个系统函数，而是自定义函数，其代码如下：

```
Public Function DistPtoP(ByVal p1 As PointF, ByVal p2 As PointF) As Single
    Dim dx, dy As Single
```

```
        dx = p2.X - p1.X
        dy = p2.Y - p1.Y
        Return Sqrt((dx * dx) + (dy * dy))
    End Function
```

由于该函数在后面的程序中还要多次调用,因此将其放置在模块文件 Module1.vb 中。

用圆心和圆周上一点构造圆的函数代码如下:

```
Public Sub New(ByVal pCenter As PointF, ByVal pCircle As PointF)
  Init()
  m_Center = pCenter
  m_PCircle = pCircle
End Sub
```

在绘图方法 Draw 中,圆的绘制代码与矩形类似。但与绘制矩形不同的是,圆心和圆周上一点的坐标不需要进行转换,另外要将绘制矩形函数改为绘制圆函数。其关键代码如下:

```
Public Overrides Sub Draw(ByVal g As Graphics, ByVal aDrawMode As geDrawMode)
  Dim ec As PointF = m_Center
  Dim ep As PointF = m_PCircle
    '设置画笔画刷等绘图环境的代码,与绘制矩形类似
    ……
  '调用 API 函数绘制圆
    Win32API.Ellipse(hdc,ec.X - Radius, ec.Y + Radius, ec.X + Radius,ec.Y - Radius)
    '删除画笔、释放绘图环境的代码,与绘制矩形类似
    ……
End Sub
```

至此,已经成功创建图元基类 CGElement 类和 CLine、CRectangle、CCircle 三个图元基本类,并分别保存在文件 CGElement.vb、CLine.vb、CRectangle.vb 和 CCircle.vb 中。

9.3 创建交互绘图类

图元基本类只是实现了图元的数据结构和存储形式,各种图元的绘制过程还需要通过创建交互绘图类实现。这种类将根据用户鼠标的点击和拖拽,实时动态地绘制出各类图形。

9.3.1 接口的定义

接口是一组包含了一些方法的数据结构,它定义了一些行为和方法,而这些行为和方法的实现必须通过类。接口与抽象基类相似,都是实现多态的一种技术,但两者又有很多不同。多个类可实现相同的"接口",而单个类可以实现一个或多个接口。从本质上讲,接口是类需要如何响应的定义,它描述了类需要实现的方法、属性和事件,以及每个成员需要接收和返回的参数类型,但这些成员的特定实现要由对应的实现类去完成。

在小型交互式 CAD 系统中,单击鼠标左键、右键、移动鼠标等绘图行为,都采用了接口技术。接口首先需要定义,然后才能在类中进行实现。

首先定义鼠标交互操作的接口 ICommand。建立 ICommand.vb 文件,在其中创建以下代码:

```
Public Interface ICommand
  Sub LButtonDown(ByVal g As Graphics, ByVal aPos As PointF)
  Sub RButtonDown(ByVal g As Graphics, ByVal aPos As PointF)
  Sub MouseMove(ByVal g As Graphics, ByVal aPos As PointF)
End Interface
```

9.3.2　直线交互绘图类

直线交互绘图类 CCreateLine 用于实现 ICommand 接口，即实现绘制直线状态下对单击鼠标左键、右键和移动 3 种事件的响应。绘制一条直线的鼠标操作过程为：第一次单击鼠标左键获得直线起点位置，然后移动鼠标，这时在直线起点和鼠标当前位置点之间出现一条橡皮线，随着鼠标移动过程中当前点位置的改变，橡皮线也将发生相应变化；当第二次单击鼠标左键时，鼠标当前点的位置将作为直线终点，此时橡皮线消失，在第一点和第二点之间绘制出一条最终的直线段。单击鼠标右键用于取消第一次单击鼠标左键时获得的直线起点。直线交互绘图过程如图 9－5 所示，光标所指处为一条橡皮线。

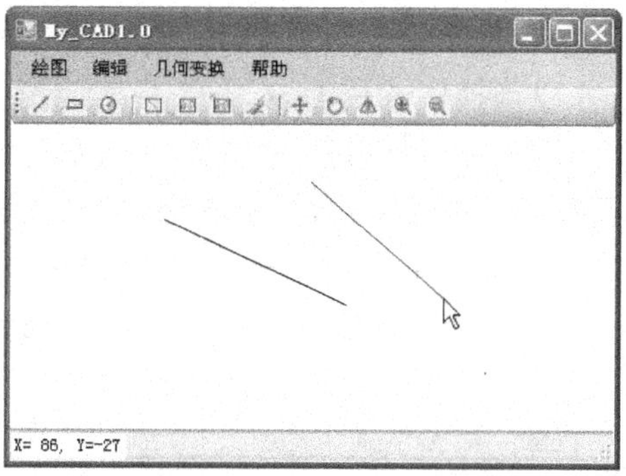

图 9－5　直线的绘制过程

建立 CCreateLine.vb 文件用于存放直线交互绘图类的代码。

1．单击鼠标左键

单击鼠标左键，需要完成下列两项操作：

(1)如果是第一次单击鼠标左键，则记录下直线的起点位置。

(2)如果是第二次单击鼠标左键，则首先删除前一位置的橡皮线，再以当前鼠标位置点为终点绘制直线段。

实现单击鼠标左键 LButtonDown 方法的代码如下：

```
Public Class CCreateLine
  Implements ICommand

  Private m_Step As Integer                    '记录鼠标左键的单击次数的变量
  Private m_Begin, m_End As PointF             '记录直线起点和终点的变量

  Public Sub LButtonDown(ByVal g As Graphics, ByVal aPos As PointF) _
    Implements ICommand.LButtonDown
    Dim prePos As New PointF()
    m_Step += 1                                '将鼠标左键的单击次数加 1
    Select Case m_Step
      Case 1                                   '当第 1 次单击鼠标左键时
        m_Begin = aPos
        m_End = aPos
      Case 2                                   '当第 2 次单击鼠标左键时
```

```
            Dim tempLine As New CLine(m_Begin, m_End)
            tempLine.Draw(g, CGElement.geDrawMode.Drag)        '删除前一位置的橡皮线
            tempLine = Nothing                     '注销临时直线,以减少内存损耗
            m_End = aPos
            Dim newLine As New CLine(m_Begin, m_End)
            newLine.Draw(g, CGElement.geDrawMode.Normal)       '绘当前位置的直线段
            ges.Add(newLine)
            m_Step = 0        '将鼠标左键的单击次数调回0,准备绘制下一条线
        End Select
    End Sub
End Class
```

当第二次单击鼠标左键时,创建了一个临时 CLine 对象 tempLine,用于表示最后一条橡皮线,并以拖拽模式用 Draw 方法将其绘制,这时由于对同一条橡皮线用拖拽模式绘制了两次(第一次是在鼠标移动时绘制),所以这条橡皮线将不被显示,即被擦除掉。随后,定义了一个新的 CLine 对象 newLine,并用正常绘图模式绘制出这条直线段。

程序中 ges.Add(newline)语句是将最后绘制的直线段 newLine 加入到图元存储集合中。ges 是在 Module1.vb 中声明的 ArrayList 集合,用于存放各种类型的图元对象。其定义代码如下:

```
Public ges As New ArrayList()
```

2. 移动鼠标

移动鼠标的过程中同样需要完成下列两项操作:

(1)将直线起点 m_Begin 和前一鼠标位置点 prePos 之间的橡皮线擦除,即用拖拽模式在原位置再画一次即可。

(2)在直线起点 m_Begin 和当前鼠标点 curPos 之间用拖拽模式画出一条橡皮线。

实现鼠标移动 MouseMove 方法的代码如下:

```
Public Sub MouseMove(ByVal g As Graphics, ByVal aPos As PointF) _
  Implements ICommand.MouseMove
  Select Case m_Step
    Case 1
      Dim prePos As New PointF(), curPos As New PointF()
      prePos = m_End          '获取前一条直线的终点
      curPos = aPos           '记录鼠标的当前位置点
      Dim tempLine1 As New CLine(m_Begin, prePos)
      tempLine1.Draw(g, CGElement.geDrawMode.Drag)       '清除前一位置的直线段
      tempLine1 = Nothing
      Dim tempLine2 As New CLine(m_Begin, curPos)
      m_End = curPos          '将当前直线的终点赋给 m_End 全局变量
      tempLine2.Draw(g, CGElement.geDrawMode.Drag)       '绘当前位置的直线段
      tempLine2 = Nothing
  End Select
End Sub
```

以上代码需要放入 CCreateLine 类中。

3. 单击鼠标右键

第一次单击鼠标左键之后，如果发现点的位置有错，或者现在不想绘制它，则可以通过点击鼠标右键取消当前操作，重新返回绘制直线的初始状态。取消操作需要将橡皮线擦除，只要在拖拽模式下再次在同一位置绘制一次即可。

实现单击鼠标右键 RButtonDown 方法的代码如下：

```
Public Sub RButtonDown(ByVal g As Graphics, ByVal aPos As PointF) _
  Implements ICommand.RButtonDown
  If m_Step = 1 Then
    Dim tempLine As New CLine(m_Begin, m_End)
    tempLine.Draw(g, CGElement.geDrawMode.Drag)        '清除先前绘制的橡皮线
    tempLine = Nothing  '注销临时直线,以减少内存损耗
  End If
  m_Step = 0
End Sub
```

以上代码需要放入 CCreateLine 类中。

9.3.3 矩形交互绘图类

矩形交互绘图类 CCreateRectangle 用于实现 ICommand 中定义的、在绘制矩形模式下对单击鼠标左键、右键和移动 3 种事件的响应。绘制矩形的过程为：第一次单击鼠标左键获得矩形的起点，随后在移动鼠标时，在矩形起点和鼠标当前位置点之间构建一个橡皮线矩形，随着鼠标位置的改变，该橡皮线矩形的第二点也动态变化；当第二次单击鼠标左键时，橡皮线矩形消失，但在矩形起点和当前鼠标位置点之间绘制出一个最终的矩形。单击鼠标右键用于取消第一次单击鼠标左键获得的矩形起点。矩形的交互绘图过程如图 9－6 所示，箭头光标所指处为一个橡皮线矩形。

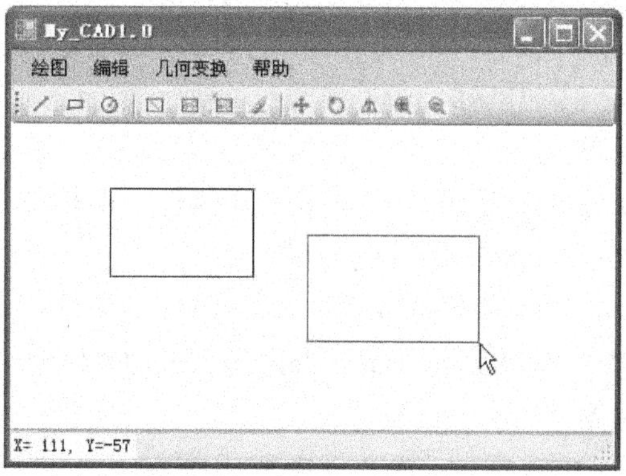

图 9－6　矩形的绘制过程

建立 CCreateRectangle.vb 文件用于存放矩形交互绘图类的代码。

1. 单击鼠标左键

单击鼠标左键，需要完成下列两项操作：

(1) 如果是第一次单击鼠标左键，则记录下矩形的起点位置。

(2) 如果是第二次单击鼠标左键，则首先删除前一位置的橡皮线矩形，再以当前鼠标位置点为终点绘制最终的矩形。

在矩形交互绘图类中，用到了与直线交互绘图类一样的变量 m_Step，用于存放鼠标单击的次数。另外还定义了两个 PointF 类型的变量 m_basePos 和 m_desPos，分别用于存储矩

形的起点和终点。

实现单击鼠标左键 LButtonDown 方法中，判断单击鼠标左键次数并进行矩形绘制部分的关键代码如下：

```
Select Case m_Step
  Case 1                     '当第 1 次单击鼠标左键
    m_basePos = aPos
    m_desPos = aPos
  Case 2                     '当第 2 次单击鼠标左键
    Dim tempRect As New CRectangle(m_basePos, m_desPos)
    tempRect.Draw(g, CGElement.geDrawMode.Drag)    '删除前一位置的橡皮矩形
    tempRect = Nothing       '注销临时矩形对象，以减少内存损耗
    m_desPos = aPos
    Dim newRect As New CRectangle(m_basePos, m_desPos)
    newRect.Draw(g, CGElement.geDrawMode.Normal)    '绘当前位置的矩形
    ges.Add(newRect)         '将绘制好的矩形加入图元存储集合中
    m_Step = 0               '将鼠标单击左键次数调回 0，准备下矩形的绘制
End Select
```

当第二次单击鼠标左键时，创建了一个临时 CRectangle 对象 tempRect，用于表示最后一个橡皮线矩形，并以拖拽模式用 Draw 方法将其绘制。这时由于对同一个橡皮线矩形用拖拽模式绘制了两次（第一次是在鼠标移动时绘制），所以这个橡皮线矩形将不被显示，即被擦除掉。随后，定义了一个新的 CRectangle 对象 newRect，并用正常绘图模式绘制出这个最终的矩形，并用 ges.Add(newRect)将其放入图元存储集合中。

2. 移动鼠标

移动鼠标的过程中同样需要完成下列两项操作：

(1)将矩形起点 m_basePos 和前一鼠标位置点 prePos 之间的橡皮线矩形擦除，即用拖拽模式在原位置再画一次即可。

(2)在矩形起点 m_basePos 和当前鼠标点 curPos 之间用拖拽模式画出一个橡皮线矩形。

实现鼠标移动 MouseMove 方法的关键代码如下：

```
Select Case m_Step
  Case 1
    Dim prePos As New PointF(), curPos As New PointF()
    prePos = m_desPos        '获取前一个橡皮线矩形的终点
    curPos = aPos            '获取当前鼠标点作为新矩形的终点
    Dim tempRect1 As New CRectangle(m_basePos, prePos)
    tempRect1.Draw(g, CGElement.geDrawMode.Drag)  '清除前一位置的橡皮线矩形
    tempRect1 = Nothing
    Dim tempRect2 As New CRectangle(m_basePos, curPos)
    m_desPos = curPos
    tempRect2.Draw(g, CGElement.geDrawMode.Drag)  '绘当前位置的橡皮线矩形
    tempRect2 = Nothing
End Select
```

以上代码需要放入 CCreateRectangle 类中。

3. 单击鼠标右键

单击鼠标右键用于在第一次单击鼠标左键之后，取消随鼠标移动实时动态变化的橡皮线矩形。简单来说，就是取消矩形第一点，重新回到绘制矩形的初始状态。

实现单击鼠标右键 RButtonDown 方法的关键代码如下：

```
If m_Step = 1 Then
    Dim tempRect As New CRectangle(m_basePos, m_desPos)
    tempRect.Draw(g, CGElement.geDrawMode.Drag)          '清除先前绘制的橡皮线矩形
    tempRect = Nothing
End If
m_Step = 0
```

以上代码需要放入 CCreateRectangle 类中。

9.3.4　圆交互绘图类

圆交互绘图类 CCreateCircle 用于实现 ICommand 中定义的、在绘制圆模式下对单击鼠标左键、右键和移动 3 种事件的响应。绘制圆的过程为：第一次单击鼠标左键获得圆心点的位置，随后在移动鼠标时，鼠标当前点作为圆周上一点，在圆心和鼠标当前位置点之间构建一个圆，随着鼠标位置的改变，该橡皮线圆的半径实施变化；当第二次单击鼠标左键时，橡皮线圆消失，但在圆心和当前鼠标位置点之间绘制出一个最终的圆。单击鼠标右键用于取消第一次单击鼠标左键获得的圆心位置。圆的交互绘图过程如图 9－7 所示，箭头光标所指处为一个橡皮线圆。

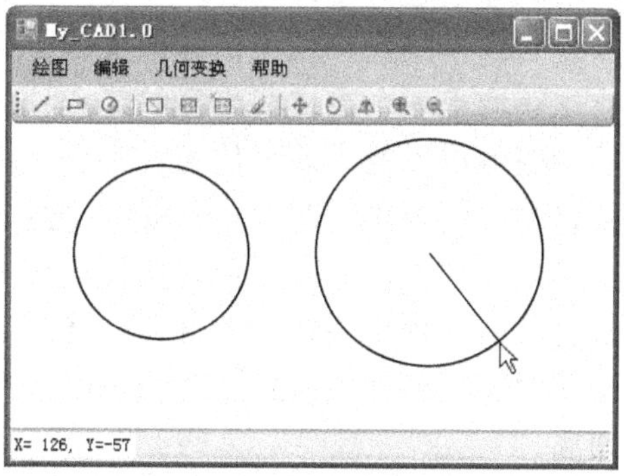

图 9－7　圆的绘制过程

建立 CCreateCircle.vb 文件用于存放矩形交互绘图类的代码。

1. 单击鼠标左键

单击鼠标左键，需要完成下列两项操作：

(1)如果是第一次单击鼠标左键，则记录下圆心位置。

(2)如果是第二次单击鼠标左键，则首先删除前一位置的橡皮线圆，再以当前鼠标位置点为圆周上的点，绘制出一个最终的圆。

在圆交互绘图类中，用到了记录鼠标单击左键次数的变量 m_Step，还定义了两个 PointF 类型的变量 m_Center 和 m_pCircle，分别用于存储圆心和圆周上的点。

实现单击鼠标左键 LButtonDown 方法中，判断单击鼠标左键次数并进行圆绘制部分的关键代码如下：

```
Select Case m_Step
    Case 1                    '当第 2 次单击鼠标左键
        m_Center = aPos
        m_pCircle = aPos
```

```
Case 2                         '当第 2 次单击鼠标左键
    Dim tempLine As New CLine(m _ Center, m _ pCircle)
    tempLine.Draw(g, CGElement.geDrawMode.Drag)'清除最后一次绘制的橡皮线半径
    tempLine = Nothing
    Dim tempCircle As New CCircle(m _ Center, m _ pCircle)
    tempCircle.Draw(g,CGElement.geDrawMode.Normal)'清除最后一次绘制的橡皮线圆周
    tempCircle = Nothing
    Dim newCircle As New CCircle(m _ Center, aPos)
    newCircle.Draw(g, CGElement.geDrawMode.Normal)'绘当前鼠标左键位置的最终圆
    ges.Add(newCircle)       '将绘制好的圆加入图元存储集合中
    m _ Step = 0             '将鼠标单击左键次数调回 0,准备下一圆的绘制
End Select
```

由于动态显示的圆由橡皮线半径和橡皮线圆周两部分组成,所以在第二次单击鼠标左键时需要对这两部分分别擦除。

2. 移动鼠标

移动鼠标的过程中,需要首先将上一位置点的橡皮线半径和橡皮线圆周擦除,再在新的位置点绘制出新的橡皮线半径和橡皮线圆周。具体实现过程描述如下:

首先获取上一个橡皮线半径的终点:prePos = m _ pCircle;

然后获取鼠标的当前点位置:curPos = aPos;

接着定义两个临时对象,CLine 类型的 tempLine1 和 CCircle 类型的 tempCircle1,并在上一个橡皮线半径和橡皮线圆周位置用拖拽模式重画,实现擦除效果;

最后再定义两个临时对象,CLine 类型的 tempLine2 和 CCircle 类型的 tempCircle2,并根据新的鼠标位置点用拖拽模式绘制橡皮线半径和橡皮线圆周,实现移动后的橡皮线半径和橡皮线圆周。

具体的程序代码可参见配套光盘。

3. 单击鼠标右键

单击鼠标右键用于取消圆心点位置的选取。只要将上一次画好的橡皮线半径和橡皮线圆周在原来的位置用拖拽模式重画一次即可实现擦除。最后将鼠标单击次数设置为 0,返回绘制圆的初始状态。具体的程序代码可参考配套光盘。

9.3.5 实现交互绘图

图元基本类和交互绘图类虽然都已经创建,但要实现交互绘图功能,还必须给菜单和按钮增加事件响应,以创建相应的对象,调用对应的方法。

首先在模块文件 Module1.vb 中声明以下全局变量:

```
Public aCommand As ICommand
Public creLine As New CCreateLine()
Public creRectangle As New CCreateRectangle()
Public creCircle As New CCreateCircle()
```

再添加一个 DrawAll 函数,用于将图元存储集合中的图元绘制出来。

```
Public Sub DrawAll(ByVal g As Graphics)
```

```
    Dim i As Integer
    For i = 0 To ges.Count - 1
      ges(i).draw(g, geDrawMode.Normal)
    Next
End Sub
```

然后在主窗体 MainForm1 的代码窗口中重写窗体基类的 OnPaint、OnMouseDown 和 OnMouseMove 方法。

```
Protected Overrides Sub OnPaint(ByVal e As PaintEventArgs)
    Dim g As Graphics = e.Graphics                    '获取绘图表面
    DrawAll(g)                                         '绘制图元存储集合中的所有图元
End Sub

Protected Overrides Sub OnMouseDown(ByVal e As MouseEventArgs)
    Dim g As Graphics = Me.CreateGraphics()
    Dim aPos As PointF = New PointF(e.X, e.Y)      '获取鼠标当前位置
    If e.Button = Windows.Forms.MouseButtons.Left Then          '若按下鼠标左键
      aCommand.LButtonDown(g, aPos)                  '调用交互绘图类对象的单击左键方法
    ElseIf e.Button = Windows.Forms.MouseButtons.Right Then  '若按下鼠标右键
      aCommand.RButtonDown(g, aPos)                  '调用交互绘图类对象的单击右键方法
    End If
End Sub

Protected Overrides Sub OnMouseMove(ByVal e As MouseEventArgs)
    Dim g As Graphics = Me.CreateGraphics()
    Dim aPos As PointF = New PointF(e.X, e.Y)      '获取鼠标当前位置
    aCommand.MouseMove(g, aPos)                       '调用交互绘图类对象的鼠标移动方法
End Sub
```

OnPaint 方法用于调用 DrawAll 函数,以实现当窗体隐藏后再显示出来时图元对象的正常显示。

OnMouseDown 方法根据鼠标左右键的点击状态调用相应交互绘图类对象中的对应方法。如在绘制直线状态时单击左键,则通过 aCommand 接口调用直线交互绘图类 CCreateLine 中的 LButtonDown 方法进行直线的绘制。

在 MainForm1 窗体设计模式下,在直线菜单上双击鼠标左键,进入直线菜单点击事件的编程环境中,建立以下代码:

```
Private Sub mnuLine _ Click _(ByVal sender As System.Object, ByVal e As System.EventArgs) Handles mnu-
Line.Click
    aCommand = creLine
End Sub
```

aCommand = creLine 语句利用接口实现了点击直线菜单项对绘制直线功能的调用。

在 MainForm1 窗体设计模式下,在工具条中的直线图标上双击鼠标,进入直线按钮点击事件的编程环境中,建立以下代码:

```
Private Sub btnLine _ Click _(ByVal sender As System.Object, ByVal e As System.EventArgs) Handles
```

```
btnLine.Click
        aCommand = creLine
    End Sub
```

这段代码实现了点击工具条上直线按钮对绘制直线功能的调用。

用同样的方法实现绘制矩形和绘制圆的菜单和工具条调用。接口实现的关键代码分别如下：

```
aCommand = creRectangle
```

和

```
aCommand = creCircle
```

至此，已经完成了交互绘图功能，用户可以通过点击菜单项和按钮实现直线、矩形和圆的交互绘制。绘制完成的图元都存放在图元存储集合 ges 中，以备后面的编辑和调用。

9.4 图元的选择与删除

图元创建完成之后，往往还需要对图元进行编辑操作，如选择、删除、平移、旋转、镜像、比例缩放等。这一节主要介绍图元的选择和删除。

对于一个图元的选择，可以采用拾取的方式，即鼠标在该图元上单击，将图元选中，并在选择模式下将图元进行显示。进行一次拾取操作时，需要对所有的图元进行遍历查询，即对绘制完成的每个图元都要进行计算。因此当图形比较复杂，由成千上万个基本图元组成时，计算量就非常大了。为了解决这个问题，可以把图元的拾取操作分成两个阶段：首先判断拾取点是否位于图元的包围矩形中，如果不在矩形中，则图元不被拾取；如果在，则计算拾取点与图元之间的距离，如果距离足够小(小于设定值)，则图元被拾取，否则不被拾取。这里的包围矩形是指包围图元的最小矩形。

9.4.1 包围矩形的计算

包围矩形是一个独立的图形结构，因此需要创建一个 CBox 类，以定义包围矩形的数据格式，该矩形具有 4 个属性，分别表示所包围图形的最小 x 坐标、最小 y 坐标、最大 x 坐标、最大 y 坐标。

在 My_CAD 工程中添加一个新的类，命名为 CBox，该类将以 CBox.vb 为文件名保存。在该类中添加下列代码：

```
Public Class CBox
    Private m_minX, m_minY, m_maxX, m_maxY As Single '定义矩形的 4 个最大、最小坐标值
    Public Property minX() As Single        '设置最小 x 坐标的属性
        Get
            Return m_minX
        End Get
        Set(ByVal Value As Single)
            m_minX = Value
        End Set
    End Property
```

```
'设置最小 y 坐标、最大 x 坐标、最大 y 坐标属性的代码,与设置最小 x 坐标属性类似,参见配套光盘
  ……
End Class
```

为了对所绘制的每一种类型的图元都能获得包围矩形,需要在 CGElement 图元基类中添加一个 GetBox 方法,该方法返回一个 CBox 类型的对象,以代表各个图元的包围矩形。声明的代码如下:

```
Public MustOverride Function GetBox() As CBox
```

但由于每种类型的图元的包围矩形的计算方法不一样,所以这个 GetBox 方法必须在 CLine、CRectangle、CCircle 图元基本类中分别重写。

1. 直线段的包围矩形

直线段的包围矩形是以直线段为对角线的矩形。但当直线为竖直或水平位置时,需要在水平方向上或竖直方向上进行扩大,以获得正确的包围矩形。在直线图元基本类中重写 GetBox 方法的代码如下:

```
Public Overrides Function GetBox() As CBox
  Dim aBox As New CBox()
  If m_Begin.X = m_End.X Then                    '当直线为竖直直线时
    aBox.minX = m_Begin.X - PickRadius
    aBox.minY = Min(m_Begin.Y, m_End.Y)
    aBox.maxX = m_Begin.X + PickRadius
    aBox.maxY = Max(m_Begin.Y, m_End.Y)
  ElseIf m_Begin.Y = m_End.Y Then                '当直线为水平直线时
    aBox.minX = Min(m_Begin.X, m_End.X)
    aBox.minY = m_Begin.Y - PickRadius
    aBox.maxX = Max(m_Begin.X, m_End.X)
    aBox.maxY = m_Begin.Y + PickRadius
  Else                                           '当直线为一般位置直线时
    aBox.minX = Min(m_Begin.X, m_End.X)
    aBox.minY = Min(m_Begin.Y, m_End.Y)
    aBox.maxX = Max(m_Begin.X, m_End.X)
    aBox.maxY = Max(m_Begin.Y, m_End.Y)
  End If
  Return aBox
End Function
```

对于两种特殊位置,当直线为竖直直线时,将直线的 x 坐标减去拾取最小半径 PickRadius 作为包围矩形的最小 x 坐标。将直线的 x 坐标加上拾取最小半径 PickRadius 作为包围矩形的最大 x 坐标;当直线为水平直线式将直线的 y 坐标减去拾取最小半径 PickRadius 作为包围矩形的最小 y 坐标;将直线的 y 坐标加上拾取最小半径 PickRadius 作为包围矩形的最大 y 坐标。

拾取最小半径 PickRadius 是一个在公共模块文件 Modul1.vb 中定义的全局变量,其值可设置为 3。

2. 矩形的包围矩形

矩形的包围矩形就是矩形本身。需要在 CRectangle 图元基本类中重写 GetBox 方法，并返回一个 CBox 对象。由于在定义矩形图元基本类的时候设置了 CRectangle 对象的 LT(左上角)和 RT(右下角)属性，因此可以通过获取这两个属性的 x 和 y 坐标值来得到包围矩形的参数。

```
Public Overrides Function GetBox() As CBox
  Dim aBox As New CBox()
  With aBox
    .minX = Me.LT.X        '矩形左上角点的 x 坐标值
    .minY = Me.LT.Y        '矩形左上角点的 y 坐标值
    .maxX = Me.RB.X        '矩形右下角点的 x 坐标值
    .maxY = Me.RB.Y        '矩形右下角点的 y 坐标值
  End With
  Return aBox
End Function
```

事实上，对矩形的拾取可以转化为对直线的拾取，只要能够判断矩形任意一条边被拾取，就可以确定矩形被拾取，所以在实际使用中，矩形的包围矩形并不起作用。

3. 圆的包围矩形

圆的包围矩形就是圆的外接正方形。在 CCircle 图元基本类中重写基类的 GetBox 方法。

```
Public Overrides Function GetBox() As CBox
  Dim aBox As New CBox()
  With aBox
    .minX = m_Center.X - Radius
    .minY = m_Center.Y - Radius
    .maxX = m_Center.X + Radius
    .maxY = m_Center.Y + Radius
  End With
  Return aBox
End Function
```

根据圆的圆心坐标和半径可以计算出包围矩形的参数。

9.4.2 图元的拾取

实现各种类型图元的拾取，首先需要在 CGElement 图元基本类中添加一个 Pick 方法，然后在各个图元基本类中重写该方法。

```
Public MustOverride Function Pick(ByVal aPos As PointF) As Boolean
```

该方法用到的参数 aPos 是鼠标的拾取点，返回值是一个布尔值，代表图元是否被选中。

1. 直线的拾取

拾取直线时首先需要调用 GetBox 方法判断直线是否在包围矩形内，若不在，则返回 false；若在，则计算拾取点到直线的距离，并与预设的最小拾取半径 PickRadius 进行比较，若小于 PickRadius，则返回 true，直线被拾取；若大于 PickRadius，则返回 false。

在 CLine 类中重写基类的 Pick 方法：

```
Public Overrides Function Pick(ByVal aPos As PointF) As Boolean
  Dim geBox As New CBox()
  If (Not InBox(GetBox, aPos)) Then              '判断拾取点是否在包围矩形中
    Return False
  Else
    '判断拾取点是否小于预设拾取半径
    If distPtoL(aPos, m_Begin, m_End) < = PickRadius Then
      Return True
    Else
      Return False
    End If
  End If
End Function
```

这里用到了计算点到直线距离的函数 distPos(aPos, m_Begin, m_End),3 个参数分别代表鼠标拾取点、直线的起点和直线的终点,计算的结果是拾取点到直线水平距离和垂直距离中的较小者,以此值来近似代替实际距离,以减少计算量。关于该函数的具体定义可参考配套光盘程序中 CLine 类的定义。

2. 矩形的拾取

矩形的拾取最终可以转化为直线的拾取,当矩形的任意一条边被拾取到时,即可认为整个矩形被拾取。因此,需要将已经绘制好的矩形分解成 4 条直线,然后判断这 4 条直线的拾取状态。

在矩形图元基本类 CRectangle 中重写基类的 Pick 方法:

```
Public Overrides Function Pick(ByVal aPos As PointF) As Boolean          '拾取矩形
  Dim line0 As New CLine(),line1 As New CLine()
  Dim line2 As New CLine(), line3 As New CLine()
  line0 = New CLine(Me.LT, New PointF(Me.LT.X, Me.RB.Y))               '矩形最左边
  line1 = New CLine(New PointF(Me.LT.X, Me.RB.Y), Me.RB)               '矩形最下边
  line2 = New CLine(Me.RB, New PointF(Me.RB.X, Me.LT.Y))               '矩形最右边
  line3 = New CLine(New PointF(Me.RB.X, Me.LT.Y), Me.LT)               '矩形最上边
  '如果有一条直线段被拾取,则整个矩形被拾取
  If line0.Pick(aPos) Or line1.Pick(aPos) Or _ line2.Pick(aPos) Or line3.Pick(aPos) Then
    Return True
  Else
    Return False
  End If
End Function
```

3. 圆的拾取

拾取圆时首先需要调用 GetBox 方法判断圆是否在包围矩形内,若不在,则返回 false;若在,则计算拾取点到圆心的距离,并将该距离与圆的半径进行比较,结果再与预设的最小拾取半径 PickRadius 进行比较,若小于 PickRadius,则返回 true,圆被拾取;若大于 PickRadius,则返回 false。

在 CCircle 类中重写基类的 Pick 方法：

```
Public Overrides Function Pick(ByVal aPos As PointF) As Boolean
  Dim dist1 As Single, dist2 As Single
  If (Not InBox(GetBox, aPos)) Then        '如果拾取点不在包围矩形中,则该圆不被拾取
    Return False
  Else
    dist1 = DistPtoP(aPos, m_Center)       '计算拾取点到圆心的距离
    dist2 = Abs(dist1 - Radius)            '将 dist1 与圆半径进行比较
    If (dist2 < PickRadius) Then
      Return True
    Else
      Return False
    End If
  End If
End Function
```

9.4.3 选择功能的实现

拾取只是实现了当鼠标点击到图元时，返回图元是否被选中的信息，但要实现最终的选择功能，还需要将图元以选择模式绘制出来，在本系统中用线宽为 1 的红色虚线表示。

1. 鼠标点选功能的实现

为了实现鼠标点选功能，首先需要创建一个 CSelect 类，该类用于实现 ICommand 接口中的 LButtonDown 功能，即在选择模式下，按下鼠标左键实现对应图元的选取，同时将选中的图元放置到图元选择集合中，并将选中的图元用线宽为 1 的红色虚线绘制。

在 My_CAD 工程中添加一个新的类，命名为 CSelect，该类将以 CSelect.vb 为文件名保存。在该类中添加下列代码：

```
Public Class CSelect
  Implements ICommand
  Public Sub LButtonDown(ByVal g As System.Drawing.Graphics, ByVal aPos As System.Drawing.PointF)
Implements ICommand.LButtonDown
    Dim i As Integer
    For i = 0 To ges.Count - 1       '遍历图元存储集合对象,判断每个图元的拾取情况
      If (ges(i).Pick(aPos) = True) Then
        ges(i).Draw(g, CGElement.geDrawMode.Selec)  '若被拾取,则用选择模式绘制
        geSels.Add(ges(i))          '并拾取到的图元添加到图元选择集合中去
      End If
    Next
  End Sub

  Public Sub MouseMove(ByVal g As System.Drawing.Graphics, ByVal aPos As System.Drawing.PointF)
Implements ICommand.MouseMove
  End Sub
```

```
    Public Sub RButtonDown(ByVal g As System.Drawing.Graphics, ByVal aPos As System.Drawing.PointF)
  Implements ICommand.RButtonDown
    End Sub
  End Class
```

这里用到了图元选择集合 geSels,这是一个与图元存储集合类似的 ArrayList 类的对象,需要在 Module1 模块中事先声明:

```
Public geSels As New ArrayList()
```

鼠标点选功能的调用与绘制直线等图元命令的调用类似,首先在模块文件 Module1 中声明一个 CSelect 类的对象 selected:

```
Public selected As New CSelect()
```

然后为 MainForm1 窗体的选择菜单和工具条上的选择按钮增加单击事件,创建以下代码:

```
  Private Sub mnuSelect_Click(ByVal sender As System.Object, ByVal e As System.EventArgs) Handles mnuS-
elect.Click
    aCommand = selected
  End Sub
```

以及

```
  Private Sub btnSelec_Click(ByVal sender As System.Object, ByVal e As System.EventArgs) Handles btnSe-
lec.Click
    aCommand = selected
  End Sub
```

运行程序,在绘图区绘制一些图元,选择编辑菜单中的"选择"项,或直接点击工具条上的"选择"按钮都可以调入鼠标点选功能。图 9-8 所示为鼠标点选的结果。实线为未选中图元,虚线为选中图元。

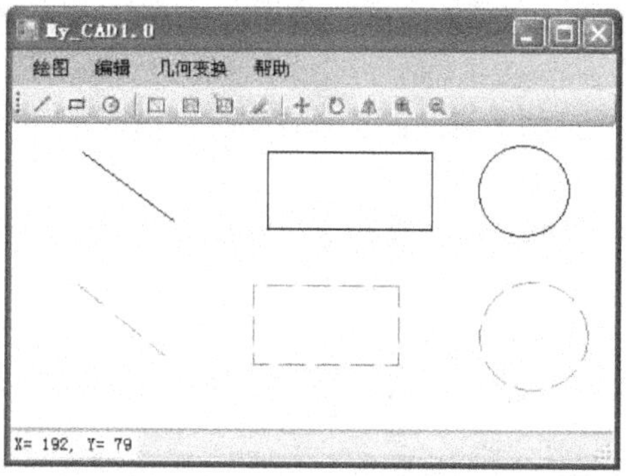

图 9-8　鼠标点选功能

2. 全选功能的实现

全选功能是将绘图区内的所有图元全部选中,并以选择模式(线宽为 1 的红色虚线)绘制出来。

首先双击 MainForm1 窗体编辑菜单下的"全部选择"菜单项,进入菜单单击事件程序代码编写环境,创建以下代码:

```
  Private Sub mnuSelectAll_Click(ByVal sender As System.Object, ByVal e As System.EventArgs) Handles
mnuSelectAll.Click
    Dim g As Graphics = Me.CreateGraphics
    Dim i As Integer
    For i = 0 To ges.Count - 1              '遍历图元存储集合,选中所有绘制好的图元
      geSels.Add(ges(i))                    '将每一个图元都加到图元选择集合中
    Next
    DrawSel(g)                              '调用绘制选中图元函数进行绘图
  End Sub
```

这里用到了绘制选中图元函数,其作用是将图元选择集合 geSels 中的图元全部绘制出来。该函数在模块文件 Module1.vb 中定义,代码如下:

```
Public Sub DrawSel(ByVal g As Graphics)
  Dim i As Integer
  For i = 0 To geSels.Count - 1
    geSels(i).draw(g, geDrawMode.Selec)
  Next
End Sub
```

对 MainForm1 窗体工具条上的全部选择按钮创建以下代码,实现按钮点击时全部选择功能的调用。

```
Private Sub btnSelecAll_Click(ByVal sender As System.Object, ByVal e As System.EventArgs) Handles btnSelecAll.Click
    mnuSelectAll_Click(sender, e)
End Sub
```

3. 放弃选择功能的实现

放弃选择实际上是将图元选择集 geSels 中的图元按正常模式(线宽为 1 的黑色实线)绘制,并将该选择集清空。

为 MainForm1 窗体的"放弃选择"菜单创建下列代码:

```
Private Sub mnuDeselect_Click(ByVal sender As System.Object, ByVal e As System.EventArgs) Handles mnuDeselect.Click
    Dim g As Graphics = Me.CreateGraphics
    Dim i As Integer
    For i = 0 To geSels.Count - 1                    '遍历图元选择集合
      geSels(i).Draw(g, geDrawMode.Normal)           '将选择集中的每个图元按正常模式绘出
    Next i
    geSels.RemoveRange(0, geSels.Count)
End Sub
```

为"放弃选择"按钮添加代码,实现与点击菜单一样的功能。

```
Private Sub btnDesel_Click(ByVal sender As System.Object, ByVal e As System.EventArgs) Handles btnDesel.Click
    mnuDeselect_Click(sender, e)
End Sub
```

9.4.4 图元的删除

图元的删除首先需要将选中的图元从图元选择集合 geSels 中删除,并清空图元选择集合,然后将对应图元从图元存储集合 ges 删除。

为"删除图元"菜单创建以下代码:

```
Private Sub mnuDelete_Click(ByVal sender As System.Object, ByVal e As System.EventArgs) Handles mnuDelete.Click
    Dim g As Graphics = Me.CreateGraphics
    Dim i As Integer
```

```
    For i = 0 To geSels.Count - 1
      geSels(i).Draw(g, geDrawMode.Delete)          '用删除模式重画图元,使其不在屏幕显示
      ges.Remove(geSels(i))                         '将图元存储集合中对应的图元删除
    Next i
    geSels.RemoveRange(0, geSels.Count)             '清空图元选择集合
  End Sub
```

图元在屏幕上的删除实际上就是在原位置用背景色(白色)将图元重新画一遍。

最后,给工具条上的"删除"按钮添加图元删除代码。

```
  Private Sub btnDelete_Click(ByVal sender As System.Object, ByVal e As System.EventArgs) Handles bt-
nDelete.Click
    mnuDelete_Click(sender, e)
  End Sub
```

9.5　图元几何变换

在 My_CAD 小型交互式 CAD 系统中,图元的几何变换主要包括平移、旋转、镜像和比例缩放。对各种类型的图元进行几何变换,需要首先在图元基类 CGElement 中创建这些变换的方法,然后针对各种不同类型的图元将这些方法进行重写。

首先在 CGElement 类中创建 Move、Rotate、Mirror 和 Scale 方法。

```
  Public MustOverride Sub Move(ByVal g As Graphics, ByVal basePos As PointF, ByVal desPos As PointF)
                                                    '平移图元
  Public MustOverride Sub Rotate(ByVal g As Graphics, ByVal basePos As PointF, ByVal aAngle As Single)
                                                    '旋转图元
  Public MustOverride Sub Mirror(ByVal g As Graphics, ByVal pPos1 As PointF, ByVal pPos2 As PointF)
                                                    '镜像图元
  Public MustOverride Sub Scale(ByVal g As Graphics, ByVal scalex As Single, ByVal scaley As Single)
                                                    '比例缩放图元
```

Move 方法中,basePos 和 desPos 是平移的基点和目标点,这两点之间的位移量就是图元的偏移量。在 Rotate 方法中,basePos 是旋转的基点,aAngle 是鼠标第二个拾取点与基点之间连线与水平方向的夹角,即旋转角。在 Mirror 方法中,pPos1 为镜像线的第一点,pPos2 为镜像线的第二点。在 Scale 方法中,scalex 和 scaley 分别是沿 x 轴和 y 轴的缩放比例因子。

9.5.1　平移变换

1. 重写基类的 Move 方法

在直线图元基本类 CLine 中重写 Move 方法的代码如下:

```
  Public Overrides Sub Move(ByVal g As Graphics, ByVal basePos As PointF, ByVal desPos As PointF)
    Dim xx As Single, yy As Single
    xx = desPos.X - basePos.X          '计算偏移量
    yy = desPos.Y - basePos.Y
    m_Begin.X += xx                    '偏移后的起点和终点坐标
```

```
    m_Begin.Y += yy
    m_End.X += xx
    m_End.Y += yy
End Sub
```

首先需要根据 basePos 点和 desPos 点来计算偏移量，然后给直线的两个端点的 x 坐标和 y 坐标增加偏移量，并计算出偏移后的直线坐标。

矩形图元基本类 CRectangle 中增加 Move 方法的代码与直线类似，给矩形起点和终点增加偏移量的程序为如下：

```
m_basPos.X += xx
m_basePos.Y += yy
m_desPos.X += xx
m_desPos.Y += yy
```

由于对圆是采用由圆心和圆周上一点的形式进行创建，所以对圆的平移变换实际上就是对这两点的平移。给 CCircle 图元基本类增加 Move 方法的关键代码如下：

```
m_Center.X += xx
m_Center.Y += yy
m_PCircle.X += xx
m_PCircle.Y += yy
```

2. 创建 CMove 类

图元基本类中 Move 方法实现了各种类型图元存储数据的变化，但要将这种平移变换最终体现在屏幕上，还必须借助 CMove 类。这是一个平移交互类，实现在平移模式下 ICommand 接口中鼠标左键单击、鼠标平移和鼠标右键单击的事件。这个类与直线交互绘图类 CCreateLine 有些相似，当第一次点击鼠标左键后并移动鼠标，在基点 m_basePos 和鼠标当前点之间会出现一条动态变化的橡皮线；当第二次单击鼠标时，橡皮线消失，同时调用选中图元对应的 Move 方法，并根据鼠标的两次点击位置计算平移后的图元参数，最后将原来位置的图元删除，并在新的位置绘制出图元。

在 My_CAD 工程中添加一个新的类，命名为 CMove，该类将以 CMove.vb 为文件名保存。在该类中添加单击鼠标左键的事件响应代码如下：

```
Public Class CMove
    Implements ICommand
    Private m_Step As Integer
    Private m_basePos, m_desPos As PointF


    Public Sub LButtonDown(ByVal g As Graphics, ByVal aPos As PointF) Implements ICommand.LButton-
Down        '单击鼠标左键时的绘图行为
        Dim i As Integer
        m_Step += 1
        Select Case m_Step
            Case 1      '第一次单击鼠标左键
                m_basePos = aPos
```

```
            m_desPos = aPos
        Case 2      '第二次单击鼠标左键
            Dim tempLine As New CLine(m_basePos, m_desPos)
            tempLine.Draw(g, CGElement.geDrawMode.Drag)      '清除最后一条橡皮线
            tempLine = Nothing

            If geSels.Count > 0 Then                         '如果选择集非空
                For i = 0 To geSels.Count - 1
                    geSels(i).draw(g, CGElement.geDrawMode.Delete)      '清除原来的图元
                    geSels(i).Move(g, m_basePos, m_desPos)              '计算移动后图元的参数
                    geSels(i).Draw(g, CGElement.geDrawMode.Selec)       '在新位置绘制图元
                Next i
            End If
            m_Step = 0
        End Select
    End Sub
End Class
```

点击左键后的鼠标移动操作将实现动态橡皮线的绘制，而右键单击事件则取消第一点的选择，并返回到平移变换初始状态。这两个事件的响应代码与 CCreateLine 类中的对应代码相似，可参见配套光盘。

3. 实现平移变换

首先需要在公共模块 Module1 中声明一个平移变换类 CMove 的实例：

```
Public transMove As New CMove()
```

然后为“平移”菜单和“平移”按钮添加单击后的事件响应代码：

```
Private Sub mnuMove_Click(ByVal sender As System.Object, ByVal e As System.EventArgs) Handles mnuMove.Click
    aCommand = transMove
End Sub
```

和

```
Private Sub btnTMove_Click(ByVal sender As System.Object, ByVal e As System.EventArgs) Handles btnTMove.Click
    mnuMove_Click(sender, e)
End Sub
```

9.5.2 旋转变换

在旋转变换中，需要进行两次鼠标点击，第一点作为图元旋转的基点，第二点用于确定旋转的角度，连接第一点到第二点的直线与 x 轴正方向的夹角即为旋转角度。这里需要在公共模块 Module1 中定义两个函数，一个是获取任意两点连线方位角的函数 GetAngle，另一个是计算一个点绕另外一个点旋转一定角度之后坐标的函数 pRotate。

获取任意两点连线方位角的函数 GetAngle 主要根据给定两点所确定的直线的斜率，用

反正切函数计算角度,计算时注意调整角度的范围,使其取值在 0 ~ 2π。有关该函数的代码参见配套光盘。

计算点旋转变换后坐标的函数 pRotate 代码如下:

```
Public Function pRotate(ByVal baseP As PointF, ByVal Pos As PointF, ByVal angle As Single) As PointF
  Dim pr As New PointF()
  Dim cosv, sinv As Single
  cosv = Cos(angle)
  sinv = Sin(angle)
  pr.X = Pos.X * cosv - Pos.Y * sinv + (1 - cosv) * baseP.X + baseP.Y * sinv
  pr.Y = sinv * Pos.X + cosv * Pos.Y + (1 - cosv) * baseP.Y - sinv * baseP.X
  Return pr
End Function
```

在该函数中,baseP 参数为旋转的基点,Pos 为要旋转的点,angle 为旋转角度。这里用到了绕任意点旋转的公式:

$$\boldsymbol{T}=\begin{bmatrix}1 & 0 & 0\\0 & 1 & 0\\-x_0 & -y_0 & 1\end{bmatrix}\begin{bmatrix}\cos\theta & \sin\theta & 0\\-\sin\theta & \cos\theta & 0\\0 & 0 & 1\end{bmatrix}\begin{bmatrix}1 & 0 & 0\\0 & 1 & 0\\x_0 & y_0 & 1\end{bmatrix}$$

$$=\begin{bmatrix}\cos\theta & \sin\theta & 0\\-\sin\theta & \cos\theta & 0\\-x_0\cos\theta+y_0\sin\theta+x_0 & -x_0\sin\theta-y_0\cos\theta+y_0 & 1\end{bmatrix}$$

由此可知,点(x,y)绕点(x_0,y_0)旋转之后的公式如下:

$$x' = x\cos\theta - y\sin\theta - x_0\cos\theta + y_0\sin\theta + x_0$$

$$y' = x\sin\theta + y\cos\theta - x_0\sin\theta - y_0\cos\theta + y_0$$

1. 重写基类的 Rotate 方法

在直线图元基本类 CLine 中重写 Rotate 方法的代码如下:

```
Public Overrides Sub Rotate(ByVal g As Graphics, ByVal basePos As PointF, ByVal aAngle As Single)
  m_Begin = pRotate(basePos, m_Begin, aAngle)
  m_End = pRotate(basePos, m_End, aAngle)
End Sub
```

该方法将直线的起点和终点进行绕 basePos 点的旋转变换,变换的结果作为新的直线的起点和终点。

矩形图元基本类 CRectangle 和圆类图元基本类 CCircle 中重写 Rotate 方法的代码与直线类似,只是将矩形的起点 m_basePos 和终点 m_desPos、圆心点 m_Center 和圆周上一点 m_pCircle 做相应变换即可。具体代码可参见配套光盘。

2. 创建 CRotate 类

CRotate 是一个旋转交互类,用于实现在旋转模式下 ICommand 接口中鼠标左键单击、鼠标平移和鼠标右键单击的事件。与 CMove 类相似,当第一次点击鼠标左键后并移动鼠标,在基点和鼠标当前点之间会出现一条动态变化的橡皮线;当第二次单击鼠标时,橡皮线消失,同时调用选中图元对应的 Rotate 方法，并根据鼠标的两次点击位置计算旋转角度进行变换，最后将原来位置的图元删除，并在新的位置绘制出图元。

在 My_CAD 工程中添加一个新的类，命名为 CRotate，该类将以 CRotate.vb 为文件名保存。在该类中添加单击鼠标左键 LButtonDown 的事件响应代码，该代码与 CMove 类中的对应代码相似。当鼠标第二次单击左键时的代码如下：

```
Case 2      '当第二次单击鼠标左键
  Dim tempLine As New CLine(m_basePos, m_desPos)
  tempLine.Draw(g, CGElement.geDrawMode.Drag)            '清除最后一条橡皮线
  tempLine = Nothing
  If geSels.Count > 0 Then                              '如果选择集中非空
    Dim aAngle As Single
    aAngle = GetAngle(m_basePos, m_desPos)              '计算旋转角度
    For i = 0 To geSels.Count - 1
      geSels(i).Draw(g, CGElement.geDrawMode.Delete)    '清除原来位置的图元
      geSels(i).Rotate(g, m_basePos, aAngle)            '进行旋转计算
      geSels(i).Draw(g, CGElement.geDrawMode.Selec)     '在新位置绘制图元
    Next i
  End If
  m_Step = 0                                            '鼠标点击次数回 0
End Select
```

点击左键后的鼠标移动操作和右键单击操作与 CMove 类中对应代码相似，可参见配套光盘。

3. 实现旋转变换

首先需要在公共模块 Module1 中声明一个旋转变换类 CRotate 的实例：

```
Public transRotate As New CRotate()
```

然后为“旋转”菜单和“旋转”按钮添加单击后的事件响应代码：

```
aCommand = transRotate
```

9.5.3　镜像变换

在 My_CAD 中，镜像变换是针对任意直线进行的镜像。镜像线由(x_1, y_1)和(x_2, y_2)两点构建，这两点通过两次单击鼠标左键获得。设镜像线与 y 轴的截距为 b，镜像线的方位角为 θ，图元相对于这条线进行镜像变换，需要用到 5 次变换。

(1)平移变换，将图形进行平移，使$(0, b)$点与坐标原点重合；

(2)旋转变换，将图形相对于原点顺时针旋转 θ 角度；

(3)镜像变换，将图形相对于 x 轴进行镜像；

(4)反旋转变换，是(2)的逆变换；

(5)反平移变换，是(1)的逆变换。

以上(1)～(5)的变换过程如图 9-9 所示。

总的变换公式为

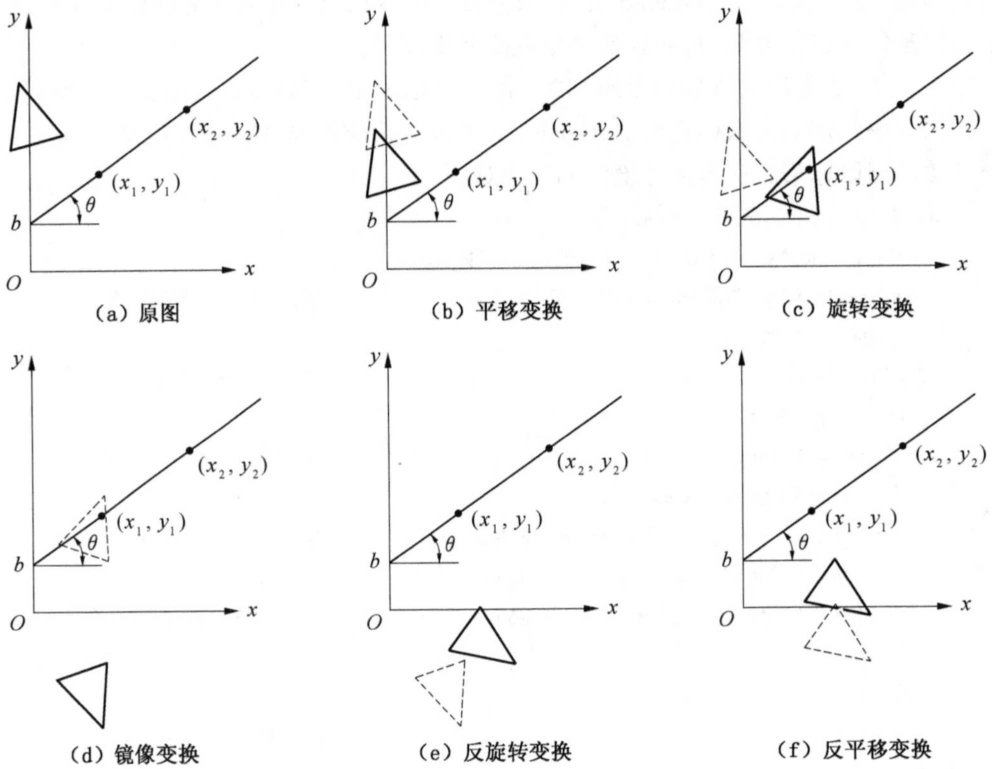

图 9-9　图形相对于任意位置直线的镜像变换

$$\boldsymbol{T} = \boldsymbol{T}_1\boldsymbol{T}_2\boldsymbol{T}_3\boldsymbol{T}_4\boldsymbol{T}_5$$

$$= \begin{bmatrix} 1 & 0 & 0 \\ 0 & 1 & 0 \\ 0 & -b & 1 \end{bmatrix}\begin{bmatrix} \cos\theta & -\sin\theta & 0 \\ \sin\theta & \cos\theta & 0 \\ 0 & 0 & 1 \end{bmatrix}\begin{bmatrix} 1 & 0 & 0 \\ 0 & -1 & 0 \\ 0 & 0 & 1 \end{bmatrix}\begin{bmatrix} \cos\theta & \sin\theta & 0 \\ -\sin\theta & \cos\theta & 0 \\ 0 & 0 & 1 \end{bmatrix}\begin{bmatrix} 1 & 0 & 0 \\ 0 & 1 & 0 \\ 0 & b & 1 \end{bmatrix}$$

$$= \begin{bmatrix} \cos 2\theta & \sin 2\theta & 0 \\ \sin 2\theta & -\cos 2\theta & 0 \\ -b\sin 2\theta & b\cos 2\theta + b & 1 \end{bmatrix}$$

由此可知,点(x,y)镜像变换之后的公式为

$$\begin{cases} x' = x\cos 2\theta + y\sin 2\theta - b\sin 2\theta \\ y' = x\sin 2\theta - y\cos 2\theta + b\cos 2\theta + b \end{cases}$$

其中,

$$b = \frac{x_2 y_1 - x_1 y_2}{x_2 - x_1}$$

与旋转变换类似,镜像变换在公共模块 Module1 中添加一个 pMirror 函数,用于计算一点相对另外两点所构成的直线的镜像数据。该函数要用到 3 个参数,分别是镜像线的起点、终点以及要镜像的点。具体代码可参见配套光盘。

接下来需要在 CLine 类、CRectangle 类和 CCircle 类中重写 Mirror 方法,即对直线的起点和终点、矩形的起点和终点、圆的圆心和圆周上一点进行镜像计算,得到镜像后的图元的数据。

最后创建 CMirror 类，用于实现在镜像模式下 ICommand 接口中鼠标左键单击、鼠标平移和鼠标右键单击的事件。与 CMove 类相似，当第一次点击鼠标左键后并移动鼠标，在基点和鼠标当前点之间会出现一条动态变化的橡皮线；当第二次单击鼠标时，橡皮线消失，同时调用选中图元对应的 Mirror 方法，并根据鼠标的两次点击位置进行镜像变换，最后将原来位置的图元删除，并在新的位置绘制出图元。

镜像功能的菜单和按钮实现与平移、旋转功能类似。在公共模块 Module1 中声明一个镜像变换类 CMirror 的实例 transMirror 后，为"镜像"菜单和"镜像"按钮添加单击后的事件响应代码：

```
aCommand = transMirror
```

9.5.4　比例缩放

比例缩放功能实现起来比较容易，因为只涉及鼠标对菜单或按钮的单击，而不需要用到鼠标在绘图区内单击、移动、右键单击等交互操作，所以不需要建立专门的交互操作类。但仍然需要在图元基类 CGElement 中添加 Scale 方法，并在各种图元基本类中重写该方法。

1. 在图元基本类中重写 Scale 方法

在直线类 CLine 中重写 Scale 方法的代码如下：

```
Public Overrides Sub Scale(ByVal g As Graphics, ByVal sx As Single, ByVal sy As Single)
    m_Begin.X = m_Begin.X * sx
    m_Begin.Y = m_Begin.Y * sy
    m_End.X = m_End.X * sx
    m_End.Y = m_End .Y * sy
End Sub
```

程序中 sx 和 sy 分别是 x 轴和 y 轴两个方向上的缩放因子。需要注意的是，这种缩放是针对坐标原点的，当前系统的原点在绘图区的左上角点。

CRectangle 类和 CCircle 类重写 Scale 方法的代码与直线类似，分别将矩形的起点和终点、圆的圆心和圆周上一点进行缩放计算，得到缩放后的图元的数据。

2. 实现比例变换

为"放大"菜单和"放大"按钮增加放大事件响应：

```
Private Sub mnuZoomIn_Click(ByVal sender As System.Object, ByVal e As System.EventArgs) Handles
mnuZoomin.Click
    Dim g As Graphics = Me.CreateGraphics()
    ScaleZoom(g, 1.2, 1.2)  '大于 1 的比例因子，对图元放大 1.2 倍
End Sub


Private Sub btnZoomIn_Click(ByVal sender As System.Object, ByVal e As System.EventArgs) Handles
btnZoomIn.Click
    mnuZoomin_Click(sender, e)
End Sub
```

这里用到了 ScaleZoom 函数，该函数是在模块文件 Module1 中定义的一个缩放函数，代码如

下：

```
Public Sub ScaleZoom(ByVal g As Graphics, ByVal dx As Single, ByVal dy As Single)
  Dim i As Integer
  For i = 0 To geSels.Count - 1
    geSels(i).draw(g, geDrawMode.Delete)
    geSels(i).scale(g, dx, dy)
    geSels(i).draw(g, geDrawMode.Selec)
  Next
End Sub
```

该函数的作用是对选择集中的图元调用 Scale 方法进行放大计算，并删除原来的图元，绘制放大后的新图元。

用同样的方法为“缩小”菜单和“缩小”按钮添加类似的事件响应代码，实现缩小操作。

9.6 添加绘图辅助工具

这里的绘图辅助工具主要是指状态栏的创建和坐标系的调整。

9.6.1 创建状态栏

状态栏的创建与工具条的创建类似。在 MainForm1 窗体设计模式下，点击工具箱中的 StatusStrip 控件，将其拖拽到窗体上，窗体下部自动出现状态栏，状态栏控件的图标 StatusStrip1 显示在窗体的下方，如图 9－10 所示。

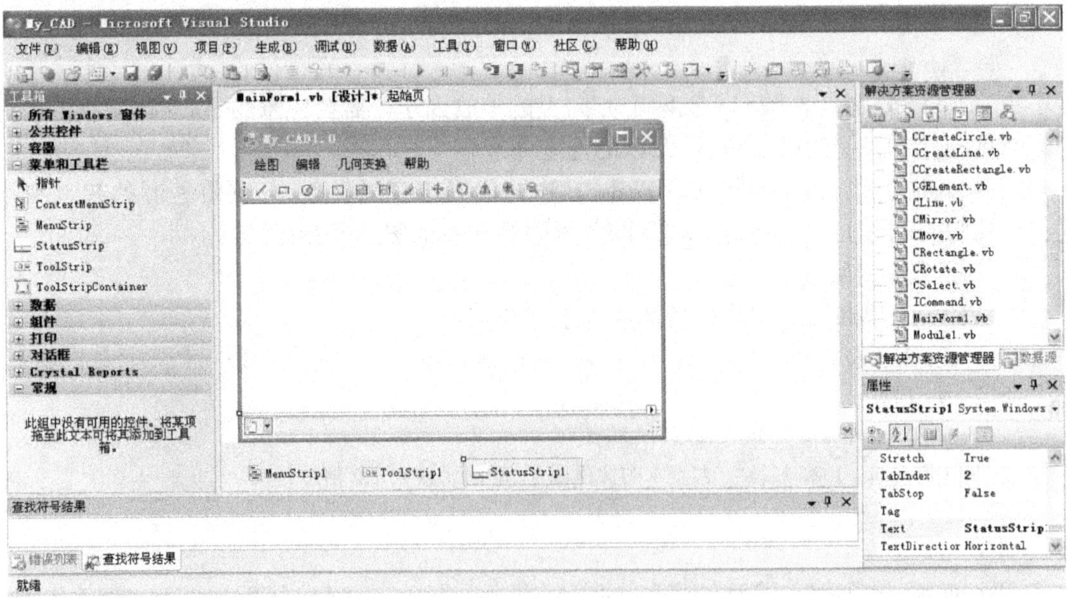

图 9－10 创建状态栏

右键单击窗体下方的 StatusStrip1 图标，选择编辑项，则弹出如图 9－11 所示的设置窗口。在图 9－11 上方的下拉菜单中选择 ToolStripStatusLabel1 选项添加进来，将其右侧属性列表中的 text 项改为“X = ?, Y = ?”。这时运行后的窗体如图 9 - 12 所示。

图 9 - 11　状态栏设置窗口

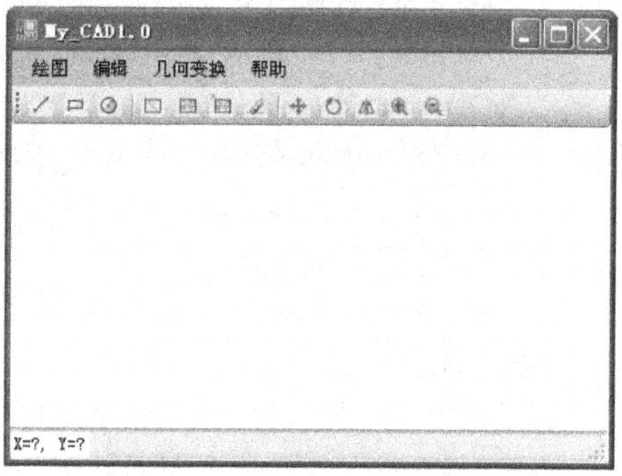

图 9 - 12　设置状态栏显示文本

9.6.2　调整坐标系

目前系统中所用的坐标系是系统默认坐标系，即原点在 MainForm1 窗体菜单条下方的左上角点，x 轴的正方向为水平向右，y 轴的正方向为垂直向下。现在设置一种用户坐标系，以绘图区的中心点为原点，x 轴水平向右为正，y 轴垂直向上为正，并将鼠标移动时的坐标显示在状态栏。

首先在公共模块文件 Module1 中声明两个全局变量，用以记录 MainForm1 窗体绘图区的宽度和高度的一半。

```
Public viewDX As Single
Public viewDY As Single
```

当 MainForm1 窗体加载时，即对这两个参数赋值。对窗体的 load 事件中进行以下编程：

```
Private Sub MainForm1 _ Load(ByVal sender As Object, ByVal e As System.EventArgs) Handles Me.Load
    Dim rect As Rectangle = Me.ClientRectangle      '获取绘图区的矩形区域
    Dim w As Integer = rect.Width
    Dim h As Integer = rect.Height
    viewDX = rect.Width / 2
    viewDY = rect.Height / 2
    aCommand = creLine      '当窗体加载时，自动以绘制直线命令为默认命令
End Sub
```

然后在公共模块文件 Module1 中，编制一个将点的坐标从系统默认坐标系向新坐标系转换的函数 PageToWorld。

```
Public Function PagetoWorld(ByVal ep As PointF) As PointF
    Dim p As New PointF()
    p.X = (ep.X - viewDX)
    p.Y = -(ep.Y - viewDY)
    Return p
End Function
```

最后给 MainForm1 窗体下的 OnMouseMove 添加坐标转换函数调用语句和坐标在状态栏显示语句。

```
Protected Overrides Sub OnMouseMove(ByVal e As MouseEventArgs)
    Dim g As Graphics = Me.CreateGraphics()
    Dim aPos As PointF = New PointF(e.X, e.Y)  '获取鼠标当前位置
    aCommand.MouseMove(g, aPos)    '调用交互绘图类对象的鼠标移动方法
    '进行系统坐标系向用户坐标系的变换
    Dim tran_aPos As PointF = PagetoWorld(New PointF(aPos.X, aPos.Y))
    '在状态栏显示鼠标当前点的坐标
    StatusStrip1.Items(0).Text = "X=" & Str(tran_aPos.X) & ", Y=" & Str(tran_aPos.Y)
End Sub
```

运行窗体后,则当移动鼠标时,在窗体左下角的状态栏上会实时动态地显示出鼠标在新坐标系下的坐标位置,如图 9-13 所示。

需要注意的是,这种坐标变换只是坐标显示上的变换,在每个图元的绘制过程中,使用的仍然是在原来系统默认坐标系下的数据。

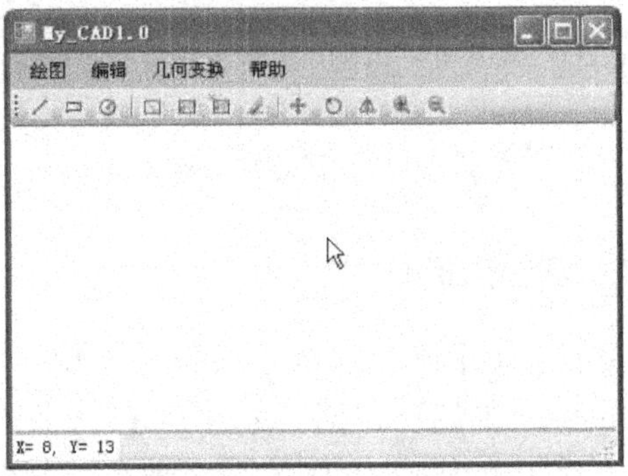

图 9-13　坐标的动态显示

习　题　9

9-1　为 My_CAD 系统创建一个程序启动界面。

9-2　为 My_CAD 系统添加版本信息和帮助文件。

9-3　为 My_CAD 系统增加书写文字的功能。

9-4　为 My_CAD 系统增加颜色拾取功能,即在绘制一个图形之间可以选择颜色。

9-5　为 My_CAD 系统增加文件存盘和打开已有文件的功能。

第 10 章　VBA 程序设计

10.1　VBA 简介

Visual Basic for Application(VBA)是由 Microsoft 创建的，用来自动执行任务的一个编程环境。它提供了一些用来创建图形用户界面(GUI)的可拖拉工具和用来与 AutoCAD 对象交互的编程语言。VBA 的功能与 VB 所能实现的功能几乎完全一样。从语言结构上讲，VBA 是 VB 的一个子集，它们的语法结构是一样的。但 VB 是一个独立的开发工具，它不需要依附于任何其他应用程序，它有自己完全独立的工作环境和编译、链接系统。VBA 却没有自己独立的工作环境，它必须依附于某一个主应用程序，如 Office、AutoCAD 等。正是由于 VBA 与主应用程序的这种关系，使得它与主程序之间的通信变得简单而高效。它与 AutoCAD 完全共享内存空间，所以执行速度比用 C 语言开发的 ADS 应用程序要快。

10.1.1　一个简单的 VBA 示例

该示例为在模型空间画一个圆，如图 10－1 所示。

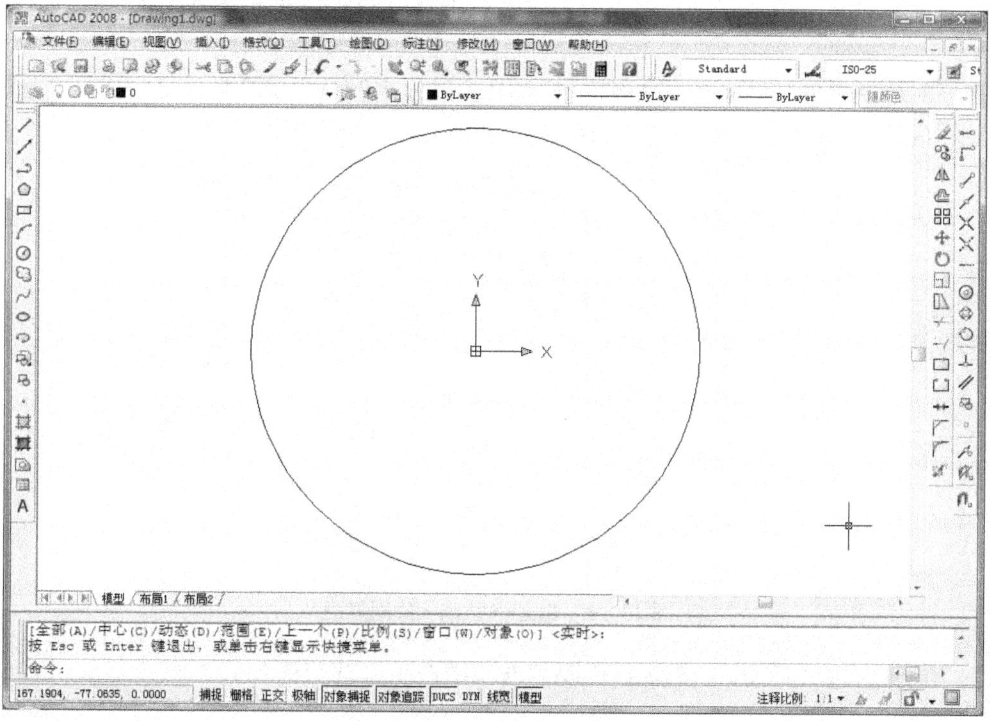

图 10－1　在模型空间画圆

该示例具体的编程过程如下：

(1)进入 VBA 集成开发环境。

进入 VBA 集成开发环境有两种方式，可以点击下拉菜单：工具(T)→宏(A)→Visual Basic 编辑器(B)；也可以直接在命令行输入命令：VBAIDE ，然后回车。此时打开【Microsoft Visual Basic】对话框，如图 10－2 所示。

图 10－2　VBA 编辑器初始界面

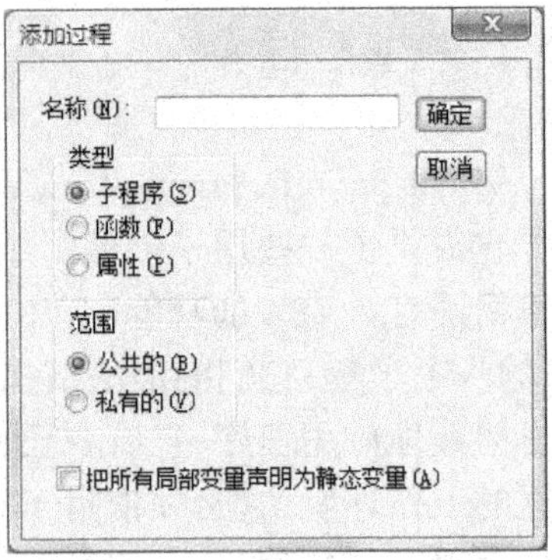

图 10－3　【添加过程】对话框

(2)添加模块。

点击 VBA 编辑器下拉菜单：插入(I)→模块(M)。

(3)添加过程。

点击 VBA 编辑器下拉菜单：插入(I)→过程(P)，即可打开【添加过程】对话框，如图 10－3 所示。

在该对话框中的"名称"右侧的编辑框内输入过程名"Circ"，在"类型"区选择"子程序"，在"范围"区选择"公共的"，最后单击【确定】按钮，VBA 编辑器将如图 10－4 所示。

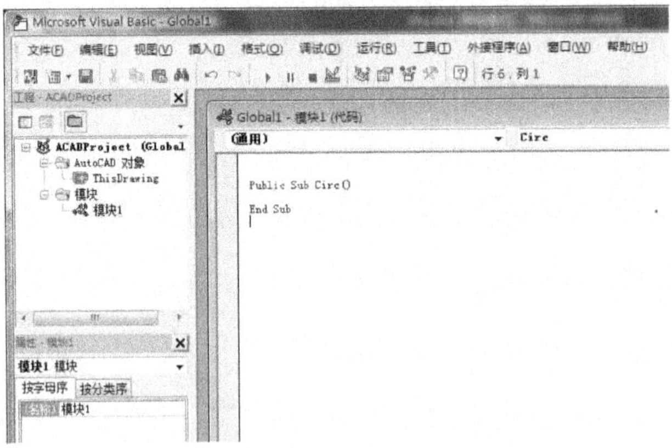

图 10－4　建立一个 Circ 公用过程

图 10－4 右边"Global1－模块 1(代码)"窗口中产生了两行语句：

```
Public Sub Circ ( )
End Sub
```

第一句是过程的起始行，上面有刚刚输入的过程名，第二句是过程的结束语句。Public

关键字表示名为 Circ 的过程是一个公用过程，它可以被同一模块中的不同过程或不同模块中的过程调用。Sub 关键字表示这一过程是一个子程序过程，不需要有返回值。这两行语句又称为过程框架。

(4)在该过程框架之间输入下列代码：

```
Public Sub Circ()
  Dim CircObj As AcadCircle
  Dim Center As Variant                                                     '定义变体变量
  Dim Radius As Double                                                      '定义半径变量
  Center = ThisDrawing.Utility.GetPoint(, "输入圆心点:")                     '输入一个点
  Radius = ThisDrawing.Utility.GetDistance(, "输入半径:")                    '输入半径
  Set CircObj = ThisDrawing.ModelSpace.AddCircle(Center, Radius)            '绘制圆
End Sub
```

此时，在 VBA 编辑器中将显示程序代码，如图 10－5 所示。

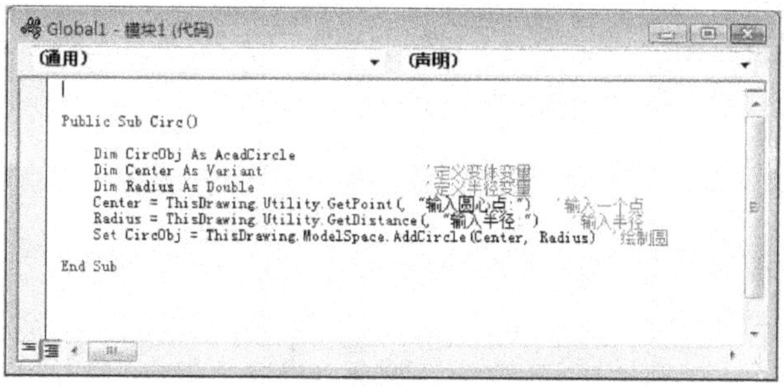

图 10－5　VBA 编辑器中的程序代码

(5)运行程序。

可以点击 VBA 编辑器工具图标：；也可以点击 VBA 编辑器下拉菜单：运行(R)→运行子过程/用户窗体。运行这个过程，此时回到 AutoCAD 环境中，并在命令提示区显示：

命令：输入第一角点：(鼠标定点)

命令：输入另一角点：(鼠标定点)

在绘图区绘制矩形。

(6) 保存程序。

可以点击 VBA 编辑器工具图标：；也可以点击 VBA 编辑器下拉菜单：文件(F)→保存全局 1(S)。此时打开【另存为】对话框，如图 10－6 所示。在该对话框的“文件名”右侧的编辑框中输入文件名“Circ.dvb”，然后单击【保存】按钮，就可将程序代码保存起来。此时保存的文件就是 VBA 的工程文件，扩展名为 dvb。

图 10－6　【另存为】对话框

10.1.2 VBA 工程

1. 工程的概念

工程是由许多具有一定功能的单元有机地组合而成的，例如模块、过程、窗体等在工程中都称为单元。这些单元之间的联系与相互调用是由工程在内部进行组织实施的。工程文件就是包含模块、过程、窗体等的文件。

利用 VBA 管理器，用户可以在当前图形中进行加载、卸载、保存、创建、嵌入和提取 VBA 工程等操作。

在 AutoCAD 环境中的命令调用：点击下拉菜单：工具(T)→宏(A)→VBA 管理器(V)；或直接在命令行输入命令：VBAMAN，然后回车。此时打开【VBA 管理器】对话框，如图 10－7 所示。

下面介绍如何利用此对话框进行有关的操作。

(1) 加载 VBA 工程。

加载工程是指在当前图形中加载已创建的全局 VBA 工程。工程加载后，就可以在当前图形中使用工程中定义的全部子例程（即宏）。

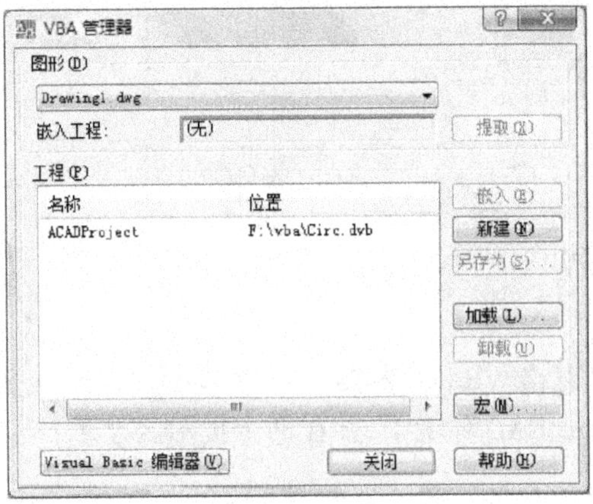

图 10－7 【VBA 管理器】对话框

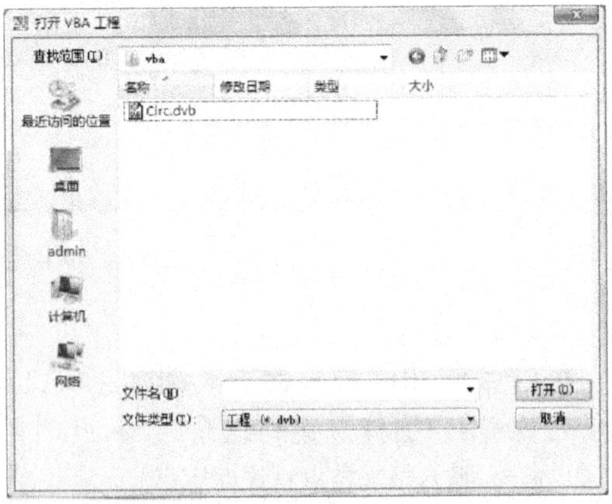

图 10－8 【打开 VBA 工程】对话框

单击【加载】按钮，打开【打开 VBA 工程】对话框，如图 10－8 所示。在该对话框中，选择要打开的工程文件“Circ.dvb”后，单击【打开】按钮，打开如图 10－9 所示的信息提示框。

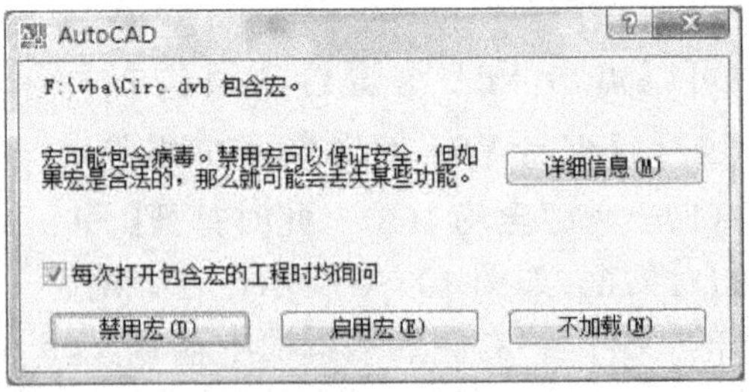

图 10－9 信息提示框

在信息提示框中，“禁用宏”是指加载工程，但没有激活宏。如果宏中带有病毒也不会产生危害，但会丧失宏的许多功能。“启用宏”可将加载工程中的所有宏激活，使其能够正常运行。“不加载”可以退出当前的加载操作，即不加载工程。

(2)卸载工程。

卸载不需要的 VBA 工程可释放内存。卸载工程的方法是：在【VBA 管理器】对话框的

“工程”列表区中选择要卸载的工程，再单击【卸载】按钮即可。

(3)嵌入工程。

嵌入工程是指把已加载的某一工程的副本嵌入到当前图形中。它随 AutoCAD 对应图形的打开或关闭而打开、关闭。一个图形中只能有一个内嵌工程。

给当前图形嵌入工程的方法是：在【VBA 管理器】对话框的“工程”列表区中选择要嵌入的工程，再单击【嵌入】按钮即可。

(4)提取工程。

提取工程是指从当前图形中删除已嵌入的工程，还可以将所提取的工程以全局工程的形式保存。

给当前图形嵌入工程的方法是：在【VBA 管理器】对话框中单击【提取】按钮，打开提取信息框，如图 10－10 所示。此对话框询问是否将保存提取的工程。单击【是】按钮，将打开【另存为】对话框，要求确定保存工程文件的位置与名称；如果单击【否】按钮，该工程数据将被彻底删除。

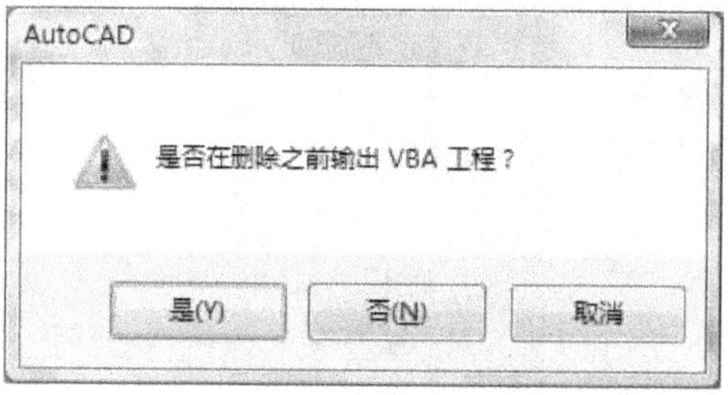

图 10－10　提取信息框

(5)创建新工程。

在【VBA 管理器】对话框中单击【新建】按钮，可以创建新的工程。

(6) 保存工程。

在【VBA 管理器】对话框中单击【保存】按钮，可以保存工程。

2. 宏的概念

在绘制矩形的例子中，过程框架：

```
Public Sub Rect ( )
…
End Sub
```

就是一个宏结构。在该框架之间添加相应的代码可构成一个特定的宏，在 VB 和 VBA 中常称为过程。宏是能够完成一个特定功能的一套指令集合。

在 AutoCAD 环境中的命令调用：点击下拉菜单：工具(T)→宏(A)→宏(A)；或直接在命令行输入命令：VBARUN，然后回车。此时打开【宏】对话框，如图 10－11 所示。

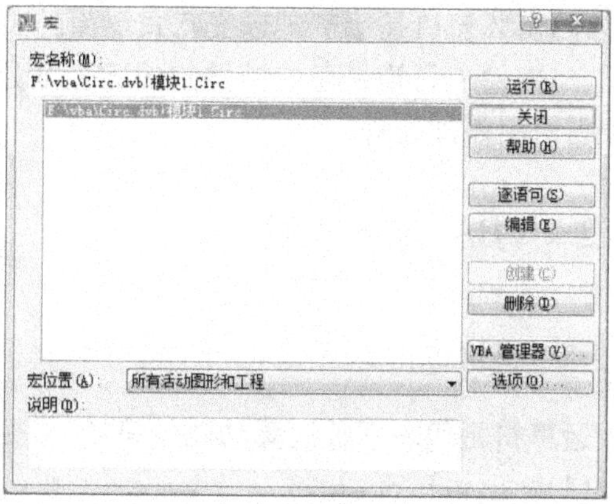

图 10－11　【宏】对话框

在【宏】对话框中，工程列表区中列出了指定显示范围中的全部宏。下面介绍【宏】对话框的功能。

(1)确定宏的显示范围。

通过【宏】对话框的下拉列表区，可确定在【宏】对话框的列表区中显示哪些宏。

(2)运行宏。

运行宏是指在当前 AutoCAD 图形中执

行宏的代码。运行宏的方法是:在【宏】对话框的“宏”列表区中选择要运行的宏,然后单击【运行】按钮。

(3)编辑宏。

利用编辑宏的功能,可以修改已有的宏。在【宏】对话框的“宏”列表区中选择要编辑的宏,然后单击【编辑】按钮,AutoCAD 即可启动 VBA 编辑器,如图 10-12 所示。

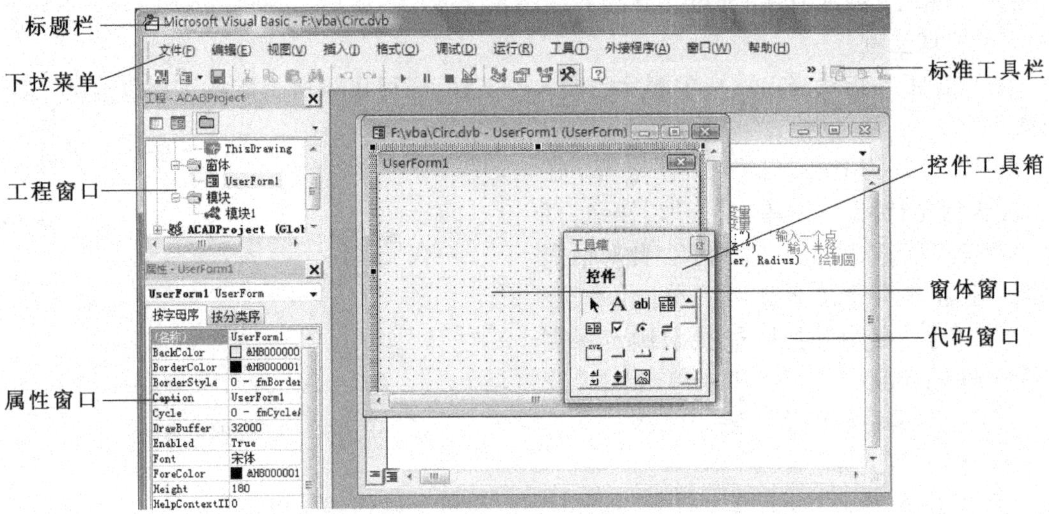

图 10-12　VBA 编辑器界面

3.VBA 编辑器

VBA 编辑器的界面见图 10-12。它包含有标题栏、下拉菜单、标准工具栏、工程窗口、属性窗口、代码窗口、窗体窗口、控件工具箱等部分。

(1)工程窗口形象地展示了主应用程序与窗体、模块及类模块的组织形式。从工程窗口中可以直接选择窗体、模块或类模块,对其进行编辑。

(2)属性窗口用于显示置于某一窗体上的某个控件的可见属性及其默认值,同时可以对可见属性的值进行编辑。

(3)代码窗口用于编写模块的过程代码,即宏的指令。

(4)窗体窗口是用于创建交互式界面的工具。其上可以放置用于各种目的的控件。

(5)控件工具箱是存放控件的地方。开始时控件箱中的控件是 VBA 的标准控件,但可以根据需要添加控件。

10.2　VBA 语言基础

10.2.1　运算符

运算符是代表某种运算功能的符号,常见的运行符有以下几种。

(1)赋值运算符:=。

(2)数学运算符:&、+(字符连接符)、+(加)、-(减)、Mod(取余)、\(整除)、*(乘)、/(除)、-(负号)、^(指数)。

(3)逻辑运算符:Not(非)、And(与)、Or(或)、Xor(异或)、Eqv(相等)、Imp(隐含)。

(4)关系运算符:=(相同)、< >(不等)、>(大于)、<(小于)、> =(不小于)、< =(不大于)、Like、Is。

(5)位运算符(暂时可不看位运算):Not(逻辑非)、And(逻辑与)、Or(逻辑或)、Xor(逻辑异或)、Eqv(逻辑等)、Imp(隐含)。

10.2.2　数据类型

VBA 共有 12 种数据类型,如表 10 - 1 所示,此外用户还可以根据以下类型用 Type 自定义数据类型。

表 10 - 1　VBA 中的数据类型

数据类型	类型标识符	字节
字符串型 String	$	字符长度(0 ~ 65400)
字节型 Byte	无	1
布尔型 Boolean	无	2
整数型 Integer	%	2
长整数型 Long	&	4
单精度型 Single	!	4
双精度型 Double	#	8
日期型 Date	无	8　公元 00/1/1—9999/12/31
货币型 Currency	@	8
小数点型 Decimal	无	14
变体型 Variant	无	以上任意类型,可变
对象型 Object	无	4

10.2.3　变量与常量

(1)VBA 允许使用未定义的变量,默认是变体变量。

(2)在模块通用说明部分,加入 Option Explicit 语句可以强迫用户进行变量定义。

(3)变量定义语句及变量作用域:

```
Dim 变量 as 类型        '定义为局部变量,如 Dim xyz as integer
Private 变量 as 类型    '定义为私有变量,如 Private xyz as byte
Public 变量 as 类型     '定义为公有变量,如 Public xyz as single
Global 变量 as 类型     '定义为全局变量,如 Global xyz as date
Static 变量 as 类型     '定义为静态变量,如 Static xyz as double
```

一般变量作用域的原则是,哪部分定义就在哪部分起作用,模块中定义则在该模块起作用。

(4)常量为变量的一种特例,用 Const 定义,且定义时赋值,程序中不能改变值,作用域也如同变量作用域。

10.2.4 判断语句

(1)If…Then…Else 语句:

```
If condition Then [statements][Else elsestatements]
```

condition 是个判断条件,当 condition 为真 True,就执行 Then 后面的 statements 那些语句,如果为假 False,则执行 elsestatements 语句。例如:

```
If A > B And C < D Then A = B + 2 Else A = B + 1
```

或

```
If x > 200 Then x = x - 100
```

(2)If…Then…Else 语句,可以嵌套:

```
If condition Then
  [statements]
[ElseIf condition - n Then
  [elseifstatements] …
[Else
  [elsestatements]]
End If
```

例如:

```
If  Number  <  10 Then
  Digits  =  1
ElseIf Number  <  100 Then
  Digits  =  2
Else
  Digits  =  3
End If
```

(3)Select Case…Case…End Case 语句:

VBA 程序的 Select Case 语句是多分支语句。它的功能是标识要计算的变量,然后用一系列 Case 语句指定相匹配的值,如果合适就执行其后的语句。其语法格式为

```
Select Case compvalue
  Case value1
    Code Lines1
  Case value2
    Code Lines2
  …
  [Case Else]
    [Code Linesn]
End Select
```

10.2.5 循环语句

(1)For…Next 语句:以指定次数来重复执行的一组语句。

```
For counter = start To end [Step step]        ' step 缺省值为 1
   [statements]
[Exit For]
   [statements]
Next [counter]
```

(2)Do…loop 语句:当条件为 True 时,或直到条件变为 True 时,重复执行一个语句块中的命令。

```
Do {while | until} condition
   Statements
Exit do
   Statements
Loop
```

其中,while 为当型循环,until 为直到型循环。

也可以使用下面这种形式:

```
Do
   Statements
Exit do
   Statements
Loop {while | until} condition
```

即先 do 再判断,不论如何先执行一次。

(3)while…wend 语句:只要条件为 True,循环就执行。

```
while condition
   [statements]
wend
```

10.2.6 数组

数组是包含相同数据类型的一组变量的集合,对数组中的单个变量引用通过数组索引下标进行。在内存中表现为一个连续的内存块,必须用 Global 或 Dim 语句来定义。定义规则如下:

```
Dim 数组名([lower to ]upper [, [lower to ]upper, ….]) as type
```

例如,Dim X(9) as String 声明了一个包含 10 个元素的数组,X(0) ~ X(9),如果没有指定 lower,则默认 lower = 0。

再例如,Dim MyArray(10, 10) As Integer 定义了一个 11 × 11 的整型数组。

除了以上固定数组外,VBA 还有一种功能强大的动态数组,定义时无大小维数声明;在程序中利用 Redim 语句来重新改变数组大小,原来数组内容可以通过加 preserve 关键字来保留。如下例:

```
Dim MyArray() As Integer          '声明动态数组
Redim MyArray(5)                  '分配 5 个元素
For I = 1 To 5                    '循环 5 次
   MyArray(I) = I                 '初始化数组
Next I
```

下一条语句重定义该数组的大小,并清除其中的元素。

```
Redim MyArray(10)            '大小重定为 10 个元素
For I = 1 To 10              '循环 10 次
  MyArray(I) = I             '初始化数组
Next I
```

下面的语句重定义该数组的大小,但没有清除其中的元素。

```
Redim Preserve MyArray(15)   '大小重定为 15 个元素
```

10.2.7 内部函数

在 VBA 程序语言中有许多内置函数,可以帮助程序代码设计和减少代码的编写工作。

这部分主要是供我们查阅、直接使用的。一般要注意某个函数的需要输入的参数是什么类型的,函数的返回值又是什么类型的。

(1)测试函数

IsNumeric(x):判断 x 是否为数字, 返回 Boolean 结果,True or False。

IsDate(x):判断 x 是否为日期, 返回 Boolean 结果,True or False。

IsEmpty(x):判断 x 是否为 Empty, 返回 Boolean 结果,True or False。

IsArray(x):判断 x 指出变量是否为一个数组。

IsError(expression):指出表达式是否为一个错误值。

IsNull(expression):指出表达式是否不包含任何有效数据 (Null)。

IsObject(identifier):指出标识符是否表示对象变量。

(2)数学函数

Sin(x):返回 x 的正弦函数值,单位为弧度。

Cos(x):返回 x 的余弦函数值,单位为弧度。

Tan(x):返回 x 的正切函数值,单位为弧度。

Atan(x):返回 x 的反正切函数值,单位为弧度。

Log(x):返回 x 的自然对数。

Exp(x):返回 e^x 值。

Abs(x):返回 x 的绝对值。

Int(number):返回 number 的整数部分。如果 number 为负数时,返回小于或等于 number 的第一个负整数,如将 -8.4 转换成 -9。

Fix(number):返回 number 的整数部分。如果 number 为负数时,返回大于或等于 number 的第一个负整数,如将 -8.4 转换成 -8。

Sgn(number):返回一个整型数值,指出 number 的正负号。若 number 大于 0,则返回 1;若 number 等于 0,则返回 0;若 number 小于 0,则返回 -1。

Sqr(number):返回 number 的平方根。

VarType(varname):返回一个整型值,指出变量的类型。

Rnd(x):产生一个位于 0 ~ 1 之间的单精度随机数据,x 为随机种子。

(3)字符串函数

Trim(string):去掉 string 左右两端空白。

Ltrim(string):去掉 string 左端空白。

Rtrim(string):去掉 string 右端空白。

Len(string):计算 string 长度。

Left(string, x):取 string 左端开始 x 个字符组成的字符串。

Right(string, x):取 string 右端开始 x 个字符组成的字符串。

Mid(string, start,x):取 string 从 start 位置开始的 x 个字符组成的字符串。

Ucase(string):转换为大写。

Lcase(string):转换为小写。

Space(x):返回 x 个空白的字符串。

Asc(string):返回一个 integer,代表字符串中首字母的字符代码。

Chr(charcode):返回 string,其中包含有与指定的字符代码相关的字符。

(4)类型转换函数

CBool(expression):将变量转换为 Boolean 型。

CByte(expression):将变量转换为 Byte 型。

CCur(expression):将变量转换为 Currency 型。

CDate(expression):将变量转换为 Date 型。

CDbl(expression):将变量转换为 Double 型。

CDec(expression):将变量转换为 Decemal 型。

CInt(expression):将变量转换为 Integer 型。

CLng(expression):将变量转换为 Long 型。

CSng(expression):将变量转换为 Single 型。

CStr(expression):将变量转换为 String 型。

CVar(expression):将变量转换为 Variant 型。

Val(string):将字符串变量转换为数值类型。

Str(number):将数值类型的变量转换为字符串。

(5)时间函数

Now:返回当前系统时间,包括日期和时间。

Date:返回当前系统日期。

Time:返回当前系统时间。

Timer:返回一个单精度数值,代表从午夜开始到现在经过的秒数。

TimeSerial(hour, minute, second):返回一个包含具有具体时、分、秒的时间。

DateDiff(interval, date1, date2[, firstdayofweek[, firstweekofyear]]):返回 Variant (Long) 的值,表示两个指定日期间的时间间隔数目。

Second(time):返回一个 0 ~ 59 之间的整数,表示 time 变量中的秒数。

Minute(time):返回一个 0 ~ 59 之间的整数,表示 time 变量中的分钟数。

Hour(time):返回一个 0 ~ 23 之间的整数,表示 time 变量中的小时数。

Day(date):返回一个 1 ~ 31 之间的整数,表示 date 变量中的一个月内的天数。

Month(date):返回一个 1 ~ 12 之间的整数,表示 date 变量中的月份数。

Year(date):返回 date 变量中年份的整数。

Weekday(date, [firstdayofweek]):返回一个整数,代表 date 变量中的日期是星期几。

10.3 VBA 程序设计举例

10.3.1 画矩形

在画矩形的时候,对于所输入的两个对角点是有约束的,即输入的第一个对角点为矩形的左下角点,第二个对角点为右上角点。如果希望所输入的两个对角点没有限制(图 10-13),那么将画矩形的程序修改如下:

```
Public Sub Rect ( )
  Dim lineObj As AcadLine                                   '定义直线对象变量
  Dim pt1 As Variant, pt3 As Variant                        '定义变体变量
  Dim L As Double, W As Double                              '定义双精度变量
  Dim pt2(0 To 2) As Double, pt4(0 To 2) As Double          '定义点的双精度数组变量

  pt1 = ThisDrawing.Utility.GetPoint( , "输入第一角点:")    '输入一个点
  pt3 = ThisDrawing.Utility.GetPoint( , "输入另一角点:")    '输入一个点
  L = pt3(0) - pt1(0): W = pt3(1) - pt1(1)                  '计算矩形的长、宽
  '以下判断各种输入点的顺序,并分别计算点 pt2、pt4
  If (L > 0) And (W > 0) Then
    pt2(0) = pt1(0) + L: pt2(1) = pt1(1): pt2(2) = pt1(2)
    pt4(0) = pt3(0) - L: pt4(1) = pt3(1): pt4(2) = pt3(2)
  ElseIf (L < 0) And (W > 0) Then
    pt2(0) = pt1(0): pt2(1) = pt1(1) + W: pt2(2) = pt1(2)
    pt4(0) = pt3(0): pt4(1) = pt3(1) - W: pt4(2) = pt3(2)
  ElseIf (L < 0) And (W < 0) Then
    pt2(0) = pt1(0) + L: pt2(1) = pt1(1): pt2(2) = pt1(2)
    pt4(0) = pt3(0) - L: pt4(1) = pt3(1): pt4(2) = pt3(2)
  ElseIf (L > 0) And (W < 0) Then
    pt2(0) = pt1(0): pt2(1) = pt1(1) + W: pt2(2) = pt1(2)
    pt4(0) = pt3(0): pt4(1) = pt3(1) - W: pt4(2) = pt3(2)
  End If
  '在模型空间创建直线对象
  Set lineObj = ThisDrawing.ModelSpace.AddLine(pt1, pt2)
  Set lineObj = ThisDrawing.ModelSpace.AddLine(pt2, pt3)
  Set lineObj = ThisDrawing.ModelSpace.AddLine(pt3, pt4)
  Set lineObj = ThisDrawing.ModelSpace.AddLine(pt4, pt1)
End Sub
```

说明:

(1) VBA 程序中对于关键字、类对象名、内置常数符号、字母的大小写有特定的设定,无须用户干涉,也不论用户怎么书写,均按系统规定的形式显示。例如:

```
Dim lineObj As AcadLine                    '定义直线对象变量
```

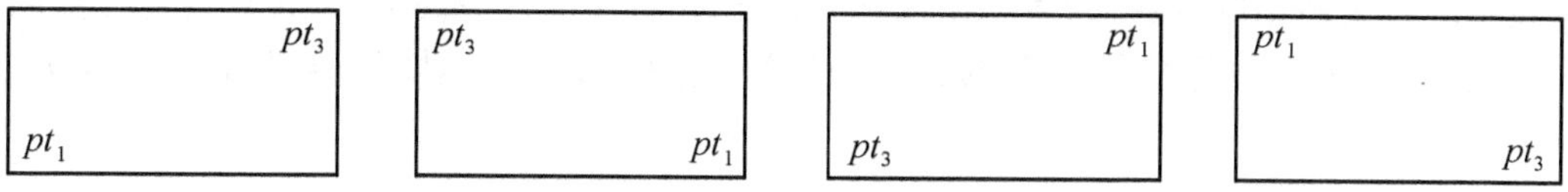

图 10-13　矩形角点的输入

从功能上讲,程序代码中字母的大小写一般不影响程序的运行,使用大小写的目的是为了提高代码的可读性。

(2) VBA 程序的赋值语句是最基本的语句。它的功能是让一个变量具有某个值。例如:

```
L = pt3(0) - pt1(0): W = pt3(1) - pt1(1)                '计算矩形的长、宽
```

下面语句是将对象中的方法获得或产生的值赋给左边的变量。

```
pt1 = ThisDrawing.Utility.GetPoint(, "输入第一角点:")     '输入一个点
pt3 = ThisDrawing.Utility.GetPoint(, "输入另一角点:")     '输入一个点
```

对象变量的赋值与一般变量的赋值有所不同,对象变量前必须使用关键字 Set,其语法格式为

```
Set 对象变量 = 对象运算表达式
```

例如:

```
Set lineObj = ThisDrawing.ModelSpace.AddLine(pt1, pt2)
```

该语句在模型空间从点 pt_1 到点 pt_2 画一条直线。

10.3.2　画正弦曲线

设正弦曲线(图 10-14a)的方程为

$$y = \sin(x) \qquad (0 \leqslant x \leqslant 2\pi)$$

在绘制正弦曲线时,将一个周期的曲线等分成若干小段,以二维多段线的形式绘制,等分数越大,则直线逼近曲线的程度就越高。在下面的程序中等分数取为 180,这意味着在正弦曲线上取 180 个等分点,并且计算每一个点的 x 和 y 坐标。程序中采用的方法是:先计算第一点的 x 坐标,通过 $y = \sin(x)$ 计算第一点的 y 坐标;再将此点的 x 加上一个增量 dx(dx = 2 * pi/180),得到下一点的 x 坐标,再计算相应的 y 坐标。不断地重复这个过程,直到计算了 180 个点为止。在模型空间创建一个包含这 180 个点的二维多段线对象,则可以画出一个周期的正弦曲线。当画在屏幕上时还需平移曲线(图 10-14b)。

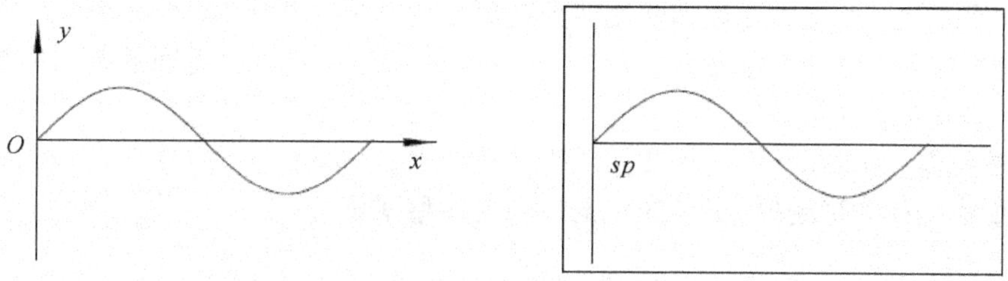

(a)　　(b)

图 10-14　正弦曲线

在程序中所使用的变量 sp 表示正弦曲线的显示起点；x、y 表示在标准原点时计算的点的 x、y 坐标；points()为存放平移后的点的坐标数组；dx 表示 x 的增量；i 表示循环计数器。程序如下：

```
Public Sub sins( )
  Dim plineObj As AcadLWPolyline                          '定义二维多段线对象变量
  Dim sp As Variant                                       '定义变体变量
  Dim points(0 To 361) As Double                          '定义双精度数组,存放点的坐标
  Dim i As Integer                                        '定义整型变量,用作循环计数器
  Dim x, y, dx As Double                                  '定义双精度变量

  sp = ThisDrawing.Utility.GetPoint(,"输入起点:")          '输入一个点
  i = 0: x = 0# : y = 0#                                  '计算起点的 x、y 坐标
  dx = 3.14159 / 90                                       '计算增量
  points(0) = sp(0): points(1) = sp(1)                    '计算平移后起点的 x、y 坐标
  For i = 1 To 180                                        '开始循环
    x = x + dx: y = Sin(x)                                '计算点的 x、y 坐标
    points(2 * i) = sp(0) + x:points(2 * i + 1) = sp(1) + y  '计算平移后点的 x、y 坐标
  Next i                                                  '循环尾
  Set plineObj = ThisDrawing.ModelSpace.AddLightWeightPolyline(points)  '创建二维多段线对象

End Sub
```

说明：

(1)在 AutoCAD 中，二维多段线称为 LightweightPolyline。它在 VBA 程序中的对象名是 AcadLWPolyline。在模型空间创建该对象的方法是：

```
Set plineObj = ThisDrawing.ModelSpace.AddLightWeightPolyline(points)
```

由此可知，创建一个二维多段线对象，首先应定义一个此类对象的对象变量，如"plineObj"；同时还应定义一个数组，如"points"，该数组用于存放多段线所通过的顶点坐标，其中 points(0)、points(2)、points(4)……为点的 x 坐标，points(1)、points(3)、points(5)……为点的 y 坐标。

(2)变体型变量(Variant)是一种特殊的数据类型，可以包含任何类型的数据，固定长度的字符串数据和用户定义的类型除外。变量还可以包含特殊值 Empty、Error、Nothing 和 Null。可以使用 VarType 或 TypeName 函数来确定如何处理变量中的数据。变体型变量用于和 AutoCAD 传递数组数据。这表示使用对象的属性和方法时，如果输入数组作为参数，那么 VBA 自动将数组转换为变体型变量。此外，从函数或者对象的属性返回的数组数据也将自动转换为变体型变量进行处理。

points 数组作为参数时，将自动转换成变体型变量，然后才进行生成多段线的操作。同时，如果返回点坐标的数组时，必须先定义一个变体型变量。

例如：

```
Sub AddLightWeightPolyline( )
  Dim plineObj As AcadLWPolyline
  Dim points(0 To 5) As Double
```

```
    '下面三条语句定义二维多段线的点
    points(0) = 2: points(1) = 4
    points(2) = 4: points(3) = 2
    points(4) = 6: points(5) = 4
    '在模型空间中创建二维多段线对象
    Set plineObj = ThisDrawing.ModelSpace.AddLightWeightPolyline(points)
End Sub
```

也可以将多段线端点数组定义为变体型变量：

```
Dim vpoints As Variant
    Vpoints = points
    Set plineObj = ThisDrawing.ModelSpace.AddLightWeightPolyline(vpoints)
```

或

```
    Set plineObj = ThisDrawing.ModelSpace.AddLightWeightPolyline(points)
    Dim vpoints As Variant
    vpoints = plineObj.Coordinates
```

比较 vpoints 和 points，它们的维数相同，元素个数相同，值也相同。

10.3.3 画空间圆柱螺旋线

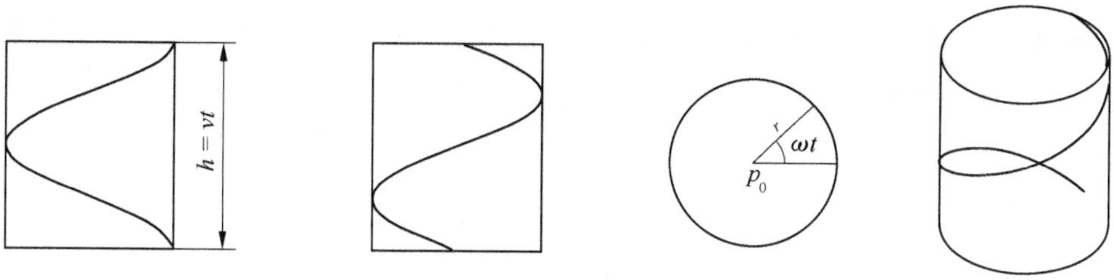

图 10－15　圆柱螺旋线的有关参数

设圆柱螺旋线（图 10－15）的运动方程为

$$\begin{cases} x = r\cos(\omega t) \\ y = r\sin(\omega t) \\ z = vt \end{cases}$$

其中，p_0 为圆心，r 为圆柱半径，ω 为动点作圆周运动的角速度，h 为螺旋线导程，v 为动点作直线运动的速度，t 为运动的时间。设运动一周的时间为 180，在程序中 ω 用 w 来代表，则有 $w = 2\pi/180$，$v = h/180$。程序如下：

```
Public Sub Screw( )
    Dim polyObj As Acad3DPolyline          '定义三维多段线对象变量
    Dim p0 As Variant                      '定义变体变量
    Dim points(0 To 542) As Double         '定义双精度数组，用于存放点的坐标
    Dim t As Integer                       '定义整型变量，用作循环计数器
    Dim x, y, z As Double                  '定义双精度数
    Dim r,h,w,v As Double                  '定义双精度数
```

```
  p0 = ThisDrawing.Utility.GetPoint(, "输入圆心:")           '输入一个点
  r = Val(InputBox("半径:"))                                 '通过信息框输入半径
  h = Val(InputBox("导程:"))                                 '通过信息框输入导程

  t = 0: w = 3.14159 / 90: v = h / 180                       '计算角速度与线速度
  x = 0: y = 0: z = 0                                        '计算起点的 x、y、z 坐标

  For t = 0 To 180                                           '开始循环
    x=r* Cos(w*t):y=r*Sin(w*t):z=v*t                         '计算点的 x、y、z 坐标
    points(3 * t) = p0(0) + x: points(3 * t + 1) = p0(1) + y
    points(3 * t + 2) = p0(2) + z                            '计算平移后点的 x、y、z 坐标
  Next t                                                     '循环尾
  '在模型空间创建三维多段线对象
  Set polyObj = ThisDrawing.ModelSpace.Add3DPoly(points)
End Sub
```

说明：在 AutoCAD 中，三维多段线称为 3DPolyline。它在 VBA 程序中的对象名是 Acad3DPolyline。在模型空间创建该对象的方法是：

```
Set plineObj = ThisDrawing.ModelSpace.Add3DPoly(points)
```

由此可知，创建一个三维多段线对象，首先应定义一个此类对象的对象变量，如"polyObj"；同时还应定义一个数组，如"(points)"，该数组用于存放多段线所通过的顶点坐标，其中 points(0)、points(3)、points(6)……为点的 x 坐标，points(1)、points(4)、points(7)……为点的 y 坐标，points(2)、points(5)、points(8)……为点的 z 坐标。

10.3.4 三维实体操作

绘制如图 10-16 所示的两个圆柱相贯的例子。

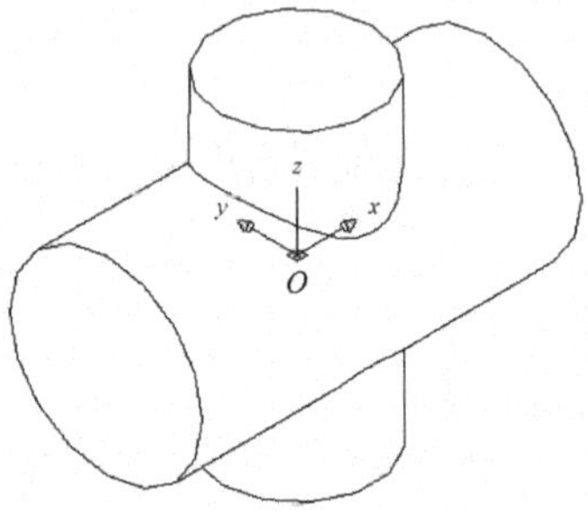

图 10-16 两圆柱相贯

```
Public Sub Create_Solid( )
  ThisDrawing.SetVariable "ISOLINES", 10
  '为创建两个柱体声明对象变量和参数变量

  Dim cylObj1 As Acad3DSolid, cylObj2 As Acad3DSolid
  Dim cylCenter(0 To 2) As Double
  Dim cylRadius As Double
  Dim cylHeight As Double
  '为第一个柱体的参数赋值
  cylCenter(0) = 0: cylCenter(1) = 0: cylCenter(2) = 0
  cylRadius = 100
  cylHeight = 420
  '创建第一个柱体
  Set cylObj1 = ThisDrawing.ModelSpace.AddCylinder (cylCenter, cylRadius, cylHeight)
  '为第二个柱体的参数赋值
  cylCenter(0) = 0: cylCenter(1) = 0: cylCenter(2) = 0
  cylRadius = 125
```

```
    cylHeight = 500
    '创建第二个柱体
    Set cylObj2 = ThisDrawing.ModelSpace.AddCylinder (cylCenter, cylRadius, cylHeight)
    '声明创建转动轴的 2 个点数组变量
    Dim point1(0 To 2) As Double, point2(0 To 2) As Double
    '将第二个柱体绕位于 yOz 平面内的轴转动 90°
    point1(0) = 0: point1(1) = -210: point1(2) = 0
    point2(0) = 0: point2(1) = 210: point2(2) = 0
    cylObj2.Rotate3D point1, point2, 3.1415926 / 2
    '改变观察方向
    Dim NewDirection(0 To 2) As Double
    NewDirection(0) = -1: NewDirection(1) = -1: NewDirection(2) = 1
    ThisDrawing.ActiveViewport.Direction = NewDirection
    ThisDrawing.ActiveViewport = ThisDrawing.ActiveViewport
    '将两个柱体进行布尔并集运算
    cylObj1.Boolean acUnion, cylObj2
    ThisDrawing.Regen True
End Sub
```

如要对两个柱体进行布尔差集运算，则程序代码修改如下：

```
cylObj2.Boolean acSubtraction, cylObj1
ThisDrawing.Regen True
```

10.4 模块、过程及窗体的调用

前面章节已经介绍过以对话框的形式输入参数绘制钢筋的例子。现在利用这个例子(图 10－17)，在 VBA 中通过窗体的形式输入参数，进而绘制钢筋图。

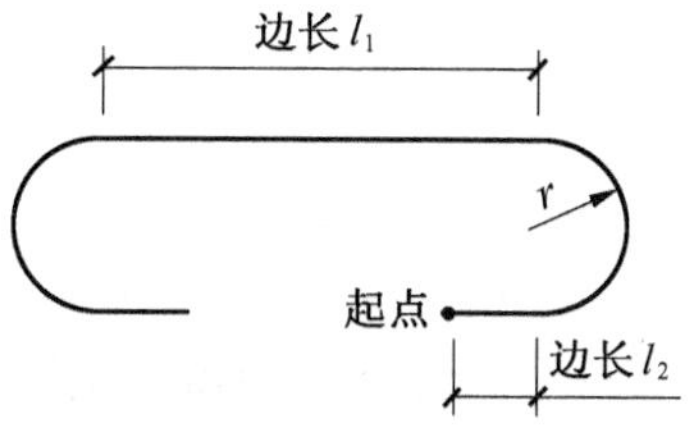

图 10－17　钢筋的有关参数

10.4.1 添加窗体及控件

1. 添加窗体

点击 VBA 编辑器下拉菜单：插入(I)→用户窗体(U)，即可在 VBA 编辑器中创建一个窗体。并在工程窗口中的“窗体”下新增一个“UserForm1”的名称。通过属性窗口中的“Caption”属性，将原“UserForm1”改为“钢筋”。此时，在窗体的标题栏上可见“钢筋”的标签，将它的属性“Height”设为 180，“Width”设为 240，如图 10－18 所示。

2. 添加标签控件

单击控件工具箱中的图标“A”，在窗体的左上侧添加一个标签控件。通过属性窗口，将它的“Caption”设为“边长 L1”、“Height”设为 15、“Width”设为 40。以同样的方法再添加两个一样大小的标签控件“边长 L2”和“半径 R”，如图 10－19 所示。

3. 添加文字框控件

单击控件工具箱中的图标“ab”，在窗体的中上侧添加一个文字框控件，它的名称为

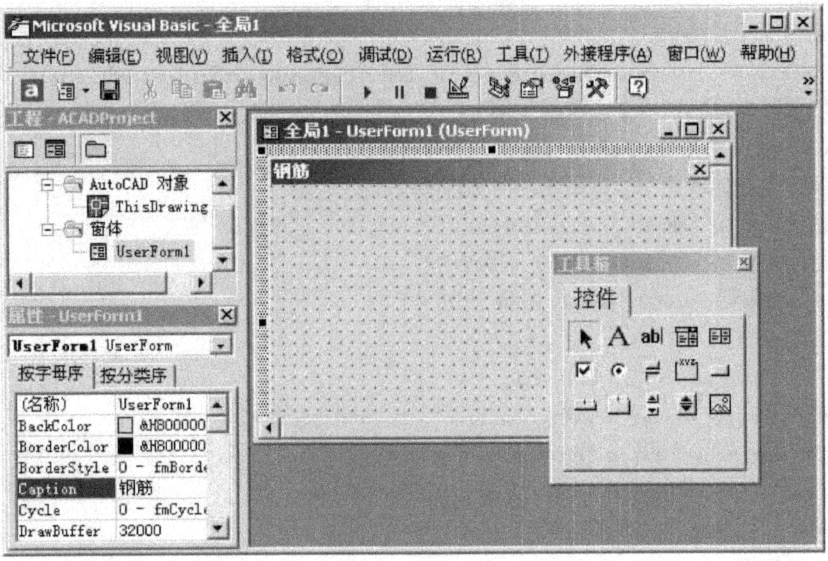

图 10-18　添加窗体

"TextBox1"。通过属性窗口，将它的"Height"设为 15、"Width"设为 40。以同样的方法再添加两个一样大小的文字框控件"TextBox2"和"TextBox3"，如图 10-20 所示。

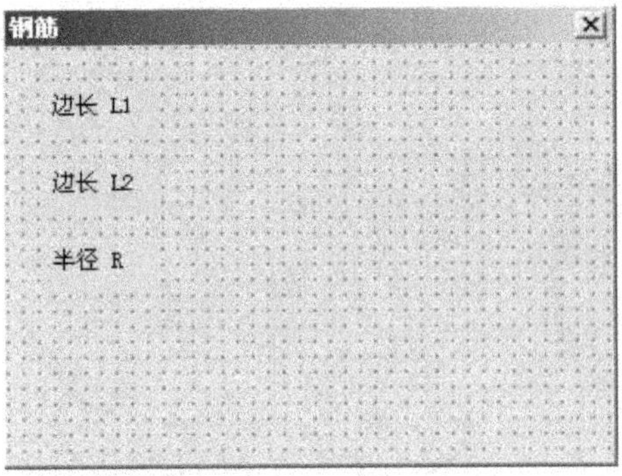

图 10-19　添加标签控件

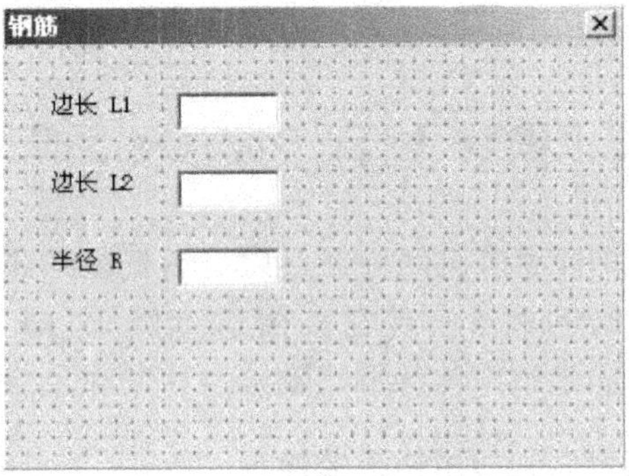

图 10-20　添加文字框控件

4. 添加图像控件

单击控件工具箱中的图标，在窗体的右上侧添加一个图像控件，它的名称为"Image1"。通过属性窗口，将它的"Height"设为 80、"Width"设为 115。

单击属性窗口"Picture"右侧的图标…，打开【加载图片】对话框，如图 10-21 所示。在该对话框中选择要加载的图片文件"STEEL.BMP"，再单击【打开】按钮，则所选择的图片显示在图像控件中，如图 10-22 所示。

5. 添加命令按钮控件

单击控件工具箱中的图标，在窗体的左下侧添加一个命令按钮控件，它的名称为"Command Button1"。通过属性窗口，将它的"Caption"设为"确定"，"Height"设为 20，"Width"设为 60。以同样的方法再添加一个命令按钮控件"取消"，如图 10-23 所示。

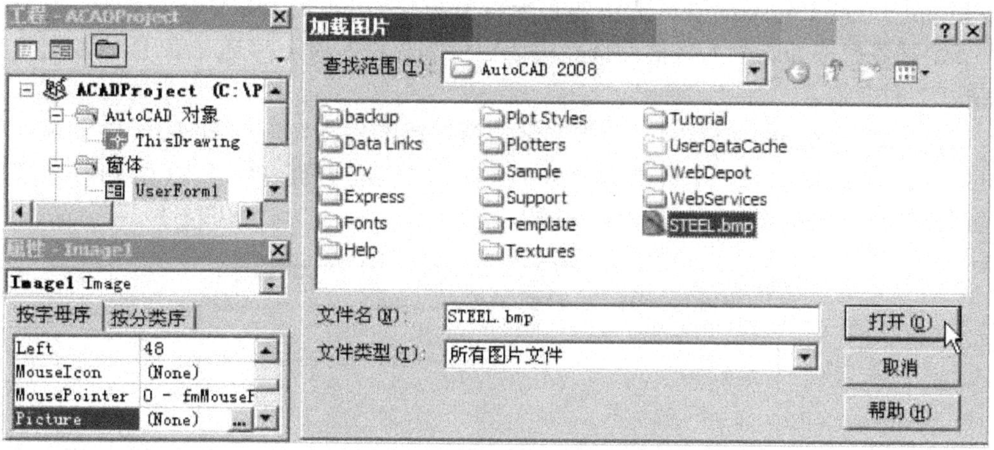

图 10-21　【加载图片】对话框

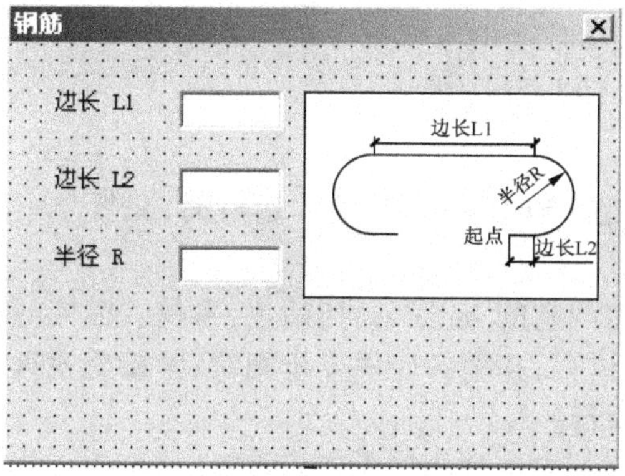

图 10-22　添加图像控件

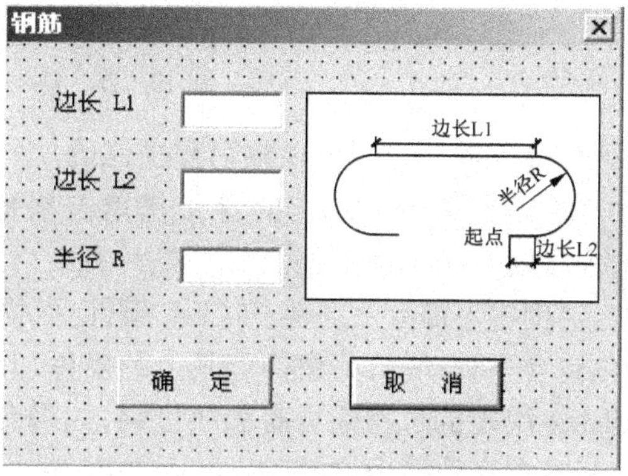

图 10-23　添加命令按钮控件

6. 为窗体添加程序代码

为了能从窗体输入数据，需要为窗体和控件添加程序代码。

(1)双击窗体，出现了几乎与代码窗口一样的窗口界面，但左、右上角的组合框内容则完全不同了，如图 10-24 所示。

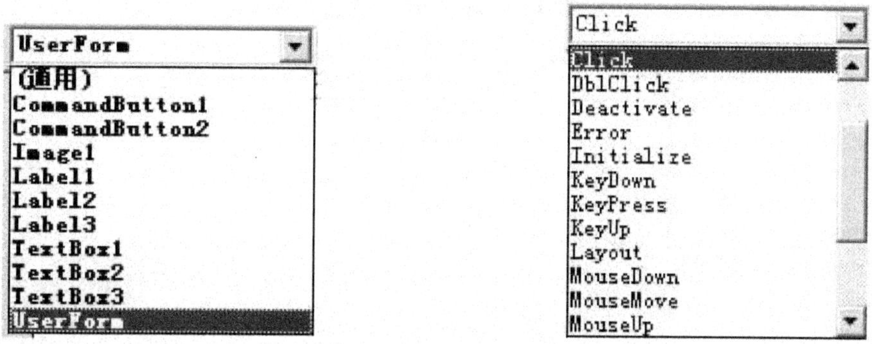

(a) 左上角是窗体及控件对象组合框　　(b) 右上角是事件组合框

图 10-24　左右上角组合框

左上角框内的 UserForm 表示选中的是窗体对象，其中有两个命令按钮控件、一个图像控件、三个标签控件和三个文字框控件。由于窗体和控件实质上都是对象，所以左上角的组合框是一个对象框。

右上角组合框显示出与对象框中被选定的窗体或控件相对应的事件，所以也称为事件框。当选定了左边框中的一个对象(如 UserForm)和右边框中的一个事件(如 Click)，空白屏幕上就会出现一个过程框架，如图 10－25 所示。

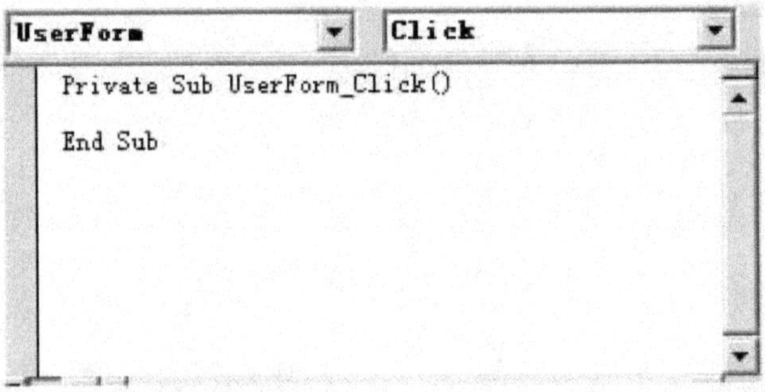

图 10－25　UserForm _ Click 过程框架

在过程框架之间可以编写程序代码。

Click 是一个事件，它的含义是单击鼠标左键。当 UserForm1 窗体运行时，只要单击窗体，程序就会调用该过程。

本例中不需要用窗体的 Click 事件，而需要用到它的 Initialize(初始化)事件。窗体的初始化包含下列动作：将窗体和其上的控件加载到内存，并把各控件安排到位；紧接着检查由 Initialize 决定的过程是否有程序代码，如果有就执行。

(2)在事件框中选择 Initialize，并在 Initialize 的过程框架内加入下列代码：

```
Private Sub UserForm1 _ Initialize( )
  UserForm1.TextBox1.Text = ""      '加载"TextBox1"控件,并将其"Text"属性置空
  UserForm1.TextBox2.Text = ""      '加载"TextBox2"控件,并将其"Text"属性置空
  UserForm1.TextBox3.Text = ""      '加载"TextBox3"控件,并将其"Text"属性置空
  UserForm1.TextBox1.SetFocus       '将"TextBox1"控件设为当前活动控件
End Sub
```

添加上述代码后，窗体窗口如图 10－26 所示。

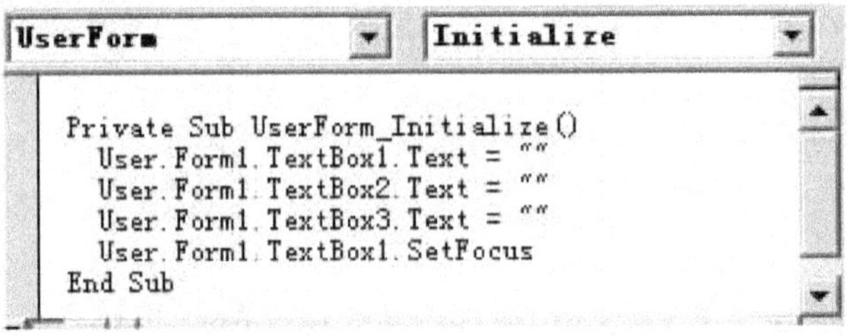

图 10－26　UserForm _ Initialize 过程

(3)在组合框中选择 CommandButton1 对象，在事件框中选择 Click 事件，添加一个 CommandButton1 _ Click 的过程框架，并在其框架内加入下列代码：

```
Private Sub CommandButton1 _ Click( )
  L1 = Val(UserForm1.TextBox1.Text)        '将“TextBox1”控件的“Text”属性值赋给变量 L1
  L2 = Val(UserForm1.TextBox2.Text)        '将“TextBox2”控件的“Text”属性值赋给变量 L2
  R = Val(UserForm1.TextBox3.Text)         '将“TextBox2”控件的“Text”属性值赋给变量 R
  Unload Me                                '卸载窗体
  Call DrawSteel                           '调用“DrawSteel”过程,按输入的参数画钢筋
End Sub
```

(4)在组合框中选择 CommandButton2 对象,在事件框中选择 Click 事件,添加一个 CommandButton2 _ Click 的过程框架,并在其框架内加入下列代码:

```
Private Sub CommandButton2 _ Click( )
  Unload Me          '卸载窗体
End Sub
```

添加上述代码后,窗体代码窗口如图 10－27 所示。

说明:

(1)Unload Me 语句是将窗体从内存中卸除掉。其中的“Me”代表窗体自身,这是 VBA 中很常用的一种方法。当使用的窗体较多时,可以不用记住窗体本身的名字,而直接使用 Me 即可。

(2)Call 是 VBA 内部标准函数,功能是调用过程或函数。Call 后面紧跟着所要调用的过程名或函数名(如 DrawSteel)。

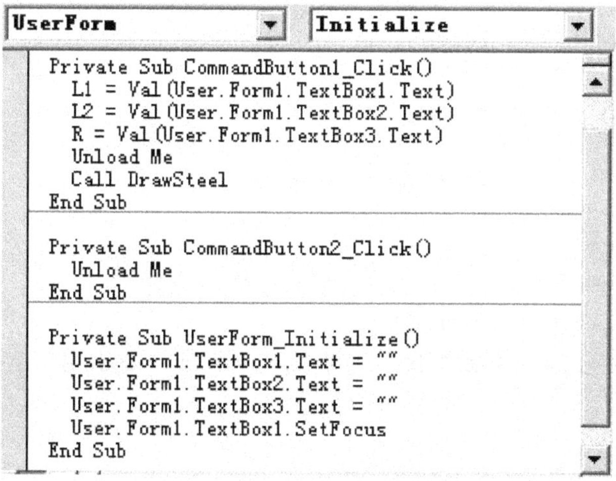

图 10－27　窗体过程代码窗口

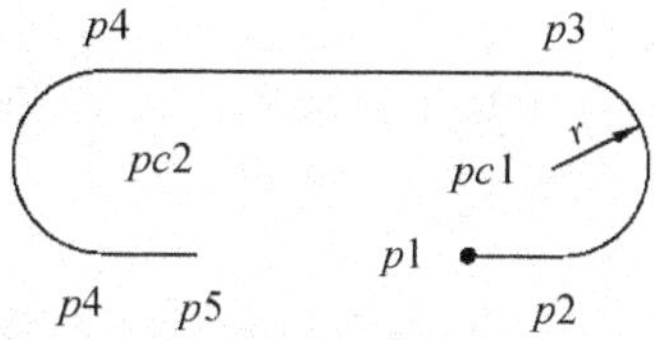

图 10－28　各端点与圆心的位置

7. 创建一个绘制钢筋图的过程

钢筋图各端点与圆心的位置如图 10－28 所示,创建的过程如下:

```
Public Sub DrawSteel( )                    '创建公共的子过程
  Dim p1 As Variant                        '定义变体型变量
  Dim p2(0 To 2) As Double                 '定义双精度型数组,保存点的坐标
  Dim p3(0 To 2) As Double
  Dim p4(0 To 2) As Double
  Dim p5(0 To 2) As Double
```

```
Dim p6(0 To 2) As Double
Dim pc1(0 To 2) As Double
Dim pc2(0 To 2) As Double

Dim a1 As Double, a2 As Double          '定义双精度型变量
Dim lineobj As AcadLine                 '定义直线对象变量
Dim arcobj As AcadArc                   '定义圆弧对象变量

p1 = ThisDrawing.Utility.GetPoint(, "输入起点:")
p2(0) = p1(0) + L2: p2(1) = p1(1): p2(2) = p1(2)          '计算第二点
p3(0) = p2(0): p3(1) = p2(1) + 2 * R: p3(2) = p2(2)       '计算第三点
p4(0) = p3(0) - L1: p4(1) = p3(1): p4(2) = p3(2)          '计算第四点
p5(0) = p4(0): p5(1) = p4(1) - 2 * R: p5(2) = p4(2)       '计算第五点
p6(0) = p5(0) + L2: p6(1) = p5(1): p6(2) = p5(2)          '计算第六点
pc1(0) = p2(0): pc1(1) = p2(1) + r: pc1(2) = p2(2)        '计算圆心
pc2(0) = p5(0): pc2(1) = p5(1) + r: pc2(2) = p5(2)        '计算圆心
a1 = 4.71: a2 = 1.57                                      '计算圆弧的起始角、终止角

'在模型空间创建直线对象
Set lineobj = ThisDrawing.ModelSpace.AddLine(p1, p2)
Set lineobj = ThisDrawing.ModelSpace.AddLine(p3, p4)
Set lineobj = ThisDrawing.ModelSpace.AddLine(p5, p6)
'在模型空间创建圆弧对象
Set arcobj = ThisDrawing.ModelSpace.AddArc(pc1, r, a1, a2)
Set arcobj = ThisDrawing.ModelSpace.AddArc(pc2, r, a2, a1)
End Sub
```

说明:

圆弧在 VBA 程序中的对象名是 AcadArc。在模型空间创建该对象的方法是:

```
Set arcObj = ThisDrawing.ModelSpace.AddArc(pc1,r,a1,a2)
```

其中,pc_1 是圆弧的圆心、r 是圆弧的半径、a_1 是圆弧的起始角、a_2 是圆弧的终止角。a_1、a_2 均采用弧度制。

10.4.2 在 VBA 中应用 AutoCAD 命令

在 VBA 中可以直接应用 AutoCAD 中的绘图命令,例如通过调用绘制矩形的命令"rectang"绘制一个矩形,矩形的两个对角点分别是(50,50),(200,150),命令格式如下:

```
Public Sub Command()
  ThisDrawing.SendCommand "_ rectang" & vbCr & "50,50" & _ vbCr & "200,150" & vbCr
End Sub
```

10.5 读写数据文件

10.5.1 打开文件与添加数据

VBA 有着极为丰富的读写数据文件的函数。下面程序的功能是打开文件 work.txt,并向其写入了数据。

```
Public Sub Write _ File( )
  Open "work.txt" For Append As 1              '打开文件,添加数据
  Dim a As Integer, b As Integer, c As Integer, d As String
  a = 2: b = 5: c = 8: d = "mirror"
  Write #1, a, b, c, d, "copy"                 'Write 语句输出清单中的项目以逗号分隔
  Print #1, a; b; c; d; "copy"                 'Print 语句输出清单中的项目以分号分隔
  Close #1                                     '关闭文件
End Sub
```

说明:

(1) 打开文件的语句格式为

```
Open pathname For mode As Filenumber
```

其中,pathname 为要打开的文件名及路径;mode 为打开文件的模式,可以是 Input、Output、Append、Binary 或 Random;

①Input 方式是从文件中读取数据;

②Output 方式把数据写入到文件中,在文件被打开时,任何存在文件中的数据都将被覆盖;

③Append 方式把数据写入到文件中,在文件被打开时,任何存在文件中的数据都将保持原样;

④Binery 方式可以使用字节单位来写入和读取文件里的数据;

⑤Random 方式通过把数据赋值给变量,从文件中读取数据。

Filenumber 为文件句柄,包含了从 1 ~ 511 的范围。这样可以同时打开多个文件,例如:

```
Open MyDataFile For Input As 5
```

(2)Write 语句向数据文件写入数据,数据之间以逗号分隔。

(3)Print 语句也是向数据文件写入数据,数据之间以分号分隔。

(4)打开的数据文件,写入或读取数据后,应用 Close 语句将其关闭。其语句格式为

```
Close # Filenumber
```

其中,Filenumber 为打开的数据文件的句柄。

10.5.2 从文件中读取数据

Input 可以从文件中逐个数据或几个数据或整行检索数据。从文件中读取数据之前必须保证文件被打开。

(1)使用 Input 语句从文件中读取数据。

例如在文件"work.txt"中读出 5 个数据,并将这 5 个数据分别赋值给变量 a、b、c、d 和 e。

```
Public Sub CopyVariables( )
  Dim a As Integer, b As Integer, c As Integer, d As String, e As String
  Open "work.txt" For Input As 1
  While Not EOF(1)                          'EOF 函数测试文件尾
    Input #1, a, b, c, d, e                 '读取单个数据
    MsgBox a & "," & b & "," & c & "," & d & "," & e
  Wend
  Close #1
End Sub
```

说明:EOF 函数测试文件尾,当到达文件的末尾时,返回值为 True;否则,返回值为 False。这个函数带有一个参数"Filenumber",为所测试文件的句柄。

(2)使用 Line Input 语句从文件中读取整行数据

例如在文件"work.txt"中每次读出一行数据,将本行数据赋值给变量 a。

```
Public Sub CopyWholeLine( )
  Dim a As String, c As String
  Open "work.txt" For Input As 1
  While Not EOF(1)
    Line Input #1, a                      '读取整行数据
    MsgBox a
    c = Left(a, 3)
    MsgBox c
  Wend
  Close #1
End Sub
```

说明:Left 函数的格式为 Left(string, number),即从字符串 string 左边开始读取出前 number 个字符。

10.5.3 读取图纸尺寸的数据文件

首先建立一个符合国家制图标准的图纸幅面的数据文件"BZTKB.TXT",然后通过 VBA 程序实现对该文件的查询。数据文件"BZTKB.TXT"的格式如下:

```
148 210  5  5
210 297  5  4
297 420  5  3
420 594  10 2
594 841  10 1
841 1189 10 0
```

此数据文件中的每一行记录某一图号的图纸幅面的数据,它的第一个元素表示图纸幅面的宽,第二个元素表示图纸幅面的长,第三个元素表示图纸的装订边尺寸,第四个元素表示图幅号。

```
Sub Create_Bztk( )
  Open "Bztk.txt" For Append As 1          '打开文件,添加数据
```

```
  Dim a As Integer, b As Integer, c As Integer, d As Integer
  a = 148: b = 210: c = 5: d = 5
  Write #1, a, b, c, d
  a = 210: b = 297: c = 5: d = 4
  Write #1, a, b, c, d
  a = 297: b = 420: c = 5: d = 3
  Write #1, a, b, c, d
  a = 420: b = 594: c = 10: d = 2
  Write #1, a, b, c, d
  a = 594: b = 841: c = 10: d = 1
  Write #1, a, b, c, d
  a = 841: b = 1189: c = 10: d = 0
  Write #1, a, b, c, d
  Close #1                              '关闭文件
End Sub
```

上面的程序创建了数据文件“BZTKB.TXT”。现要求当运行 VBA 程序时,用户先输入图幅号和绘图比例,通过查询数据文件“BZTKB.TXT”,取得相应的图幅数据,进而在屏幕上画出相应尺寸的图框(图 10-29)。程序中 L 为图框的长度,B 为图框的宽度,D 为留边尺寸,C 为装订边尺寸,N 为图幅号,S 为用户输入的图幅号。程序如下:

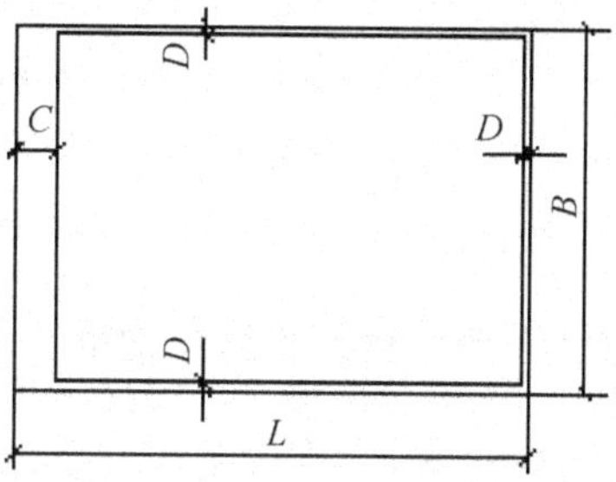

图 10-29 图框

```
Public Sub Bztk( )
  Dim S As Integer
  Dim B As Integer, L As Integer, C As Integer, N As Integer
  Dim flag As Integer
  Dim pt1(0 To 9) As Double, pt2(0 To 9) As Double
  Dim plineObj As AcadLWPolyline
  S = InputBox("\n 输入图幅号:")          '输入图幅号
  flag = 0                              '设置查询标志为 0
  Open "BZTKB.TXT" For Input As 1       '打开数据文件,读取数据
  While Not EOF(1)                      '如果不是文件尾
    Input #1, B, L, C, N                '读取各项数据
    If S = N Then                       '如果找到输入的图幅号
      flag = 1                          '将查询标志设为 1
      GoTo 100                          '退出循环
    End If                              '结束判断
  Wend                                  '结束循环
  100: Close 1                          '关闭数据文件"BZTKB.TXT"
  If flag = 1 Then                      '如果找到所需的图幅数据就设图幅及画图框
    pt1(0) = 0: pt1(1) = 0
    pt1(2) = L: pt1(3) = 0
```

```
        pt1(4) = L: pt1(5) = B
        pt1(6) = 0: pt1(7) = B
        pt1(8) = 0: pt1(9) = 0
        pt2(0) = 25: pt2(1) = C
        pt2(2) = L - C: pt2(3) = C
        pt2(4) = pt2(2): pt2(5) = B - C
        pt2(6) = 25: pt2(7) = pt2(5)
        pt2(8) = 25: pt2(9) = C
        Set plineObj = ThisDrawing.ModelSpace.AddLightWeightPolyline(pt1)  '画图纸外框
        Set plineObj = ThisDrawing.ModelSpace.AddLightWeightPolyline(pt2)  '画图框
        ZoomAll                          '将模型空间全局显示
    Else
        MsgBox ("没有找到所需数据")      '显示在文件中没有找到所需的数据
    End If                               '结束判断
End Sub                                  '结束过程
```

10.6 扩展数据和扩展记录数据

10.6.1 图形数据和属性数据

图形对象(也称为图元)是组成图形的可见对象(例如直线、圆、光栅图像等)。属性数据是保存图形对象的信息,比如圆可以代表电杆,那么圆就要保存电杆的信息如类型、地址、高度等。

属性数据可以保存于文件内部,比如扩展数据和扩展记录数据,它是随图形对象一起保存的,删除图形对象,将自动清除其属性数据,因而管理方便。属性数据也可以保存于外部数据库,常见的有文件,如文本文件、Excel 文件等,还有数据库,如 Access、Oracle 等,它需要人工手动进行管理,但数据的高效存取,通常通过句柄来实现它们之间的联结。

10.6.2 扩展数据和扩展记录数据

可以将扩展数据(Xdata)和扩展记录数据(XrecordData)用作链接信息与图形中对象的方式。扩展数据和扩展记录数据的区别是:扩展数据有 16k 存储空间的限制,并且使用 1000 及以上的组码值,而扩展记录数据则没有空间和顺序的限制,并且组码在 1000 以下。还有一个不同之处是可以在选择集中操作扩展数据。ACAD 提供了 SetXData 和 GetXData 的函数来设置和返回扩展数据,通常扩展数据需要提供一个已经注册的应用程序(RegisteredApplication)的名称作为不同程序之间的数据区分。ACAD 也提供了 SetXRecordData 和 GetXRecordData 的函数来设置和返回扩展记录数据,但是由于扩展记录数据是保存于扩展词典(ExtensionDictionary)中的,因而要用 HasExtensionDictionary 来判断是否包含扩展词典,而用 GetExtensionDictionary 来返回扩展词典,如不存在,它就会创建一个。再通过扩展词典的 GetObject 来返回扩展记录对象,AddXRecord 添加一个扩展记录对象。

下面的程序代码将创建一条直线,并且添加扩展数据。

```
Sub Example_XData( )
  '创建直线
  Dim lineObj As AcadLine
  Dim startPt(0 To 2) As Double, endPt(0 To 2) As Double
  startPt(0) = 10: startPt(1) = 10: startPt(2) = 0
  endPt(0) = 50: endPt(1) = 50: endPt(2) = 0
  Set lineObj = ThisDrawing.ModelSpace.AddLine(startPt, endPt)
  '初始化所有的扩展数据。注意第一个值必须是应用程序名称,而它的组码必须是 1001。
  Dim DataType(0 To 9) As Integer
  Dim Data(0 To 9) As Variant
  Dim reals3(0 To 2) As Double
  Dim worldPos(0 To 2) As Double

  DataType(0) = 1001: Data(0) = "Test_Application"
  DataType(1) = 1000: Data(1) = "This is a test for xdata"
  DataType(2) = 1003: Data(2) = "0"                          '层
  DataType(3) = 1040: Data(3) = 1.23479137438413E+40          '实数
  DataType(4) = 1041: Data(4) = 1237324938                    '距离
  DataType(5) = 1070: Data(5) = 32767                         '16 位整数
  DataType(6) = 1071: Data(6) = 32767                         '32 位整数
  DataType(7) = 1042: Data(7) = 10                            '比例因子
  reals3(0) = -2.95: reals3(1) = 100: reals3(2) = -20
  DataType(8) = 1010: Data(8) = reals3                        '实数
  worldPos(0) = 4: worldPos(1) = 400.99999999: worldPos(2) = 2.798989
  DataType(9) = 1011: Data(9) = worldPos                      '世界空间位置
  lineObj.SetXData DataType, Data                             '在直线上附着扩展数据

  Dim xdataOut As Variant
  Dim xtypeOut As Variant
  lineObj.GetXData "", xtypeOut, xdataOut                     '返回直线的扩展数据
End Sub
```

下面的程序代码提示用户选择图形中的对象,然后将选定的对象置于选择集中,并且指定的扩展数据将附着到该选择集中的所有对象。

```
Sub AttachXDataToSelectionSetObjects( )
  Dim sset As Object
  Set sset = ThisDrawing.SelectionSets.Add("SS1")             '创建选择集
  sset.SelectOnScreen                                         '提示用户选择对象
  '下面三行语句定义扩展数据,并赋值
  Dim appName As String, xdataStr As String
  appName = "MY_APP"
  xdataStr = "This is some xdata"

  Dim xdataType(0 To 1) As Integer
```

```
  Dim xdata(0 To 1) As Variant
  '为每个数组定义值
  xdataType(0) = 1001        '1001 指示 appName
  xdata(0) = appName
  xdataType(1) = 1000        '1000 指示字符串值
  xdata(1) = xdataStr
  Dim ent As Object
  '下面三行语句遍历选择集中的所有图元,将扩展数据设置和指定给每个图元
  For Each ent In sset
    ent.SetXData xdataType, xdata
  Next ent
End Sub
```

下面的程序代码将查看选择集中所有对象的扩展数据。如果附着的扩展数据不是字符串(类型 1000)类型,则需要修改此代码。

```
Sub ViewXData( )
  Dim sset As Object
  Set sset = ThisDrawing.SelectionSets.Item("SS1")
  '定义扩展数据变量以保存扩展数据信息
  Dim xdataType As Variant
  Dim xdata As Variant
  Dim xd As Variant

  Dim xdi As Integer                '定义索引计数器
  xdi = 0

  Dim msgstr As String
  Dim appName As String
  Dim ent As AcadEntity
  appName = "MY_APP"
  For Each ent In sset              '遍历选择集中的对象,并检索对象的扩展数据
    msgstr = ""
    xdi = 0
    ent.GetXData appName, xdataType, xdata     '检索 appName 扩展数据类型和值
    '如果未初始化 xdataType 变量,则没有可供该图元检索的 appName 扩展数据
    If VarType(xdataType) < > vbEmpty Then
      For Each xd In xdata
        msgstr = msgstr & vbCrLf & xdataType(xdi) & ": " & xd
        xdi = xdi + 1
      Next xd
    End If
    '如果 msgstr 变量为 NULL,则没有扩展数据
    If msgstr = "" Then msgstr = vbCrLf & "NONE"
    MsgBox appName & " xdata on " & ent.ObjectName & ":" & vbCrLf & msgstr
```

```
    Next ent
  End Sub
```

下面的程序代码选择包含扩展数据的圆,并过滤包含由“MY _ APP”应用程序添加的扩展数据的圆。

```
  Sub FilterXdata( )
    Dim sstext As AcadSelectionSet
    Dim mode As Integer
    Dim pointsArray(0 To 11) As Double      '三维点
    mode = acSelectionSetWindowPolygon      '多边形窗口选择方式
    pointsArray(0) = 0: pointsArray(1) = 0: pointsArray(2) = 0
    pointsArray(3) = 297: pointsArray(4) = 0: pointsArray(5) = 0
    pointsArray(6) = 297: pointsArray(7) = 210: pointsArray(8) = 0
    pointsArray(9) = 0: pointsArray(10) = 210: pointsArray(11) = 0
    Dim FilterType(1) As Integer
    Dim FilterData(1) As Variant
    Set sstext = ThisDrawing.SelectionSets.Add("SS2")
    FilterType(0) = 0
    FilterData(0) = "Circle"
    FilterType(1) = 1001
    FilterData(1) = "MY _ APP"
    sstext.SelectByPolygon mode, pointsArray, FilterType, FilterData

    '显示选择集中的图元数量及名称
    Dim entCount As Integer
    entCount = sstext.Count
    MsgBox "选择集中的图元数量:" & entCount

    Dim entobj As AcadEntity
    Dim I As Integer
    For I = 0 To entCount - 1
      Set entobj = sstext.Item(I)
      MsgBox "选择集中图元对象的名称:" & entobj.ObjectName
    Next I
  End Sub
```

下面这个例子演示当扩展记录对象不存在时创建一个新的扩展记录对象,并且添加扩展记录数据。

```
  Sub Example _ XRecordData()
    Dim TrackingDictionary As AcadDictionary, TrackingXRecord As AcadXRecord
    Dim XRecordDataType As Variant, XRecordData As Variant
    Dim ArraySize As Long, iCount As Long
    Dim DataType As Integer, Data As String, msg As String
    Unique identifiers to distinguish our XRecordData from other XRecordData
```

```
    Const TYPE_STRING = 1
    Const TAG_DICTIONARY_NAME = "ObjectTrackerDictionary"
    Const TAG_XRECORD_NAME = "ObjectTrackerXRecord"
    '连接扩展词典
    On Error GoTo CREATE
    Set TrackingDictionary = ThisDrawing.Dictionaries(TAG_DICTIONARY_NAME)
    Set TrackingXRecord = TrackingDictionary.GetObject(TAG_XRECORD_NAME)
    On Error GoTo 0
    '返回当前的扩展记录数据
    TrackingXRecord.GetXRecordData XRecordDataType, XRecordData
    '如果没有数组则创建数组
    If VarType(XRecordDataType) And vbArray = vbArray Then
      ArraySize = UBound(XRecordDataType) + 1     '返回扩展记录数据的元素个数
      ArraySize = ArraySize + 1                   '增加新的数据
      ReDim Preserve XRecordDataType(0 To ArraySize)
      ReDim Preserve XRecordData(0 To ArraySize)
    Else
      ArraySize = 0
      ReDim XRecordDataType(0 To ArraySize) As Integer
      ReDim XRecordData(0 To ArraySize) As Variant
    End If
    '添加新的扩展记录数据
    XRecordDataType(ArraySize) = TYPE_STRING: XRecordData(ArraySize) = CStr(Now)
    TrackingXRecord.SetXRecordData XRecordDataType, XRecordData
    '读取所有扩展记录数据的实体
    TrackingXRecord.GetXRecordData XRecordDataType, XRecordData
    ArraySize = UBound(XRecordDataType)
    '显示扩展记录数据
    For iCount = 0 To ArraySize
      '从这个元素中得到信息
      DataType = XRecordDataType(iCount)
      Data = XRecordData(iCount)
      If DataType = TYPE_STRING Then
        msg = msg & Data & vbCrLf
      End If
    Next iCount
    MsgBox "扩展记录数据是:" & vbCrLf & vbCrLf & msg, vbInformation
Exit Sub

CREATE:
    'Create the entities that hold our XRecordData
    If TrackingDictionary Is Nothing Then   'Make sure we have our tracking object
      Set TrackingDictionary = ThisDrawing.Dictionaries.Add(TAG_DICTIONARY_NAME)
```

```
    Set TrackingXRecord = TrackingDictionary.AddXRecord(TAG_XRECORD_NAME)
  End If
Resume
End Sub
```

10.7　AutoCAD 与 Excel 的通讯

1. 基本概念

Excel 应用程序对象(Application)提供了对 Excel 应用程序控制的接口。它包括工作簿对象(Workbook 对象),代表当前打开的一个 Excel 文件(文档)。而一个工作簿又包含了一些工作表对象(Worksheet 对象),代表工作簿中的一张工作表。Cell 代表工作表中的一个单元格。要定位一个单元格,在列方向使用 *A*、*B*、*C* 等英文字母,在行方向则使用 1、2、3 等数字,比如 *A*3 表示第 3 行第 1 列单元格。Range 是由一个或多个单元格构成的区域,比如 *A*1:*E*10 表示由左上角为 *A*1 单元格和右下角为 *E*10 单元格组成的区域。

在 VBA 中加载 Access 对象库的方法是:进入 VBA 编辑器(Visual Basic Editor),单击"工具"、"引用",打开【引用】对话框,在【可使用的引用】的下拉表中选择【Microsoft Excel 9.0 Object Library】项,再单击"确定"按钮,如图 10－30 所示。

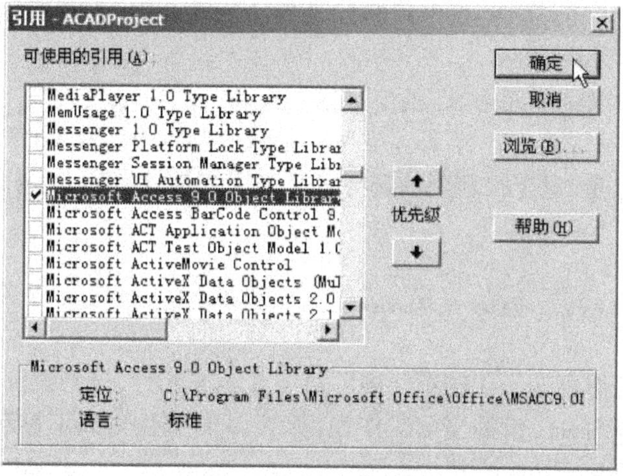

图 10－30　【引用】对话框

2. WorkBooks 集合对象

一个 WorkBooks 对象实际上就是一个 Excel 文件,Excel 应用程序可以同时打开或创建多个文件,它们被保存在 WorkBooks 集合对象中,可以通过索引号或名称访问集合中的任何一个工作簿

可以使用下面的语句激活 WorkBooks 集合中的第 1 个工作簿,使其成为当前工作簿:

```
Workbooks(1).Activate
```

可以使用下面的语句激活 WorkBooks 集合中的 Test.xls 工作簿,使其成为当前工作簿:

```
Workbooks("Test.xls").Activate
```

上述语句中的 Activate 就是使指定的工作簿成为当前工作簿的方法。

3.WorkSheets 对象

每个工作簿对象上可以有多个工作表 WorkSheets。在默认情况下,Excel 的当前工作簿上有名为 Sheet1、Sheet2 和 Sheet3 的 3 个工作表,且 Sheet1 为当前工作表。如果想使 Sheet2 成为当前工作表,可参考下面的语句:

```
ExcelApp. WorkSheets("Sheet2").Activate
```

ExcelApp 是已创建的 Excel 应用程序实例。在后面的程序中,可以看到它在 AutoCAD 中被创建的例子。

4.Range 对象

Range 对象用于指定工作表上的区域。

下面的语句将单元格 A1 的值赋给单元格 A5

```
WorkSheets("Sheet1").Range("A5").Value = WorkSheets("Sheet1").Range("A1").Value
```

Range 对象的一个重要方法是 Select,它所产生的效果与用鼠标在屏幕上将某个区域上的单元格进行刷黑选择是一样的。

下面的语句将单元格 A1 和 F10 所构成的区域选中。

```
WorkSheets("Sheet1").Range("A1:F10").Select
```

Range 对象的另一个重要方法是 Sort,该方法用于对工作表上选定的区域进行排序。

5.Cells 属性

工作表对象中的 Cells 属性,在单元格的选择方面可以达到与 Range 相同的效果,它是以行 Row 和列 Col 作为参数的。

下面的语句也可以将单元格 A1 的值赋给 A5。

```
WorkSheets("Sheet1").Cells(5,1).Value = WorkSheets("Sheet1").Cells(1,1).Value
```

Cells 属性的优点是,对于行和列的选择可以采用变量,如下面的语句所示:

```
WorkSheets("Sheet1").Activate
For Number = 1 To 5
      Cells(Number + 1,2).Value = Number
Next Number
```

这段语句将在当前工作表 Sheet1 的第 2 列的第 2、3、4、5、6 行,分别添加上 1、2、3、4、5 的值。由于第 1 条语句已将 Sheet1 设为当前工作表,所以 Cells 属性可以不显示指定工作表。

6.将明细表制作成 Excel 报表

下面的例子为在当前图形中查找所有的块引用,然后查找附着到这些块引用的属性,并将它们列在 Excel 表格中。

```
Public Sub Extract( )
  Dim Excel As Excel.Application                    '声明 Excel 应用程序对象变量


  On Error Resume Next
  'Excel 应用程序如果已运行,则获得它的对象实例
  Set Excel = GetObject( , "Excel.Application")
  If Err < > 0 Then                                 '如果 Excel 没有运行
    Err.Clear
    '创建 Excel 应用程序的对象实例
```

```
    Set Excel = CreateObject("Excel.Application")  '启动 Excel
End If

Dim ExcelSheet As Object
Dim ExcelWorkbook As Object
Dim RowNum As Integer
Dim Headers As Boolean
Dim elem As AcadEntity
Dim Array1 As Variant
Dim Count As Integer
Set ExcelWorkbook = Excel.Workbooks.Add        '创建新的工作簿并查找活动电子表格
Set ExcelSheet = Excel.ActiveSheet  '确保新创建工作簿上的 Sheet1 工作表为当前工作表
ExcelWorkbook.SaveAs "属性表.xls" '将新创建的工作簿以文件名为"属性表.xls"保存
RowNum = 1                          '从第 1 行开始
Headers = False                     '开始时没有标题行
For Each elem In ThisDrawing.ModelSpace  '遍历模型空间,查找明细表的所有的块引用
  With elem
    If StrComp(.EntityName, "AcDbBlockReference", 1) = 0 Then '找到块引用时,检查其属性
      If .HasAttributes Then
        Array1 = .GetAttributes     '获取属性
        '将属性的标记字符串复制到 Excel
        For Count = LBound(Array1) To UBound(Array1)
          If Headers = False Then
            '作为标题的明细行其块属性常设为 Constant 类型
            If Array1(Count).Constant Then
              '在第 1 行上填写标题的内容
              ExcelSheet.Cells(RowNum, Count + 1).Value = _ Array1(Count).TextString
            End If
          End If
        Next Count
        '从第 2 行开始,填写其他的明细表行的内容
        RowNum = RowNum + 1
        For Count = LBound(Array1) To UBound(Array1)
          ExcelSheet.Cells(RowNum, Count + 1).Value = _ Array1(Count).TextString
        Next Count
        Headers = True
      End If
    End If
  End With
Next elem
Excel.Visible = True                            '显示 Excel 工作表中的结果
MsgBox "按'确定'键将关闭 Excel 的运行"          '等待查看显示结果
ExcelWorkbook.Save                              '保存传过来的数据
```

```
    Excel.Application.Quit                          '关闭 Excel 应用程序
    Set Excel = Nothing                             '删除 Excel 应用程序实例
End Sub
```

要运行此程序,应先打开 AutoCAD 主文件夹下的"\ample\ctiveX\ttrib.dwg"文件。该图形的右上角有一份明细表,表中的每一行都是一个带有属性的块引用。

习 题 10

10-1 编写一个绘制摆线的 VBA 程序,创建一个窗体来输入有关的参数。

10-2 编写一个绘制渐开线的 VBA 程序,创建一个窗体来输入有关的参数。

参 考 文 献

[1] 陈锦昌,赵明秀. C语言计算机绘图教程[M]. 广州:华南理工大学出版社,1998.
[2] 陈锦昌,赵明秀,张国栋,等. VB计算机绘图教程[M]. 广州:华南理工大学出版社,2003.
[3] 孙家广,胡事民. 计算机图形学基础教程[M].2版.北京:清华大学出版社,2009.
[4] 焦永和. 计算机图形学教程[M]. 2版.北京:北京理工大学出版社,2001.
[5] 陆润民. 计算机图形学教程[M]. 北京:清华大学出版社,2003.
[6] 潘云鹤. 计算机图形学[M]. 北京:高等教育出版社,2001.
[7] 刘瑞新,程云志. VISUAL BASIC.NET 程序设计教程[M]. 北京:机械工业出版社,2005.
[8] 吕伟臣,霍言. Visual Basic.NET 入门与提高[M]. 北京:清华大学出版社,2004.
[9] 戴军湘,文龙,等. Visual Basic.NET 程序设计基础教程[M]. 北京:清华大学出版社,2004.
[10] 谢步瀛,龚沛曾. Visual BASIC 计算机绘图实用技术[M]. 北京:电子工业出版社,2004.
[11] 李兰友,李玮,白克壮. Visual Basic.NET 图形图像编程与实例详解[M]. 北京:电子工业出版社,2002.
[12] 苏金明,周建斌. 用 VB.NET 和 VC#.NET 开发交互式 CAD 系统[M]. 北京:电子工业出版社,2004.